油气田开发常用名词解释

(第三版)

叶庆全 袁 敏 编著

石油工业出版社

内 容 提 要

本书收集了油气田开发中常用名词共 2368 条，内容涉及开发地质、油气藏物性与渗流力学、油气藏工程与油气藏数值模拟、采油采气工程、开发动态监测、开发分析及调整、提高采收率。对名词的解释准确、通俗、简明。

本书是一本油气田开发方面的工具书，可供从事油气田开发工作的石油职工和石油院校师生使用。

图书在版编目（CIP）数据

油气田开发常用名词解释／叶庆全，袁敏编著．—3 版．
北京：石油工业出版社，2009.2
ISBN 978-7-5021-6958-9

Ⅰ．油…
Ⅱ．①叶…②袁…
Ⅲ．①油田开发-名词术语
②气田开发-名词术语
Ⅳ．TE3-61

中国版本图书馆 CIP 数据核字（2008）第 209239 号

出版发行：石油工业出版社
（北京安定门外安华里 2 区 1 号　100011）
网　　址：www.petropub.com
编辑部：（010）64523535
图书营销中心：（010）64523633
经　　销：全国新华书店
印　　刷：北京中石油彩色印刷有限责任公司

2009 年 2 月第 3 版　2018 年 8 月第 10 次印刷
850×1168 毫米　开本：1/32　印张：18
字数：482 千字

定价：50.00 元
（如出现印装质量问题，我社图书营销中心负责调换）
版权所有　翻印必究

第三版前言

本书第三版工作主要做了三件事：第一，对第二版作了全面校订，纠正了错字、漏字，以及不妥之处。第二，搜集了过去遗漏的有关名词和术语，以及新出现的名词和术语。第三，随着计算机技术的不断进步，油气藏数值模拟技术空前发展，并受到了人们的高度重视和广泛应用，本版增加了一节有关油气藏数值模拟的名词。本书对一些重要的名词和术语，除名词本身解释外，还说明了它的意义和作用；一些重要的仪器和设备简要说明了它们的组成和工作原理，以增加知识性。

全书共收集名词解释2368条，比第二版本增加566条。全书仍分为七章：开发地质、油（气）藏物性与渗流力学、油（气）藏工程与油（气）藏数值模拟、采油采气工程、开发动态监测、开发分析及调整、提高采收率。

叶庆全

2008年6月

第二版前言

写第一版本时由于时间仓促和经验不足,收集的名词太少,只有750条,离"常用"要求相差甚远,满足不了广大读者的需要;加上近几年来石油科学的飞速发展,许多名词有了新意,同时出现了不少新名词、新术语,需要收集和补充;另外,第一版中印刷上有误,个别图幅放错位置。因此出版第二版显得十分必要。

第二版新增加了油气藏描述、采油采气工程、地球物理测井的名词解释,同时重点增加了开发地质、油气藏工程、开发动态分析、气田开采等有关名词。共收集名词解释1802条,实际上涉及的名词比这个数目多得多,除部分条目为两个以上名词解释外,有的条目中还包括了几个名词解释。如1.2.50条中,除解释"逆断层"外,还包含了"冲断层"、"逆掩断层"、"辗掩断层"的解释;4.1.3条中除解释"套管"名词外,还解释了"导管"、"表层套管"、"技术套管"、"油层套管"的含义;等等。因此提醒读者:有些名词在目录上找不到的话应到相关的名词中去找。为了便于查找,除分章外,在每章中又分若干节。本版全书共分七章:开发地质、油气藏物性及渗流力学、油气藏工程、采油采气工程、开发动态监测、开发分析及调整、提高采收率。

袁庆峰同志参加了本书第一版的编写,特此表示感谢。

叶庆全
2002年3月

第一版前言

为了帮助广大石油职工学习石油科学技术，石油工业出版社曾于 1959 年编辑和出版了《石油工业名词解释》，1978 年出版了《采油工人常用名词解释》，这对广大石油职工增长科学知识、提高技术水平起到了积极的作用。随着石油科学技术的发展，新理论、新技术、新方法不断涌现，新名词、新术语也层出不穷，原有名词也增添了新内容，有了新解释。在这种情况下，再次出版石油科学技术名词解释显得十分必要，《油气田开发常用名词解释》就是其中一部分。

油气田开发技术涉及油气田开发地质、油层物理、渗流力学、油藏工程、试井、采油、测井、钻井、井下作业、数值模拟、三次采油等十几个学科。它包括的名词很多，本书只收集与油气田开发有关的常用名词，并适当选取少量"跨界"名词，以保持本书的完整性和实际工作的需要性。另外，特别注意了收集现场常用的名词，以满足矿场职工学习的需要。

全书共有名词 750 条，分六章：开发地质、油气藏物性及渗流机理、开发设计、开发动态监测、开发分析及调整、提高采收率。

由于编者的水平和经验有限，书中可能存在这样或那样的不足，恳请广大读者批评指正。

编　者

1993 年 12 月

目 录

第1章 开发地质

1.1 油（气）藏描述 ……………………………………… (1)
1.1.1 油（气）田开发地质学 ………………………… (1)
1.1.2 油（气）藏地质要素 …………………………… (1)
1.1.3 油（气）藏描述 ………………………………… (1)
1.1.4 地下信息 ………………………………………… (1)
1.1.5 油（气）藏地质模型 …………………………… (1)
1.1.6 构造模型 ………………………………………… (2)
1.1.7 储层模型 ………………………………………… (2)
1.1.8 流体模型 ………………………………………… (2)
1.1.9 油（气）藏地质模型分类 ……………………… (2)
1.1.10 概念模型 ………………………………………… (2)
1.1.11 静态模型（实体模型） ………………………… (2)
1.1.12 预测模型 ………………………………………… (2)
1.1.13 储层地质模型分类 ……………………………… (3)
1.1.14 储层地质模型分级 ……………………………… (3)
1.1.15 油藏精细描述 …………………………………… (3)
1.1.16 原型模型 ………………………………………… (3)
1.1.17 储层地质知识库 ………………………………… (3)
1.1.18 随机建模 ………………………………………… (4)

1.2 地下构造 …………………………………………… (4)
1.2.1 构造与地下构造 ………………………………… (4)
1.2.2 古构造 …………………………………………… (4)
1.2.3 圈闭 ……………………………………………… (4)

— 1 —

1.2.4	圈闭类型	(4)
1.2.5	微构造	(4)
1.2.6	储油气构造	(4)
1.2.7	背斜与向斜（背斜构造与向斜构造）	(4)
1.2.8	单斜（单斜构造）	(5)
1.2.9	构造图	(5)
1.2.10	构造剖面图	(6)
1.2.11	核部（核）与翼部（两翼）	(6)
1.2.12	构造顶（顶端）	(6)
1.2.13	鞍部	(6)
1.2.14	顶角与翼角（倾角）	(6)
1.2.15	轴面与轴线	(6)
1.2.16	枢纽	(7)
1.2.17	脊面与脊线	(7)
1.2.18	转折端	(7)
1.2.19	长轴与短轴	(7)
1.2.20	轴向	(7)
1.2.21	高点	(7)
1.2.22	溢出点	(7)
1.2.23	闭合度（闭合差）	(7)
1.2.24	闭合面积	(7)
1.2.25	构造幅度	(8)
1.2.26	对称背斜与不对称背斜	(8)
1.2.27	线状背斜、长轴背斜、短轴背斜、穹窿	(8)
1.2.28	同沉积背斜	(8)
1.2.29	挤压背斜	(9)
1.2.30	基底升降背斜	(9)
1.2.31	底辟构造（刺穿构造）	(9)
1.2.32	披盖构造（披覆背斜）	(9)
1.2.33	牵引构造（拖曳构造）	(9)

1.2.34 滚动背斜 ································· (9)
1.2.35 鼻状构造（半背斜）····················· (9)
1.2.36 断鼻构造（断鼻）······················· (9)
1.2.37 小幅度构造 ····························· (10)
1.2.38 古潜山（潜山构造）····················· (10)
1.2.39 长垣（长垣隆起带）····················· (11)
1.2.40 背斜构造带 ····························· (11)
1.2.41 断裂 ··································· (11)
1.2.42 断层 ··································· (11)
1.2.43 一级断层与二级断层 ····················· (11)
1.2.44 三级断层与四级断层 ····················· (11)
1.2.45 断层要素 ······························· (11)
1.2.46 断层面 ································· (11)
1.2.47 断层线 ································· (12)
1.2.48 断盘 ··································· (12)
1.2.49 上升盘与下降盘 ························· (12)
1.2.50 断距 ··································· (12)
1.2.51 断层倾向与倾角 ························· (13)
1.2.52 断层走向与延伸长度 ····················· (13)
1.2.53 断层密封性 ····························· (13)
1.2.54 断点 ··································· (13)
1.2.55 断点组合 ······························· (13)
1.2.56 牵引（正牵引）··························· (14)
1.2.57 逆牵引（反牵引）与反向断层 ············· (14)
1.2.58 断层效应 ······························· (14)
1.2.59 断块 ··································· (15)
1.2.60 正断层 ································· (15)
1.2.61 逆断层 ································· (15)
1.2.62 生长指数 ······························· (15)
1.2.63 同生断层（同沉积断层、生长断层）······· (15)

1.2.64	后生断层	(16)
1.2.65	走向断层	(16)
1.2.66	倾向断层	(16)
1.2.67	斜向断层	(16)
1.2.68	平移断层	(16)
1.2.69	枢纽断层	(16)
1.2.70	阶梯状断层（复断层）	(16)
1.2.71	叠瓦状断层（叠瓦构造）	(17)
1.2.72	环状断层	(17)
1.2.73	放射状断层	(17)
1.2.74	地垒	(17)
1.2.75	地堑	(17)
1.2.76	断块型断层	(18)
1.2.77	裂缝	(18)
1.2.78	原生裂缝与次生裂缝	(18)
1.2.79	构造裂缝与非构造裂缝	(18)
1.2.80	张裂缝与剪裂缝	(19)
1.2.81	张开缝	(19)
1.2.82	变形缝	(19)
1.2.83	矿物充填缝	(19)
1.2.84	晶洞缝	(19)
1.2.85	走向裂缝、倾向裂缝、斜向裂缝	(19)
1.2.86	纵裂缝、横裂缝、斜裂缝	(19)
1.2.87	垂直层面裂缝、斜交层面裂缝、顺层裂缝	(19)
1.2.88	垂直缝、高角度缝、低角度缝、水平缝	(20)
1.2.89	风化缝	(20)
1.2.90	溶蚀缝	(20)
1.2.91	穿层缝与层内缝	(20)
1.2.92	裂缝组、裂缝系、裂缝网络	(20)
1.2.93	裂缝产状	(20)

1.2.94	裂缝宽度（裂缝张开度）	(20)
1.2.95	裂缝间距	(20)
1.2.96	裂缝密度（裂缝频率、裂缝线密度）	(21)
1.2.97	裂缝有效密度	(21)
1.2.98	裂缝率	(21)
1.2.99	缝隙度	(21)
1.2.100	裂缝玫瑰花图	(21)
1.2.101	洞穴分级	(21)
1.2.102	洞穴密度	(21)
1.2.103	洞隙度	(21)
1.2.104	劈理	(21)
1.3	**油、气储层**	**(22)**
1.3.1	储集层（储层）	(22)
1.3.2	砾岩	(22)
1.3.3	砾岩分类	(22)
1.3.4	砂岩	(22)
1.3.5	砂岩分类	(22)
1.3.6	粉砂岩	(22)
1.3.7	黏土岩	(23)
1.3.8	碳酸盐岩	(23)
1.3.9	岩浆岩（火成岩）	(23)
1.3.10	变质岩	(23)
1.3.11	油层（储油层）与气层（储气层）	(23)
1.3.12	工业油、气流标准	(23)
1.3.13	产层	(24)
1.3.14	工业油层与工业气层	(24)
1.3.15	少量油层与少量气层	(24)
1.3.16	可疑油层与可疑气层	(24)
1.3.17	油气同层	(24)
1.3.18	油水同层	(24)

1.3.19 气水同层 …………………………………………… (24)
1.3.20 气夹层 ……………………………………………… (24)
1.3.21 油夹层 ……………………………………………… (24)
1.3.22 水层 ………………………………………………… (24)
1.3.23 水夹层（层间水） ………………………………… (25)
1.3.24 干层 ………………………………………………… (25)
1.3.25 单砂层 ……………………………………………… (25)
1.3.26 单油（气）层 ……………………………………… (25)
1.3.27 亚组（砂岩组、复油层） ………………………… (25)
1.3.28 油（气）层组 ……………………………………… (25)
1.3.29 含油（气）层系 …………………………………… (25)
1.3.30 隔层（阻渗层）与夹层 …………………………… (25)
1.3.31 隔层分布类型 ……………………………………… (26)
1.3.32 砂岩体（砂体） …………………………………… (26)
1.3.33 油砂体 ……………………………………………… (26)
1.3.34 连通体 ……………………………………………… (26)
1.3.35 连通系数 …………………………………………… (26)
1.3.36 合流系数 …………………………………………… (26)
1.3.37 砂体配位数 ………………………………………… (27)
1.3.38 砂体形态 …………………………………………… (27)
1.3.39 连通区性质 ………………………………………… (27)
1.3.40 透镜体 ……………………………………………… (27)
1.3.41 含油产状 …………………………………………… (28)
1.3.42 钻遇率 ……………………………………………… (28)
1.3.43 砂岩厚度 …………………………………………… (28)
1.3.44 油（气）层厚度 …………………………………… (28)
1.3.45 含油砂岩厚度 ……………………………………… (28)
1.3.46 有效厚度 …………………………………………… (28)
1.3.47 尖灭 ………………………………………………… (28)
1.3.48 油（气）层尖灭 …………………………………… (28)

1.3.49	尖灭区	(29)
1.3.50	岩性	(29)
1.3.51	继承色	(29)
1.3.52	原生色	(29)
1.3.53	次生色	(29)
1.3.54	矿物碎屑与岩屑	(29)
1.3.55	鲕粒	(29)
1.3.56	生物颗粒	(29)
1.3.57	藻粒	(30)
1.3.58	晶粒	(30)
1.3.59	基质（杂基）	(30)
1.3.60	原杂基、正杂基与假杂基	(30)
1.3.61	胶结物	(30)
1.3.62	胶结物含量	(30)
1.3.63	胶结类型	(30)
1.3.64	基底胶结	(30)
1.3.65	孔隙胶结	(31)
1.3.66	接触胶结	(31)
1.3.67	镶嵌胶结	(31)
1.3.68	碎屑颗粒结构	(31)
1.3.69	胶结物结构	(31)
1.3.70	粒度与粒级	(31)
1.3.71	球度	(32)
1.3.72	颗粒形状	(32)
1.3.73	圆度	(32)
1.3.74	颗粒表面结构	(33)
1.3.75	油（气）层非均质性	(33)
1.3.76	宏观非均质性与微观非均质性	(33)
1.3.77	层间非均质性	(33)
1.3.78	分层系数	(33)

1.3.79 砂岩系数（砂岩密度） …………………………… (33)
1.3.80 含油（气）面积级差 ……………………………… (34)
1.3.81 含油（气）面积均质系数 ………………………… (34)
1.3.82 有效厚度级差 ……………………………………… (34)
1.3.83 有效厚度均质系数 ………………………………… (34)
1.3.84 层间渗透率级差 …………………………………… (34)
1.3.85 层间变异系数（渗透性变化系数） ……………… (34)
1.3.86 层间渗透率均质系数 ……………………………… (34)
1.3.87 单层突进系数 ……………………………………… (35)
1.3.88 层间地层系数级差 ………………………………… (35)
1.3.89 层间地层系数均质系数 …………………………… (35)
1.3.90 平面非均质性 ……………………………………… (35)
1.3.91 平面渗透率级差 …………………………………… (35)
1.3.92 平面渗透率变异系数 ……………………………… (35)
1.3.93 平面渗透率均质系数 ……………………………… (35)
1.3.94 平面突进系数 ……………………………………… (35)
1.3.95 平面地层系数级差 ………………………………… (35)
1.3.96 平面地层系数均质系数 …………………………… (36)
1.3.97 层内非均质性 ……………………………………… (36)
1.3.98 层内变异系数（渗透率变异系数） ……………… (36)
1.3.99 层内渗透率均质系数 ……………………………… (36)
1.3.100 层内渗透率级差 ………………………………… (36)
1.3.101 层内突进系数 …………………………………… (36)
1.3.102 夹层分布频率 …………………………………… (36)
1.3.103 夹层密度 ………………………………………… (36)
1.3.104 油层对比 ………………………………………… (36)
1.3.105 油层对比单元分级 ……………………………… (37)
1.3.106 标准层 …………………………………………… (37)
1.3.107 "旋回对比、分级控制" ………………………… (37)
1.3.108 等高程对比（等厚度对比） …………………… (37)

1.3.109	切片对比	(37)
1.3.110	油（气）层评价	(37)
1.4	**沉积相**	**(38)**
1.4.1	沉积作用（沉积）	(38)
1.4.2	沉积间断	(38)
1.4.3	沉积环境	(38)
1.4.4	沉积相	(38)
1.4.5	沉积体系	(38)
1.4.6	一级相（相组）与二级相（相）	(38)
1.4.7	三级相（亚相）与四级相（微相）	(39)
1.4.8	相序（相层序、沉积层序）	(39)
1.4.9	相变	(39)
1.4.10	相序递变	(39)
1.4.11	沉积模式（沉积相模式）	(39)
1.4.12	划相标志	(39)
1.4.13	岩性组合	(39)
1.4.14	沉积旋回	(40)
1.4.15	一级旋回与二级旋回	(40)
1.4.16	三级旋回与四级旋回	(40)
1.4.17	水进、水退	(40)
1.4.18	正旋回、反旋回与复合旋回	(40)
1.4.19	指相化石	(41)
1.4.20	重矿物	(41)
1.4.21	陆源矿物与自生矿物	(41)
1.4.22	韵律（韵律层理）	(41)
1.4.23	正韵律	(41)
1.4.24	反韵律	(41)
1.4.25	复合韵律	(41)
1.4.26	整合	(42)
1.4.27	不整合	(42)

1.4.28 角度不整合与假整合（平行不整合） …………… (42)
1.4.29 沉积构造 ………………………………………… (42)
1.4.30 层理 ……………………………………………… (42)
1.4.31 细层（纹层）与层系（丛系） ………………… (42)
1.4.32 层系组 …………………………………………… (43)
1.4.33 水平层理 ………………………………………… (43)
1.4.34 波状层理 ………………………………………… (43)
1.4.35 交错层理（斜层理） …………………………… (43)
1.4.36 递变层理（粒序层理） ………………………… (44)
1.4.37 透镜状层理 ……………………………………… (44)
1.4.38 韵律层理 ………………………………………… (45)
1.4.39 层面 ……………………………………………… (45)
1.4.40 层面构造 ………………………………………… (45)
1.4.41 波痕 ……………………………………………… (45)
1.4.42 浪成波痕 ………………………………………… (45)
1.4.43 水流波痕 ………………………………………… (45)
1.4.44 风成波痕 ………………………………………… (45)
1.4.45 波痕指数 ………………………………………… (45)
1.4.46 不对称度 ………………………………………… (45)
1.4.47 泥裂（龟裂） …………………………………… (45)
1.4.48 雨痕与冰雹痕 …………………………………… (46)
1.4.49 冲刷面 …………………………………………… (46)
1.4.50 槽模 ……………………………………………… (46)
1.4.51 生物成因构造 …………………………………… (46)
1.4.52 结核 ……………………………………………… (46)
1.4.53 结核类型 ………………………………………… (46)
1.4.54 同生结核 ………………………………………… (47)
1.4.55 成岩结核 ………………………………………… (47)
1.4.56 后生结核 ………………………………………… (47)
1.4.57 变形构造（同生变形构造、水下滑动构造） …… (47)

1.4.58	缝合线	(47)
1.4.59	二元结构	(47)
1.4.60	侧向加积（侧积）	(47)
1.4.61	垂向加积（垂积）	(47)
1.4.62	向前加积（前积）	(48)
1.4.63	填积	(48)
1.4.64	选积	(48)
1.4.65	漫积	(48)
1.4.66	陆相	(48)
1.4.67	洪积相（洪积扇、冲积扇）	(48)
1.4.68	河流相（冲积相）	(48)
1.4.69	弯曲指数（弯度指数）	(49)
1.4.70	辫状指数（网状指数、游荡性指数）	(49)
1.4.71	河流类型	(49)
1.4.72	顺直河与曲流河	(49)
1.4.73	辫状河与网状河	(50)
1.4.74	河床亚相（河道亚相）	(50)
1.4.75	堤岸亚相	(50)
1.4.76	河漫亚相	(50)
1.4.77	分流平原亚相	(50)
1.4.78	三角洲前缘亚相	(50)
1.4.79	前三角洲亚相	(50)
1.4.80	牛轭湖	(50)
1.4.81	牛轭湖亚相	(51)
1.4.82	湖泊相	(51)
1.4.83	洪水面、枯水面、浪基面	(51)
1.4.84	扩张湖亚相	(51)
1.4.85	湖弯亚相	(51)
1.4.86	滨—浅湖亚相	(52)
1.4.87	半深湖—深湖亚相	(52)

1.4.88 沼泽与沼泽相 ……………………………………… (52)
1.4.89 海洋分区 …………………………………………… (52)
1.4.90 海相 ………………………………………………… (53)
1.4.91 潟湖与潟湖相 ……………………………………… (53)
1.4.92 三角洲相 …………………………………………… (53)
1.4.93 建设性三角洲 ……………………………………… (53)
1.4.94 破坏性三角洲 ……………………………………… (53)
1.4.95 三角洲沉积模式 …………………………………… (53)
1.4.96 浊流 ………………………………………………… (53)
1.4.97 浊流相 ……………………………………………… (56)
1.4.98 鲍玛层序 …………………………………………… (56)
1.4.99 三角洲砂体 ………………………………………… (56)
1.4.100 扇三角洲砂体 …………………………………… (56)
1.4.101 水下冲积扇砂体 ………………………………… (56)
1.4.102 浊积砂体 ………………………………………… (57)
1.4.103 岩心相分析 ……………………………………… (57)
1.4.104 测井相分析 ……………………………………… (57)
1.4.105 地震相分析 ……………………………………… (57)

1.5 油(气)藏 …………………………………………… (57)

1.5.1 油藏、气藏、油气藏 ……………………………… (57)
1.5.2 工业油藏、工业气藏、工业油气藏 ……………… (58)
1.5.3 原生油(气)藏 …………………………………… (58)
1.5.4 次生油(气)藏 …………………………………… (58)
1.5.5 背斜油(气)藏 …………………………………… (58)
1.5.6 挤压背斜油(气)藏 ……………………………… (58)
1.5.7 基底升降油(气)藏 ……………………………… (58)
1.5.8 底辟背斜油(气)藏 ……………………………… (58)
1.5.9 披盖背斜油(气)藏 ……………………………… (58)
1.5.10 滚动背斜油(气)藏 …………………………… (59)
1.5.11 逆牵引背斜油(气)藏 ………………………… (59)

1.5.12	盐体刺穿油（气）藏	(59)
1.5.13	泥火山刺穿油（气）藏	(59)
1.5.14	岩浆岩体刺穿油（气）藏	(59)
1.5.15	潜伏剥蚀突起油（气）藏	(59)
1.5.16	向斜油（气）藏	(59)
1.5.17	断层遮挡油（气）藏	(59)
1.5.18	断鼻构造油（气）藏	(59)
1.5.19	弧形断层断块油（气）藏	(59)
1.5.20	交叉断层断块油（气）藏	(59)
1.5.21	逆断层断块油（气）藏	(59)
1.5.22	地层不整合油（气）藏	(60)
1.5.23	地层超覆油（气）藏	(60)
1.5.24	岩性油（气）藏	(60)
1.5.25	裂缝性油（气）藏	(60)
1.5.26	潜山油（气）藏	(60)
1.5.27	层状油（气）藏	(60)
1.5.28	块状油（气）藏	(60)
1.5.29	复合油（气）藏	(60)
1.5.30	构造—地层复合油（气）藏	(60)
1.5.31	构造—岩性复合油（气）藏	(60)
1.5.32	悬挂油（气）藏［水动力圈闭油（气）藏］	(61)
1.5.33	隐蔽油（气）藏	(61)
1.5.34	断块油（气）藏与复杂断块油（气）藏	(61)
1.5.35	砾岩油（气）藏	(61)
1.5.36	碳酸盐岩油（气）藏	(61)
1.5.37	变质岩油（气）藏	(61)
1.5.38	喷出岩油（气）藏	(61)
1.5.39	黏土岩油（气）藏	(61)
1.5.40	饱和油藏	(61)
1.5.41	未饱和油藏	(61)

- 1.5.42 常规原油油藏 …………………………………………… (61)
- 1.5.43 稠油油藏 ………………………………………………… (62)
- 1.5.44 高凝油油藏 ……………………………………………… (62)
- 1.5.45 挥发油油藏 ……………………………………………… (62)
- 1.5.46 常规气藏 ………………………………………………… (62)
- 1.5.47 凝析气藏（凝析油气藏、凝析油藏）………………… (62)
- 1.5.48 酸性气藏 ………………………………………………… (62)
- 1.5.49 干气气藏 ………………………………………………… (62)
- 1.5.50 湿气气藏 ………………………………………………… (62)
- 1.5.51 带油环气藏 ……………………………………………… (62)
- 1.5.52 气压驱动气藏 …………………………………………… (62)
- 1.5.53 水压驱动气藏 …………………………………………… (63)
- 1.5.54 常压气藏与低压气藏 …………………………………… (63)
- 1.5.55 高压气藏与超高压气藏 ………………………………… (63)
- 1.5.56 浅层气藏、中浅层气藏 ………………………………… (63)
- 1.5.57 中深气藏、深层气藏、超深层气藏 …………………… (63)
- 1.5.58 CO_2 气藏 ……………………………………………… (63)
- 1.5.59 氮气藏 …………………………………………………… (63)
- 1.5.60 含氦气藏 ………………………………………………… (63)
- 1.5.61 水溶性气藏 ……………………………………………… (63)
- 1.5.62 重力分异 ………………………………………………… (63)
- 1.5.63 气顶（气帽）…………………………………………… (64)
- 1.5.64 原生气顶与次生气顶 …………………………………… (64)
- 1.5.65 气顶高度 ………………………………………………… (64)
- 1.5.66 气藏高度（含气高度）………………………………… (64)
- 1.5.67 油藏高度（含油高度）………………………………… (64)
- 1.5.68 油气藏高度（含油气高度）…………………………… (64)
- 1.5.69 气顶指数（气顶系数）………………………………… (64)
- 1.5.70 油气界面、油水界面及气水界面 ……………………… (64)
- 1.5.71 油气过渡段、油水过渡段及气水过渡段 ……………… (64)

1.5.72 稠油段 ……………………………………………… (65)
1.5.73 油底与水顶 ……………………………………… (65)
1.5.74 底水与边水 ……………………………………… (65)
1.5.75 油环 ………………………………………………… (65)
1.5.76 含气内边界（缘）与纯气区 …………………… (66)
1.5.77 含气边界（缘）与油气过渡带 ………………… (66)
1.5.78 含水边界（缘）与纯油区 ……………………… (66)
1.5.79 含油边界（缘）与油水过渡带 ………………… (67)
1.5.80 气水过渡带 ……………………………………… (67)
1.5.81 含油（气）面积 ………………………………… (67)
1.5.82 油（气）藏的度量 ……………………………… (67)
1.5.83 油（气）藏充满系数 …………………………… (67)
1.5.84 油田、气田与油气田 …………………………… (67)
1.5.85 特大型、大型、中型、小型与特小型油（气）田 ………
 ……………………………………………………… (67)
1.5.86 高产、中产、低产、特低产油（气）田 ……… (67)
1.5.87 边际油（气）田 ………………………………… (68)
1.5.88 储量计算 ………………………………………… (68)
1.5.89 容积法 …………………………………………… (68)
1.5.90 物质平衡法 ……………………………………… (69)
1.5.91 压降法（压力图解法） ………………………… (69)
1.5.92 地质储量 ………………………………………… (70)
1.5.93 预测储量 ………………………………………… (70)
1.5.94 远景资源量 ……………………………………… (70)
1.5.95 控制储量 ………………………………………… (70)
1.5.96 探明储量 ………………………………………… (70)
1.5.97 开发探明储量（Ⅰ类） ………………………… (71)
1.5.98 未开发探明储量（Ⅱ类） ……………………… (71)
1.5.99 基本探明储量（Ⅲ类） ………………………… (71)
1.5.100 表内储量 ………………………………………… (71)

— 15 —

1.5.101　表外储量 …………………………………………… (71)

1.5.102　开发储量 …………………………………………… (71)

1.5.103　可采储量 …………………………………………… (71)

1.5.104　单储系数 …………………………………………… (71)

1.5.105　储量丰度 …………………………………………… (71)

1.5.106　特殊储量 …………………………………………… (72)

第2章　油（气）藏物性与渗流力学

2.1　油（气）藏物性 ………………………………………… (73)

2.1.1　油（气）藏物性 ………………………………………… (73)

2.1.2　全直径岩心 …………………………………………… (73)

2.1.3　柱状岩心 ……………………………………………… (73)

2.1.4　冷冻岩心 ……………………………………………… (73)

2.1.5　选样（取样） ………………………………………… (73)

2.1.6　岩样 …………………………………………………… (74)

2.1.7　常规岩心分析 ………………………………………… (74)

2.1.8　特殊岩心分析（专项岩心分析） ……………………… (74)

2.1.9　全直径岩心分析 ……………………………………… (74)

2.1.10　储层岩石物性 ………………………………………… (74)

2.1.11　粒度组成 …………………………………………… (74)

2.1.12　粒度分析 …………………………………………… (75)

2.1.13　筛析法 ……………………………………………… (75)

2.1.14　沉速法 ……………………………………………… (75)

2.1.15　粒级分布曲线 ……………………………………… (75)

2.1.16　粒级累积分布曲线 ………………………………… (75)

2.1.17　颗粒趋近率 ………………………………………… (75)

2.1.18　颗粒表面特征 ……………………………………… (75)

2.1.19　颗粒的接触形式 …………………………………… (76)

2.1.20　储层岩石结构模态 ………………………………… (76)

2.1.21　平均粒径 …………………………………………… (76)

2.1.22	粒径中值	(77)
2.1.23	标准偏差	(77)
2.1.24	分选系数	(77)
2.1.25	不均匀系数	(78)
2.1.26	偏度	(78)
2.1.27	峰度（尖度）	(78)
2.1.28	概率累积曲线（粒度概率图）	(79)
2.1.29	岩石比表面	(79)
2.1.30	储集空间	(80)
2.1.31	储层的孔隙性	(80)
2.1.32	岩石骨架与孔隙	(80)
2.1.33	孔隙类型	(80)
2.1.34	原生孔隙与次生孔隙	(80)
2.1.35	混合孔隙	(81)
2.1.36	超毛细管孔隙	(81)
2.1.37	毛细管孔隙	(81)
2.1.38	微毛细管孔隙（无效孔隙）	(81)
2.1.39	粒间孔隙	(81)
2.1.40	填隙物内孔隙	(81)
2.1.41	粒内孔隙	(81)
2.1.42	缝状孔隙	(81)
2.1.43	晶间孔隙	(81)
2.1.44	铸模孔隙	(81)
2.1.45	鸟眼孔隙	(82)
2.1.46	生长骨架孔隙	(82)
2.1.47	溶蚀孔隙	(82)
2.1.48	潜穴孔隙	(82)
2.1.49	收缩孔隙	(82)
2.1.50	体腔孔隙	(82)
2.1.51	藻窗格孔隙	(82)

2.1.52 遮蔽孔隙 …………………………………… (82)
2.1.53 生物钻孔 …………………………………… (82)
2.1.54 晶间溶孔 …………………………………… (82)
2.1.55 粒间溶孔 …………………………………… (82)
2.1.56 孔隙性溶洞 ………………………………… (83)
2.1.57 裂缝性溶洞 ………………………………… (83)
2.1.58 塌陷砾间洞与构造砾间洞 ………………… (83)
2.1.59 拟闭端孔隙 ………………………………… (83)
2.1.60 盲孔（闭端孔隙）………………………… (83)
2.1.61 孔隙体积 …………………………………… (83)
2.1.62 孔隙度 ……………………………………… (83)
2.1.63 绝对孔隙度（总孔隙度）………………… (83)
2.1.64 有效孔隙度 ………………………………… (84)
2.1.65 地下有效孔隙度 …………………………… (84)
2.1.66 流动孔隙度（运动孔隙度）……………… (84)
2.1.67 缝洞孔隙度 ………………………………… (84)
2.1.68 双重孔隙度 ………………………………… (84)
2.1.69 地下孔隙度 ………………………………… (84)
2.1.70 孔隙度分级 ………………………………… (84)
2.1.71 孔隙结构 …………………………………… (84)
2.1.72 孔隙喉道、孔隙喉道半径 ………………… (85)
2.1.73 孔腹（孔隙腰部）………………………… (85)
2.1.74 孔隙缩小型喉道 …………………………… (85)
2.1.75 缩颈型喉道 ………………………………… (85)
2.1.76 片状喉道 …………………………………… (85)
2.1.77 弯片状喉道 ………………………………… (86)
2.1.78 管束状喉道 ………………………………… (86)
2.1.79 孔喉频率分布直方图 ……………………… (86)
2.1.80 孔喉累积频率分布图 ……………………… (86)
2.1.81 阈压（排驱压力、门槛压力）…………… (86)

2.1.82　最大连通孔喉半径 ……………………………………（86）
2.1.83　孔喉半径中值 ……………………………………………（87）
2.1.84　平均孔喉半径 ……………………………………………（87）
2.1.85　主要流动孔喉半径平均值 ………………………………（87）
2.1.86　难流动孔喉半径 …………………………………………（88）
2.1.87　歪度（偏态）………………………………………………（88）
2.1.88　峰态 ………………………………………………………（88）
2.1.89　峰值 ………………………………………………………（88）
2.1.90　孔隙迂曲度 ………………………………………………（89）
2.1.91　孔喉比 ……………………………………………………（89）
2.1.92　孔喉配位数 ………………………………………………（89）
2.1.93　孔喉分选系数 ……………………………………………（89）
2.1.94　孔喉均质系数 ……………………………………………（89）
2.1.95　孔喉极差 …………………………………………………（89）
2.1.96　孔喉结构综合评价系数 …………………………………（89）
2.1.97　孔壁粗糙度 ………………………………………………（90）
2.1.98　孔隙系数 …………………………………………………（90）
2.1.99　结构均匀系数 ……………………………………………（90）
2.1.100　孔隙结构系数 ……………………………………………（90）
2.1.101　孔隙结构模型 ……………………………………………（90）
2.1.102　网络模型 …………………………………………………（91）
2.1.103　流容模型 …………………………………………………（91）
2.1.104　岩石渗透性 ………………………………………………（91）
2.1.105　渗透率 ……………………………………………………（91）
2.1.106　达西 ………………………………………………………（91）
2.1.107　绝对渗透率（物理渗透率）………………………………（92）
2.1.108　有效渗透率（相渗透率）…………………………………（92）
2.1.109　相对渗透率 ………………………………………………（92）
2.1.110　相对渗透率曲线 …………………………………………（92）
2.1.111　裂缝渗透率 ………………………………………………（93）

2.1.112 溶洞渗透率 ………………………………………… (93)
2.1.113 双重介质渗透率 …………………………………… (93)
2.1.114 水平渗透率与垂向渗透率 ………………………… (93)
2.1.115 克氏渗透率 ………………………………………… (93)
2.1.116 滑脱效应（克林肯格效应）……………………… (94)
2.1.117 储层渗透率分级 …………………………………… (94)
2.1.118 相对渗透的数学模型 ……………………………… (94)
2.1.119 流体饱和度 ………………………………………… (95)
2.1.120 含油饱和度 ………………………………………… (95)
2.1.121 含气饱和度 ………………………………………… (95)
2.1.122 有效含油（气）饱和度 …………………………… (95)
2.1.123 原始含油（气）饱和度 …………………………… (95)
2.1.124 地层水饱和度 ……………………………………… (95)
2.1.125 束缚水饱和度 ……………………………………… (95)
2.1.126 目前油、气、水饱和度 …………………………… (96)
2.1.127 四性关系 …………………………………………… (96)
2.1.128 储层的敏感性 ……………………………………… (96)
2.1.129 黏土矿物 …………………………………………… (96)
2.1.130 黏土晶体结构 ……………………………………… (96)
2.1.131 黏土的膨润度 ……………………………………… (96)
2.1.132 黏土矿物产状 ……………………………………… (97)
2.1.133 速敏性 ……………………………………………… (97)
2.1.134 临界流速 …………………………………………… (98)
2.1.135 临界粒度 …………………………………………… (98)
2.1.136 渗透率伤害率 ……………………………………… (98)
2.1.137 水敏性 ……………………………………………… (98)
2.1.138 水敏指数 …………………………………………… (98)
2.1.139 盐敏性 ……………………………………………… (98)
2.1.140 临界盐度 …………………………………………… (98)
2.1.141 盐敏性评价 ………………………………………… (99)

2.1.142	体积流量敏感性	(99)
2.1.143	体积敏感指数	(99)
2.1.144	酸敏性	(99)
2.1.145	酸敏指数	(100)
2.1.146	临界 pH 值	(100)
2.1.147	碱敏性	(100)
2.1.148	碱敏指数	(100)
2.1.149	应力敏感性	(100)
2.1.150	岩石的润湿性	(101)
2.1.151	润湿接触角	(101)
2.1.152	润湿相与非润湿相	(101)
2.1.153	附着功（黏附功）	(101)
2.1.154	水湿指数与油湿指数	(102)
2.1.155	润湿性分类	(102)
2.1.156	选择性润湿	(102)
2.1.157	非均匀润湿性	(102)
2.1.158	润湿性宏观非均匀性	(102)
2.1.159	润湿性微观非均匀性	(103)
2.1.160	润湿性反转	(103)
2.1.161	润湿滞后	(103)
2.1.162	静润湿滞后	(103)
2.1.163	动润湿滞后	(103)
2.1.164	毛细现象与毛细管	(103)
2.1.165	毛细管压力	(103)
2.1.166	毛细管压力曲线	(104)
2.1.167	转折压力	(104)
2.1.168	界面	(104)
2.1.169	界面张力与表面张力	(104)
2.1.170	自由水面	(104)
2.1.171	毛细管准数（临界驱替比）	(105)

2.1.172 最小湿相饱和度 ………………………………… (105)
2.1.173 莱维特 J 函数 …………………………………… (105)
2.1.174 饱和度压力中值 …………………………………… (105)
2.1.175 驱替过程 …………………………………………… (105)
2.1.176 吸吮过程 …………………………………………… (105)
2.1.177 饱和历程（饱和顺序）…………………………… (106)
2.1.178 驱替型毛细管压力曲线 …………………………… (106)
2.1.179 吸吮型毛细管压力曲线 …………………………… (106)
2.1.180 压汞曲线 …………………………………………… (106)
2.1.181 退汞曲线 …………………………………………… (107)
2.1.182 退出效率 …………………………………………… (107)
2.1.183 贾敏效应 …………………………………………… (107)
2.1.184 粗歪度与细歪度 …………………………………… (108)
2.1.185 岩石压缩系数 ……………………………………… (108)
2.1.186 岩石孔隙压缩系数（岩石有效压缩系数）…… (109)
2.1.187 储层总压缩系数 …………………………………… (109)
2.1.188 岩石热容量 ………………………………………… (109)
2.1.189 岩石的比热容 ……………………………………… (109)
2.1.190 岩石热传导系数 …………………………………… (109)
2.1.191 岩石的温度传导系数 ……………………………… (110)
2.1.192 岩石的导电性 ……………………………………… (110)
2.1.193 岩石的声学性 ……………………………………… (110)
2.1.194 岩石的放射性 ……………………………………… (110)

2.2 流体性质 ………………………………………………… (110)
2.2.1 流体 ………………………………………………… (110)
2.2.2 储层流体 …………………………………………… (111)
2.2.3 油藏流体物性 ……………………………………… (111)
2.2.4 地层原油 …………………………………………… (111)
2.2.5 地面原油（脱气油）……………………………… (111)
2.2.6 原油性质 …………………………………………… (111)

- 2.2.7 原油化学组成 (111)
- 2.2.8 原油组分 (111)
- 2.2.9 原油馏分 (111)
- 2.2.10 烷烃（脂肪烃）(111)
- 2.2.11 正烷烃与异烷烃 (112)
- 2.2.12 环烷烃 (112)
- 2.2.13 芳香烃 (112)
- 2.2.14 非烃化合物 (112)
- 2.2.15 原油化学组成分类 (112)
- 2.2.16 低芳烃—高烷烃型原油 (112)
- 2.2.17 芳烃—烷烃型原油 (113)
- 2.2.18 芳烃—环烷烃—烷烃型原油 (113)
- 2.2.19 原油工业分类（原油商品分类）(113)
- 2.2.20 低硫原油、含硫原油、高硫原油 (113)
- 2.2.21 少胶原油、胶质原油、多胶原油 (113)
- 2.2.22 低蜡原油、含蜡原油、高含蜡原油 (113)
- 2.2.23 低黏原油、中黏原油与高黏原油 (113)
- 2.2.24 低氮原油与高氮原油 (113)
- 2.2.25 常规原油 (113)
- 2.2.26 稠油 (114)
- 2.2.27 轻质油、中质油、重质油 (114)
- 2.2.28 高凝油 (114)
- 2.2.29 凝析油 (114)
- 2.2.30 富化油 (114)
- 2.2.31 挥发油 (114)
- 2.2.32 密度与相对密度 (114)
- 2.2.33 API 度与波密度 (114)
- 2.2.34 原油黏度 (115)
- 2.2.35 凝固点 (115)
- 2.2.36 含蜡量 (115)

2.2.37	石蜡	(115)
2.2.38	含胶量	(115)
2.2.39	胶质	(115)
2.2.40	含硫量	(115)
2.2.41	沥青质含量	(116)
2.2.42	沥青质	(116)
2.2.43	石油热值	(116)
2.2.44	闪点	(116)
2.2.45	荧光性	(116)
2.2.46	旋光性	(116)
2.2.47	导电性	(116)
2.2.48	溶解性	(116)
2.2.49	地层油的高压物性	(117)
2.2.50	饱和压力	(117)
2.2.51	原始饱和压力	(117)
2.2.52	原始气油比	(117)
2.2.53	地层原油黏度	(117)
2.2.54	地层原油密度	(117)
2.2.55	溶解系数	(118)
2.2.56	原油体积系数	(118)
2.2.57	两相原油体积系数	(118)
2.2.58	收缩率	(118)
2.2.59	压缩系数	(118)
2.2.60	析蜡温度（石蜡结晶温度）	(118)
2.2.61	热膨胀性	(119)
2.2.62	热膨胀系数	(119)
2.2.63	流体的黏滞性	(119)
2.2.64	牛顿内摩擦定律（牛顿流动公式）	(119)
2.2.65	牛顿流体与非牛顿流体	(119)
2.2.66	流体的流变性与流变曲线	(120)

2.2.67	塑性流体（黏塑性流体）	(120)
2.2.68	拟塑性流体（假塑性流体）	(120)
2.2.69	膨胀性流体	(120)
2.2.70	触变性	(121)
2.2.71	视黏度（表观黏度）	(121)
2.2.72	黏—弹效应	(121)
2.2.73	松弛效应	(121)
2.2.74	松弛时间	(121)
2.2.75	天然气	(121)
2.2.76	天然气化学组成	(121)
2.2.77	轻烃与重烃	(121)
2.2.78	天然气分类	(121)
2.2.79	气田气	(122)
2.2.80	油田气（伴生气）	(122)
2.2.81	气顶气	(122)
2.2.82	凝析气	(122)
2.2.83	水溶气	(122)
2.2.84	煤层气	(122)
2.2.85	固态气水合物（冰冻甲烷）	(122)
2.2.86	干气（贫气、瘦气）	(122)
2.2.87	湿气（富气、肥气）	(123)
2.2.88	净气（洁气、甜气）	(123)
2.2.89	酸气	(123)
2.2.90	游离气	(123)
2.2.91	溶解气	(123)
2.2.92	吸附气	(123)
2.2.93	天然气密度	(123)
2.2.94	天然气相对密度	(123)
2.2.95	天然气黏度	(123)
2.2.96	天然气溶解度	(124)

- 2.2.97 天然气溶解系数 …………………………………… (124)
- 2.2.98 天然气体积系数 …………………………………… (124)
- 2.2.99 天然气膨胀系数 …………………………………… (124)
- 2.2.100 天然气压缩率（天然气体积弹性系数） ……… (124)
- 2.2.101 天然气的绝对湿度 ……………………………… (125)
- 2.2.102 天然气的相对湿度 ……………………………… (125)
- 2.2.103 蒸气压力 ………………………………………… (125)
- 2.2.104 天然气比容 ……………………………………… (125)
- 2.2.105 天然气爆炸性 …………………………………… (125)
- 2.2.106 天然气的热值 …………………………………… (125)
- 2.2.107 天然气视分子质量 ……………………………… (125)
- 2.2.108 天然气状态方程 ………………………………… (125)
- 2.2.109 天然气压缩因子（偏差系数） ………………… (125)
- 2.2.110 烃类体系（烃类系统） ………………………… (126)
- 2.2.111 烃类体系的相与相态 …………………………… (126)
- 2.2.112 组分与组成 ……………………………………… (126)
- 2.2.113 烃类相态图（相图） …………………………… (126)
- 2.2.114 临界点、临界温度与临界压力 ………………… (126)
- 2.2.115 气体的对比压力 ………………………………… (126)
- 2.2.116 气体的对比温度 ………………………………… (127)
- 2.2.117 泡点压力与露点压力 …………………………… (127)
- 2.2.118 闪蒸平衡 ………………………………………… (127)
- 2.2.119 闪蒸分离（接触分离、一次脱气） …………… (127)
- 2.2.120 微分分离（微分脱气、多级脱气） …………… (127)
- 2.2.121 反凝析现象 ……………………………………… (127)
- 2.2.122 反凝析压力 ……………………………………… (128)
- 2.2.123 地层水 …………………………………………… (128)
- 2.2.124 束缚水（共存水） ……………………………… (128)
- 2.2.125 裂隙水 …………………………………………… (128)
- 2.2.126 渗入水 …………………………………………… (128)

2.2.127	自由水	(128)
2.2.128	吸附水	(128)
2.2.129	油（气）田水	(128)
2.2.130	沉积水	(128)
2.2.131	固态水	(128)
2.2.132	气态水	(128)
2.2.133	成岩水	(128)
2.2.134	结晶水	(129)
2.2.135	地层水的化学组成	(129)
2.2.136	地层水密度	(129)
2.2.137	地层水黏度	(129)
2.2.138	天然气在地层水中的溶解度	(129)
2.2.139	地层水体积系数	(129)
2.2.140	地层水压缩系数	(129)
2.2.141	地层水导电性	(130)
2.2.142	地层水总矿化度	(130)
2.2.143	地层水氯离子含量	(130)
2.2.144	水型	(130)
2.2.145	水型种类	(130)
2.2.146	水型判断法	(130)
2.2.147	帕勒梅尔分类法	(130)
2.2.148	pH 值	(131)
2.2.149	硬度	(131)
2.3	**渗流力学**	**(131)**
2.3.1	渗流力学	(131)
2.3.2	不可压缩流体（刚性流体）	(131)
2.3.3	可压缩流体（弹性流体）	(131)
2.3.4	体相流体	(131)
2.3.5	边界流体	(132)
2.3.6	地下流体流场	(132)

- 2.3.7 变形介质 (132)
- 2.3.8 可变渗透率地层 (132)
- 2.3.9 多孔介质 (132)
- 2.3.10 双重孔隙介质（裂缝孔隙介质） (132)
- 2.3.11 渗流与地下渗流 (132)
- 2.3.12 单相渗流 (132)
- 2.3.13 两相渗流与多相渗流 (132)
- 2.3.14 多组分渗流 (133)
- 2.3.15 并行渗流 (133)
- 2.3.16 交互渗流 (133)
- 2.3.17 稳定渗流（定常流动、稳态流动） (133)
- 2.3.18 不稳定渗流（非定常流动、非稳态流动） (133)
- 2.3.19 拟稳定渗流（准稳定渗流、半稳定渗流） (133)
- 2.3.20 线性渗流与非线性渗流 (133)
- 2.3.21 气体渗流 (133)
- 2.3.22 气体滑渗 (133)
- 2.3.23 气体表面渗流 (134)
- 2.3.24 渗滤（蠕流） (134)
- 2.3.25 点源与点汇 (134)
- 2.3.26 径向流 (134)
- 2.3.27 单向流（直线流） (134)
- 2.3.28 球形径向流（球形流） (135)
- 2.3.29 二维渗流与三维渗流 (135)
- 2.3.30 二维二相渗流 (136)
- 2.3.31 三维三相渗流 (136)
- 2.3.32 达西定律、达西渗流、非达西渗流 (136)
- 2.3.33 渗流速度 (136)
- 2.3.34 流体的流度 (137)
- 2.3.35 流度比 (137)
- 2.3.36 渗流的初始条件 (137)

2.3.37 渗流的边界条件 …………………………………… (137)
2.3.38 混溶驱替 …………………………………………… (137)
2.3.39 不混溶驱替 ………………………………………… (137)
2.3.40 活塞驱替 …………………………………………… (138)
2.3.41 非活塞驱替 ………………………………………… (138)
2.3.42 渗流封闭边界 ……………………………………… (138)
2.3.43 边界效应 …………………………………………… (138)
2.3.44 交互窜流 …………………………………………… (138)
2.3.45 交互窜流系数 ……………………………………… (138)
2.3.46 流动势（速度势）………………………………… (139)
2.3.47 压力函数 …………………………………………… (139)
2.3.48 阻力系数 …………………………………………… (139)
2.3.49 供给边缘 …………………………………………… (140)
2.3.50 压降漏斗 …………………………………………… (140)
2.3.51 压力叠加原理 ……………………………………… (140)
2.3.52 黏性指进 …………………………………………… (140)
2.3.53 前沿不稳定性 ……………………………………… (141)
2.3.54 饱和度间断（饱和度跃变）……………………… (141)
2.3.55 流管分析法 ………………………………………… (141)
2.3.56 汇源反映法 ………………………………………… (141)
2.3.57 有限差分法（差分法）…………………………… (142)
2.3.58 导压系数 …………………………………………… (142)
2.3.59 分流线 ……………………………………………… (142)
2.3.60 主流线 ……………………………………………… (142)
2.3.61 平衡点 ……………………………………………… (142)
2.3.62 渗流雷诺数 ………………………………………… (143)
2.3.63 渗流指数与渗流系数（比例系数）……………… (144)
2.3.64 渗流状态方程 ……………………………………… (144)
2.3.65 分流量方程 ………………………………………… (144)
2.3.66 前缘推进方程 ……………………………………… (145)

2.3.67 威尔杰方程 ·· (145)
2.3.68 启动压力梯度 ·· (145)
2.3.69 拟启动压力梯度 ·· (146)
2.3.70 界面分子力 ·· (146)

第3章 油（气）藏工程与油（气）藏数值模拟

3.1 开发设计 ··· (147)
3.1.1 油（气）田开发 ·· (147)
3.1.2 油（气）藏工程 ·· (147)
3.1.3 油（气）藏经营 ·· (147)
3.1.4 集约式油（气）藏管理 ·································· (147)
3.1.5 集约式油（气）藏管理内容 ······························ (147)
3.1.6 驱动力 ·· (148)
3.1.7 天然能量 ·· (148)
3.1.8 人工补充能量 ·· (148)
3.1.9 油（气）藏驱动方式（驱动类型） ························ (148)
3.1.10 刚性水压驱动 ··· (148)
3.1.11 刚性水压驱动油（气）藏生产特点 ······················· (148)
3.1.12 弹性水压驱动 ··· (149)
3.1.13 弹性水压驱动油（气）藏生产特点 ······················· (149)
3.1.14 气顶驱动 ··· (149)
3.1.15 气顶驱动油藏生产特点 ································· (150)
3.1.16 弹性驱动 ··· (150)
3.1.17 弹性驱动油藏生产特点 ································· (150)
3.1.18 溶解气驱动 ··· (150)
3.1.19 溶解气驱油藏生产特点 ································· (150)
3.1.20 气压驱动 ··· (150)
3.1.21 重力驱动 ··· (150)
3.1.22 重力驱动油藏生产特点 ································· (151)
3.1.23 综合驱动（混合驱动） ································· (151)

3.1.24	驱动指数	(151)
3.1.25	水驱动指数	(151)
3.1.26	弹性驱动指数	(151)
3.1.27	溶解气驱动指数	(151)
3.1.28	气顶气驱动指数	(151)
3.1.29	地压系数	(151)
3.1.30	弹性能量（弹性储量）	(151)
3.1.31	水侵速度与水侵系数	(151)
3.1.32	定态水侵	(152)
3.1.33	准定态水侵	(152)
3.1.34	非定态水侵	(152)
3.1.35	弹性产量比值	(152)
3.1.36	油藏天然能量分级	(153)
3.1.37	油（气）田开发技术文件	(153)
3.1.38	油（气）田开发概念设计	(153)
3.1.39	油（气）田开发总体规划设计	(153)
3.1.40	油（气）藏试采设计	(154)
3.1.41	油（气）田开发方案	(154)
3.1.42	初步开发方案与正式开发方案	(154)
3.1.43	滚动勘探开发	(154)
3.1.44	油（气）田开发方针与原则	(154)
3.1.45	开发程序	(155)
3.1.46	油（气）藏试采	(155)
3.1.47	生产试验区	(155)
3.1.48	生产试验区确定原则	(155)
3.1.49	注水开发全过程试验	(156)
3.1.50	开发方式	(156)
3.1.51	利用天然能量开采	(156)
3.1.52	保持压力开采	(156)
3.1.53	衰竭式开采	(156)

- 3.1.54 回注干气开采 (156)
- 3.1.55 油（气）田开发部署 (156)
- 3.1.56 开发层系 (157)
- 3.1.57 层系划分与组合 (157)
- 3.1.58 层系划分与组合单元 (157)
- 3.1.59 层系组合原则 (157)
- 3.1.60 主力油层与非主力油层 (157)
- 3.1.61 井网 (158)
- 3.1.62 井网形态 (158)
- 3.1.63 开发井网 (158)
- 3.1.64 行列井网与面积井网 (158)
- 3.1.65 不规则井网 (158)
- 3.1.66 基础井网 (158)
- 3.1.67 密井网与稀井网 (158)
- 3.1.68 井网密度 (159)
- 3.1.69 经济最佳井网密度 (159)
- 3.1.70 合理井网密度 (159)
- 3.1.71 油田布井原则 (159)
- 3.1.72 气田布井原则 (159)
- 3.1.73 注水 (160)
- 3.1.74 注水时机 (160)
- 3.1.75 超前注水 (160)
- 3.1.76 早期注水 (160)
- 3.1.77 中期注水 (160)
- 3.1.78 晚期注水 (160)
- 3.1.79 水障法注水 (160)
- 3.1.80 注水方式 (160)
- 3.1.81 边外注水、边缘注水与边内注水 (161)
- 3.1.82 行列切割注水 (161)
- 3.1.83 切割区（动态区）与切割距 (161)

3.1.84	切割方向	(162)
3.1.85	排距、井距与地下井距	(162)
3.1.86	注采井数比	(162)
3.1.87	环状注水	(162)
3.1.88	块状注水	(162)
3.1.89	面积注水	(162)
3.1.90	三点法注水	(162)
3.1.91	四点法注水	(163)
3.1.92	五点法注水	(163)
3.1.93	七点法注水	(163)
3.1.94	九点法注水	(164)
3.1.95	反九点法注水	(164)
3.1.96	角井与边井	(164)
3.1.97	中心井	(164)
3.1.98	点状注水	(164)
3.1.99	顶部注水（中心注水）	(165)
3.1.100	腰部注水	(165)
3.1.101	轴部注水	(165)
3.1.102	沿裂缝带注水	(165)
3.1.103	排状注水（线状注水）	(165)
3.1.104	交错排状注水	(165)
3.1.105	斜四点法、斜五点法、斜七点法、斜九点法及反斜九点法注水	(165)
3.1.106	底部注水	(165)
3.1.107	开发指标计算	(165)
3.1.108	开发指标概算法	(166)
3.1.109	比单元	(166)
3.1.110	供油面积（泄油面积）	(166)
3.1.111	供油半径（泄油半径）	(166)
3.1.112	开发指标	(166)

3.1.113 油（气）田日产油（气）量 …………………… (167)

3.1.114 油（气）田日产油（气）能力 ………………… (167)

3.1.115 油（气）田年产油（气）量 …………………… (167)

3.1.116 油（气）田年产油（气）能力 ………………… (167)

3.1.117 采油（气）速度 ………………………………… (167)

3.1.118 平均单井日产量 ………………………………… (167)

3.1.119 折算年产量 ……………………………………… (168)

3.1.120 折算采油（气）速度 …………………………… (168)

3.1.121 注气量 …………………………………………… (168)

3.1.122 注水量 …………………………………………… (168)

3.1.123 累积注水量 ……………………………………… (168)

3.1.124 累积产水量 ……………………………………… (168)

3.1.125 累积产油（气）量 ……………………………… (168)

3.1.126 综合含水率 ……………………………………… (168)

3.1.127 水气比 …………………………………………… (169)

3.1.128 采出程度（目前采收率） ……………………… (169)

3.1.129 稳产年限（稳产时间） ………………………… (169)

3.1.130 油田产率（单位压降产量） …………………… (169)

3.1.131 极限含水 ………………………………………… (169)

3.1.132 水油比 …………………………………………… (169)

3.1.133 极限水油比 ……………………………………… (170)

3.1.134 单井经济极限产量 ……………………………… (170)

3.1.135 单井控制可采储量经济极限 …………………… (170)

3.1.136 井网密度的经济极限 …………………………… (171)

3.1.137 经济极限井距 …………………………………… (171)

3.1.138 开发年限 ………………………………………… (171)

3.1.139 采收率 …………………………………………… (171)

3.1.140 无水采收率 ……………………………………… (171)

3.1.141 阶段采收率 ……………………………………… (171)

3.1.142 最终采收率 ……………………………………… (172)

3.1.143	经济分析指标	(172)
3.1.144	总投资	(172)
3.1.145	固定资产投资	(172)
3.1.146	流动资金	(172)
3.1.147	建设期贷款利息	(172)
3.1.148	采油（气）成本	(172)
3.1.149	投资利润率	(173)
3.1.150	产品销售利润与营业利润	(173)
3.1.151	投资利税率	(173)
3.1.152	投资回收期	(173)
3.1.153	贷款偿还期	(173)
3.1.154	净现值	(173)
3.1.155	财务内部收益率	(174)
3.1.156	资本金利润率	(174)
3.1.157	资产负债率	(174)
3.1.158	流动比率	(174)
3.1.159	速动比率	(174)
3.1.160	折现率与财务折现率	(175)
3.1.161	社会折现率	(175)
3.1.162	方案优选与最佳方案、推荐方案	(175)

3.2 方案实施 (175)

3.2.1	方案实施	(175)
3.2.2	井别与井别方案	(175)
3.2.3	开发井	(175)
3.2.4	采油井与采气井	(176)
3.2.5	注水井与注气井	(176)
3.2.6	采水井	(176)
3.2.7	凝析气井	(176)
3.2.8	注蒸汽井	(176)
3.2.9	缓钻井	(176)

3.2.10 生产探井 …………………………………………… (176)

3.2.11 扩边井 ……………………………………………… (176)

3.2.12 试采井 ……………………………………………… (176)

3.2.13 资料井 ……………………………………………… (176)

3.2.14 代用井 ……………………………………………… (176)

3.2.15 密闭取心井与压力取心井 …………………………… (177)

3.2.16 水平井 ……………………………………………… (177)

3.2.17 定向井 ……………………………………………… (177)

3.2.18 丛式井 ……………………………………………… (177)

3.2.19 多分支井（多底井） ………………………………… (177)

3.2.20 大位移井与超大位移井 ……………………………… (177)

3.2.21 深井与超深井 ……………………………………… (177)

3.2.22 小井眼井 …………………………………………… (177)

3.2.23 自喷井 ……………………………………………… (177)

3.2.24 抽油井 ……………………………………………… (178)

3.2.25 气举井 ……………………………………………… (178)

3.2.26 电泵井 ……………………………………………… (178)

3.2.27 合采井与合注井 …………………………………… (178)

3.2.28 分采井与分注井 …………………………………… (178)

3.2.29 转注井 ……………………………………………… (178)

3.2.30 排液井 ……………………………………………… (178)

3.2.31 一注井与二注井 …………………………………… (178)

3.2.32 缓采井 ……………………………………………… (178)

3.2.33 缓注井 ……………………………………………… (178)

3.2.34 干井 ………………………………………………… (179)

3.2.35 报废井 ……………………………………………… (179)

3.2.36 落空率（空井率） ………………………………… (179)

3.2.37 方案核实与调整 …………………………………… (179)

3.2.38 隔层调整 …………………………………………… (179)

3.2.39 低产井区调整 ……………………………………… (179)

3.2.40 断层区调整 …………………………………… (179)
3.2.41 井别调整 ………………………………………… (179)
3.2.42 射孔 ……………………………………………… (180)
3.2.43 定向射孔 ………………………………………… (180)
3.2.44 穿孔率 …………………………………………… (180)
3.2.45 射孔方案 ………………………………………… (180)
3.2.46 射孔层位 ………………………………………… (180)
3.2.47 孔密与孔密控制 ………………………………… (180)
3.2.48 补孔 ……………………………………………… (181)
3.2.49 过油管射孔法 …………………………………… (181)
3.2.50 油管悬挂射孔法 ………………………………… (181)
3.2.51 负压射孔 ………………………………………… (181)
3.2.52 试油（气） …………………………………… (181)
3.2.53 分层试油（气） ……………………………… (181)
3.2.54 注水泥塞试油 …………………………………… (181)
3.2.55 提捞法试油 ……………………………………… (181)
3.2.56 地层测试器试油 ………………………………… (182)
3.2.57 油（气）层损害 ……………………………… (182)
3.2.58 污染系数 ………………………………………… (182)
3.2.59 产能比 …………………………………………… (182)
3.2.60 条件比 …………………………………………… (182)
3.2.61 产率比 …………………………………………… (182)
3.2.62 投产程序 ………………………………………… (182)
3.2.63 投注程序 ………………………………………… (183)
3.2.64 通井 ……………………………………………… (183)
3.2.65 洗井 ……………………………………………… (183)
3.2.66 洗井方式 ………………………………………… (183)
3.2.67 洗井液 …………………………………………… (183)
3.2.68 诱喷［诱导油（气）流］ ………………… (183)
3.2.69 替喷 ……………………………………………… (183)

3.2.70 抽汲诱喷 (183)
3.2.71 气举诱喷 (184)
3.2.72 混气水排液诱喷 (184)
3.2.73 放喷 (184)
3.2.74 求产 (184)
3.2.75 自喷求产 (184)
3.2.76 气举求产 (184)
3.2.77 抽汲求产 (184)
3.2.78 提捞求产 (184)
3.2.79 投产 (184)
3.2.80 压裂投产 (184)
3.2.81 试注 (185)
3.2.82 压裂投注 (185)
3.2.83 吸水指示曲线 (185)
3.2.84 油井工作制度 (185)
3.2.85 油井合理工作制度 (185)
3.2.86 气井工作制度 (185)
3.2.87 气井合理工作制度 (185)
3.2.88 注水井工作制度 (185)
3.2.89 注水井合理工作制度 (185)
3.2.90 排液 (186)
3.2.91 水线与排液拉水线 (186)
3.2.92 正注与反注 (186)
3.2.93 配水（配注） (186)
3.2.94 配产 (186)
3.2.95 油（气）田投产方式 (186)

3.3 油（气）藏数值模拟 (187)

3.3.1 数学模拟 (187)
3.3.2 物理模拟 (187)
3.3.3 数学模型 (187)

3.3.4　数学模型分类 …………………………………… (187)
3.3.5　数值模型 ………………………………………… (187)
3.3.6　油藏数值模拟 …………………………………… (187)
3.3.7　油藏数值模型 …………………………………… (187)
3.3.8　黑油模型（低挥发油双组分模型） ……………… (188)
3.3.9　组分模型（多组分模型） ………………………… (188)
3.3.10　双重介质模型 …………………………………… (188)
3.3.11　气藏模型 ………………………………………… (188)
3.3.12　计算机模型 ……………………………………… (188)
3.3.13　油藏模拟器 ……………………………………… (188)
3.3.14　单组分模型 ……………………………………… (188)
3.3.15　二组分模型 ……………………………………… (188)
3.3.16　三组分模型 ……………………………………… (188)
3.3.17　模型维数 ………………………………………… (188)
3.3.18　零维模型 ………………………………………… (188)
3.3.19　一维模型 ………………………………………… (189)
3.3.20　二维模型 ………………………………………… (189)
3.3.21　三维模型 ………………………………………… (189)
3.3.22　剖面模型 ………………………………………… (189)
3.3.23　径向流模型 ……………………………………… (189)
3.3.24　锥进模型 ………………………………………… (189)
3.3.25　水体模型 ………………………………………… (189)
3.3.26　井模型 …………………………………………… (189)
3.3.27　随机模型 ………………………………………… (189)
3.3.28　离散模型 ………………………………………… (189)
3.3.29　连续性模型 ……………………………………… (189)
3.3.30　离散化 …………………………………………… (190)
3.3.31　离散空间 ………………………………………… (190)
3.3.32　离散时间 ………………………………………… (190)
3.3.33　网格 ……………………………………………… (191)

- 3.3.34 网络模型 (191)
- 3.3.35 神经网络 (191)
- 3.3.36 网格粗化 (191)
- 3.3.37 网格定向 (191)
- 3.3.38 块中心网格系统 (191)
- 3.3.39 点中心网格系统 (191)
- 3.3.40 矩形网格系统 (191)
- 3.3.41 柱面网格系统 (192)
- 3.3.42 角点网格系统 (193)
- 3.3.43 局部加密网格 (193)
- 3.3.44 混合网格系统 (194)
- 3.3.45 非规则多边形网格 (194)
- 3.3.46 非邻近网格连结 (194)
- 3.3.47 网格节点 (194)
- 3.3.48 有限元法 (195)
- 3.3.49 有限差分法 (195)
- 3.3.50 直接解法 (195)
- 3.3.51 迭代解法 (195)
- 3.3.52 线性化法 (195)
- 3.3.53 矩阵解法 (195)
- 3.3.54 D_4 高斯消去法 (196)
- 3.3.55 隐式方法 (196)
- 3.3.56 显式方法 (196)
- 3.3.57 克郎克—尼克尔森方法 (196)
- 3.3.58 强隐含法 (196)
- 3.3.59 差分格式 (196)
- 3.3.60 空间前差分 (196)
- 3.3.61 空间后差分 (196)
- 3.3.62 时间前差分 (196)
- 3.3.63 时间后差分 (196)

3.3.64 空间中心差分 …………………………………… (196)
3.3.65 拟函数 ………………………………………………… (197)
3.3.66 井拟函数 ……………………………………………… (197)
3.3.67 模拟的边界效应 ……………………………………… (197)
3.3.68 模拟的边界条件 ……………………………………… (197)
3.3.69 截断误差（局部离散误差） ………………………… (197)
3.3.70 解误差（总离散误差） ……………………………… (197)
3.3.71 相容性 ………………………………………………… (197)
3.3.72 收敛性 ………………………………………………… (197)
3.3.73 稳定性 ………………………………………………… (197)
3.3.74 强非线性 ……………………………………………… (197)
3.3.75 弱非线性 ……………………………………………… (198)
3.3.76 初始化 ………………………………………………… (198)
3.3.77 初始化数据 …………………………………………… (198)
3.3.78 松弛法 ………………………………………………… (198)
3.3.79 线松弛法 ……………………………………………… (198)
3.3.80 面松弛法（块松弛法） ……………………………… (198)
3.3.81 重启动 ………………………………………………… (198)
3.3.82 重启动数据 …………………………………………… (198)
3.3.83 井数据 ………………………………………………… (198)
3.3.84 反射法 ………………………………………………… (199)
3.3.85 基函数 ………………………………………………… (199)
3.3.86 LAX 引理 ……………………………………………… (199)

第4章 采油、采气工程

4.1 采油、采气与注水 …………………………………… (200)
4.1.1 采油、采气工程 ……………………………………… (200)
4.1.2 井身结构 ……………………………………………… (200)
4.1.3 套管 …………………………………………………… (200)
4.1.4 固井 …………………………………………………… (200)

4.1.5 完井 …………………………………………………… (201)
4.1.6 完井方式 ………………………………………………… (201)
4.1.7 套管完井（射孔完井）………………………………… (201)
4.1.8 复合射孔完井 …………………………………………… (201)
4.1.9 超正压射孔完井 ………………………………………… (201)
4.1.10 裸眼完井 ………………………………………………… (201)
4.1.11 衬管完井 ………………………………………………… (201)
4.1.12 砾石充填完井 …………………………………………… (201)
4.1.13 采油方式 ………………………………………………… (202)
4.1.14 自喷采油（气）方式 …………………………………… (202)
4.1.15 自喷能量 ………………………………………………… (202)
4.1.16 油气在井筒中的流动形态（流型）…………………… (202)
4.1.17 有效损失 ………………………………………………… (203)
4.1.18 滑脱与滑脱损失 ………………………………………… (203)
4.1.19 摩擦损失 ………………………………………………… (203)
4.1.20 油井生产系统 …………………………………………… (203)
4.1.21 油管 ……………………………………………………… (203)
4.1.22 自喷井井口装置 ………………………………………… (203)
4.1.23 套管头 …………………………………………………… (204)
4.1.24 油管头 …………………………………………………… (204)
4.1.25 采油树 …………………………………………………… (204)
4.1.26 总闸门与套管闸门 ……………………………………… (205)
4.1.27 生产闸门与清蜡闸门 …………………………………… (205)
4.1.28 油嘴 ……………………………………………………… (205)
4.1.29 井口油嘴与井下油嘴 …………………………………… (205)
4.1.30 油气分离器 ……………………………………………… (205)
4.1.31 安全阀 …………………………………………………… (206)
4.1.32 压力表 …………………………………………………… (206)
4.1.33 水套加热炉 ……………………………………………… (206)
4.1.34 水套 ……………………………………………………… (206)

4.1.35 量油 ·· (206)
4.1.36 低压量油（放空量油）·· (206)
4.1.37 高压量油（密闭量油）·· (206)
4.1.38 玻璃管量油 ·· (207)
4.1.39 玻璃管自动量油 ·· (207)
4.1.40 玻璃管自动量油原理 ·· (207)
4.1.41 翻斗自动量油 ·· (207)
4.1.42 油气分离缓冲装置 ·· (207)
4.1.43 翻斗装置 ·· (208)
4.1.44 液面控制器 ·· (208)
4.1.45 计量讯号装置 ·· (208)
4.1.46 测气 ·· (208)
4.1.47 放空测气 ·· (208)
4.1.48 密闭测气 ·· (208)
4.1.49 压差计测气（垫圈流量计测气）······································ (208)
4.1.50 波纹管自动测气 ·· (209)
4.1.51 节点系统分析 ·· (209)
4.1.52 结蜡 ·· (210)
4.1.53 清蜡 ·· (210)
4.1.54 机械清蜡 ·· (210)
4.1.55 清蜡绞车 ·· (211)
4.1.56 清蜡钢丝 ·· (211)
4.1.57 刮蜡片 ·· (211)
4.1.58 麻花钻头 ·· (212)
4.1.59 顶钻 ·· (212)
4.1.60 遇卡 ·· (212)
4.1.61 跳槽 ·· (213)
4.1.62 打扭 ·· (213)
4.1.63 热油循环清蜡 ·· (213)
4.1.64 电缆加热清蜡 ·· (213)

— 43 —

4.1.65	热化学清蜡	(213)
4.1.66	化学药剂清蜡防蜡	(213)
4.1.67	油溶型清蜡防蜡剂	(214)
4.1.68	水溶型清蜡防蜡剂	(214)
4.1.69	乳溶型清蜡防蜡剂	(214)
4.1.70	玻璃油管防蜡	(214)
4.1.71	涂料油管防蜡	(214)
4.1.72	磁防蜡	(214)
4.1.73	扫线	(214)
4.1.74	测压	(214)
4.1.75	测温	(215)
4.1.76	封隔器	(215)
4.1.77	配产器与偏心配产器	(215)
4.1.78	嘴损与嘴损曲线	(215)
4.1.79	释放	(216)
4.1.80	卸压	(216)
4.1.81	验封	(216)
4.1.82	卡距	(217)
4.1.83	人工举升采油方式	(217)
4.1.84	抽油机	(217)
4.1.85	抽油泵（深井泵）	(218)
4.1.86	上冲程与下冲程	(218)
4.1.87	管式泵	(219)
4.1.88	杆式泵（插入式泵）	(220)
4.1.89	长柱塞式防砂抽油泵	(220)
4.1.90	等径柱塞抽油泵	(221)
4.1.91	串联式抽稠油泵	(221)
4.1.92	滤砂器	(222)
4.1.93	气锚	(222)
4.1.94	砂锚	(223)

4.1.95	气砂锚	(223)
4.1.96	静液面	(223)
4.1.97	回声仪	(223)
4.1.98	动液面	(223)
4.1.99	泵效（抽油系数）	(224)
4.1.100	泵的系统效率	(224)
4.1.101	冲程	(224)
4.1.102	冲程损失	(224)
4.1.103	冲次	(224)
4.1.104	冲程利用率	(224)
4.1.105	冲次利用率	(225)
4.1.106	泵径	(225)
4.1.107	防冲距	(225)
4.1.108	气锁	(225)
4.1.109	沉没度	(225)
4.1.110	抽油泵充满系数	(225)
4.1.111	动力仪	(225)
4.1.112	示功图	(226)
4.1.113	井下示功图	(226)
4.1.114	卡泵	(228)
4.1.115	阀堵	(228)
4.1.116	液压冲击	(228)
4.1.117	脱扣	(228)
4.1.118	检泵	(228)
4.1.119	作业检泵	(228)
4.1.120	计划检泵	(228)
4.1.121	躺井检泵	(228)
4.1.122	异形游梁式抽油机（双"驴头"抽油机）	(229)
4.1.123	矮形异相曲柄平衡抽油机	(229)
4.1.124	滚筒式无连杆抽油机	(230)

4.1.125　宽带式长冲程抽油机 ………………………………… (230)
4.1.126　无油管采油 ………………………………………… (230)
4.1.127　超声波采油 ………………………………………… (231)
4.1.128　水力振动解堵技术 …………………………………… (232)
4.1.129　人工地震处理油层技术 ……………………………… (232)
4.1.130　直流电场强化采油技术 ……………………………… (232)
4.1.131　电磁波加热增产技术 ………………………………… (232)
4.1.132　泵下阻尼振动采油技术 ……………………………… (232)
4.1.133　非线性波采油技术 …………………………………… (232)
4.1.134　低频电脉冲采油技术（电液压冲击法处理油层技术） ……………………………………………………… (233)
4.1.135　水力活塞泵抽油 ……………………………………… (233)
4.1.136　射流泵抽油 …………………………………………… (233)
4.1.137　电动潜油泵抽油 ……………………………………… (234)
4.1.138　螺杆泵抽油 …………………………………………… (234)
4.1.139　输入功率与有效功率 ………………………………… (234)
4.1.140　系统效率 ……………………………………………… (234)
4.1.141　损耗功率 ……………………………………………… (234)
4.1.142　气举采油方式 ………………………………………… (234)
4.1.143　连续气举 ……………………………………………… (235)
4.1.144　间歇气举 ……………………………………………… (235)
4.1.145　柱塞气举 ……………………………………………… (235)
4.1.146　腔室气举 ……………………………………………… (235)
4.1.147　气举启动压力与工作压力 …………………………… (235)
4.1.148　气举阀 ………………………………………………… (235)
4.1.149　气井井口装置 ………………………………………… (236)
4.1.150　控制无水临界流量采气 ……………………………… (236)
4.1.151　泡沫排水采气 ………………………………………… (236)
4.1.152　抽油机排水采气 ……………………………………… (237)
4.1.153　气举排水采气 ………………………………………… (238)

4.1.154 电动潜油泵排水采气 …………………… (238)
4.1.155 节流 …………………………………… (238)
4.1.156 微分节流效应 ………………………… (238)
4.1.157 积分节流效应 ………………………… (238)
4.1.158 气液相平衡分离与机械分离 ………… (238)
4.1.159 多级分离 ……………………………… (239)
4.1.160 水源 …………………………………… (239)
4.1.161 水的净化（水处理） ………………… (239)
4.1.162 沉淀 …………………………………… (239)
4.1.163 过滤 …………………………………… (239)
4.1.164 杀菌 …………………………………… (239)
4.1.165 脱氧 …………………………………… (239)
4.1.166 水质 …………………………………… (239)
4.1.167 注水站 ………………………………… (240)
4.1.168 配水间 ………………………………… (240)
4.1.169 配水器 ………………………………… (241)
4.1.170 偏心配水器 …………………………… (241)
4.1.171 管损与管损曲线 ……………………… (241)
4.1.172 持水率（视含水率） ………………… (241)
4.1.173 持液率（真实含液率） ……………… (241)
4.1.174 持气率（空隙率） …………………… (241)
4.1.175 无滑脱持液率 ………………………… (242)
4.1.176 表观速度（折算速度） ……………… (242)
4.1.177 滑脱速度 ……………………………… (242)
4.1.178 滑脱比 ………………………………… (242)
4.1.179 层流与紊流 …………………………… (243)
4.1.180 体积流量 ……………………………… (243)
4.1.181 质量流量 ……………………………… (243)
4.1.182 流线 …………………………………… (243)
4.1.183 流管 …………………………………… (243)

4.1.184	迹线	(243)
4.1.185	流束、微小流束、总流	(243)
4.1.186	有效截面与流量	(243)
4.1.187	流动密度	(243)
4.1.188	两相混合物速度（总表观速度）	(243)
4.1.189	两相混合物质量速度	(243)
4.1.190	管路损失	(244)
4.1.191	沿程阻力与沿程水头损失	(244)
4.1.192	局部阻力与局部水头损失	(244)
4.1.193	垢	(244)
4.1.194	结垢	(244)
4.1.195	油（气）田垢	(244)
4.1.196	地层垢	(244)
4.1.197	近井垢	(244)
4.1.198	井筒垢	(244)
4.1.199	设备垢	(245)
4.1.200	防垢剂	(245)
4.1.201	腐蚀	(245)
4.1.202	缓蚀剂	(245)
4.2	**井下作业**	(245)
4.2.1	井下作业	(245)
4.2.2	大修与小修	(246)
4.2.3	压井作业	(246)
4.2.4	压井液	(246)
4.2.5	循环法压井	(246)
4.2.6	反循环压井与正循环压井	(246)
4.2.7	挤注法压井	(246)
4.2.8	喷水降压法	(247)
4.2.9	不压井、不放喷作业（不压井作业）	(247)
4.2.10	压裂	(247)

4.2.11	人工裂缝	(247)
4.2.12	压裂液	(247)
4.2.13	压裂液类型	(247)
4.2.14	支撑剂	(248)
4.2.15	支撑剂类型	(248)
4.2.16	破裂压力	(248)
4.2.17	破裂压力梯度	(248)
4.2.18	闭合压力	(248)
4.2.19	净压力	(249)
4.2.20	填砂裂缝导流能力	(249)
4.2.21	含砂比	(249)
4.2.22	分层压裂（选择性压裂）	(249)
4.2.23	多裂缝压裂	(249)
4.2.24	限流压裂	(250)
4.2.25	脱砂压裂	(250)
4.2.26	高砂比压裂	(251)
4.2.27	冻胶酸压裂	(251)
4.2.28	高能气体压裂（HEGF）	(251)
4.2.29	热化学压裂	(251)
4.2.30	二氧化碳压裂	(251)
4.2.31	水力振动压裂	(251)
4.2.32	内爆冲击压裂	(252)
4.2.33	射流振荡压裂	(252)
4.2.34	酸化	(252)
4.2.35	酸液种类	(252)
4.2.36	酸液的添加剂	(252)
4.2.37	酸液溶解能力系数	(252)
4.2.38	酸液溶解能力	(252)
4.2.39	酸洗	(253)
4.2.40	酸浸	(253)

4.2.41	热酸处理	(253)
4.2.42	选择性酸化	(253)
4.2.43	压裂酸化（酸压）	(253)
4.2.44	暂堵酸化	(253)
4.2.45	分层酸化	(253)
4.2.46	闭合酸化	(254)
4.2.47	两级酸化	(254)
4.2.48	盐酸处理	(254)
4.2.49	土酸处理	(254)
4.2.50	堵水	(255)
4.2.51	机械堵水	(255)
4.2.52	化学堵水	(255)
4.2.53	非选择性堵水	(255)
4.2.54	选择性堵水	(255)
4.2.55	水玻璃堵水	(255)
4.2.56	合成树脂堵水	(256)
4.2.57	水泥浆堵水	(256)
4.2.58	乳化石蜡堵水	(256)
4.2.59	活性稠油堵水	(256)
4.2.60	松香皂堵水	(256)
4.2.61	封隔器堵水	(257)
4.2.62	底水封堵	(257)
4.2.63	防砂	(257)
4.2.64	防砂方法分类	(257)
4.2.65	机械防砂	(257)
4.2.66	化学防砂	(257)
4.2.67	复合防砂	(257)
4.2.68	探砂面	(257)
4.2.69	人工井壁防砂法（颗粒防砂法）	(257)
4.2.70	人工胶结砂层防砂法（液体防砂法）	(258)

4.2.71 砾石充填防砂法 ………………………………………… (258)
4.2.72 滤砂管防砂法 …………………………………………… (258)
4.2.73 高温固砂法 ……………………………………………… (259)
4.2.74 冲砂 ……………………………………………………… (259)
4.2.75 正冲砂、反冲砂、正反冲砂 …………………………… (259)
4.2.76 冲砂液 …………………………………………………… (259)
4.2.77 捞砂 ……………………………………………………… (259)
4.2.78 窜槽 ……………………………………………………… (259)
4.2.79 验窜（找窜） …………………………………………… (260)
4.2.80 封隔器找窜 ……………………………………………… (260)
4.2.81 同位素测井找窜 ………………………………………… (260)
4.2.82 封窜 ……………………………………………………… (260)
4.2.83 循环法封窜 ……………………………………………… (260)
4.2.84 挤入法封窜 ……………………………………………… (260)
4.2.85 填料水泥浆法封窜 ……………………………………… (260)
4.2.86 套管损坏类型 …………………………………………… (260)
4.2.87 套管变形整形技术 ……………………………………… (261)
4.2.88 胀管修复法 ……………………………………………… (261)
4.2.89 爆炸整形法 ……………………………………………… (261)
4.2.90 磨铣整形法 ……………………………………………… (261)
4.2.91 套管补贴技术 …………………………………………… (261)
4.2.92 环氧树脂波纹管贴补 …………………………………… (261)
4.2.93 旋转卡瓦波纹管贴补 …………………………………… (261)
4.2.94 玻璃纤维波纹衬管贴补 ………………………………… (262)
4.2.95 井下事故 ………………………………………………… (262)
4.2.96 卡钻 ……………………………………………………… (262)
4.2.97 井下落物（落鱼） ……………………………………… (262)
4.2.98 鱼顶与鱼底 ……………………………………………… (262)
4.2.99 探鱼 ……………………………………………………… (262)
4.2.100 印模法检测 …………………………………………… (262)

4.2.101 摸鱼 …… (263)
4.2.102 方入与方余 …… (263)
4.2.103 鱼顶方入和造扣方入 …… (263)
4.2.104 卡点 …… (263)
4.2.105 打捞 …… (263)
4.2.106 硬捞与软捞 …… (263)
4.2.107 打捞工具分类 …… (263)
4.2.108 锥类打捞工具 …… (263)
4.2.109 矛类打捞工具 …… (264)
4.2.110 筒类打捞工具 …… (264)
4.2.111 强磁打捞工具 …… (264)
4.2.112 篮类打捞工具 …… (264)
4.2.113 钩类打捞工具 …… (264)
4.2.114 公锥 …… (264)
4.2.115 母锥 …… (264)
4.2.116 打捞矛 …… (264)
4.2.117 井下打捞增力器 …… (265)
4.2.118 提放式可退捞矛 …… (265)
4.2.119 凹面磨鞋 …… (265)
4.2.120 卡瓦打捞筒 …… (266)
4.2.121 磁铁打捞器 …… (266)
4.2.122 一把抓 …… (266)
4.2.123 老虎嘴 …… (266)
4.2.124 活页式打捞器 …… (266)
4.2.125 捞钩 …… (267)
4.2.126 施工一次成功率 …… (267)

第5章 开发动态监测

5.1 生产测井 …… (268)

5.1.1 油（气）田开发动态监测 …… (268)

5.1.2	监测系统	(268)
5.1.3	压力监测系统	(268)
5.1.4	流体流量监测系统	(268)
5.1.5	流体性质监测系统	(269)
5.1.6	水淹监测系统	(269)
5.1.7	气顶气窜流监测系统	(269)
5.1.8	原油外流监测系统	(269)
5.1.9	油气、油水、气水界面监测系统	(269)
5.1.10	水障监测系统	(270)
5.1.11	储层物性监测系统	(270)
5.1.12	温度场监测系统	(270)
5.1.13	井下技术状况监测系统	(270)
5.1.14	采收率监测系统	(270)
5.1.15	生产测井（开发测井）	(271)
5.1.16	生产剖面测井	(271)
5.1.17	注入剖面测井	(271)
5.1.18	工程测井	(271)
5.1.19	地层参数测井	(271)
5.1.20	过环空测井	(272)
5.1.21	时间推移测井	(272)
5.1.22	生产动态测井	(272)
5.1.23	评价生产层测井	(272)
5.1.24	水淹层测井	(272)
5.1.25	中子寿命"测—注—测"法	(272)
5.1.26	碳氧比能谱测井	(272)
5.1.27	套管损坏测井	(272)
5.1.28	固井质量测井	(273)
5.1.29	改造生产层测井	(273)
5.1.30	防砂测井	(273)
5.1.31	流量测井	(273)

- 5.1.32 涡轮流量计测井 ……………………………………… (273)
- 5.1.33 敞流式涡轮流量计测井 ………………………………… (273)
- 5.1.34 导流式涡轮流量计测井 ………………………………… (274)
- 5.1.35 核流量计测井 …………………………………………… (275)
- 5.1.36 井间示踪监测 …………………………………………… (276)
- 5.1.37 放射性同位素测井 ……………………………………… (276)
- 5.1.38 极化 ……………………………………………………… (277)
- 5.1.39 人工电位与人工电位测井 ……………………………… (277)
- 5.1.40 介电常数 ………………………………………………… (278)
- 5.1.41 相位介电测井 …………………………………………… (278)
- 5.1.42 流体识别测井 …………………………………………… (279)
- 5.1.43 压差密度计测井（密度梯压计测井）………………… (279)
- 5.1.44 伽马流体密度计测井 …………………………………… (279)
- 5.1.45 电容法持水率计测井 …………………………………… (279)
- 5.1.46 放射性持水率计测井 …………………………………… (279)
- 5.1.47 氧活化水流测井 ………………………………………… (280)
- 5.1.48 噪声测井（声频测井、声呐测井）…………………… (280)
- 5.1.49 微井径测井 ……………………………………………… (281)
- 5.1.50 井下超声电视测井 ……………………………………… (281)
- 5.1.51 小直径磁性定位器测井 ………………………………… (281)
- 5.1.52 磁测井仪测井 …………………………………………… (281)
- 5.1.53 井温测井 ………………………………………………… (281)
- 5.1.54 示踪剂损耗法测井 ……………………………………… (282)
- 5.1.55 放射性示踪速度法测井 ………………………………… (282)
- 5.1.56 超声流量计测井 ………………………………………… (282)
- 5.1.57 涡街流量计测井 ………………………………………… (282)
- 5.1.58 电磁流量计测井 ………………………………………… (282)
- 5.1.59 低能源持水率计测井 …………………………………… (282)
- 5.1.60 电导法持水率计测井 …………………………………… (282)
- 5.1.61 沉降监测测井 …………………………………………… (282)

5.1.62	组件式地层动态测试器	(283)
5.1.63	示踪流量计	(284)
5.1.64	涡轮产量计	(285)
5.1.65	204型浮子产量计	(285)
5.1.66	水井连续流量计	(285)
5.1.67	找水仪	(286)
5.1.68	CY-751型综合测试仪	(286)
5.1.69	PLT生产测井组合仪	(287)
5.1.70	油井分层测试	(288)
5.1.71	注水井分层测试	(288)
5.1.72	分层采油井测试管柱类型	(288)
5.1.73	注水井测试管柱类型	(289)
5.1.74	吊测法	(289)
5.1.75	投捞法	(289)
5.1.76	环空测试法找水	(290)
5.1.77	气举法找水	(290)
5.1.78	抽测法找水（事先下入仪器法）	(291)
5.1.79	投球法	(291)
5.1.80	浮球法	(291)
5.1.81	井下取样器	(291)
5.1.82	井下压力计	(292)
5.1.83	测压卡片图形	(293)
5.1.84	振弦压力计	(294)
5.1.85	分层取样	(294)
5.1.86	油样物性分析	(294)
5.1.87	气样分析	(294)
5.1.88	水样分析	(294)
5.2	**地球物理测井（测井）**	(294)
5.2.1	地球物理测井（测井）	(294)
5.2.2	测井系统	(295)

5.2.3	测井响应	(295)
5.2.4	自然电位	(295)
5.2.5	自然电位测井	(295)
5.2.6	自然电位基线	(295)
5.2.7	自然电位曲线干扰	(295)
5.2.8	电极系	(295)
5.2.9	成对电极与不成对电极	(296)
5.2.10	梯度电极系	(296)
5.2.11	顶部梯度电极系与底部梯度电极系	(296)
5.2.12	电位电极系与理想电位电极系	(297)
5.2.13	地层真电阻率与地层视电阻率	(297)
5.2.14	屏蔽影响	(297)
5.2.15	普通电阻率测井（视电阻率测井）	(297)
5.2.16	梯度视电阻率曲线与电位视电阻率曲线	(297)
5.2.17	横向测井	(298)
5.2.18	标准测井（对比测井）	(298)
5.2.19	测井曲线对比法	(299)
5.2.20	微电极测井	(300)
5.2.21	主电极与屏蔽电极	(301)
5.2.22	监督电极	(302)
5.2.23	侧向测井（聚焦测井）	(302)
5.2.24	阵列侧向成像测井	(302)
5.2.25	方位侧向测井（方位电阻率成像测井）	(302)
5.2.26	三侧向测井	(303)
5.2.27	七侧向测井	(303)
5.2.28	微侧向测井	(303)
5.2.29	邻近侧向测井	(304)
5.2.30	微球形聚焦测井	(304)
5.2.31	双侧向测井	(304)
5.2.32	电磁感应	(304)

5.2.33	感应测井	(304)
5.2.34	双感应测井	(305)
5.2.35	深感应测井	(305)
5.2.36	中感应测井	(305)
5.2.37	双感应—侧向测井	(305)
5.2.38	反射波与透射波	(305)
5.2.39	滑行波与折射波	(306)
5.2.40	全反射波	(306)
5.2.41	波列	(306)
5.2.42	压缩波与切变波（纵波与横波）	(306)
5.2.43	声阻抗	(306)
5.2.44	声波时差	(307)
5.2.45	声波测井	(307)
5.2.46	声波速度测井	(307)
5.2.47	声波幅度测井	(308)
5.2.48	水泥胶结指数	(308)
5.2.49	相对幅度	(308)
5.2.50	固井声幅测井（水泥胶结测井）	(308)
5.2.51	裸眼井声幅测井	(309)
5.2.52	声波变密度测井（声波全波测井）	(309)
5.2.53	自然声波测井	(310)
5.2.54	长源距声波全波列测井	(311)
5.2.55	放射性元素	(311)
5.2.56	放射性同位素	(311)
5.2.57	放射性	(311)
5.2.58	同位素	(312)
5.2.59	核衰变	(312)
5.2.60	放射性基线	(312)
5.2.61	自然伽马测井	(312)
5.2.62	自然伽马能谱测井	(312)

5.2.63	密度测井	(312)
5.2.64	岩性密度测井	(312)
5.2.65	中子源	(313)
5.2.66	连续中子源（同位素中子源）	(313)
5.2.67	脉冲中子源（脉冲中子发生器）	(313)
5.2.68	中子俘获	(313)
5.2.69	快中子非弹性散射	(314)
5.2.70	快中子的弹性散射	(314)
5.2.71	快中子活化核反应	(314)
5.2.72	中子—热中子测井	(314)
5.2.73	中子伽马测井	(315)
5.2.74	中子寿命测井（热中子衰减时间测井）	(315)
5.2.75	超热中子测井	(316)
5.2.76	核磁共振测井	(316)
5.2.77	活化与活化测井	(317)
5.2.78	铝活化测井	(317)
5.2.79	成像测井技术	(317)
5.2.80	电成像测井技术	(317)
5.2.81	声成像测井技术	(317)
5.2.82	核成像测井技术	(317)
5.2.83	力成像测井技术	(318)
5.2.84	微电阻率扫描成像测井	(318)
5.2.85	地层倾角测井	(318)
5.3	**试井**	**(318)**
5.3.1	试井	(318)
5.3.2	稳定试井（系统试井）	(318)
5.3.3	稳定试井曲线	(319)
5.3.4	指示曲线	(319)
5.3.5	流入动态方程（系统试井流动方程）	(319)
5.3.6	不稳定试井	(320)

5.3.7 压力恢复试井 …………………………………… (320)
5.3.8 等产量恢复试井 ………………………………… (320)
5.3.9 多级流量稳定试井 ……………………………… (320)
5.3.10 压力降落试井 …………………………………… (320)
5.3.11 变流量试井（多流量试井） …………………… (321)
5.3.12 两流量试井（两级流量试井） ………………… (321)
5.3.13 气井产能试井 …………………………………… (321)
5.3.14 压力恢复曲线的压降现象 ……………………… (321)
5.3.15 压力恢复曲线与压力降落曲线 ………………… (321)
5.3.16 压力恢复曲线的"驼峰" ……………………… (322)
5.3.17 等时试井 ………………………………………… (323)
5.3.18 改进等时试井（等时间歇试井） ……………… (323)
5.3.19 一点法试井 ……………………………………… (323)
5.3.20 地层测试器试井（中途测试、DST试井） …… (323)
5.3.21 探测液面法试井 ………………………………… (323)
5.3.22 干扰试井（多井不稳定试井、水文勘探） …… (324)
5.3.23 激动井与反映井 ………………………………… (324)
5.3.24 脉冲试井 ………………………………………… (324)
5.3.25 探边测试 ………………………………………… (324)
5.3.26 压力恢复曲线的边界效应 ……………………… (324)
5.3.27 气井产能方程与气井产能曲线 ………………… (325)
5.3.28 井筒储存效应（续流） ………………………… (326)
5.3.29 井筒储存系数（续流系数） …………………… (326)
5.3.30 续流校正 ………………………………………… (326)
5.3.31 双重介质储容比 ………………………………… (327)
5.3.32 双重介质窜流系数 ……………………………… (327)
5.3.33 井筒储集常数 …………………………………… (327)
5.3.34 定压边界 ………………………………………… (328)
5.3.35 封闭边界 ………………………………………… (328)
5.3.36 井壁附加阻力（附加压力损失） ……………… (328)

- 5.3.37 井的有效半径（折算半径） …………………… (328)
- 5.3.38 流动效率 ………………………………………… (328)
- 5.3.39 堵塞比 …………………………………………… (328)
- 5.3.40 井底污染（井底伤害） ………………………… (328)
- 5.3.41 表皮效应 ………………………………………… (328)
- 5.3.42 表皮系数（井底阻力系数） …………………… (329)
- 5.3.43 气井视表皮系数 ………………………………… (329)
- 5.3.44 地层压力损失与附加压力损失 ………………… (329)
- 5.3.45 完善程度 ………………………………………… (330)
- 5.3.46 油井完善指数 …………………………………… (330)
- 5.3.47 完善井 …………………………………………… (330)
- 5.3.48 不完善井 ………………………………………… (330)
- 5.3.49 超完善井 ………………………………………… (330)
- 5.3.50 试井诊断图（双对数诊断图） ………………… (330)
- 5.3.51 特种识别图（特种识别曲线） ………………… (331)
- 5.3.52 压力导数解释法 ………………………………… (331)
- 5.3.53 常规试井解释方法 ……………………………… (331)
- 5.3.54 现代试井解释方法 ……………………………… (331)
- 5.3.55 试井解释模型 …………………………………… (331)
- 5.3.56 试井解释图版 …………………………………… (332)
- 5.3.57 样板曲线拟合法 ………………………………… (332)
- 5.3.58 试井模型 ………………………………………… (332)

5.4 开发取心 ………………………………………… (334)

- 5.4.1 开发取心 ………………………………………… (334)
- 5.4.2 岩心 ……………………………………………… (334)
- 5.4.3 开钻 ……………………………………………… (334)
- 5.4.4 开钻时间 ………………………………………… (335)
- 5.4.5 进尺 ……………………………………………… (335)
- 5.4.6 井侵 ……………………………………………… (335)
- 5.4.7 溢流 ……………………………………………… (335)

5.4.8 井涌 …………………………………………… (335)
5.4.9 井喷 …………………………………………… (335)
5.4.10 井喷失控 ……………………………………… (335)
5.4.11 压井 …………………………………………… (335)
5.4.12 井控与井控技术 ………………………………… (335)
5.4.13 地质录井（录井） ……………………………… (335)
5.4.14 岩屑与岩屑录井 ………………………………… (335)
5.4.15 岩屑迟到时间 …………………………………… (336)
5.4.16 钻井液 …………………………………………… (336)
5.4.17 钻井液录井 ……………………………………… (336)
5.4.18 荧光录井 ………………………………………… (336)
5.4.19 气测录井（气测井） …………………………… (336)
5.4.20 钻时与钻时录井 ………………………………… (336)
5.4.21 现代录井 ………………………………………… (336)
5.4.22 取心 ……………………………………………… (336)
5.4.23 取心工具 ………………………………………… (337)
5.4.24 取心钻头 ………………………………………… (337)
5.4.25 岩心筒 …………………………………………… (337)
5.4.26 岩心爪 …………………………………………… (337)
5.4.27 扶正器 …………………………………………… (337)
5.4.28 短筒取心 ………………………………………… (337)
5.4.29 长筒取心 ………………………………………… (337)
5.4.30 水基钻井液取心（普通钻井取心） …………… (337)
5.4.31 井壁取心 ………………………………………… (338)
5.4.32 大直径取心 ……………………………………… (338)
5.4.33 特殊钻井取心 …………………………………… (338)
5.4.34 油基钻井液取心 ………………………………… (338)
5.4.35 密闭取心 ………………………………………… (338)
5.4.36 压力取心 ………………………………………… (338)
5.4.37 疏松及破碎地层取心 …………………………… (339)

- 5.4.38 橡皮套取心 (339)
- 5.4.39 海绵岩心筒取心 (339)
- 5.4.40 钢丝织筒取心 (339)
- 5.4.41 密闭保护液 (339)
- 5.4.42 水平井取心 (339)
- 5.4.43 定向取心 (339)
- 5.4.44 大直径岩心、普通岩心与小直径岩心 (340)
- 5.4.45 岩心归位 (340)
- 5.4.46 井深 (340)
- 5.4.47 完钻 (340)
- 5.4.48 完钻时间 (340)
- 5.4.49 水泥返高 (340)
- 5.4.50 井斜 (340)
- 5.4.51 人工井底 (340)
- 5.4.52 桥塞 (340)
- 5.4.53 补心高度 (340)
- 5.4.54 套补距 (341)
- 5.4.55 水泥塞 (341)
- 5.4.56 堵心 (341)
- 5.4.57 磨心 (341)
- 5.4.58 卡心 (341)
- 5.4.59 割心 (341)
- 5.4.60 掉心 (341)
- 5.4.61 余心与套心 (341)
- 5.4.62 劈心 (341)
- 5.4.63 选样密度 (341)
- 5.4.64 水洗厚度与水洗厚度系数 (342)
- 5.4.65 单块岩样驱油效率 (342)
- 5.4.66 井位水平位移 (342)
- 5.4.67 岩心描述 (342)

5.4.68 岩心素描图 …………………………………………… (342)
5.4.69 荧光照相 ……………………………………………… (342)
5.4.70 岩心收获率 …………………………………………… (342)
5.4.71 密闭岩心及岩心密闭率 ……………………………… (342)
5.4.72 岩心滴水试验 ………………………………………… (342)
5.4.73 岩心水洗程度 ………………………………………… (343)
5.4.74 油层水淹类型 ………………………………………… (343)
5.4.75 底部水淹型 …………………………………………… (343)
5.4.76 中部水淹型 …………………………………………… (344)
5.4.77 多段水淹型 …………………………………………… (344)
5.4.78 均匀水淹型 …………………………………………… (344)

第6章 开发分析及调整

6.1 开发动态分析 …………………………………………… (345)
6.1.1 油（气）田开发动态分析 …………………………… (345)
6.1.2 生产动态分析（单井分析） ………………………… (345)
6.1.3 井筒内举升条件分析 ………………………………… (345)
6.1.4 油（气）层动态分析 ………………………………… (345)
6.1.5 油（气）田开发动态分析指标 ……………………… (346)
6.1.6 油（气）藏静态资料 ………………………………… (346)
6.1.7 油（气）藏动态资料 ………………………………… (346)
6.1.8 检查井 ………………………………………………… (346)
6.1.9 监测井 ………………………………………………… (346)
6.1.10 更新井 ………………………………………………… (346)
6.1.11 调整井 ………………………………………………… (346)
6.1.12 停产井与停注井 ……………………………………… (346)
6.1.13 高产井 ………………………………………………… (347)
6.1.14 低产井 ………………………………………………… (347)
6.1.15 提捞井（捞油井） …………………………………… (347)
6.1.16 积压井 ………………………………………………… (347)

6.1.17 高产短命井 …………………………………………… (347)
6.1.18 高产稳产井 …………………………………………… (347)
6.1.19 间歇自喷井 …………………………………………… (347)
6.1.20 间歇抽油井 …………………………………………… (347)
6.1.21 转抽井 ………………………………………………… (347)
6.1.22 试验井 ………………………………………………… (347)
6.1.23 气水井（含水气井） ………………………………… (347)
6.1.24 含酸气气井 …………………………………………… (348)
6.1.25 高压气井 ……………………………………………… (348)
6.1.26 低压气井 ……………………………………………… (348)
6.1.27 水淹井 ………………………………………………… (348)
6.1.28 调剖井 ………………………………………………… (348)
6.1.29 三稳井 ………………………………………………… (348)
6.1.30 油田开发模式图 ……………………………………… (348)
6.1.31 油田开发阶段 ………………………………………… (348)
6.1.32 无水采油阶段 ………………………………………… (349)
6.1.33 低含水采油阶段 ……………………………………… (349)
6.1.34 中含水采油阶段 ……………………………………… (349)
6.1.35 高含水采油阶段 ……………………………………… (349)
6.1.36 气田开发阶段 ………………………………………… (349)
6.1.37 注采单元 ……………………………………………… (350)
6.1.38 单井动用状况分析 …………………………………… (350)
6.1.39 井组 …………………………………………………… (350)
6.1.40 井组动态分析 ………………………………………… (350)
6.1.41 排间动态分析 ………………………………………… (350)
6.1.42 开发区块 ……………………………………………… (350)
6.1.43 区块动态分析 ………………………………………… (350)
6.1.44 气井生产系统（生产井模型） ……………………… (350)
6.1.45 气井生产系统分析（节点系统分析） ……………… (351)
6.1.46 油（气）藏动态史拟合 ……………………………… (351)

6.1.47 地层静压力（上覆岩层压力）……………………（351）
6.1.48 静水压力……………………………………………（351）
6.1.49 地层压力（孔隙流体压力）………………………（352）
6.1.50 压力系数与异常压力………………………………（352）
6.1.51 原始地层压力………………………………………（352）
6.1.52 目前地层压力与静止压力（静压）………………（352）
6.1.53 静压梯度……………………………………………（352）
6.1.54 压深关系曲线………………………………………（352）
6.1.55 静止温度与流动温度………………………………（353）
6.1.56 地温梯度……………………………………………（353）
6.1.57 流动压力（井底压力、流压）……………………（353）
6.1.58 流压梯度……………………………………………（353）
6.1.59 折算压力……………………………………………（353）
6.1.60 动水压力（水动力）………………………………（354）
6.1.61 压力系统……………………………………………（354）
6.1.62 油管压力（油压）…………………………………（354）
6.1.63 套管压力（套压）…………………………………（354）
6.1.64 余压…………………………………………………（355）
6.1.65 注水井井口压力……………………………………（355）
6.1.66 泵压…………………………………………………（355）
6.1.67 注水压力……………………………………………（355）
6.1.68 启动压力……………………………………………（355）
6.1.69 最低自喷流压………………………………………（355）
6.1.70 回压…………………………………………………（355）
6.1.71 废弃压力……………………………………………（355）
6.1.72 总压差………………………………………………（356）
6.1.73 采油（气）压差（生产压差、工作压差）………（356）
6.1.74 注水压差……………………………………………（356）
6.1.75 注采压差（大压差）………………………………（356）
6.1.76 流饱压差……………………………………………（356）

6.1.77	地饱压差	(356)
6.1.78	油田日产液量	(357)
6.1.79	油田日产液能力	(357)
6.1.80	油田年产液量	(357)
6.1.81	油田年产液能力	(357)
6.1.82	产能到位率	(357)
6.1.83	油田最大排液量	(357)
6.1.84	平均单井日产液量	(357)
6.1.85	油（气）田日产水量	(357)
6.1.86	油（气）田年产水量	(357)
6.1.87	井口产油量	(358)
6.1.88	核实产油量	(358)
6.1.89	输差	(358)
6.1.90	工业产气量	(358)
6.1.91	临界产量	(358)
6.1.92	无阻流量	(358)
6.1.93	损耗气量与损耗率	(358)
6.1.94	绝对无阻流量	(358)
6.1.95	含水率（含水百分数）	(359)
6.1.96	含水上升速度	(359)
6.1.97	含水上升率	(359)
6.1.98	耗水率	(359)
6.1.99	存水率（净注率）	(359)
6.1.100	阶段存水率	(360)
6.1.101	边水侵入量	(360)
6.1.102	生产气油比（气油比）	(360)
6.1.103	累积生产气油比	(360)
6.1.104	综合生产气油比	(360)
6.1.105	注采比	(360)
6.1.106	累积注采比	(361)

6.1.107	储采比 …………………………………………	(361)
6.1.108	采油指数 ………………………………………	(361)
6.1.109	比采油指数（单位厚度采油指数）…………	(362)
6.1.110	采液指数 ………………………………………	(362)
6.1.111	比采液指数（单位厚度采液指数）…………	(362)
6.1.112	产气指数 ………………………………………	(362)
6.1.113	比产气指数（单位厚度产气指数）…………	(362)
6.1.114	吸水指数 ………………………………………	(363)
6.1.115	视吸水指数 ……………………………………	(363)
6.1.116	比吸水指数（单位厚度吸水指数）…………	(363)
6.1.117	吸水厚度 ………………………………………	(364)
6.1.118	相对吸水量 ……………………………………	(364)
6.1.119	采油强度 ………………………………………	(364)
6.1.120	采液强度 ………………………………………	(364)
6.1.121	注水强度 ………………………………………	(364)
6.1.122	油层动用程度 …………………………………	(364)
6.1.123	注水程度（注入孔隙体积倍数）……………	(364)
6.1.124	注水速度 ………………………………………	(365)
6.1.125	采液速度 ………………………………………	(365)
6.1.126	水线推进速度 …………………………………	(365)
6.1.127	油水界面活塞式推进 …………………………	(365)
6.1.128	油水界面非活塞式推进 ………………………	(365)
6.1.129	流动单元 ………………………………………	(365)
6.1.130	年注水体积比 …………………………………	(365)
6.1.131	注采平衡 ………………………………………	(365)
6.1.132	地下亏空体积 …………………………………	(365)
6.1.133	压力平衡 ………………………………………	(366)
6.1.134	地层系数 ………………………………………	(366)
6.1.135	流动系数 ………………………………………	(366)
6.1.136	厚度连通系数 …………………………………	(366)

- 6.1.137 平面"舌进"系数 …… (366)
- 6.1.138 水淹厚度系数 …… (366)
- 6.1.139 扫油面积系数（水淹面积系数）…… (366)
- 6.1.140 注入水波及体积系数（扫油体积系数）…… (366)
- 6.1.141 油（气）井利用率 …… (366)
- 6.1.142 油（气）井时率 …… (367)
- 6.1.143 油（气）井综合利用率 …… (367)
- 6.1.144 产量递减率 …… (367)
- 6.1.145 指数递减、调和递减与双曲线递减 …… (367)
- 6.1.146 产量自然递减率 …… (368)
- 6.1.147 综合递减率 …… (368)
- 6.1.148 产量递减矿场经验预测法 …… (368)
- 6.1.149 递减类型判别 …… (368)
- 6.1.150 注水开发油田的三大矛盾 …… (368)
- 6.1.151 层间矛盾 …… (370)
- 6.1.152 平面矛盾 …… (371)
- 6.1.153 层内矛盾 …… (371)
- 6.1.154 毛细管窜流 …… (371)
- 6.1.155 重力窜流 …… (371)
- 6.1.156 "舌进" …… (371)
- 6.1.157 单层突进 …… (371)
- 6.1.158 层内突进 …… (372)
- 6.1.159 锥进 …… (372)
- 6.1.160 压锥 …… (372)
- 6.1.161 倒灌 …… (372)
- 6.1.162 "自然水路" …… (372)
- 6.1.163 "南涝北旱" …… (372)
- 6.1.164 暴性水淹 …… (373)
- 6.1.165 排间矛盾 …… (373)
- 6.1.166 井间干扰 …… (373)

6.1.167	见水预兆	(373)
6.1.168	来水方向	(374)
6.1.169	见水层位	(374)
6.1.170	笼统注水、笼统采油	(374)
6.1.171	高产稳产	(374)
6.1.172	稳产期采收率	(374)
6.1.173	油井见效类型	(374)
6.1.174	气井出水类型	(375)
6.1.175	井位与地下井位	(375)
6.1.176	开发井位图	(375)
6.1.177	油（气）层剖面图	(375)
6.1.178	单层平面图	(375)
6.1.179	油层相带平面分布图	(376)
6.1.180	有效厚度等值图	(376)
6.1.181	渗透率等值图	(376)
6.1.182	含油（气）饱和度等值图	(376)
6.1.183	孔隙度等值图	(377)
6.1.184	油（气）层等压图	(377)
6.1.185	栅状图	(377)
6.1.186	油田开采现状图（油田开采形势图）	(378)
6.1.187	注采剖面图	(378)
6.1.188	水线推进图	(378)
6.1.189	平面水淹图（平面油水分布图）	(379)
6.1.190	水淹剖面图	(379)
6.1.191	油砂体开采现状图	(379)
6.1.192	单井采油曲线	(383)
6.1.193	单井采气曲线	(383)
6.1.194	综合开采曲线	(383)
6.1.195	注水曲线	(385)
6.1.196	含水与采出程度关系曲线	(385)

6.1.197	产量构成曲线	(385)
6.1.198	驱替特征曲线（油、水关系曲线，水驱规律曲线）	(387)
6.1.199	纯气井流入、流出和油管动态曲线	(388)
6.1.200	油井流入动态曲线	(388)
6.1.201	采气速度、采出程度与稳产年限关系曲线	(389)

6.2 调整挖潜 (390)

6.2.1	调整挖潜	(390)
6.2.2	地下潜力	(390)
6.2.3	生产潜力	(390)
6.2.4	可能潜力	(390)
6.2.5	储量复算	(390)
6.2.6	剩余油影响因素	(391)
6.2.7	剩余地质储量	(391)
6.2.8	剩余可采储量	(391)
6.2.9	水驱储量	(391)
6.2.10	连通储量、不连通储量及损失储量	(391)
6.2.11	单井控制储量	(391)
6.2.12	间接水驱储量	(391)
6.2.13	接替稳产	(391)
6.2.14	井间接替	(392)
6.2.15	排间接替	(392)
6.2.16	区间接替	(392)
6.2.17	分压注水	(392)
6.2.18	分质注水	(392)
6.2.19	杀菌增注	(392)
6.2.20	"六分四清"	(392)
6.2.21	分层采油	(393)
6.2.22	分层注水	(393)
6.2.23	分层测试	(393)

6.2.24 分层改造 …………………………………… (393)
6.2.25 分层管理 …………………………………… (393)
6.2.26 分层研究 …………………………………… (393)
6.2.27 配产指标 …………………………………… (394)
6.2.28 加强层与限制层 ……………………………… (394)
6.2.29 配水合格率 …………………………………… (394)
6.2.30 配产合格率 …………………………………… (394)
6.2.31 水驱控制程度 ………………………………… (394)
6.2.32 水淹体积 ……………………………………… (394)
6.2.33 驱油效率（微观波及系数）………………… (395)
6.2.34 表外储层 ……………………………………… (395)
6.2.35 表外储层类型 ………………………………… (395)
6.2.36 动用层 ………………………………………… (395)
6.2.37 未动用层 ……………………………………… (395)
6.2.38 潜力层 ………………………………………… (396)
6.2.39 厚油层挖潜技术 ……………………………… (396)
6.2.40 独立型厚油层 ………………………………… (396)
6.2.41 叠加型厚油层 ………………………………… (396)
6.2.42 切叠型厚油层 ………………………………… (396)
6.2.43 油井放产 ……………………………………… (397)
6.2.44 油井转抽 ……………………………………… (397)
6.2.45 生产方式调整 ………………………………… (397)
6.2.46 天然气喷射器开采技术 ……………………… (397)
6.2.47 增压输气开采技术 …………………………… (397)
6.2.48 负压采气技术 ………………………………… (398)
6.2.49 优选管柱排水采气技术 ……………………… (398)
6.2.50 间歇注水 ……………………………………… (398)
6.2.51 周期注水 ……………………………………… (398)
6.2.52 双管采油 ……………………………………… (398)
6.2.53 强化注水 ……………………………………… (398)

6.2.54 强化采油 …… (398)
6.2.55 油(气)层改造 …… (399)
6.2.56 "高注低采"与"低注高采" …… (399)
6.2.57 堵后"无采"与"难采" …… (399)
6.2.58 经常性调整(年度综合调整) …… (399)
6.2.59 零散调整 …… (399)
6.2.60 成排调整 …… (399)
6.2.61 生产井段调整 …… (399)
6.2.62 能量补给方式调整 …… (400)
6.2.63 平面调整 …… (400)
6.2.64 调剖 …… (400)
6.2.65 层系调整 …… (400)
6.2.66 层系互补 …… (400)
6.2.67 层系封堵 …… (401)
6.2.68 井网调整 …… (401)
6.2.69 二次加密调整 …… (401)
6.2.70 三次加密调整 …… (401)
6.2.71 井网抽稀 …… (401)
6.2.72 工作制度调整 …… (401)
6.2.73 采油方式调整 …… (401)
6.2.74 采油工艺调整 …… (402)
6.2.75 水动力学方法 …… (402)
6.2.76 注水方式调整 …… (402)
6.2.77 移动注水线 …… (402)
6.2.78 改变注入水渗流方向 …… (402)
6.2.79 油田综合调整 …… (402)
6.2.80 注水—产液结构调整 …… (403)
6.2.81 储采结构调整 …… (403)
6.2.82 注水结构调整 …… (403)
6.2.83 产液结构调整 …… (403)

6.2.84 "稳油控水"工程	(403)
6.2.85 "稳油控水"三种模式	(403)
6.2.86 中高含水期的开发模式	(404)
6.2.87 提液稳产开发模式	(404)
6.2.88 稳液降产开发模式	(404)
6.2.89 降液控水开发模式	(405)
6.2.90 "稳油控水"开发模式	(405)

第7章 提高采收率

7.1 混相驱与化学驱 (407)

7.1.1 提高采收率	(407)
7.1.2 提高采收率方法	(407)
7.1.3 一次采油	(407)
7.1.4 二次采油	(407)
7.1.5 三次采油	(407)
7.1.6 剩余油	(407)
7.1.7 残余油	(408)
7.1.8 剩余油饱和度	(408)
7.1.9 残余油饱和度	(408)
7.1.10 残余油分布类型	(408)
7.1.11 油块与油滴	(408)
7.1.12 油膜	(409)
7.1.13 捕集残余油	(409)
7.1.14 "死油"层	(409)
7.1.15 "死油"段	(409)
7.1.16 "死油"区（滞油区）	(409)
7.1.17 驱油机理	(410)
7.1.18 结构难度指数	(410)
7.1.19 毛细管准数	(410)
7.1.20 泰柏准数	(410)

7.1.21	π 准数	(410)
7.1.22	三次采油准数	(410)
7.1.23	重力稳定驱替	(411)
7.1.24	"2+3"提高采收率技术	(411)
7.1.25	三次采油筛选标准	(411)
7.1.26	岩心驱替试验	(411)
7.1.27	先导性试验	(411)
7.1.28	混相	(411)
7.1.29	可混性	(411)
7.1.30	混相剂	(412)
7.1.31	一次接触混相	(412)
7.1.32	多次接触混相	(412)
7.1.33	动态混相	(412)
7.1.34	混相压力	(412)
7.1.35	最低混相压力	(412)
7.1.36	混相带	(412)
7.1.37	混相前缘	(412)
7.1.38	汇集油带(油墙)	(412)
7.1.39	汇集气带	(412)
7.1.40	混相驱替与非混相驱替	(413)
7.1.41	混相驱	(413)
7.1.42	烃类混相驱油法	(413)
7.1.43	高压干气驱油法	(413)
7.1.44	二氧化碳混相驱油法	(413)
7.1.45	凝析气混相驱油法	(413)
7.1.46	富气驱油法	(413)
7.1.47	段塞	(414)
7.1.48	液化石油气段塞驱油法	(414)
7.1.49	混相段塞驱油法	(414)
7.1.50	富气段塞驱油法	(414)

7.1.51 醇段塞驱油法 …………………………………………… (414)
7.1.52 平衡气驱油法 …………………………………………… (414)
7.1.53 二氧化碳非混相驱油法 ………………………………… (414)
7.1.54 二氧化碳水驱油法 ……………………………………… (415)
7.1.55 混气水驱油法 …………………………………………… (415)
7.1.56 二氧化碳吞吐驱油法 …………………………………… (415)
7.1.57 二氧化碳+水和水气交替驱油法 ……………………… (415)
7.1.58 浓缩气和高压气驱油法 ………………………………… (415)
7.1.59 交替注气和注水驱油法 ………………………………… (415)
7.1.60 烟道气 …………………………………………………… (415)
7.1.61 烟道气驱油法 …………………………………………… (415)
7.1.62 惰性气驱油法 …………………………………………… (415)
7.1.63 氮气驱油法 ……………………………………………… (416)
7.1.64 同时注水和注氮气的非混相驱油法 …………………… (416)
7.1.65 空气驱油法 ……………………………………………… (416)
7.1.66 化学剂驱油法 …………………………………………… (416)
7.1.67 改良水驱油法（改型水驱油法） ……………………… (416)
7.1.68 活性水驱油法 …………………………………………… (416)
7.1.69 稠化水驱油法 …………………………………………… (416)
7.1.70 表面活性剂 ……………………………………………… (416)
7.1.71 活性剂吸附 ……………………………………………… (416)
7.1.72 活性剂损失 ……………………………………………… (416)
7.1.73 活性剂滞留 ……………………………………………… (417)
7.1.74 活性剂添加剂 …………………………………………… (417)
7.1.75 含氟活性剂 ……………………………………………… (417)
7.1.76 分配系数 ………………………………………………… (417)
7.1.77 胶束 ……………………………………………………… (417)
7.1.78 胶束增溶作用 …………………………………………… (417)
7.1.79 水外相和油外相胶束溶液 ……………………………… (417)
7.1.80 临界胶束浓度 …………………………………………… (417)

- 7.1.81 胶束溶液驱油法 …………………………………… (417)
- 7.1.82 微乳液 …………………………………………… (418)
- 7.1.83 微乳液结构 ……………………………………… (418)
- 7.1.84 微乳液相态 ……………………………………… (418)
- 7.1.85 上相微乳液 ……………………………………… (419)
- 7.1.86 中相微乳液 ……………………………………… (419)
- 7.1.87 下相微乳液 ……………………………………… (419)
- 7.1.88 最佳含盐量 ……………………………………… (419)
- 7.1.89 微乳液三元相图 ………………………………… (419)
- 7.1.90 高活性浓度微乳液体系 ………………………… (419)
- 7.1.91 微乳液驱油法 …………………………………… (419)
- 7.1.92 微乳液混相驱油法 ……………………………… (419)
- 7.1.93 非混相微乳液驱油法 …………………………… (420)
- 7.1.94 表面活性剂—聚合物驱油法 …………………… (420)
- 7.1.95 低浓度大段塞活性剂驱油法 …………………… (420)
- 7.1.96 高浓度小段塞活性剂驱油法 …………………… (420)
- 7.1.97 流度控制 ………………………………………… (420)
- 7.1.98 流度缓冲带 ……………………………………… (421)
- 7.1.99 碱水驱油法 ……………………………………… (421)
- 7.1.100 低界面张力 …………………………………… (421)
- 7.1.101 超低界面张力 ………………………………… (421)
- 7.1.102 超低界面张力体系驱油法 …………………… (421)
- 7.1.103 泡沫特征值 …………………………………… (421)
- 7.1.104 泡沫稳定剂 …………………………………… (421)
- 7.1.105 起泡效率 ……………………………………… (421)
- 7.1.106 牺牲剂 ………………………………………… (421)
- 7.1.107 泡沫驱油法 …………………………………… (422)
- 7.1.108 聚合反应与单体 ……………………………… (422)
- 7.1.109 聚合物与低聚物、高聚物 …………………… (422)
- 7.1.110 人工合成聚合物 ……………………………… (422)

条目	名称	页码
7.1.111	天然聚合物	(422)
7.1.112	生物聚合物	(422)
7.1.113	平均聚合度	(422)
7.1.114	聚合物相对分子质量	(422)
7.1.115	高聚合物相对分子质量分布	(422)
7.1.116	聚合物稳定性	(423)
7.1.117	聚合物的降解	(423)
7.1.118	聚合物化学降解	(423)
7.1.119	聚合物机械降解	(423)
7.1.120	聚合物生物降解	(423)
7.1.121	交联	(423)
7.1.122	筛网系数	(423)
7.1.123	聚合物的水解与水解度	(423)
7.1.124	良溶剂与不良溶剂	(423)
7.1.125	聚合物的阻力系数	(424)
7.1.126	残余阻力系数	(424)
7.1.127	聚合物捕集	(424)
7.1.128	聚合物滞留	(424)
7.1.129	机械滞留与水力滞留	(424)
7.1.130	聚合物的吸附	(424)
7.1.131	静态吸附与动力吸附	(424)
7.1.132	聚合物固体含量	(425)
7.1.133	过滤因子	(425)
7.1.134	残余单体含量	(425)
7.1.135	特性黏度	(425)
7.1.136	结构黏度	(425)
7.1.137	聚合物驱控制程度	(425)
7.1.138	聚合物驱流度比	(425)
7.1.139	聚合物存聚率	(425)
7.1.140	聚合物注入速度	(425)

- 7.1.141 聚合物溶解速度 …………………………………… (425)
- 7.1.142 溶胶与凝胶 ………………………………………… (425)
- 7.1.143 凝胶分子的转折压力 ……………………………… (425)
- 7.1.144 延迟凝胶化 ………………………………………… (425)
- 7.1.145 孔隙阻力因子法 …………………………………… (426)
- 7.1.146 地层内交联 ………………………………………… (426)
- 7.1.147 新型缔合聚合物 …………………………………… (426)
- 7.1.148 复合体系 …………………………………………… (426)
- 7.1.149 二元复合驱与三元复合驱 ………………………… (426)
- 7.1.150 泡沫复合驱油法 …………………………………… (426)
- 7.1.151 聚合物驱油法 ……………………………………… (426)
- 7.1.152 胶束—聚合物驱油法 ……………………………… (426)
- 7.1.153 微乳液—聚合物驱油法 …………………………… (427)
- 7.1.154 碱—聚合物驱油法 ………………………………… (427)
- 7.1.155 表面活性剂—碱—聚合物复合驱油法（三元复合驱） …………………………………………… (427)
- 7.1.156 协同效应 …………………………………………… (427)
- 7.1.157 正向异常液 ………………………………………… (427)
- 7.1.158 正向异常液驱油法 ………………………………… (427)
- 7.1.159 混相驱模型 ………………………………………… (427)
- 7.1.160 化学驱模型 ………………………………………… (428)

7.2 热力驱油及其他 …………………………………… (428)

- 7.2.1 热力采油法（热驱） ………………………………… (428)
- 7.2.2 热量 …………………………………………………… (428)
- 7.2.3 汽化潜热 ……………………………………………… (428)
- 7.2.4 汽化与蒸发 …………………………………………… (428)
- 7.2.5 饱和状态 ……………………………………………… (428)
- 7.2.6 饱和蒸汽与饱和液体 ………………………………… (429)
- 7.2.7 湿饱和蒸汽与干饱和蒸汽 …………………………… (429)
- 7.2.8 过热蒸汽与过热度 …………………………………… (429)

- 7.2.9 蒸汽饱和压力 ……………………………………… (429)
- 7.2.10 热扩散系数 ………………………………………… (429)
- 7.2.11 导热 ………………………………………………… (429)
- 7.2.12 对流 ………………………………………………… (429)
- 7.2.13 辐射 ………………………………………………… (429)
- 7.2.14 焖井 ………………………………………………… (429)
- 7.2.15 黏温曲线 …………………………………………… (429)
- 7.2.16 吞吐周期 …………………………………………… (430)
- 7.2.17 油热比 ……………………………………………… (430)
- 7.2.18 净产油量 …………………………………………… (430)
- 7.2.19 回采水率 …………………………………………… (430)
- 7.2.20 汽窜 ………………………………………………… (430)
- 7.2.21 热量有效利用系数 ………………………………… (430)
- 7.2.22 焓与比焓 …………………………………………… (430)
- 7.2.23 蒸汽的干度 ………………………………………… (430)
- 7.2.24 饱和温度 …………………………………………… (430)
- 7.2.25 蒸汽发生器（湿蒸汽发生器、热采锅炉）……… (430)
- 7.2.26 蒸汽发生器的热效率 ……………………………… (431)
- 7.2.27 井下蒸汽发生器 …………………………………… (431)
- 7.2.28 汽油比 ……………………………………………… (431)
- 7.2.29 累积汽油比 ………………………………………… (431)
- 7.2.30 热载体 ……………………………………………… (431)
- 7.2.31 有效注入热量 ……………………………………… (431)
- 7.2.32 蒸汽驱热能利用系数 ……………………………… (431)
- 7.2.33 蒸汽超覆 …………………………………………… (431)
- 7.2.34 蒸汽吞吐四段式 …………………………………… (431)
- 7.2.35 热水驱油法 ………………………………………… (432)
- 7.2.36 压裂辅助蒸汽驱 …………………………………… (432)
- 7.2.37 电热采油 …………………………………………… (432)
- 7.2.38 蒸汽驱油法 ………………………………………… (432)

- 7.2.39 蒸汽吞吐驱油法……(432)
- 7.2.40 蒸汽+非凝析气体吞吐……(432)
- 7.2.41 多井整体蒸汽吞吐……(432)
- 7.2.42 蒸汽+化学剂吞吐……(432)
- 7.2.43 周期注蒸汽驱油法……(432)
- 7.2.44 蒸汽段塞驱油法……(433)
- 7.2.45 电磁激热采油……(433)
- 7.2.46 热化学采油……(433)
- 7.2.47 火烧油层（火驱）……(433)
- 7.2.48 正向燃烧法……(434)
- 7.2.49 反向燃烧法……(434)
- 7.2.50 干式燃烧……(434)
- 7.2.51 湿式燃烧……(434)
- 7.2.52 局部淬水燃烧法……(434)
- 7.2.53 正向燃烧和水驱联合法……(434)
- 7.2.54 空气—油比……(434)
- 7.2.55 水—空气比……(434)
- 7.2.56 井下点火器……(434)
- 7.2.57 自然点火……(435)
- 7.2.58 人工点火……(435)
- 7.2.59 已燃带……(435)
- 7.2.60 燃烧前缘……(435)
- 7.2.61 结焦带……(435)
- 7.2.62 燃料含量……(435)
- 7.2.63 综合热驱油法……(435)
- 7.2.64 热采模型……(435)
- 7.2.65 接种……(435)
- 7.2.66 碳源与氮源……(435)
- 7.2.67 本源细菌……(436)
- 7.2.68 外源细菌……(436)

7.2.69	外源微生物采油法	(436)
7.2.70	激活油藏本源微生物采油法	(436)
7.2.71	微生物采油法	(436)
7.2.72	微生物吞吐法（周期性注微生物法）	(436)
7.2.73	声波采油法	(436)
7.2.74	露天开采法	(436)
7.2.75	坑道采油法	(437)
7.2.76	爆炸采油法	(437)
7.2.77	注浓硫酸采油法	(437)
7.2.78	蒸汽辅助重力采油法	(437)
7.2.79	出砂冷采法	(437)
7.2.80	分子沉积膜（分子膜）	(437)
7.2.81	分子膜驱油技术	(439)

参考文献 (440)

索引 (448)

第1章 开 发 地 质

1.1 油（气）藏描述

1.1.1 油（气）田开发地质学

油（气）田开发地质是一门研究油（气）藏地质结构、油（气）储集空间、流体性质、渗流特征、驱动能量及其在开发过程中变化规律的学科。它应用和综合构造地质学、沉积岩石学、油（气）藏物理学、渗流力学、油（气）藏工程学等学科的原理和方法进行油（气）藏描述，为合理开发油（气）田提供科学依据。

1.1.2 油（气）藏地质要素

指组成油（气）藏的三个主要部分——构造、储层和流体。

1.1.3 油（气）藏描述

油（气）藏描述是一项利用获取的地下信息来研究和定量描述油（气）藏开发地质特征，并进行评价的新技术，简称 RDS 技术服务（Reservoir Description Service）。其描述的主要内容包括：油（气）藏构造形态、储层沉积特征及非均质性、储层物性及空间结构、流体性质及渗流特征等。不同勘探开发阶段，其描述内容有所差别和侧重，但都要围绕油（气）藏具体特点和生产需要来进行。

1.1.4 地下信息

指利用地震、钻井、测井、测试等技术所获得的能反映油（气）藏地下情况的实物和资料。获取齐全、准确的地下信息是搞好油（气）藏描述的前提和保证。

1.1.5 油（气）藏地质模型

指将油（气）藏的各种地质特征概括和抽象出来，使其成为在三维空间的分布及变化定量表述出来的油（气）藏缩影或复制品（模型）。它由构造模型、储层模型、流体模型三部分组成，是油（气）藏描述的最终成果。

1.1.6　构造模型

指定量表述油（气）藏构造类型、形态特征、断层性质及分布等的地质模型。

1.1.7　储层模型

指定量表述储层性质、连续性、非均质性、物性参数及变化、裂缝特征等的地质模型。

1.1.8　流体模型

指定量表述储层内流体性质及分布等的地质模型。

1.1.9　油（气）藏地质模型分类

指根据不同的因素和目的所划分的地质模型种类。地质模型种类繁多：按勘探开发阶段分为概念模型、静态模型、预测模型；按油（气）藏要素分为圈闭模型、储层模型、流体模型；按油（气）藏组成因素分为形态模型、结构模型、空间组合模型、参数模型、流体类型及分布模型；按油（气）藏部位分为单井模型、剖面模型、平面模型、立体模型等。

1.1.10　概念模型

指将储层主要地质特征（形态分布、非均质性、连续性等）加以典型化和概念化，使其成为某一地区或全油（气）田具有普遍代表意义的地质模型。它要求描述储层总的特点基本符合实际，不要求每个局部都很具体、真实。

1.1.11　静态模型（实体模型）

根据井点实测数据，将储层地质特征在三维空间上的分布及变化如实地加以描述，这种地质模型称为静态模型，也称实体模型。

1.1.12　预测模型

指能预测井点间及以外地区储层变化情况的地质模型。它为油田开发调整、挖潜和三次采油提供依据。由于获取的地下信息有限，同时地下情况千变万化，很难预测，因此建立预测模型已成为世界性的攻关难题。

1.1.13 储层地质模型分类

指根据模型表述的内容划分的种类。一般分为储层离散属性模型和储层参数模型两大类。前者包括储层结构模型、定量流动模型、储层参数模型、储层非均质模型、裂缝分布模型等。后者包括储层孔隙度、渗透率以及含油、气饱和度分布模型等。

1.1.14 储层地质模型分级

指流体（油、气、水）在储层中流动时受限制范围大小所划分的模型级别。可分为油藏规模、砂体规模、单层规模、孔隙规模四级储层地质模型。它可满足不同规模、不同精度及不同目的的模拟需要，是评价新、老油田和确定开发管理方案时常用的做法。

1.1.15 油藏精细描述

指油田开发进入高含水期、特高含水期后，为了搞清剩余油分布，挖掘油层潜力，提高最终采收率，对油藏构造、断层、沉积相、非均质性、空间结构、渗流特征等进行更细致、更深入的研究和描述。在目前技术条件下，要求做到：构造等高线要精细到小于或等于 $5m$；要划出断距小于或等于 $5m$、长度小于 $100m$ 的断层；要划分出小于 $0.2m$ 的夹层；在垂向上将油层细分成单层；沉积相要细分到四级相和五级相；要确定出渗流和水淹特征相同的流动单元；要搞清储层空间结构和渗流特征变化；建立精细的预测模型，最后确定出剩余油的分布等。

1.1.16 原型模型

指一个与模拟目标储层特征相似，并有足够密集控制点，得到详细描述的储层地质模型。

1.1.17 储层地质知识库

指经大量研究高度概括的、能定性或定量表征不同成因类型储层地质特征，并且具有普遍意义的众多参数。它和原型模型均是储层精细预测的基础。

1.1.18 随机建模

指以已知的信息为基础，以随机函数为理论依据，应用随机模拟方法，产生可选的、等概率的储层模型的一种方法。

1.2 地下构造

1.2.1 构造与地下构造

构造是指岩体和岩层在地球内、外营力的作用下发生变形、变位，从而形成褶皱、断层、裂缝、劈理等。

埋藏在地下的构造称为地下构造。

1.2.2 古构造

指在某一地质时期以前形成的构造。

1.2.3 圈闭

指能阻止油、气在储层中继续运移，并使油、气聚集起来的场所。

1.2.4 圈闭类型

指根据圈闭成因划分的圈闭种类。通常分为构造圈闭、地层圈闭、岩性圈闭三大类型，另外还有彼此结合的复合圈闭。

1.2.5 微构造

指由于油层局部微小起伏变化和微小断层所形成的微小构造。

1.2.6 储油气构造

指能储集油、气的构造，如背斜、鼻状构造、断块、裂缝性圈闭等。

1.2.7 背斜与向斜（背斜构造与向斜构造）

由于地壳运动等作用，使岩层发生弯曲，倾向相背，向上凸起部分叫背斜，亦称背斜构造；倾向相向，向下凹陷部分叫向斜，亦称向斜构造。背斜核部的岩层较两翼岩层老，向斜则相反（图1.1）。

背斜构造是油、气聚集最有利的场所，因此是油、气田中最常见的油、气圈闭类型。

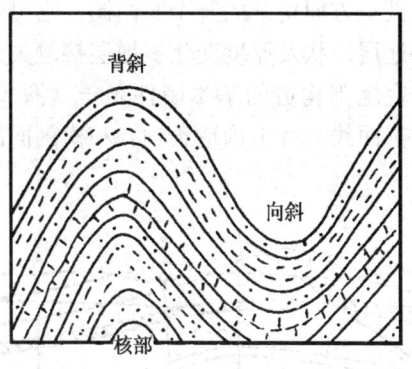

图 1.1　背斜与向斜

1.2.8　单斜（单斜构造）

岩层或地层受力后，均向单一方向倾斜称为单斜，亦称单斜构造，是最常见、最简单的构造形态。

1.2.9　构造图

指能代表构造形态的岩层顶面（或底面）等高线的平面投影图（图 1.2）。它能反映构造的形态、大小及起伏等，是石油勘探和开发工作的基本图件之一。

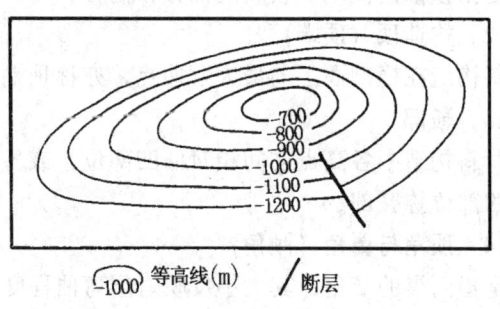

图 1.2　构造图

1.2.10 构造剖面图

指沿构造某一方向切开的一个断面图。它可反映构造在某一方向的形态、地层产状及厚度变化、地层接触关系、断层位置及性质等,是研究地下构造的基本图件之一(图1.3)。通常可分为纵剖面图(剖面线平行于构造长轴)和横剖面图(剖面线垂直于构造长轴)。

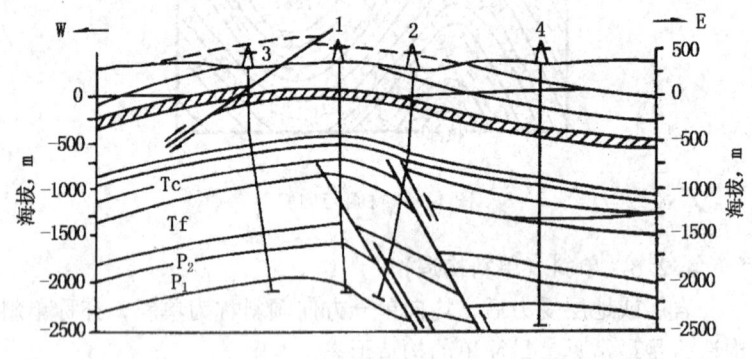

图1.3 构造剖面图

1.2.11 核部(核)与翼部(两翼)

核部是指背斜构造或褶皱中心地层最老的部分,简称核。
翼部是指核部两侧地层较新的部分,简称两翼。

1.2.12 构造顶(顶端)

指背斜构造在横剖面上的最大弯曲点,亦称顶端或顶点。

1.2.13 鞍部

同一背斜构造中各高点之间相对低凹部位,或各背斜构造相连接的低凹部位称鞍部。

1.2.14 顶角与翼角(倾角)

顶角是指两翼的交角,其大小反映岩层弯曲程度。
翼角是指两翼岩层与其水平投影面的夹角,即倾角。

1.2.15 轴面与轴线

平分褶曲顶角的假想面称为轴面。轴面可以是平面或曲面,可以是倾斜的或水平的。

1.2.16 枢纽

指褶曲构造中某一岩层面与轴面的交线，也是该岩层面上最大弯曲点的连线。它可以是直线或曲线，可以是水平的或倾斜的。

1.2.17 脊面与脊线

通过组成褶曲各岩层最高部位的面称为脊面。

脊面与岩层层面的交线称为脊线。

1.2.18 转折端

泛指褶曲两翼岩层互相过渡的弯曲部分。

1.2.19 长轴与短轴

背斜构造延伸较长方向的轴叫长轴；通过最高点，与长轴垂直方向的轴叫短轴。

1.2.20 轴向

指背斜构造的延伸方位或长轴方位。

1.2.21 高点

指背斜构造最高部位。同一个背斜构造可以有一个或几个高点。

1.2.22 溢出点

指背斜构造或其他圈闭最低闭合点，即油、气充满圈闭后，开始溢出之点。

1.2.23 闭合度（闭合差）

闭合度也叫闭合高差或闭合差，是指背斜构造或其他圈闭的最高点至溢出点的高差或垂直距离（图1.4）。它是描述各种储油、气构造圈闭程度的重要指标。

1.2.24 闭合面积

通过溢出点的等高线所圈出的面积或该等高线与其他遮挡面（包括不整合面、断层面、岩性尖灭线）等高线所圈定的闭合区的面积。

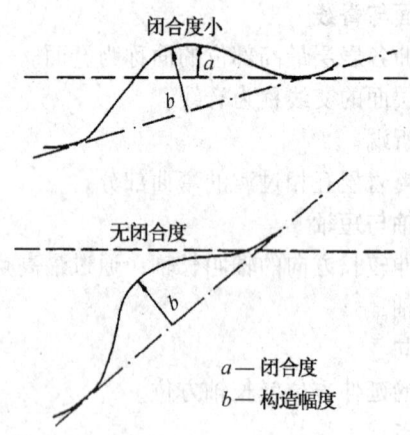

图 1.4 闭合度与构造幅度示意图

1.2.25 构造幅度

指背斜构造最高点至区域倾斜面的垂直距离（图 1.4）。

1.2.26 对称背斜与不对称背斜

两翼倾角相等的背斜叫对称背斜，反之为不对称背斜。

1.2.27 线状背斜、长轴背斜、短轴背斜、穹窿

在平面上，线状背斜呈线状，其长、短轴长度比例大于 10∶1；长轴背斜呈长条状，其长、短轴长度比例为 10∶1～5∶1；短轴背斜呈椭圆状，其长、短轴长度比例为 5∶1～2∶1；穹窿近似圆形，其长、短轴长度比例为 2∶1～1∶1。这是背斜构造中最常见的四种形态。

1.2.28 同沉积背斜

指由与沉积作用同时进行的褶皱作用，使局部地层隆起而形成的背斜构造。它具有上缓下陡的构造形态，上部与下部构造形态常不吻合，岩层厚度由构造轴部向两翼增厚，以及岩性由轴部向两翼变细等特点。

1.2.29 挤压背斜

指由以侧压应力挤压为主的褶皱作用而形成的背斜构造。其特点是：两翼地层倾角陡，常呈不对称状；闭合高度较大，闭合面积较小；常伴有断层等。

1.2.30 基底升降背斜

指由于基底的差异沉降作用而形成的平缓而巨大的背斜构造。其特点是：两翼地层倾角平缓、闭合度较小、闭合面积较大等。

1.2.31 底辟构造（刺穿构造）

亦称刺穿构造。指由地下深处存在的高塑性岩石（如岩盐、石膏、黏土等），在差异重力作用下向上拱起，刺穿上覆岩层而形成背斜构造，故亦称底辟背斜。

1.2.32 披盖构造（披覆背斜）

亦称披覆背斜。指在古地形突起部分，上覆沉积物，因差异压实作用，形成顶部薄、颗粒粗，向四周逐渐增厚、颗粒变细的披盖状背斜。

1.2.33 牵引构造（拖曳构造）

由牵引作用形成的构造称牵引构造，亦称拖曳构造。

1.2.34 滚动背斜

为同生正断层下降盘一侧受断层面摩擦力拖曳作用而形成的逆牵引构造（图1.5）。

1.2.35 鼻状构造（半背斜）

岩层受力扭曲，一端向下倾没，另一端抬起，是一种构造等高线不闭合的褶皱构造，形似人的鼻子，故称鼻状构造，亦称半背斜（图1.6）。

1.2.36 断鼻构造（断鼻）

指鼻状构造上倾方向被断层切割、遮挡而形成的圈闭，简称

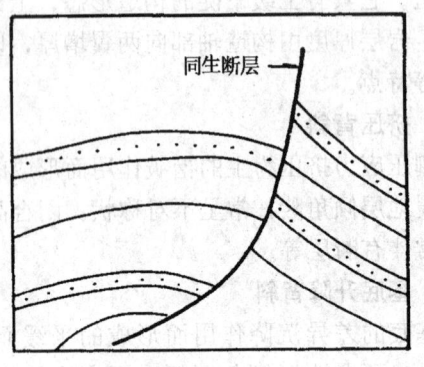

图1.5 滚动背斜

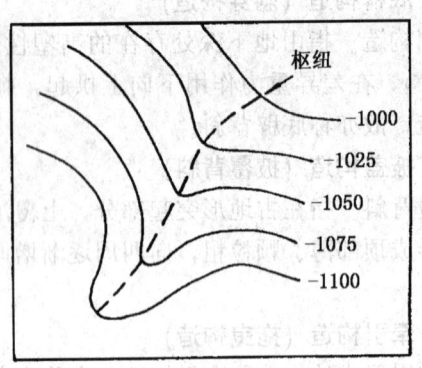

图1.6 鼻状构造

断鼻。

1.2.37 小幅度构造

通常指闭合度小于20m的构造。

1.2.38 古潜山（潜山构造）

亦称潜山构造。由于古地层长期遭受风化、侵蚀、断裂、褶皱作用形成的古地貌残丘、断块山、残余背斜等，而后被新的沉积物所覆盖。按成因可分为侵蚀型古潜山、褶皱型古潜山、断块型古潜山、褶皱—侵蚀型古潜山、断块—侵蚀型古潜山等。

1.2.39 长垣（长垣隆起带）

由若干较平缓、宽大的背斜构造组成，且能被同一的构造等高线所圈闭的二级构造带称为长垣，或称长垣隆起带。是油气聚集的有利场所，往往形成大型油（气）藏，大庆油田就是一个例子。

1.2.40 背斜构造带

在褶皱区内，由若干形态相似的背斜构造组成，呈带状分布的二级构造单元称背斜构造带。

1.2.41 断裂

指岩石受力后，发生机械破裂而形成的构造。包括断层、裂缝、裂隙、劈理等。

1.2.42 断层

岩层或岩体沿断裂面发生显著位移的构造叫断层。断层在油、气藏中分布广泛，其规模大小不一，对油、气聚集和油（气）田开发有着不同的影响。

1.2.43 一级断层与二级断层

一级断层是指断距可达数千米，延伸长度达数十千米的继承性断层。二级断层是指主干断层，断距达数百米，延伸长度达10km以上的断层。

1.2.44 三级断层与四级断层

三级断层是指构造上的重要断层，断距在100m以上，延伸长度数千米的断层。四级断层是指构造上的一般断层，断距约20m～50m，延伸长度约1km～2km。

1.2.45 断层要素

指能表明断层形态和运动性质的基本组成部分——断层面、断层线、断盘、断距等（图1.7）。

1.2.46 断层面

指岩层或岩体发生断裂位移的破裂面。断层面有的平直，有

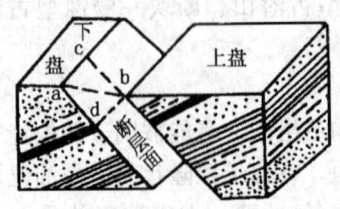

图 1.7 断层要素图
ab—总断距；ac（db）—走向断距；
ad（cb）—倾向断距；∠cab—倾斜角

的弯曲，在多数情况下不是一个面，而是一个破碎带，其宽度大小不等。

1.2.47 断层线

通常指断层面与地面的交线，即断层在地表的出露线。在油（气）藏构造图上的断层线是断层面与构造标准层面（底面）的交线在平面上的投影。

1.2.48 断盘

断层面两侧的岩层或岩体称为断层两盘。当断层面倾斜时，位于断层面上方的断盘叫上盘，位于断层面下方的断盘叫下盘。当断层面直立时，可按其相对于断层面的方位分别称为东盘、西盘、北盘、南盘。

1.2.49 上升盘与下降盘

沿断层面相对上升的断盘叫上升盘，相对下降的断盘叫下降盘。

1.2.50 断距

断层两盘上同层位两点位移后的垂直距离叫断距。通常，常用的断距有下列几种（详见图1.7和图1.8）：

总断距——断层面上同一点被断开的真正距离。

走向断距——总断距在断层面走向方向的投影。

倾向断距——总断距在断层面倾斜方向上的投影。

水平断距——总断距在水平

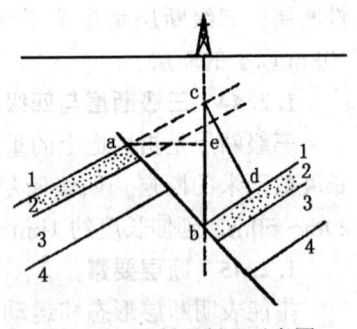

图 1.8 正断层断距示意图
cd—地层断距；ae—水平断距；cb—垂直断距

面上的投影。

垂直断距——总断距在垂直面上的投影。

地层断距——同一岩层断开后，上、下盘之间的垂直距离，即地层缺失或重复的真正厚度。

1.2.51 断层倾向与倾角

断层倾向指断层面倾斜的方位。断层面与其水平投影面之间的夹角（α）叫倾角（图1.9）。

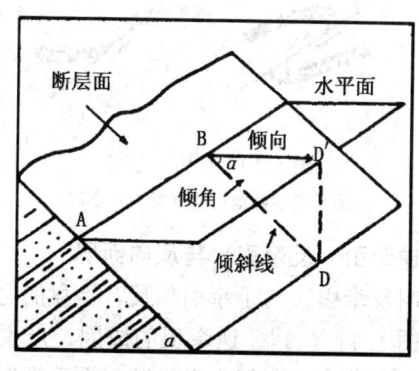

图1.9 断层倾向与倾角

1.2.52 断层走向与延伸长度

断层线的延伸方位叫断层走向。断层线在平面上的长度叫断层的延伸长度。

1.2.53 断层密封性

指断层对阻止油气运移或注入水推进的封隔程度。能阻挡油气运移或注入水推进的叫密封性好，相反则差。

1.2.54 断点

利用钻井或测井资料进行地层对比时，在单井剖面上出现地层缺失或重复的地方叫断点。

1.2.55 断点组合

把属于同一条断层的各个断点联系起来，以确定每条断层的性质、分布状况及其相互关系的工作叫断点组合。

1.2.56 牵引（正牵引）

断层两盘相对错动时，受断层面摩擦力的拖曳和拉伸作用，使靠近断层面的岩层发生弧形弯曲，这种现象称牵引，亦称正牵引。正断层的牵引，下盘的弯曲向上，上盘的弯曲向下；逆断层的牵引则相反（图1.10）。

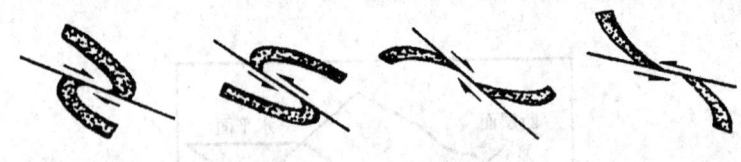

图1.10 牵引示意图
箭头表示两盘滑动（受力）方向

1.2.57 逆牵引（反牵引）与反向断层

逆牵引亦叫反牵引。与正牵引相反，上盘的弯曲向上，下盘的弯曲向下［图1.11（a）］。逆牵引的成因，众说不一，主要由于断层面是一个弯曲面，断层上盘沿断层面下滑时，因向下断面倾角变小，上部出现裂口，为弥合裂口，上盘下降的拖曳力使岩层弯曲而形成逆牵引构造，如果岩层呈脆性，则会使岩层破裂而形成反向断层［图1.11（b）］。

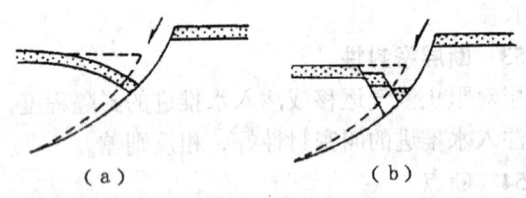

图1.11 逆牵引（a）和反向断层（b）

1.2.58 断层效应

同一断层，当切割不同产状地层或在不同剖面上观察，根据断层两侧地层错开关系测算的位移方向和距离，以及推断的断层性质各不相同，这种现象叫断层效应。如图1.12所示：在平面上看，为一平移断层；在A剖面上看，为一正断层；在B剖面上看，为一逆断层。这说明只在某一面上观察，常常会产生错误，必须多方面观察，并考虑到断层效应，才能准确判断断层性质。

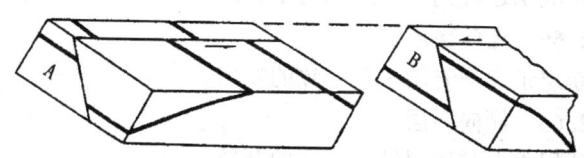

图1.12 断层效应示意图

1.2.59 断块
指被断层切割，其边界全部或部分被断层所限制的区块。

1.2.60 正断层
上盘沿断层面相对下降，下盘相对上升的断层叫正断层（图1.7）。正断层在钻井剖面上有地层缺失现象。它是油（气）藏中最常见的一种断层类型。

1.2.61 逆断层
上盘沿断层面相对上升，下盘相对下降的断层叫逆断层。根据断层面倾角大小可分为冲断层（断层面倾角大于45°）、逆掩断层（断层面倾角25°～45°）和辗掩断层（亦称逆冲断层，断层面倾角小于25°）。逆断层在钻井剖面上地层有重复现象。

1.2.62 生长指数
指同生断层下降盘地层厚度与上升盘地层厚度之比值。生长指数小于或等于1时，表明断层停止或无断裂活动；生长指数大于1时，表明断层发生或存在断裂活动。生长指数越大，断裂活动越强烈。

1.2.63 同生断层（同沉积断层、生长断层）
与沉积作用同时发生断裂作用所形成的断层叫同生断层，亦称同沉积断层或生长断层。这种断层具有两盘相同层位岩层厚度不同、断层面常为弯曲面、延伸长度较大和同期性发育等特点（图 1.5）。同生断层往往形成滚动背斜，是油、气聚集的有利场所。

1.2.64 后生断层
指在沉积过程完成后形成的断层。

1.2.65 走向断层
指断层走向与岩层走向一致的断层。

1.2.66 倾向断层
指断层走向与岩层倾向一致的断层。

1.2.67 斜向断层
指断层走向与岩层走向斜交的断层。

1.2.68 平移断层
断层两盘沿断层面走向相对移动的断层称平移断层。平移断层面较陡，甚至直立，断层线较平直。

1.2.69 枢纽断层
指以垂直断层面的直线为旋转轴作旋转的断层。其旋转方式有两种：一是旋转轴位于断层的一端 [图 1.13（a）]；二是旋转轴位于断层的中点 [图 1.13（b）]。

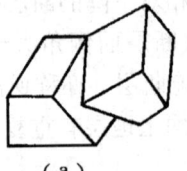
（a）
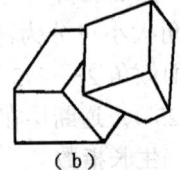
（b）

图 1.13 枢纽断层示意图

1.2.70 阶梯状断层（复断层）
若干条产状（走向、倾向、倾角）大致相同的正断层沿同一方向依次下降，形成阶梯状的断层组合，称阶梯状断层，又称复断层（图 1.14）。

1.2.71 叠瓦状断层（叠瓦构造）

一组产状大致相同的逆断层向同一方向逆冲，呈叠瓦状排列，这种断层组合形式叫叠瓦状断层，又称叠瓦构造（图1.15）。

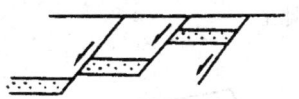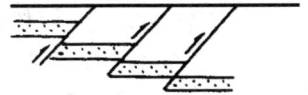

图1.14 阶梯状断层　　　图1.15 叠瓦状断层

1.2.72 环状断层

若干弧形或半环状断层围绕一个中心成同心圆状排列，叫环状断层（图1.16）。

1.2.73 放射状断层

若干断层自一个中心呈放射状排列，叫放射状断层（图1.17）。

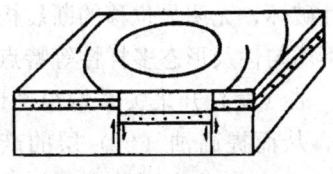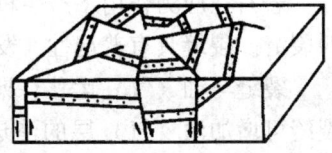

图1.16 环状断层　　　图1.17 放射状断层

1.2.74 地垒

两条或两条以上的断层将岩层切成数块，中间断块相对上升，周边断块相对下降，这种断层组合形式叫地垒（图1.18）。

1.2.75 地堑

与地垒相反，中间断块相对下降，周边断块相对上升，这种断层组合形式叫地堑（图1.19）。

地堑与地垒是多断层油气藏中最常见的断块构造类型。

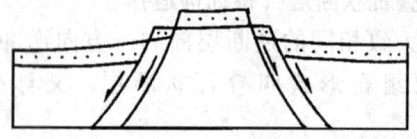

图 1.18　地垒

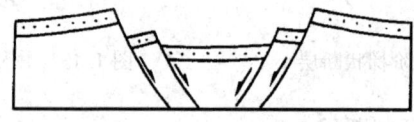

图 1.19　地堑

1.2.76　断块型断层

两组方向不同的正断层相互切割成方格或菱形状断块称断块型断层。

1.2.77　裂缝

岩石在应力作用下产生机械性破坏，无明显位移的断裂构造叫裂缝。裂缝具有普遍性、发育不均匀性及形态多样性等特点。

裂缝与油（气）运移、聚集、油（气）开采关系均很密切。裂缝可增加油（气）层的渗透性，从而提高油（气）层的产油（气）能力和注水开发时的吸水能力。但一些大裂缝可引起采油（气）井暴性水淹，使油（气）采不出来。

1.2.78　原生裂缝与次生裂缝

原生裂缝是指岩石在成岩过程中产生的裂缝。如沉积岩在成岩过程中因失水收缩而产生的裂缝；岩浆岩在岩浆冷凝过程中产生的裂缝等。

次生裂缝是指在岩石成岩之后形成的裂缝。包括构造裂缝与非构造裂缝。

1.2.79　构造裂缝与非构造裂缝

在形成构造的营力作用下产生的裂缝叫构造裂缝。在溶蚀、风化、热胀、冷缩、压实、失水等因素作用下形成的裂缝叫非构造裂缝。

1.2.80　张裂缝与剪裂缝

张裂缝是由张应力形成的裂缝，多分布于背斜构造的轴部，垂直于最大应力方向，平行于压缩方向，裂缝面较粗糙、不平整，裂缝两壁常张开而被矿脉所填充，裂缝延伸距离较短，常成组出现，分布稀密不规则。

剪裂缝是由剪切应力形成的裂缝，多成对成群出现，裂缝面平整、光滑，裂缝两壁常闭合，裂缝延伸较远，分布稀密有规则。

1.2.81　张开缝

指裂缝壁之间的缝隙未被成岩矿物或其他物质充填的裂缝。这种裂缝是油气渗流的主要通道和储集空间。

1.2.82　变形缝

指由原始张开缝经过变形作用而形成的裂缝。

1.2.83　矿物充填缝

指裂缝的缝隙被次生矿物（石英、方解石等）充填的裂缝。

1.2.84　晶洞缝

指由于溶蚀作用晶体被溶蚀而形成的裂缝。这种裂缝多见于碳酸盐岩储层中，对油气的储集与渗流起到极重要的作用。

1.2.85　走向裂缝、倾向裂缝、斜向裂缝

走向裂缝：裂缝走向与岩层走向大致平行。

倾向裂缝：裂缝倾向与岩层倾向大致平行。

斜向裂缝：裂缝走向与岩层走向斜交。

1.2.86　纵裂缝、横裂缝、斜裂缝

纵裂缝：裂缝走向与褶皱轴向大体一致。

横裂缝：裂缝走向与褶皱轴向大体垂直。

斜裂缝：裂缝走向与褶皱轴向斜交。

1.2.87　垂直层面裂缝、斜交层面裂缝、顺层裂缝

垂直层面裂缝（直交裂缝）：裂缝面与岩层面大致垂直。

斜交裂缝（斜歪裂缝）：裂缝面与岩层面斜交。

顺层裂缝（平裂缝）：裂缝面与岩层面大致平行。

1.2.88 垂直缝、高角度缝、低角度缝、水平缝

按裂缝与岩心横切面的夹角大小可分为：垂直缝（立缝）——夹角大于75°；高角度缝——夹角为45°～75°；低角度缝——夹角为15°～45°；水平缝（平缝）——夹角小于15°。

1.2.89 风化缝

指碳酸盐岩在风化剥蚀过程中由于机械破裂作用而产生的裂缝。

1.2.90 溶蚀缝

指原裂缝被溶蚀扩宽后而形成的裂缝。

1.2.91 穿层缝与层内缝

裂缝穿过一个岩层或许多岩层称穿层缝。裂缝未穿过一个岩层称层内缝。

1.2.92 裂缝组、裂缝系、裂缝网络

在一次构造应力作用下形成的力学性质相同、产状基本一致的一群裂缝称裂缝组。

在同一构造应力场作用下形成的两个或两个以上裂缝组称裂缝系。

多套裂缝组、系连通在一起称为裂缝网络，这是裂缝性储层必备的条件之一。

1.2.93 裂缝产状

指裂缝的走向、倾向和倾角。

1.2.94 裂缝宽度（裂缝张开度）

亦称裂缝张开度，是指裂缝两壁之间的距离。据统计，多数裂缝张开度在 $10\mu m \sim 200\mu m$ 之间变化。

1.2.95 裂缝间距

指两个依次出现的裂缝之间的距离。在岩心样品上，统计每个裂缝组系测线长度范围内的裂缝条数，分别用各组系测线长度相除，即得裂缝的间距。

1.2.96 裂缝密度（裂缝频率、裂缝线密度）

亦称裂缝频率或裂缝线密度，是指垂直裂缝走向方向上单位长度（m）内的裂缝条数（n），即 n/m。在岩心上统计时，可用每米岩心长度上裂缝的总条数表示。

1.2.97 裂缝有效密度

指每米岩心长度上张开裂缝的总条数。

1.2.98 裂缝率

指在一切面内裂缝的总面积（裂缝总长度×裂缝总宽度）与岩石切面总面积的比值，用百分数或小数表示。

1.2.99 缝隙度

指岩石中张开裂缝的体积与同一岩石总体积之比，用百分数或小数表示。

1.2.100 裂缝玫瑰花图

指表示统计区内裂缝走向、倾向和倾角状况的图幅（图1.20、图1.21）。

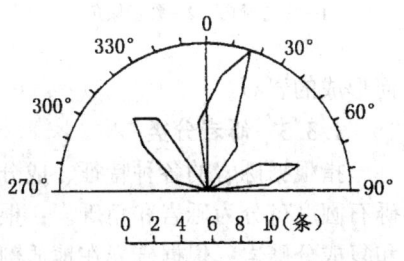

图1.20 裂缝走向玫瑰花图

1.2.101 洞穴分级

指按洞穴大小划分的等级。一般分为大洞（直径大于10mm）、中洞（直径为5mm～10mm）和小洞（直径为2mm～5mm），直径小于2mm为针孔。

1.2.102 洞穴密度

在岩心上统计时，指每米岩心长度上直径大于2mm以上的洞穴的个数。

1.2.103 洞隙度

指岩层内洞穴体积与该岩层体积之比，用百分数或小数表示。

1.2.104 劈理

是一种由变形或变质作用，将岩石按一定方向分割成平行密集的薄片或薄板状次生面状构造。

1.3 油、气储层

1.3.1 储集层（储层）

具有一定孔隙度和渗透性，能储存油、气等流体，并可在其中流动的岩层叫储集层，简称储层。常见的储集层有砾岩层、砂岩层、粉砂岩层、碳酸盐岩层、裂缝性泥岩层、具有次生孔隙和裂缝的变质岩及岩浆岩等。

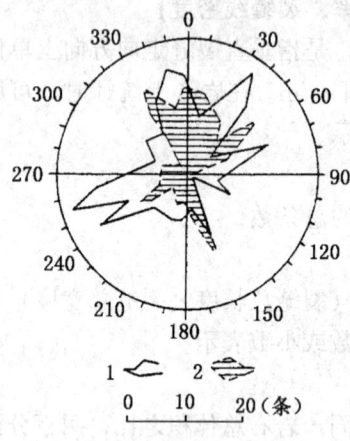

图 1.21 裂缝倾向、倾角玫瑰花图
1—裂缝倾向；2—裂缝倾角

1.3.2 砾岩

指主要由砾石经胶结作用而形成的岩石。

1.3.3 砾岩分类

指根据砾岩的各种特征、成分、成因等所划分的种类。根据砾石圆度可分为砾岩和角砾岩；根据砾石成分可分为单成分砾岩和复成分砾岩；根据砾岩在地质剖面中的位置可分为底砾岩和层间砾岩；根据成因可分为海（湖）成砾岩、河成砾岩、洪积砾岩和冰川角砾岩。

1.3.4 砂岩

指主要由砂粒经胶结作用而形成的岩石。砂岩是最常见的良好的油、气储集岩。

1.3.5 砂岩分类

指根据砂岩颗粒成分所划分的种类。它可分为石英砂岩（石英含量大于90%）、长石砂岩（长石含量大于25%）、岩屑砂岩（岩屑含量大于25%）、杂砂岩（杂岩含量大于15%）。

1.3.6 粉砂岩

指主要由粉砂组成的岩石。根据粉砂颗粒大小可分为粗粉岩和细粉砂岩两种。

1.3.7 黏土岩

指主要由黏土矿物（高岭石、蒙皂石、伊利石、绿泥石等）组成的分布最广的沉积岩。它可分为高岭石黏土、伊利石黏土和蒙皂石黏土三种主要类型。

1.3.8 碳酸盐岩

指主要由方解石和白云石等碳酸盐矿物组成的沉积岩。它可分为石灰岩和白云岩两种类型。

1.3.9 岩浆岩（火成岩）

指由岩浆冷凝后形成的岩石。按其产状可分为侵入岩和喷出岩两大类。

1.3.10 变质岩

指地壳中已形成的岩石在高温、高压及化学活动性流体的作用下，使原岩石的成分、结构、构造发生改变所形成的岩石。

1.3.11 油层（储油层）与气层（储气层）

储藏有石油的储集层叫油层，亦称储油层或含油层。

储藏有天然气的储集层叫气层，亦称储气层或含气层。

1.3.12 工业油、气流标准

指在现有技术和经济条件下，一口生产井应具有的最低油、气产量。目前中国规定的工业油、气流标准见表1.1。

表1.1 工业油、气流标准

产层深度, m	工业油流下限, t/d	工业气流下限, $10^4 m^3/d$
<500	0.3	0.05
500～1000	0.5	0.1
1000～2000	1.0	0.3
2000～3000	3.0	0.5
3000～4000	5.0	1.0
>4000	10.0	2.0

1.3.13 产层
指已投入开发的油(气)层。

1.3.14 工业油层与工业气层
指具有工业开采价值的油层和气层。有无工业开采价值取决于油(气)层产能大小、埋藏深度、开采技术、油气价格、国家能源政策、交通运输条件等因素。

1.3.15 少量油层与少量气层
指产油(气)量低于工业标准的油(气)层。

1.3.16 可疑油层与可疑气层
根据测井资料解释有可能含油(气),需要进行试油(气)验证的储层。

1.3.17 油气同层
在同一油气层中油、气具存,经测试所产油、气量符合工业标准,这种层叫油气同层。油气同层常在带气顶的油藏或带油环的气藏的气油过渡段中出现,也可自成系统出现于复杂油(气)藏中。

1.3.18 油水同层
在同一层中油、水具存,经测试产油量达到工业标准,产水量以含水率计算大于 2%,这种层叫油水同层。油水同层常在具底水或边水油藏的油水过渡段中出现,也可自成油水系统出现于复杂油藏中。

1.3.19 气水同层
在同一气层中气、水具存,经测试产气量达到工业标准,产水量达到一定标准,这种层叫气水同层。它常在具底水或边水气藏的气水过渡段中出现,也可单独出现于复杂的气藏中。

1.3.20 气夹层
指夹在油层中间的含气层。

1.3.21 油夹层
指夹在气层中间的含油层。

1.3.22 水层
在油(气)藏中,不含石油、天然气及其他气体,产水量达到规定标准的含水层叫水层。它常以边水或底水形式出现。

1.3.23 水夹层(层间水)

指夹在油(气)层中间的含水层。

1.3.24 干层

在油(气)藏中,不含石油、天然气及其他气体,又不含地层水的储集层叫干层。

1.3.25 单砂层

在一定沉积条件下形成的、上下被不渗透层分隔,层内岩性较均一,具有一定厚度和分布范围的砂岩层或粉砂岩层叫单砂层。

1.3.26 单油(气)层

含油(气)的单砂层叫单油(气)层,俗称小层。

1.3.27 亚组(砂岩组、复油层)

又称砂岩组或复油层。指上下被较稳定的低渗透或不渗透层分隔,由连续沉积的若干单砂层按一定规律组合的一个较小的沉积旋回(相当于三级旋回)。

1.3.28 油(气)层组

在同一沉积环境下沉积,其分布状态、岩石性质、物性特征、流体性质相似,并互相靠近的一套油(气)层组合叫油(气)层组。一个油(气)层组内可包含几个亚组,其顶、底界有分布稳定、厚度较大的隔层,可作为油(气)田开发初期组合开发层系的基本单元。

1.3.29 含油(气)层系

含油(气)层系相当于一级沉积旋回。指由沉积条件、岩石类型、流体性质等基本相似并相邻的若干油(气)层组成的一套含油(气)岩层。不同含油(气)层系之间往往有沉积间断及厚度很大的不渗透岩层分隔,形成各自独立的含油(气)体系。

1.3.30 隔层(阻渗层)与夹层

隔层也称阻渗层,是指在一定压差范围内能阻止流体在层组之间互相渗流的非渗透岩层。

单砂层[单油(气)层]之间或内部分布不稳定的不渗透或极低渗透的薄层叫夹层。

1.3.31 隔层分布类型

指根据隔层在平面上分布状况划分的种类。通常分为四种类型：

稳定分布型——岩性稳定,厚度大且变化小,分布广,井点钻遇率在90%以上。

连续分布型——岩性有变化,厚度变化较大,连续分布,井点钻遇率在65%~90%之间。

条带状分布型——呈条带状分布,厚度变化大,井点钻遇率约40%~65%。

零散分布型——分布不稳定,呈零散状分布,井点钻遇率小于40%。

1.3.32 砂岩体(砂体)

在各种沉积环境下形成的具有一定形态和分布规律,四周被非渗透层包围,互不相通的砂层叫砂岩体,简称砂体。

1.3.33 油砂体

含油的砂岩体叫油砂体。它是油层中最小的含油单元,也是注水开发油田控制油水运动相对独立的单元。油砂体是陆相碎屑岩油层最显著的特点之一,因此在编制油田开发方案、进行开发动态分析和开发调整时,必须研究油砂体的性质、形态及分布状况等。

1.3.34 连通体

各砂体互相连通而形成复合砂体,称为连通体。连通体可以由几个甚至十几个砂体组成,形成统一的油水运动系统(图1.22)。

1.3.35 连通系数

指油砂体之间连通面积占各油砂体总面积的百分数。也可用连通区井数与各油砂体总井数之比表示。

1.3.36 合流系数

指 m 个砂体中相邻砂体的平均连通面积与最大连通体面积之比。C_c 越趋近于1,连通性越好。

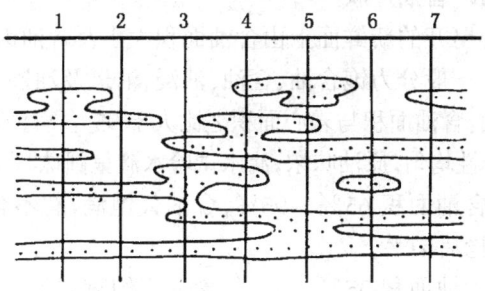

图 1.22 连通体示意图

$$C_c = \sum_{i=1}^{m-1} S_i / S_{\max}(m-1)$$

式中 C_c——合流系数;

$S_{\max}$——最大连通体面积;

S_i——第 i 个上下相邻层的连通面积,$i=1,2,3,\cdots$;

m——砂体个数。

1.3.37 砂体配位数

指与一个油砂体连通的油砂体个数。

1.3.38 砂体形态

指砂体的形状、大小及分布特征。砂体形态千变万化,在平面上的形态归纳起来可分为席状、条带状、透镜体状和不规则状四类。研究砂体形态不仅对确定沉积相有重要意义,而且对确定开发井网和注水方式也有重要意义。

1.3.39 连通区性质

指两个油砂体之间连通部分的岩性、物性及厚度。

1.3.40 透镜体

泛指形似透镜状分布的岩层或岩体。它中间厚周边薄,且被非渗透岩层封闭。如有烃源条件,则可能形成岩性油(气)藏。

1.3.41 含油产状

指岩心劈开的新鲜面上由含油面积大小及含油饱满程度所划分的等级。一般分为饱含油、含油、油浸、油斑及油迹五级。

饱含油:含油面积与岩心面积之比大于95%,含油饱满,油润感强,染手,岩性均匀,原油味浓,滴水试验水滴呈圆珠状。

含油:含油面积65%~95%,含油欠饱满,有不含油斑块,颜色较浅,手捻后染手。

油浸:含油面积35%~65%,含油不饱满,呈条带状分布,岩性不均匀,油润感弱,不染手。

油斑:含油面积5%~35%,含油极不饱满,呈斑块状、条带状分布,无油脂感。

油迹:含油面积小于5%,含油呈零星状分布,岩性很细。

1.3.42 钻遇率

指钻遇油(气)层井数占统计区总井数的百分数。它是表示油(气)层分布面积大小的一个参数。

1.3.43 砂岩厚度

指用砂岩和粉砂岩的物性、电性标准划分出的储层厚度。

1.3.44 油(气)层厚度

指用油(气)层物性和电性标准划分出的含油(气)储层厚度。

1.3.45 含油砂岩厚度

指油层中具有油浸、油斑以上含油产状部分的厚度。

1.3.46 有效厚度

指在现代开采工艺技术条件下,油(气)层中具有产油(气)能力部分的厚度,即在油(气)层厚度中扣除夹层及不出油(气)部分的厚度。

1.3.47 尖灭

岩层厚度逐渐变薄,以至消失叫尖灭。

1.3.48 油(气)层尖灭

油(气)层厚度变薄直至为零,或因岩性、物性变化而不含油气可统称油(气)层尖灭。

1.3.49 尖灭区

分布不稳定的差油(气)层中间出现油(气)层厚度为零的地区称为尖灭区,俗称开"天窗"。

1.3.50 岩性

指反映岩石性质及特征的属性,如沉积岩的颜色、物质成分、结构、构造、胶结物及胶结类型、特殊矿物等。

1.3.51 继承色

碎屑岩的颜色继承母岩的颜色叫继承色。如长石砂岩呈浅红色,是因为花岗质母岩中的长石颗粒呈浅红色。

1.3.52 原生色

指在沉积及早期成岩过程中自生矿物造成的颜色。如海绿石砂岩呈绿色,是因为其中有绿色的自生矿物海绿石的缘故。

1.3.53 次生色

经后生或风化作用后,使原生组分发生次生变化,由新生成的次生矿物所造成的颜色叫次生色。如海绿石砂岩风化后由绿色变成黄褐色或褐红色。

1.3.54 矿物碎屑与岩屑

矿物碎屑是指组成岩石和矿石的各种矿物颗粒。组成沉积岩的矿物碎屑约160多种,常见的约20种,最常见的为石英、长石、云母等数种。

岩屑是指母岩破碎后的碎块及颗粒。岩屑主要来自花岗岩、喷出岩、片麻岩、片岩及燧石等,是判断母岩性质最重要的标志。

1.3.55 鲕粒

指具有核心和同心层结构的球状颗粒。其核心一般由陆源碎屑、骨骸等组成,同心层主要由泥质、方解石组成。鲕及其核心大小、鲕外壳碳酸盐的排列方式,以及同心层的多少,能反应碳酸盐的沉积速度和水体的搅动强弱程度。

1.3.56 生物颗粒

指由生物的硬体残骸组成的颗粒。它是碳酸盐岩的主要组分。

1.3.57 藻粒

指与藻类有成因关系的颗粒。常见的有藻灰结核、藻团块、藻屑、藻鲕粒等。

1.3.58 晶粒

指碳酸盐岩的结晶颗粒。根据粒度可分为砾晶、砂晶、粉晶、泥晶等；根据晶粒形态可分为自形晶、半自形晶、他形晶等。

1.3.59 基质(杂基)

指充填于岩石颗粒之间的微粒物质，在碎屑岩中又称杂基。其成分为高岭石、水云母、蒙皂石、绿泥石、长石、石英等。

1.3.60 原杂基、正杂基与假杂基

杂基主要来自母岩风化产物时称原杂基；经成岩作用发生重结晶称正杂基；塑性泥岩岩屑经压实作用变形，在粒间也呈杂基状态时称假杂基。

1.3.61 胶结物

指成岩期在岩石颗粒之间起黏结作用的化学沉淀物。主要胶结物为硅质(石英、玉髓等)、碳酸盐矿物(方解石、白云石等)，其次是铁质(赤铁矿、褐铁矿等)，有时可见硫酸盐矿物(石膏、硬石膏等)、沸石类矿物(方沸石、浊沸石等)、黏土矿物(高岭石、水云母、绿泥石等)。

1.3.62 胶结物含量

指胶结物质量占岩样质量的百分数。

1.3.63 胶结类型

在碎屑岩中指胶结物、基质与碎屑颗粒之间接触关系的分类。一般可分为孔隙胶结、接触胶结、镶嵌胶结、基底胶结四种主要类形(图1.23)。按胶结物或基质的结构、生长方式可分为：带状胶结、嵌晶胶结、再生胶结等。

1.3.64 基底胶结

胶结物含量多，碎屑颗粒互不接触[图1.23(a)]。它代表密度较大的水流快速堆积。

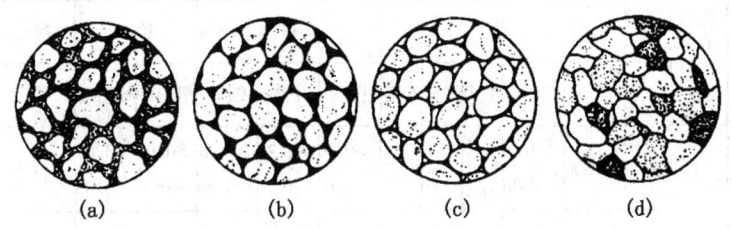

图 1.23　胶结类型(据石油大学《沉积岩石学》,1993)
(a)基底胶结;(b)孔隙胶结;(c)接触胶结;(d)镶嵌胶结

1.3.65　孔隙胶结

胶结物含量少,胶结物只充填在颗粒之间的孔隙中,颗粒之间呈点状接触[图 1.23(b)]。

1.3.66　接触胶结

胶结物含量很少,分布在碎屑颗粒相接触之处,颗粒之间呈点接触或线接触[图 1.23(c)]。

1.3.67　镶嵌胶结

胶结物含量很少,碎屑颗粒直接接触,因成岩期的压实作用及压溶作用,致使碎屑颗粒接触更加紧密,呈凹凸接触或缝合接触[图 1.23(d)]。

1.3.68　碎屑颗粒结构

指碎屑颗粒的粒度、球度、形状、圆度及颗粒表面特征等。

1.3.69　胶结物结构

指颗粒间化学沉淀物质的晶粒大小、生长方式和重结晶程度。常见的类型有非晶质及隐晶质结构、显晶粒状结构、栉状结构、嵌晶状结构及次生加大结构等。

1.3.70　粒度与粒级

指岩石颗粒的大小和分级(详见表 1.2)。

表 1.2 碎屑颗粒粒度分级表

颗粒直径 mm / 划分方法	砾				砂			粉砂		黏土
	巨砾	粗砾	中砾	细砾	小砾	粗砂	中砂	细砂	粗粉砂	细粉砂	泥
十进制	>1000	>100~1000	>10~100	>1~10		>0.5~1.0	>0.25~0.5	>0.1~0.25	>0.05~0.1	>0.01~0.05	<0.01
行业标准	>100	>50~100	>25~50	>10~25	>2~10	>0.5~2	>0.25~0.5	>0.0625~0.25	0.0039~0.0625		<0.0039

1.3.71 球度

指碎屑颗粒 a（长）、b（中）、c（短）三个轴长的接近程度，即颗粒形状与球体近似程度。一般分为：球状（三轴长相等）、滚圆状（一轴特长，两短轴长近于相等）、扁长状（三轴长不等）和碟状（一轴特短，两长轴长近于相等）。球度高低反映颗粒搬运方式的差异。球度高的颗粒以滚动方式移动，球度低的颗粒以漂浮方式移动。球度可用下列公式计算：

$$球度 = \sqrt[3]{\frac{c^2}{a \times b}}$$

1.3.72 颗粒形状

指根据碎屑颗粒 a、b、c 三个轴的长度比例划分的颗粒形态。一般分为：圆球体（$b/a>2/3$、$c/b>2/3$）、椭球体（$b/a<2/3$、$c/b>2/3$）、扁球体（$b/a>2/3$、$c/b<2/3$）和长扁球体（$b/a<2/3$、$c/b<2/3$）。砾石形状标志成因环境，如海成砾石、河成砾石、风成砾石及冰川砾石等，其形状各异。

1.3.73 圆度

指碎屑颗粒原始棱角被磨圆的程度。在肉眼观察中，圆度分为：棱角状、次棱角状、次圆状、圆状四级。圆度可用下式计算：

$$圆度 = \frac{\Sigma r/n}{R}$$

式中　r——隅角的内切圆半径;

　　　n——隅角数;

　　　R——颗粒最大内切圆半径。

圆度值在 0 与 1 之间变化,圆度愈高其值愈大。碎屑颗粒的圆度与其搬运的距离、时间及其本身强度和原始形状等有关,是沉积环境及其成熟度的标志。

1.3.74　颗粒表面结构

指碎屑颗粒表面的形态特征,即颗粒表面磨光程度及表面侵蚀痕迹。颗粒表面结构不同反映沉积环境的差异。

1.3.75　油(气)层非均质性

由于沉积环境、物质供应、水动力条件及成岩作用等影响,使油(气)储层的不同部位,在岩性、物性、产状、内部结构等方面都存在显著的差异,这种差异称之为油(气)层的非均质性。一般把油(气)储层非均质性分为宏观非均质性与微观非均质性两类。

1.3.76　宏观非均质性与微观非均质性

宏观非均质性包括层间非均质性、平面非均质性和层内非均质性。微观非均质性包括孔隙、孔道及岩石表面性质非均质性等。

1.3.77　层间非均质性

指各油(气)储层之间在岩性、物性、产状、产能等方面的差异。层间非均质性是造成层间矛盾的内因,是多油层注水开发油田中最为突出的矛盾。

1.3.78　分层系数

指统计层段内砂层的层数,可用平均单井钻遇砂层数表示。

1.3.79　砂岩系数(砂岩密度)

又称砂岩密度,是指统计层段内砂岩总厚度与地层总厚度之比。

1.3.80 含油(气)面积级差

指统计层段内最大油(气)层面积与最小油(气)层面积之比。其数值越大,均质程度越低,相反则越高。

1.3.81 含油(气)面积均质系数

指统计范围内平均单层含油(气)面积与最大单层含油(气)面积之比。其值越接近于1,越均质,相反则越不均质。

1.3.82 有效厚度级差

指统计层段内最大油(气)层有效厚度与最小油(气)层有效厚度之比。其值越接近于1越均质,相反则越不均质。

1.3.83 有效厚度均质系数

指统计层段内平均单油(气)层有效厚度与最大单油(气)层有效厚度之比。其值越接近于1越均质,其值越小越不均质。

1.3.84 层间渗透率级差

指统计层段内油(气)层最大渗透率与最小渗透率的比值。其值越大,非均质性越强,相反则弱。

1.3.85 层间变异系数(渗透性变化系数)

亦称渗透性变化系数,是指统计层段内各油(气)层渗透率的均方差与平均渗透率之比。其公式为:

$$K_V = \frac{\sqrt{\sum_{i=1}^{n}(K_i - \overline{K})^2/(n-1)}}{\overline{K}}$$

式中 K_V——层间渗透率变异系数;

K_i——各油层渗透率值,$i=1,2,3,\cdots,n$,mD;

$\overline{K}$——各油层渗透率平均值,mD;

n——层数。

K_V值越接近于1,非均质性越强,相反则弱。一般来说,$K_V \leqslant 0.5$时为均匀型,K_V为0.5~0.7时为较均匀型,$K_V > 0.7$时为不均匀型。

1.3.86 层间渗透率均质系数

指单油(气)层平均渗透率与单油(气)层最高渗透率的比

值。其值越接近于 1，均质性越好，相反则差。

1.3.87 单层突进系数

指统计层段内最高油（气）层渗透率与各油（气）层平均渗透率的比值。其值越大，层间非均质性越强。一般认为其值小于 2 为均匀型，2～3 为较均匀型，大于 3 为不均匀型。

1.3.88 层间地层系数级差

指统计层段内单油（气）层最大地层系数与单油（气）层最小地层系数的比值。其值越大，层间非均质性越强，相反则越弱。

1.3.89 层间地层系数均质系数

指统计层段内单油（气）层平均地层系数与最大地层系数的比值。其值越接近于 1，均质性越好，相反则差。

1.3.90 平面非均质性

指油（气）层平面上不同部位在岩性、物性、厚度、沉积相、产能等方面的差异。平面非均质性是造成平面矛盾的内因，是注水开发油田三大矛盾之一。

1.3.91 平面渗透率级差

指油（气）层井点最大渗透率与油（气）层井点最小渗透率的比值。其值越大，平面非均质性越强，相反则弱。

1.3.92 平面渗透率变异系数

指油（气）层井点渗透率的均方差与平均值的比值。其值越接近于 1，平面非均质性越强，相反则弱。

1.3.93 平面渗透率均质系数

指油（气）层井点平均渗透率与油（气）层井点最大渗透率的比值。其值越接近于 1，均质性越好，相反则差。

1.3.94 平面突进系数

指油（气）层井点最高渗透率与各井点平均渗透率的比值。其值越大，平面非均质性越强；其值越接近于 1，平面均质性越好。

1.3.95 平面地层系数级差

指井点最大地层系数与井点最小地层系数的比值。其值越大，平面非均质性越严重；其值越接近于1，均质性越好。

1.3.96 平面地层系数均质系数

指井点平均地层系数与井点最大地层系数的比值。其值越接近于1，均匀性越好，相反则差。

1.3.97 层内非均质性

指油（气）层内部各段在岩性、物性、层理构造、韵律等方面的差异。层内非均质性是造成层内矛盾的内因，是影响油层水洗厚度大小和驱油效率高低的主要因素之一。

1.3.98 层内变异系数（渗透率变异系数）

指层内各岩样渗透率均方差与各岩样平均渗透率的比值。其值越小，均质程度越高。其变化范围为0~1，一般在0.6~0.9之间变化。

1.3.99 层内渗透率均质系数

指层内各岩样平均渗透率与岩样最大渗透率的比值。其值越接近于1，均质程度越高。

1.3.100 层内渗透率级差

指层内岩样最大渗透率与岩样最小渗透率的比值。其值越小越均质。

1.3.101 层内突进系数

指层内岩样最大渗透率与岩样平均渗透率的比值。其值越小越均质。

1.3.102 夹层分布频率

指单位厚度储层中夹层的层数（层/m）。

1.3.103 夹层密度

指单层或统计层段内夹层总厚度与单层或统计层段厚度的比值。

1.3.104 油层对比

在油（气）田范围内，对已确定地层层位的含油（气）层系中的储油（气）层，在不同等级标志层控制下，用沉积旋回原理逐级进行横向反复对比追踪，根据油（气）层的沉积成因采用不同的对比方法，将各级层组直到单层的层位确定下来的全部工作叫油层对比。

1.3.105 油层对比单元分级

油（气）层对比单元一般分为含油（气）层系、油（气）层组、亚组（砂岩组）和单油（气）层四级。

1.3.106 标准层

在岩性、矿物、古生物及测井曲线等方面具有显著特征，易辨认，层位稳定，能长距离追踪的岩层或岩层组合、岩层界面叫标准层。如标准化石层、油页岩、泥岩、泥灰岩、石灰岩等岩层或其组合都可成为良好的标准层。确定标准层是地层对比的基础。

1.3.107 "旋回对比、分级控制"

利用沉积岩的旋回性和从大旋回到小旋回，一级套一级的特点，在标准层的控制下，进行各级旋回对比，即在一级旋回内对比二级旋回，在二级旋回内对比三级旋回，直到四级旋回；在各级相应的旋回内对比油层组、亚组、单层界线，这就是常用的"旋回对比、分级控制"的单层对比方法。

1.3.108 等高程对比（等厚度对比）

同一河流内的沉积物，其顶面反映满岸泛滥时的泛滥面，应是等时面，而等时面与对比标准层大体平行，即其顶面距对比标准层具有大致相等"高程"。因此在标准层控制下，利用"高程相等，层位相当"的原理已成为河流沉积单层对比的常用方法之一。这种方法也叫等厚度对比法。

1.3.109 切片对比

根据沉积补偿原理，以任何一个基本平行标准层并遵循区域厚度变化趋势进行层段切片，取其界面作为等时线进行控制的对比方法称为切片对比。

1.3.110 油（气）层评价

根据油（气）层厚度、分布面积、岩性、物性、储量等指标，对油（气）层进行分类、排队称油（气）层评价。一般把油（气）层分为好、中、差三类，以作为组合开发层系、确定注水方式和布置开发井网的依据。

1.4 沉积相

1.4.1 沉积作用（沉积）

从供给区母岩的离解，碎屑物的搬运，到沉积场所的沉积和沉积物所发生的各种物理、化学作用，直到固结成岩的全过程称为沉积作用，简称沉积。

1.4.2 沉积间断

在沉积过程中，沉积作用停止期叫沉积间断，或称沉积的不连续性。

1.4.3 沉积环境

指沉积物在沉积时所处的自然地理环境，包括地形、气候、水流、构造、生物、物源、物理及化学条件等。

1.4.4 沉积相

指在特定沉积条件下形成的具有某种特征的沉积体。分海相、陆相、海陆交互相三大类，每一类中细分为：相、亚相、微相等不同级别。沉积相的研究对石油勘探和油（气）田开发都有重要的指导意义。

1.4.5 沉积体系

指在一定的沉积环境和沉积作用条件下形成的不同沉积相类型的组合体。

1.4.6 一级相（相组）与二级相（相）

一级相（相组）是指按沉积物及其沉积环境所划分的沉积相最大单元，分为陆相组、海相组、海陆过渡相组三大类。

二级相（相）是相组中次一级相。如陆相组可分为残积相、坡积相、山麓—洪积相、河流相、湖泊相、风成相、冰川相、沼泽相等；海相组可分为滨海相、浅海相、半深海相、深海相等；海陆过渡相组可分为三角洲相、潟湖相、障壁岛相、潮坪相、河口湾相等。

1.4.7 三级相（亚相）与四级相（微相）

三级相（亚相）是二级相的细分。如河流相可细分为河道亚相、河漫滩亚相、堤岸亚相等；湖泊相可细分为湖泊三角洲亚相、滨湖亚相、浅湖亚相、半深湖亚相、深湖亚相等。

四级相（微相）是三级相的进一步细分。如河道亚相细分为边滩微相、心滩微相、滞留微相等；浅湖亚相细分为水下沙洲微相、席状砂微相、生物滩微相及泥坪微相等。细分沉积相对油田开发过程中认识油层非均质性及地下油水运动规律有重要意义。

1.4.8 相序（相层序、沉积层序）

亦称相层序或沉积层序，是指几种成因上有联系的沉积相（或环境）在垂向上的组合关系。

1.4.9 相变

指沉积相在纵向上与横向上的变化。它反映沉积环境及沉积体特征的改变。

1.4.10 相序递变

指沉积相在时间和空间上发展变化的有序性。这种相序递变规律是相分析中必须遵守的基本原则。

1.4.11 沉积模式（沉积相模式）

在对一定环境中的现代沉积物的物理、化学、生物特征综合研究的基础上概括出的沉积环境及其沉积物的物化模型，称为沉积模式（沉积相模式）。它包括沉积体的空间形态、岩性组合、沉积结构、生物特征、动力状况、构造背景等要素。运用沉积模式重建古沉积环境，可指导石油勘探与开发。

1.4.12 划相标志

指沉积岩中能指示沉积环境及其沉积物特征的标记。包括沉积体的岩性组合、层理结构、砂体形态、矿物组成、古生物、接触关系及地球化学特征等。

1.4.13 岩性组合

指岩性在纵、横向上的组成与排列关系。岩性组合类型多种多样，它反映了岩相的变化，是岩石形成环境的重要标志之一。

1.4.14 沉积旋回

指沉积作用或沉积条件,按相同的次序,不断重复而组成的一个层序。主要由地壳周期性震荡运动引起的一次水进接着一次水退所表现出的岩性、岩相交替变化。根据地壳周期性震荡影响程度、沉积规模、沉积特征可分为若干级别的沉积旋回。

1.4.15 一级旋回与二级旋回

一级旋回反映了一个完整的水进—水退沉积过程,为整个沉积盆地内稳定分布的一整套含油气层系,在盆地内可进行对比,与同级沉积旋回以假整合或不整合接触。

二级旋回反映了一次水进或一次水退沉积过程,是在二级构造范围内广泛分布、由若干不同沉积岩相段组成,可包含几个油(气)层组的旋回性沉积。

1.4.16 三级旋回与四级旋回

三级旋回是在局部构造范围内稳定分布的、同一沉积岩相段内由多个单砂层组成的旋回性沉积,可在全油(气)田范围内进行对比。

四级旋回是由局部沉积作用控制的单一岩石类型组成的旋回性沉积,是划分小层的依据,可在油(气)田一定范围内进行对比。

1.4.17 水进、水退

水进是指地壳下降,使水域不断扩大,海(湖)岸线向陆地一侧延伸的一种现象。水进时,地层呈超覆状,属正旋回沉积。

水退是由于地壳上升,水域不断缩小,海(湖)岸线向海洋(湖心)一侧退缩,地层呈退覆状,属反旋回沉积。

这种地质现象对海域而言称海进、海退,对湖区称湖进、湖退,具有一定的沉积岩序列特征。

1.4.18 正旋回、反旋回与复合旋回

在垂向上,地层岩性自下而上呈由粗到细的变化序列叫正旋回,它反映地壳下降的水进过程。

在垂向上,地层岩性自下而上呈由细到粗的变化序列叫反旋

回，它反映地壳上升的水退过程。

在垂向上，地层岩性呈由粗变细再变粗或由细变粗再变细的连续沉积序列叫复合旋回。它反映地壳升降的一个完整过程。

1.4.19　指相化石

能指示沉积环境的化石称指相化石。如放射虫属于海相，叶肢介属于陆相等。

1.4.20　重矿物

指相对密度大于 2.86 的矿物。沉积岩中的重矿物可分为陆源的和自生的两类。重矿物组合关系及含量变化对追溯物源、确定物源区位置和母岩性质，探讨古地理条件均有重要的意义。

1.4.21　陆源矿物与自生矿物

陆源矿物是指陆上母岩经风化分解、搬运、分选而产生，并与其他碎屑物一起再沉积的矿物。其中常见的有锆石、钛铁矿、金红石、磁铁矿、黑云母、柘榴石、角闪石等。

自生矿物是指在沉积成岩或成矿过程中形成的矿物。常见的自生矿物有菱铁矿、黄铁矿、赤铁矿等。

1.4.22　韵律（韵律层理）

在岩体或岩层内部，其组成成分、粒级结构及颜色等在垂向上有规律的重复变化，这种现象叫韵律（韵律层理）。

1.4.23　正韵律

岩性自下而上由粗变细的演变序列叫正韵律。常在泛滥平原曲流点坝砂、高弯曲分流河道砂等砂体中出现。

1.4.24　反韵律

岩性自下而上由细变粗的演变序列叫反韵律。常出现在水下分流平原低弯曲分流河道砂体、水下分流内外前缘席状砂体及滨外坝砂体中。

1.4.25　复合韵律

岩性自下而上由粗变细再变粗，或由细变粗再变细的连续演变序列叫复合韵律。常分布在分流平原低弯曲分流河道砂体和水下分流河道砂体中。

1.4.26 整合

上下两套岩层呈连续沉积,无沉积间断,这种接触关系叫整合。它反映了地壳较稳定的沉降,不断接受沉积。

1.4.27 不整合

地壳上升使老地层露出水面,遭受风化剥蚀,造成沉积间断,以后再下降,继续接受沉积形成的新地层与下伏老地层之间的不连续接触关系叫不整合。

1.4.28 角度不整合与假整合(平行不整合)

不整合的新老地层成角度接触的叫角度不整合。它反映了地壳在新地层沉积之前发生过褶皱运动。新老地层之间虽有沉积间断,但仍成平行接触的叫平行不整合,亦称假整合。它反映了地壳呈均衡上升或下降,所以新老地层的产状基本一致(图1.24)。

1.4.29 沉积构造

指沉积物在沉积过程中或之后,由于物理与化学作用及生物作用形成的各种构造。它包括层理、层面构造、变形构造、结核、缝合线、痕迹化石等。沉积构造是沉积岩的重要特征之一,也是划相的重要标志之一。

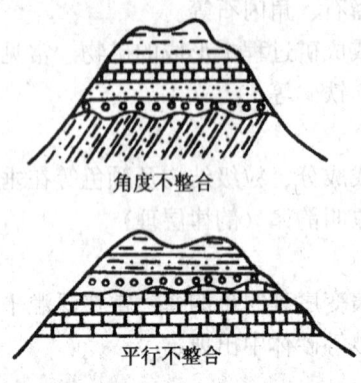

图1.24 角度不整合与假整合

1.4.30 层理

指在沉积岩垂向上,由于岩石成分、结构、颜色及定向性等变化而表现出的层状构造。层理是沉积岩最重要的特征之一,也是识别沉积环境的重要标志。

1.4.31 细层(纹层)与层系(丛系)

由两个层理面所夹的最小单位叫细层,又称纹层,是组成层理的最初级单位。细层岩性均一,厚度极小,一般只有几毫米,甚至小于 1mm（图 1.25）。

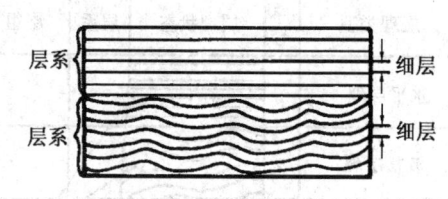

图 1.25 细层与层系

由许多成分、结构、厚度和产状相似的同类型细层组合叫层系（丛系）。

1.4.32 层系组

两个或两个以上岩性基本一致的层系，或性质不同但成因上有联系的层系，其间没有明显间断的集合体称为层系组（图 1.25）。

1.4.33 水平层理

细层平直且相互平行，并平行于层面的层理叫水平层理（图 1.26）。这种层理多形成于海洋、湖泊的深水沉积及潟湖、沼泽等环境，常见于黏土岩、泥质粉砂岩、细砂岩及石灰岩中。

1.4.34 波状层理

细层呈波浪状并平行于层面的层理叫波状层理（图 1.26）。波状层理多形成于波浪作用较强的浅水沉积环境中，如海、湖的浅水地带及河漫滩等。常见于细砂岩及粉砂岩中。

1.4.35 交错层理（斜层理）

也称斜层理，是由一系列斜交于层面或层系界面的纹层组成。根据斜层系彼此重叠、交错和切割方式不同可分为板状交错层理、楔状交错层理和槽状交错层理三种基本类型（图 1.26）。交错层理多形成于滨海、滨湖、浅湖、三角洲及河流环境等，常见于砂岩、砾岩中。

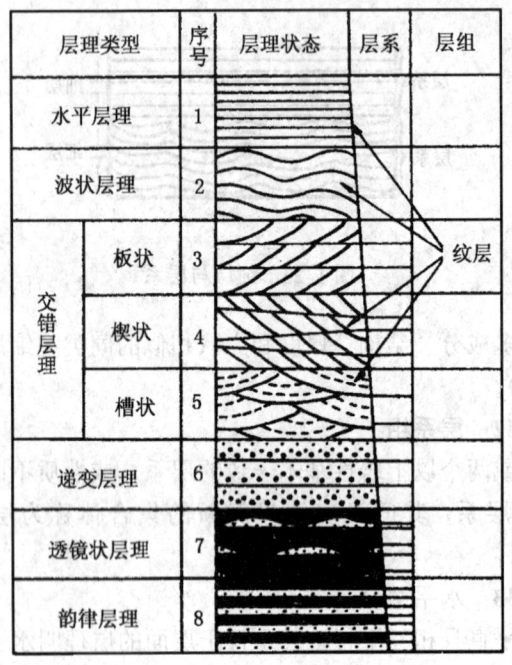

图 1.26 层理的基本类型

1.4.36 递变层理（粒序层理）

又称粒序层理。这种层理的特点是自岩层底部至顶部，岩石颗粒由粗变细，没有纹层。这种层理主要由浊流形成，如携带大量悬浮物的河流、海流、潮汐流等也可偶尔见到（图 1.26）。

1.4.37 透镜状层理

透镜状层理的特点是以泥质沉积为主，砂体呈透镜状被包围在泥质中，互不连通。砂质透镜体具有明显的同向倾斜纹层。这种层理常与压扁层理、波状层理共生，组成复合层理，形成于潮下带和潮间带，多发育于粉砂岩、泥质粉砂岩与泥岩、粉砂质泥岩互层的岩层中（图 1.26）。

1.4.38 韵律层理
指由岩石成分、结构与颜色等不同类型纹层作有规律重复出现构成的层理（图1.26）。这种层理多形成于潮汐、湖泊及河流环境中。

1.4.39 层面
层与层之间的接触面称为层面。

1.4.40 层面构造
指在沉积过程中，由于机械原因或生物活动形成并保留在岩层表面或底面上的各种沉积构造，如波痕、雨痕、雹痕、虫孔、爬痕、泥裂、冲刷痕及各种印模等。它可用来识别沉积环境、水动力条件。

1.4.41 波痕
指由风、水流或波浪等介质的运动，在沉积物表面形成的层面构造。波痕常见于砂岩、粉砂岩层面上，是判断波浪形成条件、介质流动方向，以及海岸、湖岸线延展方向等的重要标志。

1.4.42 浪成波痕
指由波浪动荡水流形成的层面构造，常见于海、湖浅水地带。

1.4.43 水流波痕
指由定向水流形成的层面构造，常见于河流和有底流的海、湖近岸地带。

1.4.44 风成波痕
指定向风形成的层面构造，常见于沙漠及海、湖滨岸的砂丘沉积中。

1.4.45 波痕指数
指波长与波高的比值。

1.4.46 不对称度
指缓坡水平投影距离与陡坡水平投影距离的比值。

1.4.47 泥裂（龟裂）
指未固结的泥质沉积物露出水面后因曝晒干涸而形成的收缩裂缝。其形状似龟甲形又称龟裂，常形成于海岸、湖岸、废弃河道、泛滥平原及潮间带沉积物表面，对推断古气候、沉积环境有重要价值。

1.4.48 雨痕与冰雹痕

指雨滴或冰雹降落在泥质沉积物表面所形成的圆形或椭圆形凹穴。

1.4.49 冲刷面

指软质岩层表面被水流、波浪、潮汐冲刷而形成凹凸不平的坑洼，并为砂砾沉积物所充填的层面构造。冲刷面指示浅水动荡环境，也表示有过沉积间断。

1.4.50 槽模

指分布在砂质岩层底面上的一种半圆锥形突起的印模构造。它是确定古水流方向和浊流环境的重要标志。

1.4.51 生物成因构造

指生物在未固结的沉积物表面或内部活动而留下的各种痕迹，如停息痕迹、爬行痕迹、觅食痕迹、进食痕迹、穴居痕迹等。它是指示沉积环境的重要标志。

1.4.52 结核

指在沉积岩中呈球状、饼状、扁豆状、放射状等的化学矿物集合体。其成分为碳酸盐、硫酸盐、氧化硅等，形状大小不一，可呈单个或成群成带出现。

1.4.53 结核类型

指结核与围岩层理之间的关系所划分的成因类别（图1.27）。

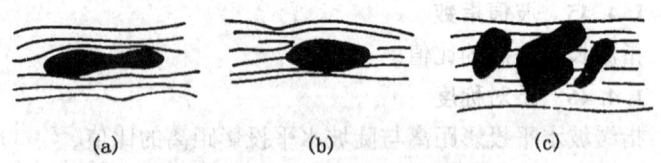

图 1.27 结核的类型
(a) 同生结核；(b) 成岩结核；(c) 后生结核

1.4.54 同生结核

指与沉积作用同时形成的结核，如铁锰结核（具有核心和同心圆状构造）、藻灰结核（呈均质团块）[图1.27（a）]。

1.4.55 成岩结核

指由成岩阶段物质重新分配所形成的结核 [图1.27（b）]。

1.4.56 后生结核

指沉积物固结后，由外来溶液沿裂缝或层理面渗入岩石内沉淀而成的结核 [图1.27（c）]。

1.4.57 变形构造（同生变形构造、水下滑动构造）

又称同生变形构造或称水下滑动构造，是指在沉积物未固结成岩之前，由于重力、滑动及滑塌作用发生变形而产生的构造。

1.4.58 缝合线

在压溶作用下发生不均匀的溶解，使岩层在平面上起伏不平，在剖面上呈锯齿状曲线，这种构造叫缝合线。它常出现于石灰岩中。

1.4.59 二元结构

在垂向剖面上，下部由河床相组成底层沉积（主要由河床滞留砾岩和边滩或心滩砂岩组成）；上部由堤岸亚相与河漫亚相组成顶层沉积（主要由粉砂岩、黏土等组成），这种沉积结构叫二元结构。它是河流相的重要特征之一。

1.4.60 侧向加积（侧积）

简称侧积，通常指曲流河侧移点坝的沉积方式，即在曲流河外岸遭受侵蚀的同时，内岸一侧砂体不断侧向沉积增大，形成点坝砂体。这种沉积方式在潮坪沉积、辫状河心滩坝侧缘也可出现。

1.4.61 垂向加积（垂积）

在沉积过程中，沉积表面地形特征只向上延展，不侧向移动，所形成的砂体在垂向上岩性粗细和渗透率高低变化无规律性，这种沉积方式叫垂向加积，简称垂积。可在辫状河心滩砂坝（辫状坝）中见到。

1.4.62 向前加积（前积）

在河流沉积环境中，碎屑物不断从上游向下游方向沉积，这种沉积方式叫向前加积，简称前积。它所形成的砂体，在纵向剖面上具有反韵律粒序，渗透率下小上大呈有规律的变化。前积方式多见于三角洲沉积环境，但也可在辫状河心滩坝、曲流河的曲流段上游半段及冲积扇中出现。

1.4.63 填积

指一些河道内充填式的沉积。网状河和限制性河谷、各种河型的河道废弃后的沉积物都属于这种沉积方式。

1.4.64 选积

指沿岸环境碎屑物在波浪往复簸选作用下的沉积方式。三角洲间沿岸的浅滩砂、堡坝、千尼尔坝、近岸坝等都是这种沉积方式的产物。

1.4.65 漫积

指冲积扇沉积环境下的漫流沉积。

1.4.66 陆相

指在大陆环境中沉积的沉积物或岩层。大陆沉积环境包括冰川环境、冲积扇环境、河流环境、湖泊环境及沼泽环境等。

1.4.67 洪积相（洪积扇、冲积扇）

指基岩风化后，大量碎屑物由山地河流或山洪携带，于山谷出口处堆积起来的沉积物。这些沉积物形似扇状或锥状，扇顶向着山谷，扇底向平原倾斜，故又称洪积扇或冲积扇（图1.28）。

图1.28 洪积扇示意图

1.4.68 河流相（冲积相）

指由河流或其他径流作用而形成的沉积物或沉积岩。河流作用是一种很重要的地质营力，活动于洪积扇与三角洲平原之间，其沉积物可形成广阔的冲积平原，故又称冲积相，是油气聚集的重要场所之一。

1.4.69 弯曲指数（弯度指数）

指河床长度与河谷长度之比。弯曲指数又称弯度指数，是判别河流类型的一个指标。

1.4.70 辫状指数（网状指数、游荡性指数）

指二倍河心滩的长度与河道长度之比。辫状指数又称游荡性指数、网状指数，是判别河流性质的一个指标。

1.4.71 河流类型

指用弯曲指数和辫状指数划分的河流种类（表1.3）。

表 1.3 河型分类

弯曲指数 \ 辫状指数	单河道（辫状指数小于1）	多河道（辫状指数大于1）
低弯曲度（弯曲指数小于1.5）	顺直河	辫状河
高弯曲度（弯曲指数大于1.5）	曲流河	网状河

1.4.72 顺直河与曲流河

顺直河是指河道弯曲度很小，河岸比较稳定的单一河道河流（图1.29）。

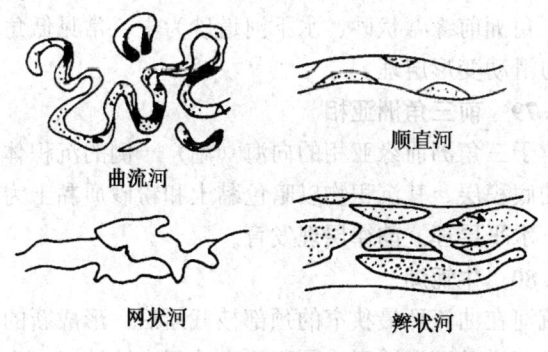

图 1.29 河型分类图（引自 Miall，1977）

曲流河是指河道弯曲度较大，河道单一，坡降小，宽深比小的河流（图1.29）。

1.4.73 辫状河与网状河

辫状河的河道宽而浅，被很多心滩分割，水流成多河道状（图1.29）。

网状河属沿固定的心滩流动的多河道河流，河岸坚固而稳定（图1.29）。

1.4.74 河床亚相（河道亚相）

指在河流经常流水的河谷中沉积而成的沉积体。它包括边滩、心滩和河床滞留等微相。

1.4.75 堤岸亚相

指分布于河床两岸的沉积体。它包括天然堤和决口扇两个微相。

1.4.76 河漫亚相

指分布于天然堤外侧的沉积体。它包括河漫滩、河漫湖泊和河漫沼泽三个微相。

1.4.77 分流平原亚相

指河流三角洲的水上部分所形成的沉积体。其特点是：在垂向上岩性层序为砂泥岩与粉细砂岩呈不等厚互层，呈正旋回。

1.4.78 三角洲前缘亚相

指河流三角洲的水下部分所形成的沉积体。其沉积物以河口堤砂、三角洲前缘席状砂、水下河道砂为主，常见低角度交错层理、重力滑动变形层理。

1.4.79 前三角洲亚相

指位于三角洲前缘亚相的向海（湖）一侧的沉积体，相当于三角洲的底积层。其沉积物以暗色黏土和粉砂质黏土为主，有机质丰富，水平层理、韵律层理发育。

1.4.80 牛轭湖

曲流河在曲流环最狭窄的颈部被截断后，形成新的河道，被废弃的旧河道及河漫滩形成面积不大的积水洼地，叫牛轭湖（图1.30）。

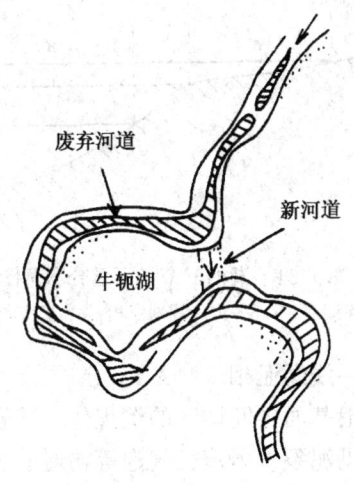

图 1.30 牛轭湖

1.4.81 牛轭湖亚相
指在牛轭湖中的沉积体。

1.4.82 湖泊相
指在湖泊环境中沉积的沉积物或沉积岩。湖泊相可分为淡水湖泊相和盐湖相两类,是石油、煤、油页岩、盐矿、铁矿等形成和储藏的重要场所。

1.4.83 洪水面、枯水面、浪基面
洪水期湖水上涨达到的最高界面叫洪水面。枯水期湖水的界面叫枯水面。波浪搅动能达到的有效深度叫浪基面(图 1.31)。

1.4.84 扩张湖亚相
指枯水期湖面与洪水期湖面之间地区的沉积体。其岩性以泥灰岩和杂色泥岩为主,常见潜穴和爬痕。

1.4.85 湖弯亚相
指湖泊近岸,湖水交流不畅而呈半封闭状态地带的沉积体。其岩性以砂质泥页岩为主,富含黄铁矿晶体,可见泥裂、雨痕等构造。

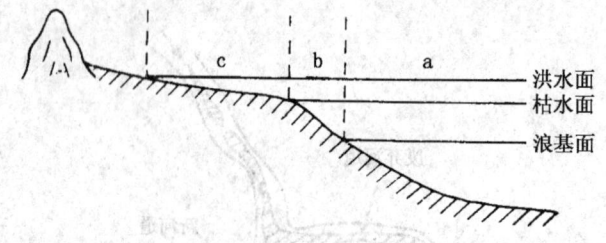

图 1.31　湖泊三个界面划分示意图
a—深湖亚相；b—滨—浅湖亚相；c—扩张湖亚相

1.4.86　滨—浅湖亚相
指枯水面与浪基面之间地区的沉积体。其岩性以红色、紫色等泥岩为主，常见泥裂、雨痕、气泡等构造。

1.4.87　半深湖—深湖亚相
指位于浪基面以下，未受波浪和湖流搅动的较深区域中形成的沉积体。其岩性以黏土岩、油页岩、泥灰岩为主，常见黄铁矿，有机质含量高，是良好的生油岩。

1.4.88　沼泽与沼泽相
被浅水淹没的积水洼地称沼泽。在沼泽环境中沉积的沉积体或沉积岩称沼泽相。

1.4.89　海洋分区
指根据海水深度及海底地势特点所划分的海洋不同区域。如图 1.32 所示。

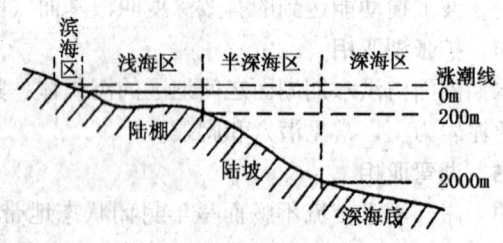

图 1.32　海洋分区示意图

1.4.90 海相

指在海洋环境中沉积的沉积体或沉积岩。根据海水深浅的差别，可分为滨海相、浅海相、半深海相、深海相。

1.4.91 潟湖与潟湖相

潟湖相是海陆过渡相之一。潟湖是障壁沙坝、沙洲与海洋隔绝或半隔绝的浅水盆地。在这种环境中沉积的沉积体或沉积岩称潟湖相。

1.4.92 三角洲相

指河流入海、湖地带的河口区，地形平坦，流速降低，水流携带的沉积物质大量倾泻、堆积，形成顶尖朝陆地的三角形沉积体。三角洲是油气生成与聚集最为有利的地区之一，是石油勘探的重点对象之一。

1.4.93 建设性三角洲

指在河流作用大于海洋作用的情况下形成的三角洲。其特点是沉积速度快，厚度大，分布广，泥含量较高，向海洋方向延伸，砂体成指状或扇状分布，根据形态分为鸟足状和扇状两种类型。

1.4.94 破坏性三角洲

指海浪、潮汐、海流作用大于河流作用的情况下形成的三角洲。河流作用形成的沉积体被海浪、潮汐作用改造和破坏，沉积速度慢，厚度小，分布面积不广。根据形态分为鸟嘴状和港湾形两种类型。

1.4.95 三角洲沉积模式

指根据河流作用、波浪作用和潮汐作用的相对强度对三角洲形成的影响，把三角洲分为鸟足状（舌状）三角洲、扇状（朵状）三角洲、鸟嘴状（尖头状）三角洲、港湾型三角洲四种沉积模式（图1.33、图1.34、图1.35、图1.36）。

1.4.96 浊流

指一种沿水下斜坡或峡谷流动的含有大量泥沙、呈悬浮搬运的高密度底流（图1.37）。

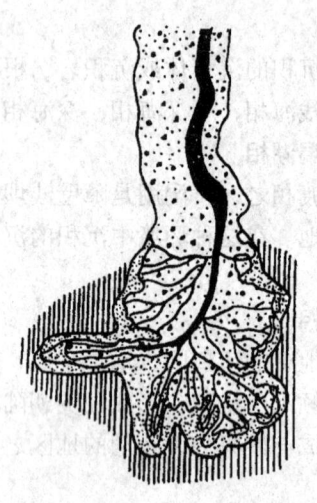

图 1.33 鸟足状（舌状）三角洲（现代密西西比河三角洲）

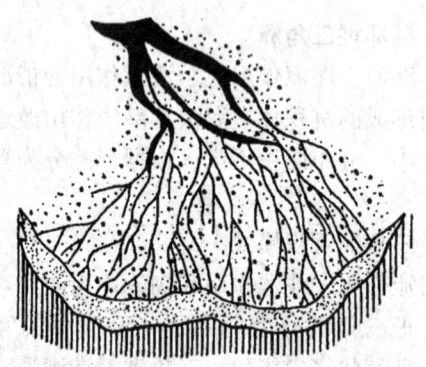

图 1.34 扇状（朵状）三角洲（密西西比河全新世三角洲）

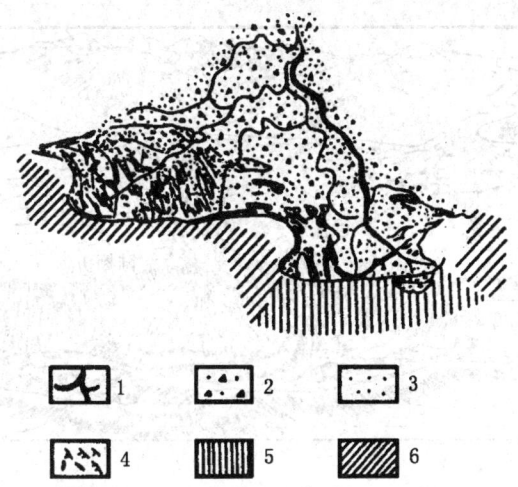

图1.35 鸟嘴状(尖头状)三角洲(罗纳河三角洲)
1—河道和河曲地带;2—三角洲平原(泛滥平原和海岸平原);
3—河口砂坝;4—海滨砂堤—海滨平原;5—前三角洲;6—大陆棚

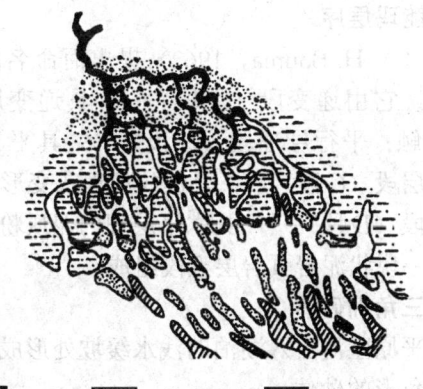

河道　三角洲平原　三角洲平原—潮坪
潮砂坝　潮沟—陆棚　潮深谷

图1.36 港湾形三角洲(巴布亚湾三角洲)

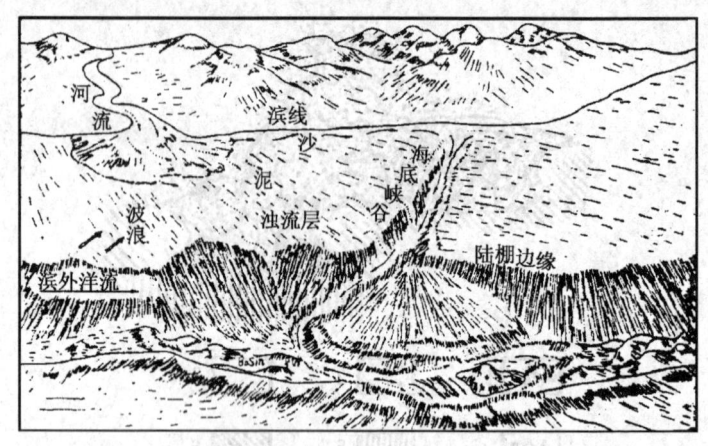

图 1.37 海底峡谷和浊流沉积示意图

1.4.97 浊流相

指在海底或湖底环境中,由于浊流作用而形成的碎屑物沉积体。

1.4.98 鲍玛层序

指由鲍玛(A. H. Bouma,1962)提出而命名的一个完整的浊流沉积层序。它由递变段(A 段)——具递变层理的砂砾岩层,不整合接触;平行层理段(B 段)——具平行层理的砂岩层;水流波纹层段(C 段)——具波纹纹理或变形层理的粉砂岩层;水平层理段(D 段)——具水平层理的泥质粉砂岩层;泥岩段(E 段)——块状泥岩页岩层五段组成。

1.4.99 三角洲砂体

指在岸上平原区河流入湖泊的浅水缓坡处形成的、向湖心突出的、近似三角形的砂体。

1.4.100 扇三角洲砂体

指从邻近高地推进到海或湖中去的冲积扇砂体。

1.4.101 水下冲积扇砂体

指山地河流出山口后,进入湖盆滨—浅湖区,形成全部沉没于水下的扇形砂砾岩体。它可细分为扇根、扇中和扇端三个部分。

1.4.102 浊积砂体

指浊流携带的大量碎屑物在深湖（海）区堆积而成的砂（砾）岩体。

1.4.103 岩心相分析

指根据岩心中所含相标志信息（包括岩石颜色、岩石性质及组合关系、颗粒结构、沉积构造、韵律性、古生物、矿物、接触关系等）判别和划分沉积相，建立剖面模型、平面模型，研究沉积相在纵向上和平面上的分布和变化。

1.4.104 测井相分析

指利用有效的测井方法所获取的地下岩层信息来判断和划分沉积相。首先在取心井中选择有效测井方法，根据测井曲线形态或参数划分测井相，然后与岩心分析的沉积相进行相关对比，建立测井相模式，以此为标准，对各井进行测井相分析。目前有曲线分析（定性测井相分析）和自动测井相分析（定量测井相分析）两种方法。

1.4.105 地震相分析

指利用三维地震、高分辨率地震、垂直地震剖面等方法所获得的地下岩层信息来判别和划分沉积相，并进行剖面相分析和平面相分析，以了解沉积相在纵向上和平面上的分布及变化。这种方法最大优点是可以预测井间沉积相分布和变化情况，是一种很有发展前途的预测方法。

1.5 油（气）藏

1.5.1 油藏、气藏、油气藏

在单一圈闭中，属同一压力系统，并具有统一的油水界面的石油聚集叫油藏。

在单一圈闭中，属同一压力系统，并具有统一气水界面的天然气聚集叫气藏。

在单一圈闭中，属同一压力系统，并具有统一油气水界面的石油和天然气聚集叫油气藏。它们是地壳中油、气聚集的基本单位。

1.5.2 工业油藏、工业气藏、工业油气藏

分别指在当前开采技术和经济条件下，具有开采价值的油藏、气藏和油气藏。

1.5.3 原生油（气）藏

指油（气）生成后沿储集层运移，并在圈闭中聚集而形成的油（气）藏。

1.5.4 次生油（气）藏

指原生油（气）藏遭到破坏，油（气）再次运移，重新聚集在新的圈闭中而形成的油（气）藏。

1.5.5 背斜油（气）藏

指油（气）在背斜构造中聚集而形成的油（气）藏。这是分布最广泛、最常见的油（气）藏类型。

1.5.6 挤压背斜油（气）藏

指油（气）在挤压背斜中聚集而形成的油（气）藏。这种油（气）藏常呈不对称状，具有闭合度较大、闭合面积较小、伴生断层等特点。

1.5.7 基底升降油（气）藏

指油（气）在基底升降背斜中聚集而形成的油（气）藏。它具有两翼地层倾角平缓、闭合度较小、含油面积较大等特点。

1.5.8 底辟背斜油（气）藏

指油（气）在底辟背斜中聚集而形成的油（气）藏。它具有背斜轴部发育地堑式或放射状断裂系统，因而形成众多的半背斜和断块油（气）藏等特点。

1.5.9 披盖背斜油（气）藏

指油（气）在披盖（披覆）背斜中聚集而形成的油（气）藏。它具有构造顶平翼部稍陡、幅度下大上小、地层倾角向上减

小等特点。

1.5.10 滚动背斜油（气）藏
指油（气）在滚动背斜构造中聚集而形成的油（气）藏。它具有构造轴向近于平行断层线，呈串珠状分布，构造幅度中部较大，深、浅部较小等特点。

1.5.11 逆牵引背斜油（气）藏
指油（气）在逆牵引背斜中聚集而形成的油（气）藏。

1.5.12 盐体刺穿油（气）藏
指油（气）在盐体刺穿构造中聚集而形成的油（气）藏。

1.5.13 泥火山刺穿油（气）藏
指油（气）在泥火山刺穿构造中聚集而形成的油（气）藏。

1.5.14 岩浆岩体刺穿油（气）藏
指油（气）在岩浆岩体刺穿构造中聚集而形成的油（气）藏。

1.5.15 潜伏剥蚀突起油（气）藏
指古地形突起被上覆不渗透地层所覆盖，形成圈闭条件，油（气）在其中聚集而形成的油（气）藏。

1.5.16 向斜油（气）藏
指油（气）在向斜构造中（与岩性等因素配合形成圈闭）聚集而形成的油（气）藏。

1.5.17 断层遮挡油（气）藏
指油（气）在断层遮挡圈闭中聚集而形成的油（气）藏。

1.5.18 断鼻构造油（气）藏
指油（气）在断鼻构造中聚集而形成的油（气）藏。

1.5.19 弧形断层断块油（气）藏
指油（气）在弧形断层断块构造中聚集而形成的油（气）藏。

1.5.20 交叉断层断块油（气）藏
指油（气）在交叉断层断块构造中聚集而形成的油（气）藏。

1.5.21 逆断层断块油（气）藏
指油（气）在逆断层或逆掩断层断块构造中聚集而形成的油（气）藏。在逆掩断层上盘，可形成逆掩断层断块油（气）藏；

在下盘常形成隐蔽性掩覆断块油（气）藏。

1.5.22 地层不整合油（气）藏
指油（气）在地层不整合圈闭中聚集而形成的油（气）藏。

1.5.23 地层超覆油（气）藏
指油（气）在地层超覆圈闭中聚集而形成的油（气）藏。

1.5.24 岩性油（气）藏
指油（气）在岩性圈闭中聚集而形成的油（气）藏。常见的岩性油（气）藏有岩性尖灭油（气）藏、透镜体油（气）藏、生物礁块油（气）藏等。

1.5.25 裂缝性油（气）藏
指储层的储集空间和渗滤通道主要是裂缝、溶洞的油（气）藏。

1.5.26 潜山油（气）藏
指油（气）在古潜山圈闭中聚集而形成的油（气）藏。

1.5.27 层状油（气）藏
指储层呈层状分布，油（气）聚集受固定层位限制，上下都被不渗透岩层分隔，并具有边水分布的油（气）藏。

1.5.28 块状油（气）藏
指储油（气）层的顶部被不渗透岩层覆盖，而内部没有被不渗透岩层间隔而呈块状，油（气）被底水承托，并具有统一油水或气水界面的油（气）藏。

1.5.29 复合油（气）藏
有两种或两种以上地质因素控制油（气）聚集的油（气）藏叫复合油（气）藏。

1.5.30 构造—地层复合油（气）藏
指由构造和地层两种地质因素控制而形成的油（气）藏。常见的有背斜—地层不整合油（气）藏和地层不整合—断层油（气）藏。

1.5.31 构造—岩性复合油（气）藏
指由构造和岩性两种地质因素控制而形成的油（气）藏。常见的有背斜—岩性油（气）藏和断层—岩性油（气）藏。

1.5.32 悬挂油（气）藏 [水动力圈闭油（气）藏]

在流体流动方向与地层倾向相同的情况下，当油水或气水界面的倾角小于地层倾角时，油（气）在挠曲或鼻状构造中聚集而形成的油（气）藏。也称水动力圈闭油气藏。如酒泉盆地北部单斜带上的单北油田属于这一类型。

1.5.33 隐蔽油（气）藏

指无明显圈闭显示，用目前勘探技术较难寻找的油（气）藏。

1.5.34 断块油（气）藏与复杂断块油（气）藏

断块油（气）藏指油（气）在断块圈闭中聚集而形成的油（气）藏。由若干小于或等于 $1km^2$ 断块组成，其储量占总储量一半以上的叫复杂断块油（气）藏。

1.5.35 砾岩油（气）藏

指油（气）在砾岩储层圈闭中聚集而形成的油（气）藏。

1.5.36 碳酸盐岩油（气）藏

指油（气）在碳酸盐岩储层圈闭中聚集而形成的油（气）藏。

1.5.37 变质岩油（气）藏

指油（气）在变质岩储层圈闭中聚集而形成的油（气）藏。

1.5.38 喷出岩油（气）藏

指油（气）在喷出岩储层圈闭中聚集而形成的油（气）藏。

1.5.39 黏土岩油（气）藏

指油（气）在黏土岩储层圈闭中聚集而形成的油（气）藏。

1.5.40 饱和油藏

指在原始地层压力和温度条件下，石油中已饱和了天然气的油藏。

1.5.41 未饱和油藏

指在原始地层压力和温度条件下，石油中尚未饱和天然气的油藏。

1.5.42 常规原油油藏

指地层原油黏度小于 $50mPa \cdot s$，相对密度小于 0.92 的油藏。

1.5.43 稠油油藏

指地层原油黏度大于 50mPa·s，相对密度大于 0.92 的油藏。

1.5.44 高凝油油藏

指原油凝点大于 40℃，含蜡量高的油藏。

1.5.45 挥发油油藏

指原油属于挥发油的油藏。

1.5.46 常规气藏

指气藏组分以烃类为主的干气或凝析油含量小于 $50g/m^3$，不具油环的常压气藏。

1.5.47 凝析气藏（凝析油气藏、凝析油藏）

在高温高压条件下烃类呈气态存在，当开采时因压力、温度的降低，反转凝析出液态烃（凝析油），凝析油含量大于 $50g/m^3$，这种气藏叫凝析气藏，也称凝析油气藏或凝析油藏。

1.5.48 酸性气藏

指天然气组分中酸性气体达到 $5g/m^3$ 以上的气藏。按 H_2S 含量多少可分为：微含硫气藏（$<0.02g/m^3$）、低含硫气藏（$0.02g/m^3 \sim 5.0g/m^3$）、中含硫气藏（$5.0g/m^3 \sim 30.0g/m^3$）、高含硫气藏（$30.0g/m^3 \sim 150g/m^3$）、特高含硫气藏（$150.0g/m^3 \sim 770.0g/m^3$）、硫化氢气藏（$>770.0g/m^3$）。

1.5.49 干气气藏

指甲烷含量大于 95%，且不含凝析油的天然气藏。

1.5.50 湿气气藏

指甲烷含量小于 95%，且凝析油含量小于 $50g/m^3$ 的天然气藏。

1.5.51 带油环气藏

指存在油环的气藏。

1.5.52 气压驱动气藏

指天然气的采出主要靠天然气本身弹性膨胀能量的气藏。

1.5.53 水压驱动气藏

指天然气的采出主要靠地层水和岩石体积弹性膨胀能量，或靠不断补充地层水能量的气藏。

1.5.54 常压气藏与低压气藏

气层压力系数 0.7~1.2 称为常压气藏。气层压力系数小于 0.7 称为低压气藏。

1.5.55 高压气藏与超高压气藏

气层压力系数 1.2~1.8 称为高压气藏。气层压力系数大于 1.8 称为超高压气藏。

1.5.56 浅层气藏、中浅层气藏

气藏中部埋藏深度小于 1000m 称为浅层气藏。气藏中部埋藏深度 1000m~2000m 称为中浅层气藏。

1.5.57 中深气藏、深层气藏、超深层气藏

气藏中部埋藏深度 2000m~3500m 称为中深层气藏。气藏中部埋藏深度 3500~4500m 称为深层气藏。气藏中部埋藏深度大于 4500m 称为超深层气藏。

1.5.58 CO_2 气藏

指天然气组分中 CO_2 含量大于 70% 的气藏。

1.5.59 氮气藏

指天然气组分中氮气含量大于 70% 的气藏。

1.5.60 含氦气藏

指天然气组分中含氦量大于 0.1% 的气藏。

1.5.61 水溶性气藏

在地层条件下，溶解于地层水中的天然气具有工业开采价值时叫水溶性气藏。

1.5.62 重力分异

指密度不同的几种物质的混合体，在重力作用下按密度差异分开。如在油（气）藏中，油气水在重力作用下，按其密度的差异，形成气、油、水有序的分布。

1.5.63 气顶（气帽）

在油气藏形成时，由于天然气不能全部溶于石油中，游离气因重力分异作用而聚集在构造顶部称为气顶，俗称"气帽"。按其成因可分为原生气顶与次生气顶。

1.5.64 原生气顶与次生气顶

在油田开发前的原始状态下存在的气顶叫原生气顶。油田开发后，因油层压力降到饱和压力以下，从石油中释出的天然气升至构造顶部而形成的气顶叫次生气顶。

1.5.65 气顶高度

指带气顶油气藏的最高点与油气界面之间的垂直距离或高差。

1.5.66 气藏高度（含气高度）

指气藏最高点与气水界面之间的垂直距离或高差。

1.5.67 油藏高度（含油高度）

又称含油高度。指油藏最高点与油水界面之间的垂直距离或高差。带气顶的油藏是指油气界面至油水界面之间的垂直距离或高差。

1.5.68 油气藏高度（含油气高度）

又称含油气高度。指油藏高度加气顶高度之和。

1.5.69 气顶指数（气顶系数）

气顶的气体孔隙体积与含油部分油的孔隙体积之比叫气顶指数（气顶系数）。是表示气顶体积及驱动能量大小的一个指标。

1.5.70 油气界面、油水界面及气水界面

在油气藏、油藏、气藏中，油与气的接触面叫油气界面，油与水的接触面叫油水界面，气与水的接触面叫气水界面。

1.5.71 油气过渡段、油水过渡段及气水过渡段

在多数情况下，油（气）藏中油与气、油与水及气与水的接触处存在具有一定厚度的油气、油水及气水混存段，即带气顶的油藏，从含气段到纯油段之间有一个油气过渡段，从纯油段到纯水段之间有一个油水过渡段，气藏从纯气段到纯水段之间有一个气水过渡段。

1.5.72 稠油段

在多油层的油藏或油气藏中,油水过渡段的顶部常出现一个原油相对密度增大、黏度增高,达到稠油标准的层段叫稠油段。

1.5.73 油底与水顶

按油层标准划分的油层底界叫油底。按水层标准划分的水层顶界叫水顶。油底与水顶通常不是同一界面。划准油底与水顶对储量计算和确定射孔界线都有重要意义。

1.5.74 底水与边水

在油(气)藏中,整个含油(气)边界(缘)范围内的油(气)层底部都有托着油(气)的水叫底水;只在油(气)藏边部(气水或油水过渡带)的油(气)层底部有托着油(气)的水叫边水(图1.38)。

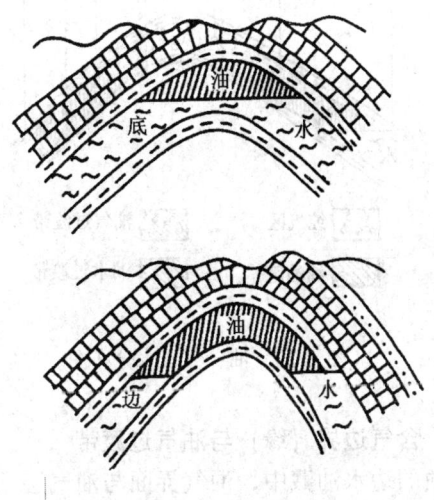

图1.38 底水与边水

1.5.75 油环

油气藏的含气部分很大,而含油部分很小,呈环状分布,称为油环。

1.5.76 含气内边界（缘）与纯气区

在带气顶的边水油藏中，油气界面与油气层底面的交线叫含气内边界（缘）。在此线圈定范围内为纯气区（图1.39）。

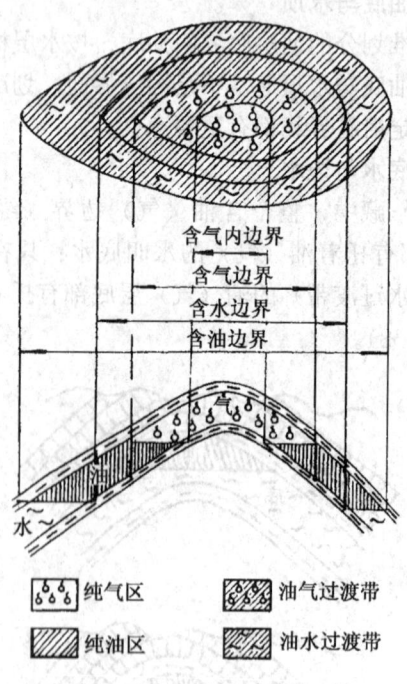

图1.39 油、气、水分布图

1.5.77 含气边界（缘）与油气过渡带

在带气顶的边水油藏中，油气界面与油气层顶面的交线叫含气边界（缘），亦称含气外边界（缘）或气顶边界（缘）。含气边界线与含气内边界线所包围区域称油气过渡带（图1.39）。

1.5.78 含水边界（缘）与纯油区

在带气顶的边水油藏中，油水界面与油层底面的交线叫含水边界（缘），亦称含油内边界（缘）。含水边界线与含气外边界线之间的区域称纯油区（图1.39）。

1.5.79　含油边界（缘）与油水过渡带

在带气顶的边水油藏中，油水界面与油层顶面的交线叫含油边界（缘）亦叫含油外边界（缘）。含油边界线与含水边界线之间的区域称油水过渡带（图1.39）。

1.5.80　气水过渡带

指气藏含气内边界至含气外边界之间的地带。

1.5.81　含油（气）面积

指含油（气）边界线在平面上的垂直投影所圈闭的面积。

1.5.82　油（气）藏的度量

指度量油（气）藏大小的指标。它包括含油（气）边界、含油（气）面积、油（气）柱高度及充满系数等参数。

1.5.83　油（气）藏充满系数

指油（气）藏含油（气）高度与闭合高度的比值。它是评价油（气）藏优劣的重要指标之一。

1.5.84　油田、气田与油气田

在相同构造、地层、岩性等单一或复合因素控制下，同一面积范围内所有油、气藏的总称叫油气田，若只为气藏则称气田，若只为油藏则称油田。

1.5.85　特大型、大型、中型、小型与特小型油（气）田

按《石油天然气储量计算规范》规定（石油天然气可采储量分别以 N 和 G 表示，单位分别为 $10^4 m^3$，$10^8 m^3$）：$N \geqslant 25000$ 为特大型油田；$G \geqslant 2500$ 为特大型气田。$2500 \leqslant N < 25000$ 为大型油田；$250 \leqslant G < 2500$ 为大型气田。$250 \leqslant N < 2500$ 为中型油田，$25 \leqslant N < 250$ 为中型气田。$25 \leqslant N < 250$ 为小型油田；$2.5 \leqslant G < 25$ 为小型气田。$N < 25$ 为特小型油田；$G < 2.5$ 为特小型气田。

1.5.86　高产、中产、低产、特低产油（气）田

按《石油天然气储量计算规范》规定［千米井深稳定日产油、日产气分别以 Q_o 和 Q_g 表示，单位分别为 $m^3/(km \cdot d)$ 和 $10^4 m^3/(km \cdot d)$］：$Q_o \geqslant 15$ 为高产油田；$Q_g \geqslant 10$ 为高产气田。

$5 \leqslant Q_o < 15$ 为中产油田；$3 \leqslant Q_g < 10$ 为中产气田。$1 \leqslant Q_g < 5$ 为低产油田；$0.3 \leqslant Q_g < 3$ 为低产气田。$Q_o < 1$ 为特低产油田；$Q_g < 0.3$ 为特低产气田。

1.5.87 边际油（气）田

指根据油（气）田的地质条件、目前开采技术水平及近期的油（气）价格，处于收益与支出很接近，是否值得开发难以决策的油（气）田。

1.5.88 储量计算

指在油（气）田勘探、开发的各个阶段中，利用取得的油（气）藏静态和动态资料来计算油（气）藏地质储量和可采储量的工作和方法。常用的储量计算方法有容积法、物质平衡法、压降法、统计法等。

1.5.89 容积法

指利用油（气）藏静态资料和参数，以确定油（气）藏储油（气）体积来计算油（气）地质储量的主要方法。其计算公式如下：

$$N = 100 A_o \times h \times \phi (1 - S_{wi}) \frac{\rho_o}{B_{oi}}$$

$$G = 0.01 A_g \times h \times \phi (1 - S_{wi}) \frac{T_{sc} \times p_i}{p_{sc} \times T \times Z}$$

式中 N——石油地质储量，$10^4 t$；

A_o——含油面积，km^2；

h——平均有效厚度，m；

ϕ——平均有效孔隙度，小数；

S_{wi}——平均原始含水饱和度，小数；

ρ_o——平均地面原油密度，g/cm^3；

B_{oi}——平均原始原油体积系数；

G——天然气地质储量，$10^8 m^3$；

A_g——含气面积，km^2；

T——气层温度，K；

T_{sc}——地层标准温度，K；

p_{sc}——地面标准压力，MPa；

p_i——原始地层压力，MPa；

Z_i——原始气体压缩系数。

1.5.90 物质平衡法

物质平衡法是利用物质平衡方程来计算油（气）田储量的一种方法。实践表明，油（气）田开发后，地层压力下降 1MPa 以上，采出程度大于 10%，利用生产动态资料所计算的储量比较可靠。不同驱动类型所用的方程式各不相同，气顶驱、天然水驱、人工水驱和溶解气驱混合驱动油藏的计算公式如下：

$$N = \frac{N_p[B_t + (R_p - R_{si})B_g] - W_e - W_i B_w + W_p B_w}{B_t - B_{ti} + mB_{ti}\left(\dfrac{B_g}{B_{gi}} - 1\right)}$$

式中 N——石油地质储量，$10^4 m^3$；

N_p——累积产油量，$10^4 m^3$；

B_t——压力为 p 时的油、气两相体积系数；

B_{ti}——压力为 p_i 时地层油单相体积系数；

B_g——压力为 p 时天然气体积系数；

B_{gi}——压力为 p_i 时天然气体积系数；

R_p——累积生产气油比，m^3/m^3；

R_{si}——压力为 p_i 时天然气溶解气油比，m^3/m^3；

B_w——压力为 p 时地层水体积系数；

W_e，W_i，W_p——入侵水、注入水和产出水累积产量，$10^4 m^3$；

m——原始气顶体积与油藏含油部分原始体积之比。

1.5.91 压降法（压力图解法）

压降法是利用单位压力降所采出的气量为一常数的基本原理来计算定容封闭式气田储量常用的一种方法。实质上是定容封闭式气田特定的物质平衡法，或称压力图解法、直线外推法。其计

算公式如下:

$$G = \frac{G_p \times \frac{p_i}{Z_i}}{\frac{p_i}{Z_i} - \frac{p}{Z}}$$

式中　G——天然气地质储量,$10^8 \mathrm{m}^3$;

　　　G_p——天然气累积产量,$10^8 \mathrm{m}^3$;

　　　p_i——原始地层压力,MPa;

　　　p——目前地层压力,MPa;

　　　Z_i——原始天然气偏差系数;

　　　Z——目前地层压力下的天然气偏差系数。

1.5.92　地质储量

指在地层原始状态下,油(气)藏中油(气)的总储藏量。获得地质储量是油(气)勘探的最终目标,也是油(气)田开发的前提。

1.5.93　预测储量

指在地震详探及其他方法提供的圈闭内,经过预探井钻探,获得油气流或油气显示后所计算的地质储量。

1.5.94　远景资源量

指根据地质、地球物理、地球化学等资料,用统计法或类比法估算的、尚未发现的油、气流的地质储量。

1.5.95　控制储量

指预探阶段完成后,在1口以上探井中获得工业油、气流,初步查明圈闭形态,确定油(气)藏类型和储层沉积类型,大体搞清了含油(气)面积和油(气)层厚度,评价了储层产能大小和油、气质量,在此基础上计算的地质储量称控制储量。控制储量可作为进一步评价钻探和编制中、长期勘探规划的依据。

1.5.96　探明储量

指评价钻探(详探)阶段完成或基本完成后计算的地质储量。探明储量是在现代技术和经济条件下可提供开采并能获得经济效益的可靠储量,是编制油(气)田开发方案和油(气)田开发建设投资决策的依据。

1.5.97 开发探明储量（Ⅰ类）

指油（气）田投入开发，已完成开发钻井和地面设施建设后所计算的地质储量。

1.5.98 未开发探明储量（Ⅱ类）

指油（气）藏已完成详探（或评价钻探），但未投入开发，所计算的地质储量。

1.5.99 基本探明储量（Ⅲ类）

指油（气）藏已完成地震精查或三维地震，经评估钻探后，对油（气）藏类型、储层性质等已基本认识清楚，并取得储量计算各项参数后所计算的地质储量。

1.5.100 表内储量

指在目前开采技术和经济条件下，开采后可获得经济效益的地质储量。

1.5.101 表外储量

指在目前开采技术和经济条件下，开采后不能获得经济效益，但当开采技术、原油价格提高后，或油田采取加密调整、压裂改造等措施后可获得经济效益的地质储量。

1.5.102 开发储量

指已投入开发的地质储量。

1.5.103 可采储量

指在现代开采工艺技术和经济条件下，可以从油（气）藏中采出的油（气）储量。

1.5.104 单储系数

指油（气）藏单位体积所含的地质储量。一般用 $1km^2$ 的面积与 $1m$ 厚度的体积所含的地质储量来表示［$10^4 t/(km^2·m)$、$10^8 m^3/(km^2·m)$］。

1.5.105 储量丰度

指油（气）藏单位含油（气）面积范围内的地质储量（单位：油 $10^4 m^3/km^2$，气 $10^8 m^3/km^2$）。按《石油天然气储量计算规范》规定，油田储量丰度（Ω_o）为：高丰度（$\Omega_o>80$）、中丰度（$25\leqslant\Omega_o<80$）、低丰度（$8\leqslant\Omega_o<25$）、特低丰度（$\Omega_o<8$）；气田储量丰度（Ω_g）为：高丰度（$\Omega_g\geqslant10$）、中丰度（$3\leqslant\Omega_g<10$）、低丰度（$0.3\leqslant\Omega_g<3$）、特低丰度（$\Omega_g<0.3$）。

1.5.106　特殊储量

指根据流体性质、开发难度及经济效益等因素，在开采上需要采取特殊工艺措施的储量。它包括稠油储量、高凝油储量、产量低经济效益很差的储量、非烃类气田（硫化氢、二氧化碳、氮气）储量及超深层储量等。

第 2 章 油（气）藏物性与渗流力学

2.1 油（气）藏物性

2.1.1 油（气）藏物性

指油（气）储层的岩石物理性质、储层内流体的物理化学性质及其在地层条件下的相态和体积特性，以及岩石—流体的分子表面现象和相互作用，油、气、水的驱替机理等。研究油（气）藏物性为油（气）田开发设计、开发动态分析，以及提高最终采收率提供参数和依据，是油（气）田开发重要研究课题之一。

2.1.2 全直径岩心

指用取心技术从油（气）层中取出的岩心，不经切割和劈分，整段用于实验室进行分析测定有关参数的柱状岩心。它多用来研究油（气）层的非均质性。

2.1.3 柱状岩心

指从油（气）层中取出的岩心柱上按一定方位再钻取适合于实验分析的柱状岩心样品。利用这类岩心可以测定岩石物性参数。

2.1.4 冷冻岩心

冷冻岩心是防止岩心中流体损失的一种方法。岩样一般用干冰冷冻，冷冻速度不能过慢，岩心解冻的速度也不能过慢，否则会引起岩样内流体的流失和重新分布，从而改变岩样内所含流体的原始状态。

2.1.5 选样（取样）

又叫取样，指选取有代表性并符合做相应的油层物性分析的岩心段块。

2.1.6 岩样

指经过加工后用来做油层物性分析的岩心样品。

2.1.7 常规岩心分析

指实验室一般都采用的岩心分析方法和分析项目。它可分为部分分析和全分析两种。部分分析是指对岩心进行孔隙度和空气渗透率的测定；全分析是指对岩心进行空气渗透率、孔隙度、粒度、碳酸盐含量以及含油、气、水饱和度的测定。常规岩心分析是研究储层物性的一项重要分析化验工作。

2.1.8 特殊岩心分析（专项岩心分析）

又称专项岩心分析，现已形成静态分析和动态分析两个标准系列。静态分析包括毛细管压力测定、地层因素测定、地层电阻率测定、声速测定、孔隙体积压缩系数测定、地下孔隙度和渗透率测定、润湿性测定等；动态分析包括相对渗透率测定、注水试验、残余油测定、地层敏感性测定、提高采收率试验等。特殊岩心分析是研究储层孔隙结构、渗流特征及岩石表面性质必不可少的分析化验项目。

2.1.9 全直径岩心分析

指使用全直径大岩心进行的岩心分析。它可获得油（气）层水平方向的岩心特性数据，如水平渗透率、孔隙度，以及油、气、水饱和度等。这种分析方法可提高存在裂缝、溶洞及非均质岩心有关参数测定的精度。

2.1.10 储层岩石物性

指储层岩石的力学、热学、电学、声学、放射学等特性参数和物理量。在力学特性中包括渗流特性和机械特性（硬度、弹性、压缩及抗伸性、可钻性、剪切性、塑性等）。岩石物性对油、气田最终采收率有重要影响。

2.1.11 粒度组成

指构成碎屑岩的各种大小不同的颗粒含量，通常用百分数表示。颗粒大小及分布特征是分析沉积环境和水动力条件的重要依据。

2.1.12 粒度分析

指对储层岩石颗粒大小及其含量进行测定。

2.1.13 筛析法

筛析法是测定岩石颗粒组成的一种常用方法,即把研碎了的岩样通过一套不同孔径的筛子过筛,筛出不同直径的颗粒,分别计算其质量百分比。这种方法效率高,精度可达±1%。

2.1.14 沉速法

指按岩石颗粒在液体中下沉速度的差异来确定不同大小颗粒含量的一种分析方法。

2.1.15 粒级分布曲线

指岩石各粒级的质量分数按其粒级大小序列排列的直方图(图2.1)。其中某一矩形越高说明该岩样的粒度组成越均匀,反之,则不均匀。

2.1.16 粒级累积分布曲线

指各粒级的累积质量分数与其直径(对数)的关系曲线(图2.2)。在累积曲线上可求出平均粒径、粒度中值、标准偏差及分选系数等参数。

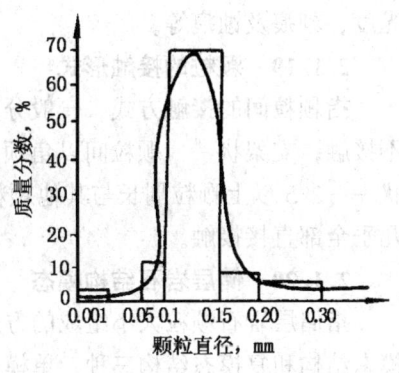

图2.1 粒级分布曲线

2.1.17 颗粒趋近率

指岩石颗粒间的接近程度。其数值越大,岩石越致密,孔隙度越小。可用下式表示:

$$颗粒趋近率 = \frac{测线上颗粒数与颗粒接触点数}{所有类型接触点数} \times 100\%$$

2.1.18 颗粒表面特征

指颗粒表面由于机械作用及化学作用造成的各种迹象,如磨

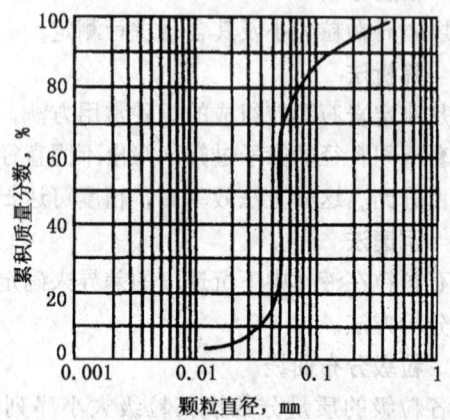

图 2.2 粒级累积分布曲线

光度、刻痕及蚀痕等。

2.1.19 颗粒的接触形式

指颗粒间的接触方式。一般分为：游离状——颗粒分散，互不接触；支架状——颗粒间以角顶接触或部分边缘接触；近镶嵌状——2/3 以上颗粒周长与其他颗粒接触；镶嵌状——颗粒之间几乎全部直接接触。

2.1.20 储层岩石结构模态

指储层岩石颗粒大小组成的方式。一般分为单模态结构、双模态结构和复模态结构三种。单模态由等粒级颗粒组成；双模态由一级颗粒和二级颗粒组成；复模态由一级颗粒、二级颗粒和三级颗粒组成（图 2.3）。

2.1.21 平均粒径

指岩石颗粒直径的平均数。它是表示岩石粒度分布和集中趋势的参数。其计算公式为：

$$M_Z = \frac{\varphi_{16} + \varphi_{50} + \varphi_{84}}{3}$$

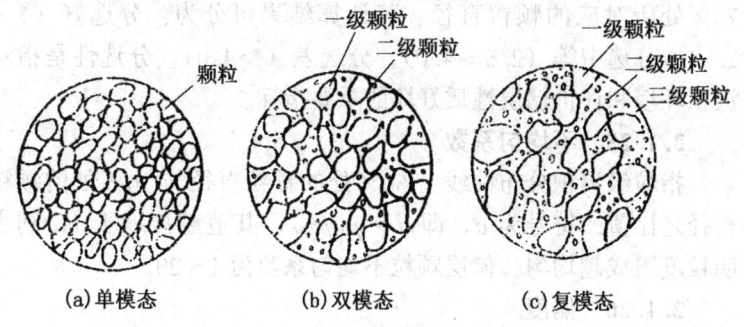

图 2.3 储层岩石结构模态示意图

式中 M_Z——平均粒度，mm；

φ_{16}——累积分布曲线上 16% 处对应的颗粒直径，mm；

φ_{50}——累积分布曲线上 50% 处对应的颗粒直径，mm；

φ_{84}——累积分布曲线上 84% 处对应的颗粒直径，mm。

2.1.22 粒径中值

指粒级累积分布曲线上 50% 处对应的粒径。它表示岩样粒度分布趋势。

2.1.23 标准偏差

表示碎屑颗粒大小均匀的程度，或表示围绕集中趋势的离差。符号为 σ_I，可用下式计算：

$$\sigma_I = \frac{\varphi_{84} - \varphi_{16}}{4} + \frac{\varphi_{95} - \varphi_5}{6.6}$$

其计算结果可分为：分选极好（<0.35）、分选好（0.35~0.50）、分选较好（0.50~0.70）、分选中等（0.70~1.00）、分选较差（1.00~2.00）、分选差（2.00~4.00）、分选极差（>4.00）。

2.1.24 分选系数

是衡量碎屑颗粒均匀程度的指标。符号为 S_0，可用 $S_0 = \varphi_{25}/\varphi_{75}$ 或 $S_0 = \sqrt{\dfrac{\varphi_{25}}{\varphi_{75}}}$ 计算。φ_{25} 和 φ_{75} 分别为粒级曲线上 25% 和

75%处所对应的颗粒直径。其计算结果可分为：分选好（1~2.5）、分选中等（2.5~4.0）、分选差（>4.0）。分选性是指示沉积环境和评价储层性质好坏的重要指标。

2.1.25 不均匀系数

指粒级累积分布曲线上60%处的颗粒直径与10%处的颗粒直径之比值。符号为a，即$a = \varphi_{60}/\varphi_{10}$，其值越接近于1，则表明粒度组成越均匀。储层颗粒不均匀系数为1~20。

2.1.26 偏度

表示碎屑粒度分布的不对称程度。它可分为：正偏态，其峰偏向粗粒度一侧，说明沉积物以粗粒为主；负偏态，其峰偏向细粒度一侧，说明沉积物以细粒为主。符号为S_{Kl}，可用下式计算：

$$S_{Kl} = \frac{\varphi_{16} + \varphi_{84} - 2\varphi_{50}}{2(\varphi_{84} - \varphi_{16})} + \frac{\varphi_5 + \varphi_{95} - 2\varphi_{50}}{2(\varphi_{95} - \varphi_5)}$$

根据偏度大小分为5级：很负偏态（-1~-0.3）、负偏态（-0.3~-0.1）、近于对称（-0.1~+0.1）、正偏态（+0.1~+0.3）、很正偏态（+0.3~+1）。偏度值和偏度频率曲线特征指示沉积物环境，如河流砂为正偏态，海滩砂为负偏态（图2.4）。

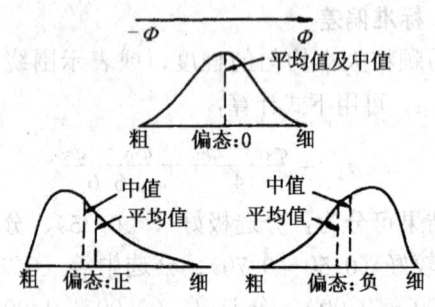

图2.4 不同偏度的频率曲线形态

2.1.27 峰度（尖度）

用来衡量粒度频率曲线的尖锐程度。符号为K_G，其值可用下式计算：

$$K_G = \frac{\varphi_{95} - \varphi_5}{2.44(\varphi_{75} - \varphi_{25})}$$

其计算结果分为六级：很平坦（<0.67）、平坦（0.67～0.9）、中等（正态）（0.90～1.10）、尖锐（1.10～1.56）、很尖锐（1.56～3.00）、非常尖锐（>3.00）。

2.1.28 概率累积曲线（粒度概率图）

指用来表示碎屑岩中各种粒度物质所占比例及搬运方式的图件。在曲线上可表明样品中的悬浮搬运、跳跃搬运、滚动搬运三个组分（图2.5）。根据三个组分在图上的分布、斜率等特点，可用来解释碎屑物沉积环境。

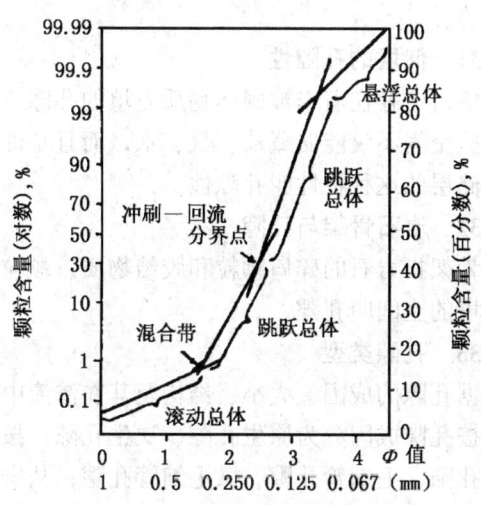

图 2.5 概率累积曲线

2.1.29 岩石比表面

指单位体积岩样内所有颗粒的总面积，或单位体积岩样孔隙内表面积的总和。其公式为：

$$S = \frac{A}{V}$$

式中 S——比表面积，cm^2/cm^3 或 $1/cm$；

A——岩石颗粒总表面积或岩石孔隙总内表面积，cm^2；

V——岩石外表体积，cm^3。

岩石中细颗粒愈多，比面愈大，反之愈小。一般来说，砂岩比表面积小于 $950cm^2/cm^3$，细砂岩比表面积为 $950cm^2/cm^3$ ～ $2300cm^2/cm^3$，粉砂岩比表面积大于 $2300cm^2/cm^3$。比表面积大小对岩石的渗透率、吸附能力、离子交换能力及束缚水含量等都有影响。

2.1.30 储集空间

指能储集和流动石油、天然气及地层水的各种岩石孔隙、洞穴和裂隙等。

2.1.31 储层的孔隙性

在储集岩中存在着未被固体物质充填的孔隙、洞穴、裂缝等空间，这些空间不仅能储藏油、气、水，而且是油、气、水流动的通道，储层的这种特性叫孔隙性。

2.1.32 岩石骨架与孔隙

岩石骨架指岩石的碎屑颗粒和胶结物质。颗粒之间未被固体物质所充填的空间叫孔隙。

2.1.33 孔隙类型

指根据孔隙的成因、大小、结构及其在渗流中的作用所进行的分类。按孔隙成因分为原生孔隙、次生孔隙；按孔隙大小分为超毛细管孔隙、毛细管孔隙、微毛细管孔隙；从岩石学角度碎屑岩分为粒间孔隙、充填残留孔隙、充填物内孔隙、缝状孔隙等；碳酸盐岩分为粒间孔隙、粒内孔隙、晶间孔隙、铸模孔隙、鸟眼孔隙、生长骨架孔隙、裂缝孔隙、溶沟孔隙、溶孔孔隙、溶洞孔隙等；根据孔隙连通状况分为连通孔隙与不连通孔隙。

2.1.34 原生孔隙与次生孔隙

凡是在沉积和成岩过程中形成的孔隙叫原生孔隙；在成岩以后因受构造运动、风化、地下水溶蚀及其他化学作用等产生的孔隙叫次生孔隙。

2.1.35 混合孔隙

指部分原生孔隙和部分次生孔隙组成的孔隙。

2.1.36 超毛细管孔隙

指孔隙直径大于 $500\mu m$，裂缝宽度大于 $250\mu m$ 的孔隙。这种孔隙的毛细管力作用较小，流体可在其中流动。岩石中较大的裂缝、溶洞及胶结差的砂岩孔隙属于此种类型。

2.1.37 毛细管孔隙

指孔隙直径在 $0.2\mu m \sim 500\mu m$ 之间，裂缝宽度在 $0.1\mu m \sim 250\mu m$ 之间的缝隙。当外力大于毛细管阻力时，流体可在其中流动。岩石中的微裂缝及砂岩孔隙多属这种类型。

2.1.38 微毛细管孔隙（无效孔隙）

指孔隙直径小于 $0.2\mu m$，裂缝宽度小于 $0.1\mu m$ 的缝隙。流体不能在这些孔隙中流动，故叫无效孔隙或死孔隙。黏土、页岩中的孔隙属此种类型。

2.1.39 粒间孔隙

指颗粒或碎屑物之间的孔隙。

2.1.40 填隙物内孔隙

指杂基及胶结物内部的微孔隙。

2.1.41 粒内孔隙

指碎屑颗粒内的孔隙。如喷发岩碎屑的气孔、颗粒内部被溶蚀的孔隙等。

2.1.42 缝状孔隙

指因构造作用而形成的裂缝孔隙，成岩过程中因收缩压实、压溶等作用而形成的裂缝状孔隙，裂缝两侧岩石被溶蚀而形成的缝状孔隙，以及层理面之间的缝隙等。

2.1.43 晶间孔隙

指由重结晶作用、白云岩化作用等形成的碳酸盐岩矿物晶体之间的孔隙。

2.1.44 铸模孔隙

指岩石中易溶的颗粒或晶体被完全溶解而形成的孔隙。可分为膏模孔隙、盐模孔隙、鲕模孔隙、生屑孔隙和虫管铸模孔隙等。

2.1.45 鸟眼孔隙

指由鸟眼构造留下的孔隙，即由灰泥中水珠、气泡、藻腐烂、去膏化、重结晶等原因形成的孔隙。这种孔隙常成群出现，发育于潮上或潮间带。

2.1.46 生长骨架孔隙

指由珊瑚、层孔虫、海绵等在生长时形成的骨架之间的孔隙。

2.1.47 溶蚀孔隙

指沉积过程及成岩后由于溶解作用所形成的孔隙。

2.1.48 潜穴孔隙

指由于生物活动而形成的孔隙。

2.1.49 收缩孔隙

指由于沉积物的收缩作用而形成的孔隙。

2.1.50 体腔孔隙

指生物硬壳之内的软体腐烂所留下的孔隙。

2.1.51 藻窗格孔隙

指由藻团粒或藻团块被黏结而形成的孔隙。它主要发育于浅水藻云岩内。

2.1.52 遮蔽孔隙

指因沉积时，由于较大的颗粒及介壳的遮蔽，使下面细小颗粒间的孔隙未被充填而留下的孔隙。

2.1.53 生物钻孔

指沉积时由于生物钻孔所形成的孔隙。

2.1.54 晶间溶孔

指由晶间孔隙溶蚀扩大，或由白云石晶体之间的膏盐斑点被溶蚀所形成的孔隙。

2.1.55 粒间溶孔

指岩石颗粒间胶结物被溶蚀扩大而形成的孔隙。

2.1.56 孔隙性溶洞

指在原来孔隙的基础上被溶蚀扩大而形成的溶洞。

2.1.57 裂缝性溶洞

指沿裂缝溶蚀扩大而形成的溶洞。

2.1.58 塌陷砾间洞与构造砾间洞

表生期石膏层被溶解而塌陷，塌陷角砾间未填满的洞称为塌陷砾间洞。断层角砾间未被填满的洞称为构造砾间洞。

2.1.59 拟闭端孔隙

储层中凡是不能导流，但已被流体渗入的孔隙称为拟闭端孔隙。

2.1.60 盲孔（闭端孔隙）

又称闭端孔隙，指只有一端与其他孔隙相通，而另一端闭塞的孔隙。

2.1.61 孔隙体积

指岩心或所研究的储层内有效孔隙的总容积。孔隙体积可用作注入流体的一种计量单位。如用以表示注入岩心或储层的流体量与孔隙体积的比例倍数（无量纲），称为注入孔隙体积的倍数。它反映注入的程度或驱洗的程度。

2.1.62 孔隙度

指岩样中孔隙体积（V_p）与岩样体积（V_f）的比值，以百分数或小数表示，符号为 ϕ。它是地质储量计算及储层评价不可少的参数。

$$\phi = \frac{V_p}{V_f} \times 100\%$$

2.1.63 绝对孔隙度（总孔隙度）

指岩样中包括有效孔隙（连通孔隙）和无效孔隙（不连通孔隙）在内的总孔隙体积（V_{tp}）与岩样体积（V_f）的比值，以百分数或小数表示，符号为 ϕ_t。

$$\phi_t = \frac{V_{tp}}{V_f} \times 100\%$$

2.1.64 有效孔隙度

岩样中有效孔隙体积（连通孔隙体积 V_{op}）与岩样体积（V_f）的比值，以百分数或小数表示，符号为 ϕ_e。计算储量和评价油（气）层特性的孔隙度是指有效孔隙度。

$$\phi_e = \frac{V_{op}}{V_f} \times 100\%$$

2.1.65 地下有效孔隙度

指地面有效孔隙度校正至油（气）层深度条件下的有效孔隙度。

2.1.66 流动孔隙度（运动孔隙度）

又称运动孔隙度，是指流体能在岩石孔隙中流动的孔隙体积（V_d）与岩石外表体积（V_r）之比。符号为（ϕ_d）。

$$\phi_d = \frac{V_d}{V_r} \times 100\%$$

2.1.67 缝洞孔隙度

指裂缝性储层岩样中裂缝及洞穴空间体积与岩样体积之比。

2.1.68 双重孔隙度

裂缝性储层具有孔隙与缝洞双重空间系统，两者孔隙度之和叫双重孔隙度。

2.1.69 地下孔隙度

指在地层条件下的岩石孔隙度。据测定，砂岩地下孔隙度比地面孔隙度的绝对值小 0.4%～0.7%。

2.1.70 孔隙度分级

指按孔隙度大小对储层的储集空间进行评价所划分的等级。一般分为六级：极优（>30%）、优（30%～25%）、良（25%～20%）、一般（20%～15%）、差（15%～10%）、极差（<10%）。

2.1.71 孔隙结构

储集岩中孔隙的形态、大小、分布状况、相互关系以及与孔间通道的组合方式称为孔隙结构。它对储集油（气）的能力、产油（气）能力、驱油效率、最终采收率等都有较大的影响。

2.1.72 孔隙喉道、孔隙喉道半径

岩石中沟通孔隙与孔隙之间的狭窄通道称为孔隙喉道。孔隙喉道的大小用孔隙喉道半径表示，单位为 μm。

2.1.73 孔腹（孔隙腰部）

亦称孔隙腰部，是指孔道直径由狭窄变成较宽大的部位。这是相对孔隙喉道而言的。

2.1.74 孔隙缩小型喉道

指喉道为孔隙的缩小部分 ［图2.6（a）］。孔隙与喉道直径接近，属于有效孔隙类型，常见于以粒间孔隙为主的砂岩储层中。

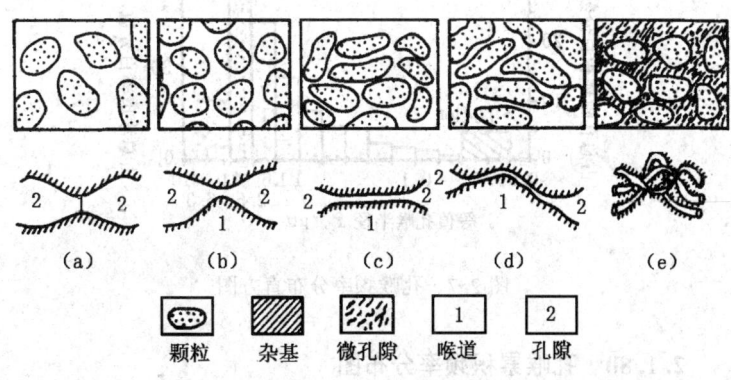

图2.6 孔隙喉道类型

2.1.75 缩颈型喉道

指喉道为颗粒间可变断面的收缩部分 ［图2.6（b）］。此类孔隙结构属于孔隙大、喉道细类型，储层的孔隙度可能较高，但渗透率可能较低。

2.1.76 片状喉道

喉道呈片状、长条状，属于孔隙小、喉道细的类型 ［图2.6（c）］。常见于接触式、线接触、凹凸接触式砂岩储层中。

2.1.77 弯片状喉道

喉道呈弯曲状,比片状喉道更为复杂的类型[图2.6(d)]。

2.1.78 管束状喉道

喉道呈管束状[图2.6(e)]。此类喉道常见于杂基支撑和基底式储层中。

2.1.79 孔喉频率分布直方图

指各个孔喉半径的孔隙体积百分数,按其半径大小排列的直方图(图2.7)。其中某一矩形越高说明该岩样孔喉组成越均匀,反之,则不均匀。

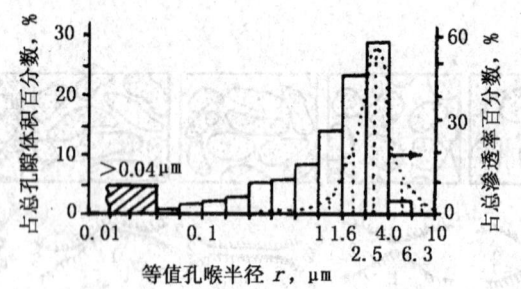

图2.7 孔喉频率分布直方图

2.1.80 孔喉累积频率分布图

指各级孔喉的孔隙体积百分数与其半径(对数)的关系曲线(图2.8)。从图中可得出孔喉半径大小、孔喉分选特征、孔喉连通状况等参数。

2.1.81 阈压(排驱压力、门槛压力)

水银进入岩石孔隙时的启动压力,即水银能在孔隙中连续流动的最小压力称为排驱压力,也称阈压或门槛压力。阈压越小,岩样的孔隙度、渗透率越大。

2.1.82 最大连通孔喉半径

与阈压相对应的孔喉半径就是非润湿相驱替润湿相时所经过的最大连通孔喉半径。

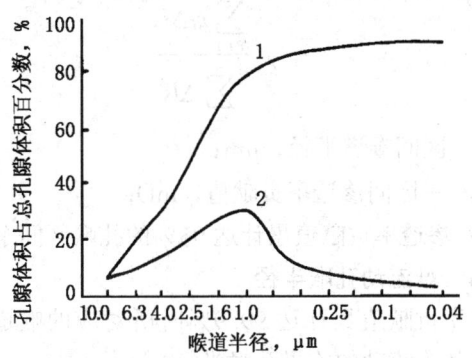

图 2.8 孔喉累积频率分布图
1—累积频率分布曲线；2—频率分布曲线

2.1.83 孔喉半径中值

非润湿相（水银）饱和度为 50% 时，相对应的喉道半径或孔隙累积分布曲线上，孔隙体积 50% 处所对应的孔隙半径称为孔喉半径中值。它可近似地代表岩样平均的孔喉半径。

2.1.84 平均孔喉半径

指各喉道区间对应的水银增量所求得的权衡平均值。符号为 $\bar{r}$，可用下式计算：

$$\bar{r} = \frac{\sqrt{\sum_{i=1}^{n}(r_i \Delta S_i)^2}}{\sum_{i=1}^{n} \Delta S_i}$$

式中 r_i——区间喉道半径，μm；

ΔS_i——区间喉道半径所对应的水银增量，水银饱和度百分数；

n——孔喉区间个数。

2.1.85 主要流动孔喉半径平均值

指累计渗透率贡献值达 95% 以上的孔喉半径平均值。符号为 $\bar{r}_z$，可用下式计算：

$$\bar{r}_z = \frac{\sum_{i=1}^{n} r_i \Delta K_i}{\sum_{i=1}^{n} \Delta K_i}$$

式中 r_i——区间喉道半径，μm；

ΔK_i——区间渗透率贡献值，mD；

n——渗透率贡献值累计达95%的孔喉区间个数。

2.1.86 难流动孔喉半径

指渗透率贡献值累计达99.9%时所对应的喉道半径，相当于岩石中流体难流动的临界孔喉半径。

2.1.87 歪度（偏态）

又称偏态，指孔喉大小分布对称的程度。偏于粗孔喉称为粗歪度，偏于细孔喉称为细歪度。符号为S_{kp}，其计算公式为：

$$S_{kp} = \frac{D_{84} + D_{16} - 2D_{50}}{2(D_{84} - D_{16})} + \frac{D_{95} + D_5 - 2D_{50}}{2(D_{95} - D_5)}$$

式中 D——孔喉直径，μm。

S_{kp}值在±1之间变化，若S_{kp}为零，孔喉对称分布；若S_{kp}为正值，孔喉分布偏于粗孔道；若S_{kp}为负值，孔喉分布偏于细歪度。

2.1.88 峰态

表示分布曲线的陡峭程度，即分布曲线两个尾部的孔喉直径展幅与中央部分孔喉直径展幅的比值。符号为K_P，即：

$$K_P = \frac{D_{95} - D_5}{2.44(D_{75} - D_{25})}$$

若分布曲线为正态分布，则$K_P=1$；若曲线为单峰或双峰，K_P值可低到0.6；若曲线为尖峰时，K_P值可以从1.3到3.0之间变化。

2.1.89 峰值

指孔喉分布频率曲线上最高峰的百分数。它表示这一等级孔喉所控制的孔隙体积的最高值。符号为V_m。

2.1.90 孔隙迂曲度

流体在岩样孔隙中流动时,流体质点实际走过的路程长度(l)与岩样的表观长度(L)的比值称为孔隙迂曲度(λ),即$\lambda = l/L$。它是表征孔隙结构的重要参数之一。这一数值无法直接测定,可从1.2~2.5之间选用。

2.1.91 孔喉比

指孔腹与孔隙喉道直径的比值。它是反映孔隙与喉道交替变化特征的参数。孔喉比越小,越有利于提高驱油效率,有利于提高油田最终采收率。

2.1.92 孔喉配位数

岩石中每个孔隙所连接喉道的数目叫孔喉配位数。砂岩孔喉配位数一般为2~6,有时更多一些。它反映孔喉间的连通程度,配位数越高,储层性质越好。

2.1.93 孔喉分选系数

表示孔喉大小均匀程度的指标。符号为S_P,可用下式计算:

$$S_P = \frac{D_{84} - D_{16}}{4} + \frac{D_{95} - D_5}{6.6}$$

S_P值小,表示孔喉大小均匀,分选好,相反则差。

2.1.94 孔喉均质系数

指岩样中平均孔喉半径$\bar{r}$与最大的孔喉半径$r_{\max}$之比。符号为r_a,即:

$$r_a = \frac{\bar{r}}{r_{\max}}$$

其值在0~1之间变化,r_a越接近于1,均质性越好。

2.1.95 孔喉极差

指最大的孔喉半径与最小孔喉半径之差。极差越大,表示孔喉非均质性越严重。

2.1.96 孔喉结构综合评价系数

是评价孔隙结构好坏的参数。符号为B_z,其计算公式为:

$$B_z = \frac{V_z \bar{r}_z}{\lambda}$$

式中 $\bar{r}_z$——主要流动孔喉半径平均值；

V_z——与 r_z 对应的孔喉总体积；

λ——孔喉迂曲度。

B_z 值越大，储层渗流能力越好。

2.1.97 孔壁粗糙度

表示孔隙内壁粗糙程度的一个参数。这个参数与孔隙迂曲度一样对流体的渗流影响很大。其值无法直接测出，砂岩一般可取 2～2.5。

2.1.98 孔隙系数

指有效孔隙度与绝对孔隙度之比值，用百分数或小数表示。符号为 ε，即：

$$\varepsilon = \frac{\phi_e}{\phi_t}$$

2.1.99 结构均匀系数

表示岩石孔隙结构均匀及连通程度的参数。符号为 B_a，此值越大，孔隙结构越均匀，储层性质越好。

$$B_a = r_a W_H$$

式中 r_a——孔喉均质系数；

W_H——退出效率。

2.1.100 孔隙结构系数

表示孔隙结构好坏的参数。孔隙结构系数越大，储层物性越差，驱油效率越低。符号为 Φ_I。

$$\Phi_I = \frac{\bar{\lambda}^2}{\varepsilon}$$

式中 $\bar{\lambda}$——平均孔隙迂曲度；

ε——孔隙系数。

2.1.101 孔隙结构模型

指用来研究孔隙结构的一种方法。一般分为三类模型：第一类是由球形颗粒排列而成的模型，它可对毛管滞后，求得水饱和度及剩余油饱和度提供简便的定性解释；第二类是由毛管束排列成的模型，主要用于研究毛细管特性关系；第三类是各种结构的网络模型。

2.1.102 网络模型

指由网络构成的孔隙结构模型，分为物理模型和数学模型。网络物理模型，粗细孔隙在网络的节点及连线上随机分布，较接近实际的多孔介质结构。网络数学模型分为二维和三维模型，可用弥渗理论研究孔隙结构参数对多孔介质中渗流的影响。

2.1.103 流容模型

指在混溶驱替中，为研究孔隙通道中，流体如何参与渗流和弥散的孔隙结构模型。

2.1.104 岩石渗透性

在一定压差下，岩石允许流体通过的性质称为渗透性。渗透能力大小用渗透率（K）来表示。渗透性是储层的重要特征之一，渗透性好坏对油层产能和吸水能力大小影响很大。

2.1.105 渗透率

在一定压差下，岩石允许流体通过的能力叫渗透率。渗透率（K）的数值根据达西定律确定。即黏度为 μ 的流体，在压差 $\Delta p = p_1 - p_2$ 作用下，通过长度为 L，截面积为 A 的岩石，所测出的流体流量为 Q。其公式如下：

$$Q = K \frac{A(p_1 - p_2)}{\mu L}$$

即

$$K = \frac{Q \mu L}{A(p_1 - p_2)}$$

从上式看出，对不同的岩石，当几何尺寸、外部条件、流体性质一定时，流体的通过量 Q 的大小取决于反映岩石渗透性的比例常数 K 的大小。K 称为岩石的渗透率（单位，D）。

2.1.106 达西

指用法国水文工程师亨利·达西（Henry Darcy）命名的渗透率单位。1 达西（D）是表示黏度为 $0.001 Pa \cdot s$ 的流体，在压差为 $9.80665 \times 10^4 Pa$，通过截面积为 $1 cm^2$，长度为 $1 cm$ 的岩样,所得流量为 1cm³/s 时的岩心渗透率。1D = 1μm²,1mD = 10^{-3}μm²。

2.1.107 绝对渗透率(物理渗透率)

又称物理渗透率,指单相流体在多孔介质中流动,不与之发生物理化学作用,并且流体的流动符合达西渗滤定律所求得的渗透率值。通常采用空气进行测定,因此又称空气渗透率。它是评价储层物性好坏的重要指标。

2.1.108 有效渗透率(相渗透率)

当岩石中有两种以上流体共存时,岩石对其中某一项流体的通过能力称为有效渗透率,又称相渗透率。有效渗透率不仅与岩石本身性质有关,而且与其流体性质及数量比例有关。

2.1.109 相对渗透率

当岩石中有多种流体共存时,每一种流体的有效渗透率与绝对渗透率的比值称为相对渗透率,以小数或百分数表示。

2.1.110 相对渗透率曲线

表征相渗透率与饱和度之间变化的关系曲线叫相对渗透率曲线(图2.9)。

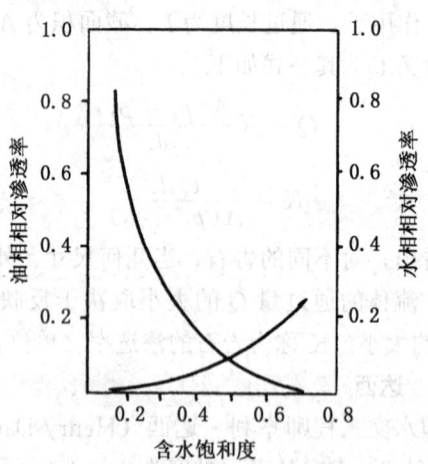

图 2.9 油、水相对渗透率曲线

2.1.111 裂缝渗透率

指具有纯裂缝储层岩石的渗透率。符号为 K_f，可用下式计算：

$$K_f = 8.33 \times 10^6 b^2 \phi_f$$

式中 b——裂缝宽度，mm；

ϕ_f——裂缝孔隙度。

$$\phi_f = n \times b$$

n 为裂缝密度，指渗滤面内裂缝的总长度（L）与渗滤面积（A）的比值，即 $n = \dfrac{L}{A}$。

2.1.112 溶洞渗透率

指具有纯溶洞储层岩石的渗透率。符号为 K_V，可用下式计算：

$$K_V = 12.7 \times 10^6 r^2$$

式中 r——溶洞孔的半径，cm；

K_V——溶洞渗透率，D。

2.1.113 双重介质渗透率

指孔隙与裂缝同时存在的储层岩石的渗透率。即：

$$K_t = K_m + K_f$$

式中 K_t——双重介质岩石渗透率；

K_m——岩石基质渗透率；

K_f——岩石裂缝渗透率。

2.1.114 水平渗透率与垂向渗透率

沿着岩层面平行方向所测出的渗透率称为水平渗透率。沿垂直岩层面方向所测出的渗透率称为垂向渗透率。

2.1.115 克氏渗透率

在不同的压力下，用气体（空气）测岩心的渗透率时，可做出渗透率（K）与岩心入口的气体平均压力（p）的倒数关系曲线（图2.10），外推关系曲线到 $1/p$ 为 0 时的渗透率称克氏渗透率，即克林肯柏格渗透率。它意味着消除了滑脱效应后的渗透

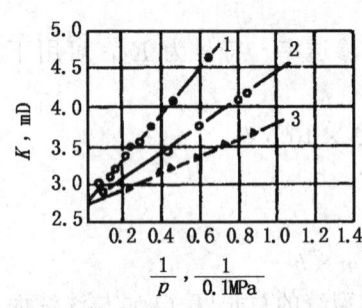

图 2.10 H_2、N_2、CO_2 在不同压力下的绝对渗透率

1—氢气；2—氮气；3—二氧化碳

率，可理解为物理上的岩石渗透率，是对比不同岩石渗透性的绝对度量，与所用气体及压力无关。

2.1.116 滑脱效应（克林肯格效应）

滑脱效应亦称克林肯柏格效应，系指气体在岩石孔道中渗流特性不同于液体。液体通过孔道时，孔道中心的液体分子比靠近孔道壁表面的分子流速要高，越靠近孔道壁表面，分子流速越低。而气体则不然，靠近孔道壁表面的气体分子与孔道中心气体分子的流速几乎没有什么差别，这种特性称为滑脱效应（图 2.11）。

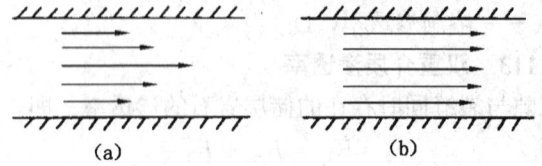

图 2.11 气体滑脱效应示意图

(a) 孔道中流体的流动；(b) 同一孔道中气体的流动

2.1.117 储层渗透率分级

指按储层渗透率大小所划分的级别。一般分为极好（>1000mD）、好（500mD～1000mD）、中等（100mD～500mD）、差（10mD～100mD）、极差（<10mD）。

2.1.118 相对渗透的数学模型

指用建立数学方程求解的方式来研究多孔介质中不混溶流体在微观渗流中各相流体的相对渗透率，并与实测结果进行对比。此类模型包括：毛细管模型、统计模型、经验模型、网络模型等。

2.1.119 流体饱和度

指某种流体在储层孔隙中占据空间体积的百分数即为该流体的饱和度。

2.1.120 含油饱和度

岩样中含油的孔隙体积（V_o）与总孔隙体积（V_p）之比称为含油饱和度（S_o），用百分数或小数表示，是计算地质储量的重要参数之一。

$$S_o = \frac{V_o}{V_p} \times 100\%$$

2.1.121 含气饱和度

岩样中含天然气的孔隙体积（V_g）与其总孔隙体积（V_p）之比称含气饱和度（S_g），一般用百分数或小数表示。含气饱和度是计算天然气储量的重要参数之一。

$$S_g = \frac{V_g}{V_p} \times 100\%$$

2.1.122 有效含油（气）饱和度

岩样中油（气）所占据的孔隙体积与岩样有效孔隙体积之比值。以百分数或小数表示。

2.1.123 原始含油（气）饱和度

指储油（气）层原始状态下的含油（气）饱和度。

2.1.124 地层水饱和度

指以各种形式存在于地层中的水所占的孔隙体积（V_w）与地层总孔隙体积（V_p）之比，符号为 S_w。

$$S_w = \frac{V_w}{V_p} \times 100\%$$

2.1.125 束缚水饱和度

束缚水在储层中所占的孔隙体积（V_{wt}）与储层总孔隙体积（V_p）之比，符号为 S_{wt}。

$$S_{wt} = \frac{V_{wt}}{V_p} \times 100\%$$

2.1.126 目前油、气、水饱和度

指油（气）田开发不同时期或不同开发阶段所测得的含油、含气、含水饱和度。

2.1.127 四性关系

指油（气）层的岩性、物性、含油性与电性的关系。通常采用取心井的测井曲线与相应的岩心分析资料进行详细对比，再经过分层试油及其他测试手段验证，绘制各种关系曲线，以此确定四性之间的关系。

2.1.128 储层的敏感性

储层中存在的黏土、碳酸盐、硅酸盐、硫酸盐等敏感矿物与外来的钻井液、洗井液、压井液、压裂液、酸化液等所携带的固体微粒接触，导致储层渗流能力及产能的下降。储层对于各种类型液体的敏感程度称为储层的敏感性。

2.1.129 黏土矿物

黏土矿物颗粒很小，一般小于 $2\mu m$，多呈结晶质层状结构，加水后具有可塑性，有很大的表面积，吸附能力和离子交换能力很强，因此对各种注入剂的注入能力、吸附、改性和驱替效果等都有很大影响。

黏土矿物是一个庞大的家族，常见的有高岭石、蒙皂石、伊利石、绿泥石等。实验发现，如在石英粗砂岩中加2%蒙皂石，其渗透率可降低10倍；加入5%蒙皂石，其渗透率可降低30倍，可见对储层物性影响之大，因此必须重视对黏土矿物的研究。

2.1.130 黏土晶体结构

指黏土晶体结构形态，主要由硅氧四面体、硅氧四面体片、铝氧八面体、铝氧八面体晶片组成晶层（图2.12）。

2.1.131 黏土的膨润度

指黏土膨胀的体积占原始体积的百分数。

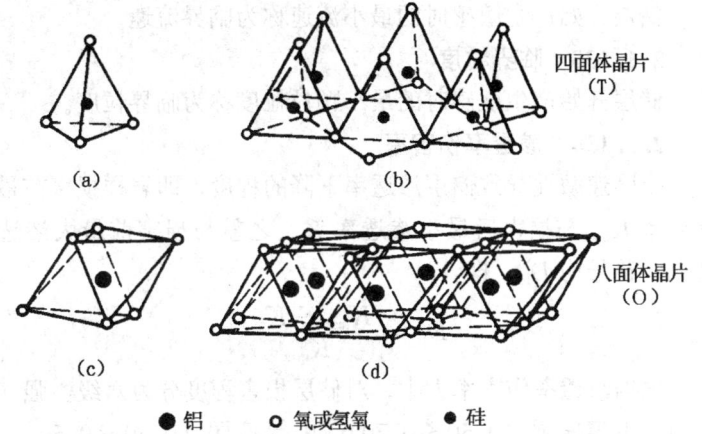

图 2.12 黏土矿物的晶体结构

(a) 单个硅氧四面体；(b) 硅氧四面体片 (sheet)；
(c) 铝氧 (或氢氧) 八面体；(d) 铝氧 (或氢氧) 八面体片

2.1.132 黏土矿物产状

指黏土矿物在储层岩石中的分布状态。一般分为分散状（充填式）、薄膜状（衬垫式）和搭桥状（图 2.13）。

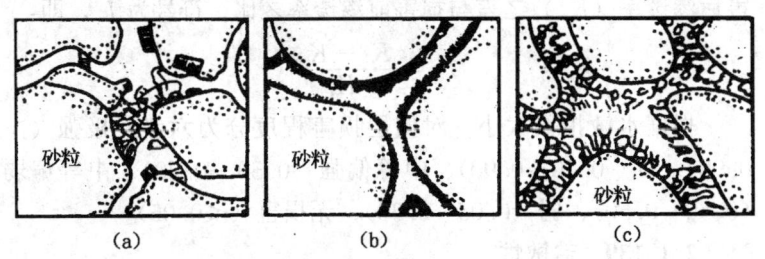

图 2.13 砂岩中黏土矿物的产状

(a) 分散状；(b) 薄膜状；(c) 搭桥状

2.1.133 速敏性

指流体流动速度变化引起储层中速敏性矿物微粒移动，堵塞孔隙喉道而造成储层渗透率下降的现象。

2.1.134 临界流速

储层开始产生敏感时的最小流速称为临界流速。

2.1.135 临界粒度

储层开始产生敏感时的最小颗粒粒度称为临界粒度。

2.1.136 渗透率伤害率

指因速敏性导致储层渗透率下降的程度,即岩样损害前最大渗透率 K_{max} 与损害后最小渗透率 K_{min} 之差与损害前最大渗透率之比。符号为 D_K,即:

$$D_K = \frac{K_{max} - K_{min}}{K_{max}}$$

根据渗透率伤害率大小,对储层损害程度分为六级:强(>0.7)、中等偏强(0.50~0.70)、中等偏弱(0.30~0.50)、弱(0.05~0.30)、无损害(<0.05)。

2.1.137 水敏性

指因与储层不匹配外来流体的进入而引起黏土膨胀、分散、运移而导致储层渗透率下降的现象。

2.1.138 水敏指数

指评价水敏程度的指标,即岩样损害前渗透率(K_i)与损害后渗透率(K_w)之差与损害前渗透率之比。符号为 I_w,即:

$$I_w = \frac{K_i - K_w}{K_i}$$

根据水敏指数大小,对储层损害程度分为六级:极强(>0.90)、强(0.70~0.90)、中等偏强(0.50~0.70)、中等偏弱(0.30~0.50)、弱(0.05~0.30)、无损害(<0.05)。

2.1.139 盐敏性

指储层在含盐度下降过程中,因黏土水化膨胀,以及晶层扩张增大而导致储层渗透率降低的现象。

2.1.140 临界盐度

当注入流体的盐度逐渐减小到某一值时,岩样渗透率下降的幅度明显增大,则此盐度称为临界盐度 S_c,其单位为 mg/L。

2.1.141 盐敏性评价

指用临界盐度对储层盐敏性所划分的等级。其等级如下：
(1) 用标准盐水（复合盐）评价盐敏性。

无盐敏　　　　　$I_w \leqslant 0.05$
弱盐敏　　　　　$S_c \leqslant 1000$
中等偏弱盐敏　　$1000 < S_c < 2500$
中等盐敏　　　　$2500 \leqslant S_c \leqslant 5000$
中等偏强盐敏　　$5000 < S_c < 10000$
强盐敏　　　　　$10000 \leqslant S_c < 30000$
极强盐敏　　　　$S_c \geqslant 30000$

(2) 用 NaCl 盐水（单盐）评价盐敏性。

无盐敏　　　　　$I_w \leqslant 0.05$
弱盐敏　　　　　$S_c \leqslant 5000$
中等偏弱盐敏　　$5000 < S_c < 10000$
中等盐敏　　　　$10000 \leqslant S_c \leqslant 20000$
中等偏强盐敏　　$20000 < S_c < 40000$
强盐敏　　　　　$40000 \leqslant S_c < 100000$
极强盐敏　　　　$S_c \geqslant 100000$

2.1.142 体积流量敏感性

指随注入水量的增大，胶结物被溶解而引起储层渗透率变化的现象。

2.1.143 体积敏感指数

指初始注水时岩样渗透率（K_L）与注 50 倍孔隙体积（K_{Lp}）渗透率之差与初始注水时渗透率之比。符号为（I_q），即：

$$I_q = \frac{K_L - K_{Lp}}{K_L}$$

按体积敏感指数大小对储层损害程度分为四级：强（$I_q \geqslant 0.70$）、中等偏强（$0.50 \leqslant I_q < 0.70$）、中等偏弱（$0.30 < I_q < 0.50$）、弱（$I_q \leqslant 0.30$）。

2.1.144 酸敏性

指酸液进入储层后，与储层中的酸敏性矿物发生化学物理反应，产生凝胶或沉淀，也可能释放出微粒，导致储层渗透率下降的现象。

2.1.145 酸敏指数

指岩样酸化前的渗透率（K_i）与酸化后的渗透率（K_{in}）之差与酸化前渗透率之比。符号为（I_a），即：

$$I_a = \frac{K_i - K_{in}}{K_i}$$

根据酸敏指数大小，对储层损害程度分为四级：强（>0.70）、中等（0.30～0.70）、弱（0.05～0.30）、无损害（<0.05）。

2.1.146 临界 pH 值

储层开始产生敏感时的 pH 值称为临界 pH 值。超过此值时会产生碱敏或酸敏。

2.1.147 碱敏性

指碱液进入储层后，与储层中的碱敏性矿物发生反应而产生沉淀，造成储层渗透率下降的现象。

2.1.148 碱敏指数

指岩样注碱溶液前后的渗透率之差与注碱液前的渗透率之比。其计算公式为：

$$I_b = \frac{K_s - K_{sb(min)}}{K_s}$$

式中　I_b——碱敏指数；
　　　K_s——KCl 盐水测定的岩样渗透率，mD；
　　　$K_{sb(min)}$——不同 pH 值碱溶液测定的岩样渗透率最小值，mD。

按碱敏指数大小，对储层损害程度分为四级：强（>0.70）、中等（0.30～0.70）、弱（0.05～0.30）、无损害（<0.05）。

2.1.149 应力敏感性

指储层岩石所受压力改变时，孔喉通道变形、裂缝闭合或张开，导致储层渗透能力改变的现象。

2.1.150 岩石的润湿性

指在岩石—油—水体系中，其中一种流体在其分子力的作用下，沿固体表面驱走另一种流体的现象。它是岩石的基本特性之一，对油气水在孔隙中的分布、驱油效率、最终采收率等都有明显影响。

2.1.151 润湿接触角

在油、水、岩石三相交点上，从选择性润湿流体表面做切线与岩石表面成一夹角称为润湿接触角，一般用符号 θ 表示（图 2.14）。它的大小表征岩石表面为液体选择润湿的程度。θ 角一般规定从极性大的流体（水）那一面算起。$\theta<90°$ 为水湿，$\theta>90°$ 为油湿，$\theta=90°$ 为中性。

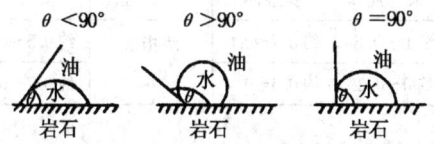

图 2.14 润湿接触角

2.1.152 润湿相与非润湿相

岩石中存在两种或两种以上流体时，能优先润湿岩石的流体称为润湿相，不能优先润湿岩石的流体称为非润湿相。水为润湿相，油为非润湿相。

2.1.153 附着功（黏附功）

指单位面积（如 $1cm^2$）固—液界面在第三相（如气相）中拉开所做之功。可用下式表示：

$$W = (\sigma_{gl} + \sigma_{gs}) - \sigma_{ls} = (\sigma_{gs} - \sigma_{ls}) + \sigma_{gl}$$

式中　W——附着功；

　　　σ_{gl}——气—液界面张力；

　　　σ_{gs}——气—固界面张力；

　　　σ_{ls}——液—固界面张力。

由杨氏方程 $\sigma_{gs} = \sigma_{ls} + \sigma_{gl}\cos\theta$，可得：

$$\sigma_{gs} - \sigma_{ls} = \sigma_{gl}\cos\theta$$

$$W = \sigma_{gl}(1 + \cos\theta)$$

从上式可看出：θ 越小，黏附功越大，即液体对固体的润湿程度越强。

2.1.154 水湿指数与油湿指数

指用自吸驱替法评价岩石润湿性的两个参数。

$$水湿指数 = \frac{自吸水排油量}{自吸水排油量 + 水驱排油量}$$

$$油湿指数 = \frac{自吸油排水量}{自吸油排水量 + 油驱排水量}$$

润湿指数	润湿性				
	亲油	弱亲油	中性	弱亲水	亲水
油湿指数	约 1~0.8	约 0.7~0.6	两指数相近	约 0.3~0.4	约 0~0.2
水湿指数	约 0~0.2	约 0.3~0.4		约 0.7~0.6	约 1~0.8

2.1.155 润湿性分类

润湿性按 θ 角大小分为：$0°\sim75°$ 为水湿，$75°\sim105°$ 为中性，$105°\sim180°$ 为油湿三种。也可分为强水湿、弱水湿、中性、弱油湿、强油湿五种。

2.1.156 选择性润湿

指在分子力的作用下，一种液体自发地将另一种液体从固体表面上驱走的能力。

2.1.157 非均匀润湿性

指油湿表面和水湿表面在同一岩层中以不同比例共存的现象。它可分为宏观非均匀性和微观非均匀性两种。

2.1.158 润湿性宏观非均匀性

指同一油藏在垂向上及平面上润湿性的差异。如大庆油田储油层自上而下亲油性依次减弱，油田北部的下部油层变为弱亲水性；在平面上，油田中部属亲油性，向北向南亲油性减弱，油田南部变为弱亲水性。

2.1.159 润湿性微观非均匀性

指同一个岩样水湿和油湿的表面以不同比例混存。这是由于颗粒或矿物成分及其表面性质不同的缘故。

2.1.160 润湿性反转

润湿性反转（润湿性转化），是指岩石表面在一定条件下亲水性和亲油性的互相转化现象。油层岩石长期被注入水冲刷后，其亲油性可变为亲水性。大庆油田就是一个例证。这对提高驱油效率和提高最终采收率很有利。

2.1.161 润湿滞后

指三相（油、气、水）润湿周界沿固体表面移动迟缓而产生润湿接触角改变的现象。可分为静润湿滞后和动润湿滞后。

2.1.162 静润湿滞后

指油、水与固体表面接触的先后次序不同而引起接触角的变化。

2.1.163 动润湿滞后

当油、气、水三相沿固体表面移动时，因移动的延缓而使润湿角发生变化的现象叫动润湿滞后。

2.1.164 毛细现象与毛细管

液体在细管内液面高度发生变化的现象叫做毛细现象。这种管径很小的管叫做毛细管。

2.1.165 毛细管压力

在孔隙介质中或毛细管里，由于毛细管表面对两相流体的润湿性不同而形成弯液面，弯液面上存在压力差，这个压力差就是毛细管压力。因为非润湿相界面总是呈凸形，说明非润湿相压力大于润湿相压力，故一般把毛细管压力写成非润湿相压力减去润湿相压力，并为正值。可用下式表示：

$$p_c = p_{nw} - p_w$$

式中　p_c——毛细管压力，MPa；

　　　p_{nw}——非润湿相压力，MPa；

　　　p_w——润湿相压力，MPa。

2.1.166 毛细管压力曲线

油藏岩石的毛细管力与润湿相饱和度的关系曲线称为毛细管压力曲线（图 2.15）。毛细管压力曲线是研究储层岩石的孔隙结构、残余油饱和度、岩石润湿性等的必需资料。

2.1.167 转折压力

指毛细管压力曲线上低斜直线段与高斜直线段的交点压力（p_{ct}）。低斜直线段反映了岩石的主体孔隙特征，高斜直线段反映了岩石的微孔隙特征，所以转折压力的大小反映了非润湿相流体进入岩石微孔隙的难易程度（图 2.16）。

2.1.168 界面

两相的分界面统称为界面。

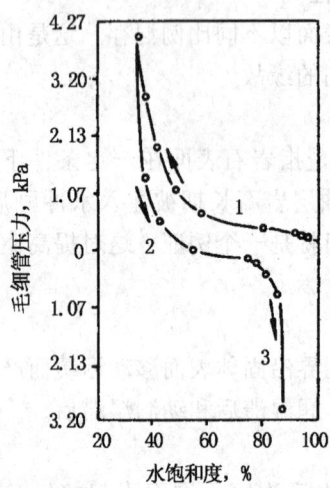

图 2.15 毛细管压力曲线
1—驱替曲线；2—自然吸吮曲线；3—强迫吸吮曲线

2.1.169 界面张力与表面张力

液体分子具有被拉向液体内部的趋势，使液体的自由表面拉紧收缩，形成面积最小的形状，这种存在于液体表面的收缩力称为界面张力。

通常把其中一相为空气的界面称为表面，其界面张力称为表面张力。

2.1.170 自由水面

毛细管压力等于零的水面

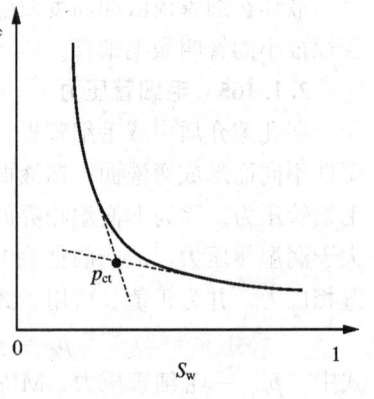

图 2.16 转折压力图

称自由水面。

2.1.171 毛细管准数 (临界驱替比)

又称临界驱替比,指作用在油滴上的黏滞力与毛细管力之比。它可用来判断注水末期封闭在油层孔道内的油滴被驱出效率的一个无量纲数。

2.1.172 最小湿相饱和度

指注入水银压力达到最高压力时,未被水银注入的孔隙体积百分数。其比值一般在 $0\sim90\%$ 之间变化,其值越低,储层岩石物性越好。

2.1.173 莱维特 J 函数

一种用于确立毛细管压力资料的相关关系的对比函数叫莱维特 J 函数。

$$J(S_w) = \frac{p_c}{\sigma\cos\theta}\sqrt{\frac{K}{\phi}}$$

式中 p_c——毛细管压力;

σ——两相流体的界面张力;

θ——接触角;

K——试样的渗透率;

ϕ——孔隙度;

$J(S_w)$——J 函数,无量纲。

J 函数对同一地层的某种类型岩石的毛细管压力与岩性有一定的相关关系,但这一关系对其他类型岩石不适用。

2.1.174 饱和度压力中值

指在驱替毛细管压力曲线上饱和度 50% 所对应的毛细管压力。

2.1.175 驱替过程

在多孔介质中饱和润湿相液体时,在外界压力的作用下,用非润湿相液体驱替润湿相液体,这一过程称为驱替过程。

2.1.176 吸吮过程

在多孔介质中饱和非润湿相液体时,在与润湿相液体接触中,润湿相自发地驱替非润湿相,这一过程称为吸吮过程。如亲水岩石中水驱油过程即为吸吮过程。

2.1.177 饱和历程（饱和顺序）

也称饱和顺序，指液体在渗流过程中采用的是驱替方式还是吸吮方式。

2.1.178 驱替型毛细管压力曲线

测定毛细管压力时，在外界压力作用下非润湿相驱替岩样中润湿相所得毛细管压力与饱和度的关系曲线，称驱替型毛细管压力曲线（图2.17）。

2.1.179 吸吮型毛细管压力曲线

在测定毛细管压力曲线过程中，降压用润湿相驱替非润湿相所得毛细管压力与饱和度的关系曲线，称吸吮型毛细管压力曲线（图2.18）。

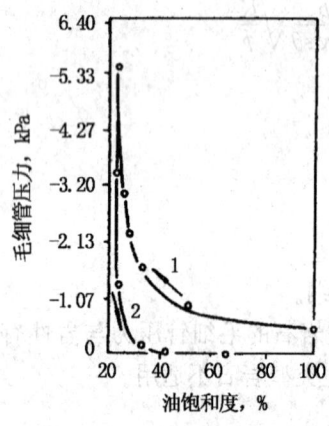

图2.17 亲油砂岩驱替型
毛细管压力曲线

1—驱替曲线；2—吸吮曲线

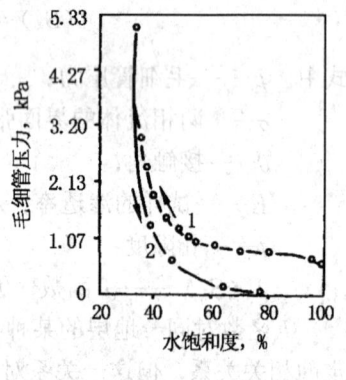

图2.18 亲水砂岩吸吮型
毛细管压力曲线

1—驱替曲线；2—吸吮曲线

2.1.180 压汞曲线

非润湿相流体——汞，在高压下进入岩样孔隙中，随着注入压力增大逐渐占据较小的孔隙。根据不同注入压力和相应的汞体积占岩样孔隙体积的百分数所作出的毛细管压力与饱和度关系曲线称为压汞曲线（图 2.19）。

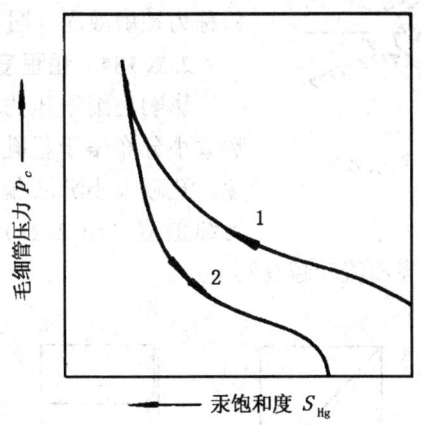

图 2.19　压汞与退汞毛细管压力曲线
1—压汞曲线；2—退汞曲线

2.1.181　退汞曲线

在压汞曲线测定之后，逐步降压，使压入岩样孔隙中的汞退出，便得到不同压力和相应的汞饱和度关系曲线称为退汞曲线（图 2.19）。研究压汞与退汞曲线有助于揭示储层岩石的孔隙结构。

2.1.182　退出效率

从注入最大压力降低到最小压力相对应的最大汞饱和度 S_{Hgmax} 和残余汞饱和度 S_{Hgr} 之差与最大汞饱和度的比值称为退出效率（W_H）。退出效率越大，则表示孔隙与喉道的大小越均匀。

$$W_H = \frac{S_{Hgmax} - S_{Hgr}}{S_{Hgmax}}$$

或

$$W_H = \frac{退出 V_{Hg}}{注入 V_{Hg}} \times 100\%$$

2.1.183　贾敏效应

指液—液或液—气两相在岩石孔隙中渗流时，当液珠或气泡

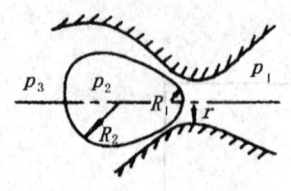

图 2.20 贾敏效应

流动到毛细管孔道窄口处遇阻,欲通过则需克服毛细管阻力,这种现象称为贾敏效应(图 2.20)。

2.1.184 粗歪度与细歪度

影响毛细管压力曲线形态的孔喉大小分布偏于粗孔喉的称为粗歪度;孔喉大小分布偏于细孔喉的称为细歪度(图 2.21)。储层的歪度越粗对油气储集和流动越有利。

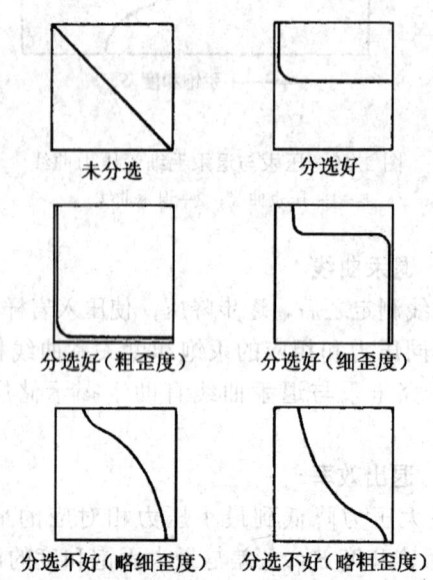

图 2.21 不同歪度与分选程度
的毛细管压力曲线

2.1.185 岩石压缩系数

指地层压力每降低 0.1MPa 时,单位岩石体积内孔隙体积的变化值。

2.1.186 岩石孔隙压缩系数（岩石有效压缩系数）

也称岩石有效压缩系数，是指地层压力改变 0.1MPa 时，单位孔隙体积的变化值。它与岩石压缩系数的不同在于前者以孔隙体积为基数，后者以岩石外表体积为基数。

2.1.187 储层总压缩系数

指储层岩石的孔隙压缩系数与所含流体压缩系数之和。

2.1.188 岩石热容量

指使储层岩石升高 1K 所需要的热量。

2.1.189 岩石的比热容

把 1g 岩石的温度升高 1K 所需的热量叫做比热容量，简称比热容。岩石比热容可用下式表示：

$$c = \frac{Q}{m(t-t_0)}$$

式中 c——比热容，J/(kg·K)；

Q——温度从 t_0 提高到 t 所需要的热量，J；

m——岩石质量，kg；

t_0——起始温度，K；

t——最终温度，K。

2.1.190 岩石热传导系数

在数值上等于单位长度岩石，垂直于热流方向单位面积上，两端温度差为 1K 时，在 1s 内所传递的热量。岩石热传导系数取决于岩石矿物组成、孔隙度及含水饱和度等。可用下式进行计算：

$$\lambda_r = \frac{QL}{\Delta t \times F \times \Delta T}$$

式中 λ_r——岩石热传导系数，W/(m·K)；

Q——在 Δt 时间内通过岩样的热量，J；

L——物体长度，m；

Δt——热传导时间，s；

F——热流通过的截面积，m²；

ΔT——试验物的两端温差，K。

2.1.191 岩石的温度传导系数

指岩石温度随时间的变化速度，即在单位长度、单位截面积的岩样中，岩样两端温差为1K时，岩样在单位时间内所升高的温度，在数值上等于岩样的温度传导系数。可用下式计算：

$$a = \frac{\lambda_r}{c\rho}$$

式中　a——温度传导系数，m^2/s；

　　　λ_r——热传导系数，$W/(m·K)$；

　　　c——比热容，$J/(kg·K)$；

　　　ρ——岩石密度，kg/m^3。

2.1.192 岩石的导电性

指岩石具有传导电流的特性。利用储层岩石不同的导电性，通过各种电测方法，可以确定储层的孔隙度、渗透率、含油饱和度等参数。

2.1.193 岩石的声学性

指岩石能传递声波的特性。声波在介质中传播时有纵波与横波之分，在多数岩石中，传递纵波速度大于横波速度，二者之比约为1.73。在渗透性砂岩中，纵波速度约为2500m/s～4500m/s。

2.1.194 岩石的放射性

由于岩石中含有不同数量的放射性元素，故储层具有一定的自然放射性。岩浆岩自然放射性最强，变质岩次之。在沉积岩中，膨土岩、火山岩软泥等放射性最强，硬石膏、石膏、不含钾的盐岩等放射性最低。

2.2 流体性质

2.2.1 流体

通常把容易流动的液体和气体统称为流体。

2.2.2 储层流体

指储层中所含的天然气、原油及地层水。三者互相依存，形成一个统一的地下流体系统。

2.2.3 油藏流体物性

指在油气藏高温高压条件下，油、气、水的物理性质。

2.2.4 地层原油

处在油层条件下的原油叫地层原油。它是一种复杂的烃类混合物，与地面原油的性质有很大的差别。

2.2.5 地面原油（脱气油）

也叫脱气油，是指地层原油采至地面后，由于压力降到 0.1MPa，溶解其中的天然气分离出来以后的原油。

2.2.6 原油性质

原油性质包含物理性质和化学性质两个方面：

物理性质包括颜色、密度、黏度、凝固点、含蜡量、溶解性、发热量、荧光性、旋光性等。

化学性质包括化学组成、组分组成、馏分组成等。

2.2.7 原油化学组成

原油主要由碳、氢元素组成，占原油成分的 95%～98%，其次是硫、氮、氧元素，约占石油成分的 1%～5%，另外还含有铁、钴、镁、钙、铝、钒等 50 多种微量元素，含量极少。

2.2.8 原油组分

指组成原油的物质成分，其主要组分为油质、胶质、沥青质。

2.2.9 原油馏分

指原油在不同温度下蒸馏出来的产品。含碳数少的原油烃馏分多，质量好，是评价原油质量的指标之一。

2.2.10 烷烃（脂肪烃）

又叫脂肪烃，是石油的基本组分之一。其含量占总含量的 40%～50%，甚至可高达 70%，但也有小于 20%。烷烃通式为 C_nH_{2n+2}（n 为碳原子数），属饱和烃。在常温常压条件下，含 1～4

个碳原子的烷烃呈气态，含 5～16 个碳原子的烷烃呈液态，含 17 个以上碳原子的烷烃呈固态。

2.2.11 正烷烃与异烷烃

烷烃分子结构都以碳原子与碳原子之间单键 C—C 相连为特点，排成直链式。无支链者称为正烷烃或正构烷烃；有支链者称为异烷烃或异构烷烃。如：

正烷烃：—C—C—C—C　　—C—C—C—C—C

异烷烃：
$$\text{—C—C—C—C} \quad \text{—C—C—C—C—C} $$
（带支链 C）

2.2.12 环烷烃

环烷烃是石油中第二种主要烃类，属于饱和烃，通式为 C_nH_{2n}。碳原子以单键相连，呈闭合环状，分为单环烷烃、双环烷烃、三环烷烃和多环烷烃。

2.2.13 芳香烃

芳香烃属不饱和烃，分子通式为 C_nH_{2n-6}。主要特点是分子中至少有一个苯环，根据结构的差异分为单环、多环、稠环三种芳香烃。

2.2.14 非烃化合物

非烃化合物包括：含硫化合物，如硫化氢、硫醇、硫醚等；含氮化合物，如碱性氮化物（吡啶、喹啉、异喹啉等）、非碱性氮化物（吡咯、卟啉、吲哚、咔唑等）；含氧化合物，如酸性氧化物（环烷酸、脂肪酯、酚）、中性氧化物（醛、酮等）。

2.2.15 原油化学组成分类

指按烷烃、环烷烃、芳香烃所占比例进行的分类。分为低芳烃—高烷烃型原油、芳烃—烷烃型原油、芳烃—环烷烃—烷烃型原油。

2.2.16 低芳烃—高烷烃型原油

指芳烃含量小于 15%，烷烃含量大于 50%，环烷烃含量约

30%的原油。

2.2.17　芳烃—烷烃型原油

指芳烃含量20%～30%，烷烃含量30%～60%，环烷烃含量20%～50%的原油。

2.2.18　芳烃—环烷烃—烷烃型原油

指烷烃含量40%～50%，芳烃含量15%～25%，环烷烃含量25%～40%的原油。

2.2.19　原油工业分类（原油商品分类）

又叫原油商品分类，指根据原油中硫、蜡、胶质含量多少及密度、黏度大小进行的分类。

2.2.20　低硫原油、含硫原油、高硫原油

含硫量小于0.5%为低硫原油；含硫量在0.5%～2.0%之间为含硫原油；含硫量大于2.0%为高硫原油。

2.2.21　少胶原油、胶质原油、多胶原油

胶质及沥青含量小于8%为少胶原油；其含量8%～25%为胶质原油；其含量大于25%为多胶原油。

2.2.22　低蜡原油、含蜡原油、高含蜡原油

指按含蜡量多少分为低蜡原油（<1.5%）、含蜡原油（1.5%～6.0%）、高含蜡原油（>6.0%）。

2.2.23　低黏原油、中黏原油与高黏原油

在油层条件下原油黏度小于5mPa·s称为低黏原油；原油黏度5mPa·s～20mPa·s称为中黏原油；原油黏度20mPa·s～50mPa·s称为高黏原油。

2.2.24　低氮原油与高氮原油

含氮量低于0.25%的原油称为低氮原油；含氮量大于0.25%的原油称为高氮原油。

2.2.25　常规原油

指在油层条件下，黏度小于50mPa·s，相对密度小于0.92的原油。

2.2.26 稠油

指在油层条件下黏度大于 50mPa·s，相对密度大于 0.92 的原油。其中又分普通稠油（黏度 50mPa·s～10000mPa·s，相对密度 0.92～0.95）、特稠油（黏度大于 10000mPa·s，相对密度大于 0.95）。

2.2.27 轻质油、中质油、重质油

原油相对密度一般在 0.75～0.95 之间，相对密度小于 0.87 的原油叫轻质油；相对密度在 0.87～0.92 之间的原油叫中质油；相对密度大于 0.92 的原油叫重质油。

2.2.28 高凝油

指凝固点大于 40℃ 的轻质含蜡原油。

2.2.29 凝析油

指在油层条件下介于临界温度和临界凝析温度之间的气相烃类，采出地面后，由于温度和压力的降低而凝析出轻质浅色的液态汽油。

2.2.30 富化油

指溶解有轻质和中间烃类的原油。

2.2.31 挥发油

指在流体系统中位于油气之间的过渡区内，呈液态，相态上接近临界点，挥发性强，收缩率高的原油。

2.2.32 密度与相对密度

石油密度是指单位体积的质量（g/cm^3 或 t/m^3）。相对密度是指在标准条件（20℃ 和 0.101MPa）下一定体积原油质量与同体积 4℃ 时的纯水质量之比值。它是反映原油性质的重要指标之一。

2.2.33 API 度与波密度

API 度是美国常用来表示石油密度的单位；波密度是西欧国家常用来表示石油密度的单位。它们与国际通用的密度有如下关系：

$$\text{API} 度 = \frac{141.5}{15.5℃ 时的密度} - 131.5$$

$$波密度 = \frac{140}{15.5℃ 时的密度} - 130$$

2.2.34 原油黏度

指原油在流动时所受到的内部摩擦阻力。原油黏度大小取决于温度、压力、溶解气量及其化学成分。温度增高，其黏度降低；压力增高，其黏度增大；溶解气量增加，其黏度减小；轻质油组分增加，黏度降低。原油黏度变化较大，一般在 1mPa·s～100mPa·s 之间。

2.2.35 凝固点

原油冷却到失去流动性时的温度称为凝固点。原油凝固点大约在 -50℃～35℃ 之间。凝固点的高低与原油中轻质和重质组分含量有关。轻质组分含量高，凝固点低，重质组分含量高，尤其是石蜡含量高，凝固点就高。

2.2.36 含蜡量

指在常温常压条件下原油中所含石蜡的百分比。

2.2.37 石蜡

石蜡是一种白色或淡黄色固体，由高级烷烃组成，熔点为 37℃～76℃。石蜡在地下以胶体状溶于石油中，当压力和温度降低时，可从石油中析出。原油含蜡量高，油井容易结蜡，影响油井产量。

2.2.38 含胶量

指原油中所含胶质的百分数。含胶量一般在 5%～20% 之间。

2.2.39 胶质

胶质是指原油中相对分子质量较大（300～1000）的含有氧、氮、硫等元素的多环芳香烃化合物，呈半固态分散状溶解于原油中。胶质易溶于石油醚、润滑油、汽油、氯仿等有机溶剂中。

2.2.40 含硫量

指原油中所含硫（硫化物或单质硫分）的百分数。原油中含硫量较小，一般小于1%，但对原油性质的影响很大，对管线有腐蚀作用，对人体健康有害。

2.2.41 沥青质含量

指原油中所含沥青质的百分数。

2.2.42 沥青质

沥青质是一种高相对分子质量（大于1000以上），具有多环结构的黑色固体物质。不溶于酒精和石油醚，易溶于苯、氯仿及二硫化碳。原油中沥青质的含量较少，一般小于1%。当沥青质含量增高时，原油质量变坏。

2.2.43 石油热值

指单位质量（或体积）石油燃烧时所产生的热量。其单位为（kJ/kg或J/g）。

2.2.44 闪点

指可燃液体的蒸气同空气的混合物在临近火焰时能短暂闪火时的温度。原油闪点一般在30℃～180℃之间。

2.2.45 荧光性

石油在紫外光照射下产生荧光，这种特性称荧光性。荧光颜色与石油的组成有关，轻质油的荧光为浅蓝色，含胶多的石油荧光呈绿色或黄色，而含沥青质较多的石油荧光呈褐色。

2.2.46 旋光性

当偏光通过石油时，能使偏光面旋转一定角度，这种特性叫旋光性。生物成因的天然有机物具有这种特性，人工合成的有机物或天然无机物不具有这种特性，因此，旋光性是石油有机成因的证据之一。

2.2.47 导电性

指石油的导电能力。石油的电阻率很高，是一种非导电体，其电阻率为$10^9 \Omega \cdot m \sim 10^{16} \Omega \cdot m$。

2.2.48 溶解性

指石油溶解于水的能力。石油在纯水中的溶解度很低，但易溶于有机溶剂，如氯仿、苯、石油醚、四氯化碳、二硫化碳、丙酮等。

2.2.49 地层油的高压物性

指原油在地层条件下的物理性质。一般可用深井取样器在原始地层条件下取样，然后在实验室用高压物性测试仪进行测定。地层原油的物理性质直接影响原油地下储藏状态和流动能力，是研究油藏驱动类型、计算油田储量、选择油井工作制度、确定油田开发方式等的重要参数之一。

2.2.50 饱和压力

地层原油在压力降低到天然气开始从原油中分离出来时的压力叫饱和压力。饱和压力是衡量油藏弹性能量大小的重要参数之一。饱和压力越低，弹性能量越大，有利于用放大生产压差来提高油井产量和油田采油速度。但饱和压力低，井筒内脱气点高，能量损失大，油井自喷能力差。

2.2.51 原始饱和压力

指在原始地层条件下测得的饱和压力。

2.2.52 原始气油比

指在原始地层条件下，单位体积或重量原油所溶解的天然气量。其单位为 m^3/m^3 或 m^3/t。原始气油比是原油中溶解天然气量多少的指标。

2.2.53 地层原油黏度

指原始地层条件下所测得的原油黏度。地层原油黏度大小与原油的化学组成、温度、压力及溶解气量等有关，尤其与温度和溶解气量关系很大。温度越高，溶解气量越大，原油黏度越小；反之，则大。原油黏度越小，流动性越好，越有利于提高驱油效率和最终采收率。

2.2.54 地层原油密度

指在原始地层条件下，单位体积原油的质量，单位为 g/cm^3。地层原油密度与压力、温度及溶解气量有关，溶解气量增大和温度增高，原油密度减小。在低于饱和压力情况下，压力增加，溶解气量增大，原油密度减小；当压力高于饱和压力后，溶解气停止溶解,压力的增高使原油密度增大。

2.2.55 溶解系数

指在一定温度和压力条件下,压力每增加 0.1MPa 时,单位体积原油中所溶解的天然气量,单位为 $m^3/(m^3 \cdot MPa)$。它反映天然气在原油中的溶解能力。

2.2.56 原油体积系数

原油在地层条件下的体积 V_f 与其在地面脱气后的体积 V_s 之比叫原油体积系数。符号为 B_o,即:

$$B_o = \frac{V_f}{V_s}$$

由于溶解气和热膨胀的影响远超过弹性压缩的影响,地层原油体积总大于地面脱气后原油体积,所以原油体积系数都大于1,一般在 1.05~1.8 之间变化。

2.2.57 两相原油体积系数

当地层压力低于饱和压力时,地层原油和析出天然气的总体积与在地面脱气原油体积的比值,称为两相原油体积系数。

2.2.58 收缩率

指单位体积地层原油在地面条件下减少的体积 ΔV 占地层原油体积 V_f 的百分数。它表示原油的收缩程度。

$$收缩率 = \frac{V_f - V_s}{V_f} \times 100\% = \frac{\Delta V}{V_f} \times 100\%$$

2.2.59 压缩系数

指压力每增减 0.1MPa,单位体积地层原油的体积变化率。单位为 $m^3/(m^3 \cdot MPa)$。地面原油压缩系数一般在 $4 \times 10^{-4} MPa^{-1} \sim 7 \times 10^{-4} MPa^{-1}$ 之间变化。地层原油压缩系数一般在 $10 \times 10^{-4} MPa^{-1} \sim 140 \times 10^{-4} MPa^{-1}$ 之间变化。但要注意它不是一个定值,在靠近饱和压力的区段压缩系数比远离(高于)饱和压力的区段大。这是因为压力较低时,比压力较高时密度更低,更易于压缩的缘故。

2.2.60 析蜡温度(石蜡结晶温度)

地层原油中的石蜡开始结晶析出时的温度叫析蜡温度,或叫石蜡结晶温度。析蜡温度高低与原油中的轻质成分、含蜡量、表面活性物质、压力等因素有关。轻质成分越多,溶蜡能力越大,析蜡温度越低;含蜡量越高,析蜡温度越高。析蜡温度高,油井容易结蜡,对油井生产和管理不利。

2.2.61 热膨胀性

指地层原油随温度升高,体积膨胀的特性。

2.2.62 热膨胀系数

指温度每增加1℃单位体积地层原油的体积变化率。

2.2.63 流体的黏滞性

指流体在外力作用下呈层流时,流速不同的层间产生内摩擦力,阻碍液层的相对运动,流体的这种表现为阻抗剪切变形的特性叫流体的黏滞性。

2.2.64 牛顿内摩擦定律(牛顿流动公式)

亦称牛顿流动公式,是指在一定温度下,流体呈层流时,层流间的剪切应力(τ)与流速梯度成正比。其公式为:

$$\tau = -\mu \frac{dw}{dr}$$

式中 τ——剪切应力(指平行于流动方向的单位面积上的内摩擦力);

$\frac{dw}{dr}$——垂直于流动方向的流速梯度,也称剪切速率;

μ——动力黏滞系数(即黏度)。

2.2.65 牛顿流体与非牛顿流体

凡是符合牛顿流动公式的流体叫牛顿流体,即流体流动时剪切应力与剪切速度成正比,其直线通过坐标原点。它的黏度只与流体本身的性质及温度有关,不受剪切速率的影响。如水、汽油、煤油等都是牛顿流体。

凡是不符合牛顿流动公式的流体叫非牛顿流体,即流体流动时剪切应力与剪切速度之间不成正比,其流动特性与剪切速率有关。如稠油、某些钻井液与压裂液等均属非牛顿流体。

2.2.66 流体的流变性与流变曲线

指流体的剪切应力与剪切速率之间的各种变异特性，用图形表示则称为流变曲线（图2.22）。图中为常见的四种基本流型的流变曲线。

石油的流变性与沥青、胶质、石蜡含量、溶解气含量以及压力、温度等有关。石油流变性对采油速度、含水上升规律、油田开发效果等有重要影响。

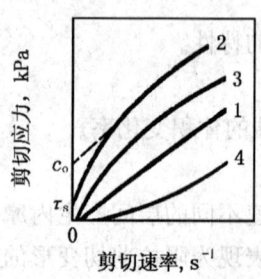

图 2.22 四种基本流型的流变曲线
1—牛顿性；2—黏塑性；
3—假塑性；4—膨胀性

2.2.67 塑性流体（黏塑性流体）

塑性流体（黏塑性流体）或称宾哈塑性流体，是非牛顿流体中的一种。其特点是剪切应力小于某一数值 τ_s 时，就不能流动，大于 τ_s 后才开始流动。其流变曲线分成两段，剪切速率较小时呈曲线段，当剪切速率达到一定数值后，剪切应力才与剪切速率成正比，图形呈直线段（图2.22中2），表示其塑性黏度不再变化。钻井液、油漆、印墨等均为塑性流体。

2.2.68 拟塑性流体（假塑性流体）

亦称假塑性流体或称准塑性流体，是非牛顿流体中的一种。其流动特点是一旦施加外力就能流动。其黏度随着剪切速率的增加而减小。其流变曲线为通过坐标原点并凸向剪切应力轴的曲线（图2.22中3）。乳状液、熟淀粉糊、高分子聚合物均属这种流体。

2.2.69 膨胀性流体

膨胀性流体是非牛顿流体的一种。其特点是一加外力就能流动，黏度随剪切速率的增加而增大。流变曲线为通过坐标原点凹向剪切应力轴的曲线（图2.22中4）。生淀粉糊、固体悬浮物都属这种流体。

2.2.70 触变性

指复配的结构性溶液,在受剪切力时,切力自行降低(变稀),而静置后切力能自行恢复(变稠)的流体动力特性。

2.2.71 视黏度(表观黏度)

亦称表观黏度,是指流体在恒定温度时某一剪切速率下,剪切应力与剪切速率的比值。它不仅取决于温度,也取决于流动的压力梯度。

2.2.72 黏—弹效应

指其随剪切速度的高低不同而呈现黏性流体与弹性固体的性质。

2.2.73 松弛效应

指原油内部结构变化所出现的不稳定性。

2.2.74 松弛时间

指黏弹性体系内部结构重新排列引起流量和压力变化达到稳定时所需要的时间。

2.2.75 天然气

天然气一般指储藏在地层中的可燃性烃类气体。天然气是由石蜡族低分子饱和烃气体和少量非烃气体组成的混合物。

2.2.76 天然气化学组成

天然气化学组成以甲烷为主,乙烷(C_2H_6)、丙烷(C_3H_8)、丁烷(C_4H_{10})等含量不多,并常含有氢、氮、二氧化碳、硫化氢、水汽等非烃气体,有时还含微量的惰性气体氦、氩等。

2.2.77 轻烃与重烃

一般把甲烷称为轻烃,把乙烷以上的气态烃称为重烃。

2.2.78 天然气分类

指按不同方法对天然气划分的种类。按矿藏分类,可分为气田气、油田气、凝析气;按液化气含量可分为干气、湿气;按含硫量可分为酸气、净气;按相态分为游离气、溶解气、吸附气等。

2.2.79 气田气

指产自不与石油伴生而单独聚集成气藏的天然气。气田气主要成分为甲烷，含量达80%以上，乙烷至丁烷含量很少，戊烷以上重烃含量甚微，有时含大量二氧化碳、硫化氢等非烃气体，但不含非饱和烃类气体。

2.2.80 油田气（伴生气）

又称伴生气，指以溶解、游离、分散或聚集等状态分布于油层内及气顶中的天然气。它的特征是乙烷及以上烃类含量较气田气高，有时含 CO_2、N_2、H_2S 等非烃类气体，但不含非饱和烃类气体。

2.2.81 气顶气

指与石油伴生而聚集在油藏顶部的天然气。气顶气重烃含量高，可达百分之几至几十，仅次于甲烷含量。

2.2.82 凝析气

具有反凝析作用能形成凝析油的气田气叫凝析气。凝析气采出地面后因压力、温度降低而逆凝结为凝析油。凝析气多分布在地下3000m以上的储层中。

2.2.83 水溶气

指溶解于地层水中的天然气。水溶气含气量低，一般只有 $0.1m^3/m^3 \sim 2m^3/m^3$，最高可达 $3m^3/m^3 \sim 5m^3/m^3$。

2.2.84 煤层气

指在煤层中游离和吸附的天然气。其主要成分为甲烷，伴生有氮、二氧化碳、氢等。

2.2.85 固态气水合物（冰冻甲烷）

指在海洋底特定的压力和温度条件下形成的天然气。主要是天然气分子被封闭在水分子组成的扩大晶格中，形成固态气体水合物。其成分主要是甲烷，有时还有乙烷、丙烷、异丁烷、二氧化碳及硫化氢等。

2.2.86 干气（贫气、瘦气）

天然气中液相烃含量小于 $100g/m^3$ 的叫干气，亦叫贫气或瘦气。其特征是甲烷含量大于95%，乙烷含量很少，不含或含微量乙烷以上的烃类气体。

2.2.87 湿气（富气、肥气）

又叫富气或肥气，是指液相烃含量大于 $100g/m^3$ 的天然气。甲烷含量一般小于95%，含相当数量的乙烷及以上烃类气体。

2.2.88 净气（洁气、甜气）

每立方米（m^3）天然气中含硫量小于 $1g$ 的天然气叫净气，或称甜气。

2.2.89 酸气

指每立方米（m^3）天然气中含硫量大于 $1g$ 或含相当数量的 CO_2 气的天然气。

2.2.90 游离气

指以游离状态存在，并能运移和聚集的天然气。

2.2.91 溶解气

指以溶解状态存在于石油或水中的天然气。

2.2.92 吸附气

指吸附在储层岩石颗粒表面，形成多层分子组成的凝缩弹性气体膜，并不能移动的气体。

2.2.93 天然气密度

指在标准状态下单位体积天然气的质量。其单位为 g/cm^3 或 kg/m^3。

2.2.94 天然气相对密度

指在标准温度和压力条件下，单位体积天然气的密度 ρ_g 与同体积干燥空气密度 ρ_a 之比。符号为 γ_g。

$$\gamma_g = \frac{\rho_g}{\rho_a}$$

2.2.95 天然气黏度

指天然气在流动时所产生的内部摩擦阻力。它与压力、温度、相对分子质量有关。在低压条件下，气体黏度随温度增加而增加，随气体相对分子质量的增加而减小；在高压条件下，气体黏度随压力增加而增大，温度增加黏度降低，随相对分子质量增加黏度增大。

2.2.96 天然气溶解度

指在一定的压力条件下，单位体积石油中所溶解的天然气量。其单位为 m³/m³。

2.2.97 天然气溶解系数

指在一定温度条件下，压力每增加 0.1MPa 时，单位体积原油中所溶解的天然气量，其单位为 m³/（m³·MPa）或 1/MPa。

2.2.98 天然气体积系数

指天然气在地层条件下所占的体积与在地面标准状态下所占体积之比。可用下式表示：

$$B_g = \frac{V_R}{V_S}$$

式中 B_g——天然气体积系，无量纲；
V_R——地层条件下天然气体积，m³；
V_S——标准状态下天然气体积，m³。

由于地层压力大于标准状态压力，所以 B_g 永远小于1。

2.2.99 天然气膨胀系数

天然气体积系数的倒数称为天然气膨胀系数 E_g。即：$E_g = 1/B_g$。

2.2.100 天然气压缩率（天然气体积弹性系数）

天然气压缩率（天然气压缩系数）或称天然气体积弹性系数，是指在恒温条件下，压力每改变 0.1MPa 时，天然气体积的变化率。可用下式表示：

$$C_g = -\frac{1}{V} \times \frac{dV}{dp}$$

式中 C_g——天然气压缩率，MPa^{-1}；
V——天然气体积，m³；
$\frac{dV}{dp}$——天然气体积随压力的变化率。

2.2.101 天然气的绝对湿度
指 $1m^3$ 天然气中所含的水蒸气质量（g/m^3）。

2.2.102 天然气的相对湿度
指 $1m^3$ 天然气内水蒸气量与相同压力、温度条件下，$1m^3$ 天然气中所含最大水蒸气量的比值，用百分数表示。

2.2.103 蒸气压力
指天然气液化时所需施加的压力。蒸气压力随温度升高而增大。

2.2.104 天然气比容
指单位质量天然气所占的体积。

2.2.105 天然气爆炸性
指天然气在空气中的含量达到 5%～15% 时，如遇火源或强光照射就会发生爆炸。

2.2.106 天然气的热值
指每立方米天然气燃烧时所产生的热量（kJ/m^3）。

2.2.107 天然气视分子质量
指在 0℃ 和 0.101MPa 状态下，体积为 22.4L 的天然气所具有的质量。

2.2.108 天然气状态方程
反映天然气体积与压力、温度关系的方程称为天然气状态方程。可用下式表示：

$$pV = ZnRT$$

式中 p——天然气压力，MPa；
V——在压力 p 和温度 T 条件下的天然气体积，m^3；
T——绝对温度，K；
n——天然气的摩尔数；
R——通用气体常数；
Z——气体压缩因子。

2.2.109 天然气压缩因子（偏差系数）
又称偏差系数，是指在相同压力、温度条件下，实际气体占有的体积与理想气体所占有的体积之比。可用下式表示：

$$Z = \frac{V_a}{V_i}$$

式中　Z——压缩因子，无量纲；

V_a——实际气体体积，m^3；

V_i——理想气体体积，m^3。

2.2.110　烃类体系（烃类系统）

也称烃类系统，是指在一定范围内一种或几种定量的物质构成的整体。可分为单组分体系和多组分体系。

2.2.111　烃类体系的相与相态

烃类体系内任何均匀部分称相。一个体系内由一定数量的相构成。相与相之间有明显的界面分隔。

相态是指由于压力和温度的变化而引起相的变化。

2.2.112　组分与组成

形成体系的各种物质称为该体系的各组分。组分可以是单质或化合物。

组成是指组成某物质的组分及各组分所占的比例分数。

2.2.113　烃类相态图（相图）

反映烃类所处压力、温度与相态关系的图叫烃类相态图，简称相图（图2.23）。

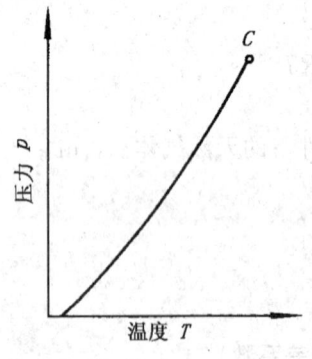

图 2.23　单组分烃的相图

2.2.114　临界点、临界温度与临界压力

饱和蒸气压线的终点（C）称为临界点（图2.24）。在这一点气相和液相的性质完全相同。该点的温度叫临界温度，该点的压力称为临界压力。

2.2.115　气体的对比压力

指该气体所处压力与该气体的临界压力之比。

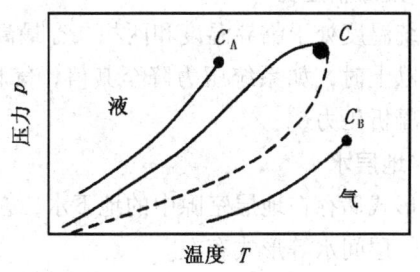

图 2.24 两组分（各占 50%）混合物的相图

2.2.116 气体的对比温度

指该气体所处温度与该气体的临界温度之比。

2.2.117 泡点压力与露点压力

在一定温度条件下，开始从液相中分离出来第一批气泡的压力叫泡点压力；开始从气相中凝析出第一批液滴的压力叫露点压力。

2.2.118 闪蒸平衡

在油藏烃类系统中，压力与温度变化可导致油、气两相之间发生传质和转移，如果这种传质和转移是在瞬间完成，并达到平衡，称为闪蒸平衡。

2.2.119 闪蒸分离（接触分离、一次脱气）

亦称接触分离或一次脱气，是指在油气分离过程中所分离出的气体与油保持接触，系统组成不变。

2.2.120 微分分离（微分脱气、多级脱气）

亦称微分脱气或多级脱气，是指在油气分离过程中不断将气体放掉，使油气脱离接触，系统组成逐级变化。

2.2.121 反凝析现象

在地层条件下凝析气藏中的烃类体系以气态存在，投产后，当地层压力降到某一数值时，气相中析出液体，这种现象称为反凝析现象。

2.2.122 反凝析压力

当烃类系统温度处于临界温度和两相共存最高温度之间,压力在临界压力以上时,如系统压力降至某值,气相中出现液滴,该压力称为反凝析压力。

2.2.123 地层水

指以各种形式储存在地层空隙中的地下水。在油、气藏中常以边水、底水、层间水等形式存在。

2.2.124 束缚水(共存水)

存在于储层岩石颗粒表面、孔缝的角隅,以及微毛细管孔道中的不流动的水称束缚水,亦称共存水。

2.2.125 裂隙水

存在于裂缝性岩石中的各种形式的地下水。

2.2.126 渗入水

雨水和地表水沿岩石孔隙、裂缝、洞穴渗入而形成的地下水。

2.2.127 自由水

在重力作用下能在储层空隙中自由流动的地下水。

2.2.128 吸附水

指以分子状态吸附在储层岩石颗粒表面的水。

2.2.129 油(气)田水

泛指在油(气)田范围内的地下水。

2.2.130 沉积水

指在沉积过程中共存于沉积物粒间或空隙内的水。

2.2.131 固态水

指地层岩石中以冰的形态存在的重力水。

2.2.132 气态水

指以水蒸气形式储存在地下的水。

2.2.133 成岩水

指在沉积物的成岩作用过程中产生的水。

2.2.134 结晶水

指按一定组成比例保存于矿物结晶格架中的水,如石膏($CaSO_4 \cdot 2H_2O$)、芒硝($Na_2So_4 \cdot 10H_2O$)等矿物中的水。

2.2.135 地层水的化学组成

指溶于地层水中溶质的化学成分。它包括无机组成、有机组成、溶解气及微量元素等。无机组成主要为 Na^+、K^+、Ca^{2+}、Mg^{2+}、Cl^-、SO_4^{2-}、HCO_3^- 等;有机组成有烃类、酚和有机酸等。

2.2.136 地层水密度

指在地层条件下,单位体积地层水的质量(g/cm^3)。由于地层水含盐,矿化度较大,所以地层水的密度一般都大于 $1g/cm^3$。

2.2.137 地层水黏度

指地层水流动时内摩擦阻力的大小。地层水的黏度随温度增加而急剧降低,与压力关系不大,而与含盐量多少有一定关系。

2.2.138 天然气在地层水中的溶解度

指在地面条件下 $1m^3$ 地层水所溶解的天然气体积(m^3/m^3)。其溶解度与气体性质、压力、温度及水中含盐量等有关。天然气在地层水中的溶解度很小,在 10MPa 条件下,溶解气量不超过 $1m^3/m^3 \sim 2m^3/m^3$。

2.2.139 地层水体积系数

指地层水在地层条件下的体积与其在地面条件下体积之比值。地层水体积系数变化小,一般在 1.01~1.02 之间。

2.2.140 地层水压缩系数

指压力每变化 0.1MPa 时地层水体积的变化率:

$$C_w = -\frac{1}{V_w}\frac{dV}{dp}$$

式中 C_w——地层水压缩系数,MPa^{-1};

V_w——地层水体积;

$\dfrac{dV}{dp}$——地层水随压力的变化率。

地层水压缩系数与压力、温度及溶解气量有关,通常在 $3.7 \times 10^{-4} \mathrm{MPa}^{-1} \sim 5 \times 10^{-4} \mathrm{MPa}^{-1}$ 之间变化。

2.2.141　地层水导电性

指地层水的导电能力。地层水离子浓度越大,导电性越强,温度增高,导电性增强。

2.2.142　地层水总矿化度

指单位体积地层水中所含各种离子、分子、盐类及胶体的总含量,以 mg/L 或 mol/L 表示。

2.2.143　地层水氯离子含量

指每升地层水中含氯离子的数量,一般用 mg/L 表示。

2.2.144　水型

指按照各矿物质组成及其在水中的溶解能力和彼此化学亲和力的强弱对地层水所划分的种类。

2.2.145　水型种类

按照苏林分类法将天然水分成硫酸钠型、重碳酸钠型、氯化钙型、氯化镁型四种。油田水主要为重碳酸钠（$NaHCO_3$）和氯化钙（$CaCl_2$）型。地面水则多为硫酸钠（Na_2SO_4）型。

2.2.146　水型判断法

指利用水中主要离子的当量比,即 $\dfrac{Na^+}{Cl^-}$、$\dfrac{Na^+ - Cl^-}{SO_4^{2-}}$、$\dfrac{Cl^- - Na^+}{Mg^{2+}}$、$\dfrac{SO_4^{2-}}{Cl^-}$ 和 $\dfrac{Ca^{2+}}{Mg^{2+}}$ 的比值来判断水型的方法。$\dfrac{Na^+ - Cl^-}{SO_4^{2-}} > 1$ 为重碳酸钠（$NaHCO_3$）型；$\dfrac{Cl^- - Na^+}{Mg^{2+}} > 1$ 为氯化钙（$CaCl_2$）型；$\dfrac{Na^+ - Cl^-}{SO_4^{2-}} < 1$ 为硫酸钠（Na_2SO_4）型；$\dfrac{Cl^- - Na^+}{Mg^{2+}} < 1$ 为氯化镁（$MgCl_2$）型。

2.2.147　帕勒梅尔分类法

指按水中各离子的相对含量大小进行分类。将离子成分分为五个组：强碱（a）,包括 Na^+、K^+；弱碱（e）,包括 Ca^{2+}、

Mg^{2+}；极弱碱（m），包括 Fe^{3+}、Ca^{2+}、Al^{3+}；强酸（s），包括 Cl^-、SO_4^{2-}；弱酸（A），包括 HCO_3^-、CO_3^{2-}。根据五组离子毫克当量的多少及化合后生成的不同盐类和碱类，将地层水分为五类：s＜a、s＝a、a＜s＜a+e、s＝a+e、s＞a+e。

2.2.148 pH值

指测量溶液中氢离子（H^+）浓度，即鉴定溶液酸碱度的指标。pH值的应用范围在0～14之间，pH值大于7时为碱性溶液，等于7时为中性溶液，小于7时为酸性溶液。

2.2.149 硬度

指水中所含 Ca^{2+}、Mg^{2+} 的量。通常以1L水中含10mg的氧化钙或7.2mg氧化镁为一度。硬度可分为暂时硬度（水中重碳酸镁和重碳酸钙的含量，加热后可除去）、永久硬度（加热至沸点后，水中残存钙盐和镁盐）和总硬度（暂时硬度与永久硬度之和）。

2.3 渗流力学

2.3.1 渗流力学

指专门研究流体通过各种多孔介质渗流时的运动形态和运动规律的科学。它是现代流体力学的一个重要分支，是油藏工程、油藏数值模拟的理论基础。

2.3.2 不可压缩流体（刚性流体）

又称为刚性流体，是指随着压力的变化，体积不发生弹性变形的流体。

2.3.3 可压缩流体（弹性流体）

又称弹性流体，是指随压力的变化，体积发生弹性膨胀或收缩的流体。

2.3.4 体相流体

指分布在多孔介质孔道的中轴部分，其性质不受界面影响的流体。

2.3.5 边界流体
指分布在孔道壁上形成一个边界层,其性质受界面影响的流体。

2.3.6 地下流体流场
指地下流体与岩石相互作用所占据的、并能在其中流动的场所或空间。

2.3.7 变形介质
当地层中的液体压力降低时,岩石发生变形而使孔隙空间减小,渗透率降低,这种孔隙空间发生变形的多孔介质称为变形介质。

2.3.8 可变渗透率地层
变形多孔介质的渗透率不是常数,而是压力的函数,具有这种性质的油、气层称为可变渗透率地层。

2.3.9 多孔介质
以固相介质为骨架,含有大量互相交错又互相分散的微小孔隙或微毛细管孔隙的介质叫多孔介质。油气储层就是多孔介质的一种。

2.3.10 双重孔隙介质(裂缝孔隙介质)
又称裂缝孔隙介质,是指由孔隙介质和裂缝介质两个水动力学系统构成,两个系统按一定规律进行流体交换。

2.3.11 渗流与地下渗流
流体在多孔介质中的流动称为渗流。流体在地层中流动叫做地下渗流。

2.3.12 单相渗流
指在多孔介质中只有一种流体以一种状态参与流动。如在地层压力高于饱和压力条件下,油藏中的原油流动,气藏中的气体流动等。

2.3.13 两相渗流与多相渗流
指在多孔介质中有两种流体同时参与流动叫两相渗流,如油层中的油、水两相流动。同时有两种以上互不混溶的流体参与流动叫多相渗流，如油层中的油、气、水三相流动。

2.3.14 多组分渗流

指含有多种组分的烃质和非烃质混合的流体在多孔介质中的流动。

2.3.15 并行渗流

指两种不混溶流体沿同一方向流动。

2.3.16 交互渗流

指两种不混溶流体以相反方向流动。

2.3.17 稳定渗流（定常流动、稳态流动）

稳定渗流又称定常流动或稳态流动，是指流体在多孔介质中渗流时，密度和速度等物理量仅与空间有关，而不随时间变化。一般只有在单相流体渗流时，才会发生稳定渗流。

2.3.18 不稳定渗流（非定常流动、非稳态流动）

又称非定常流动或非稳态流动，是指流体在多孔介质中渗流时，各物理量不仅与空间有关，而且随时间变化。

2.3.19 拟稳定渗流（准稳定渗流、半稳定渗流）

油藏中各点的压力随时间呈线性降低，即以一固定下降速度降低，通常把这种流动称为拟稳定渗流，亦称半稳定渗流或准稳定渗流。

2.3.20 线性渗流与非线性渗流

流体在多孔介质中渗流时，流体的渗流速度与压差呈线性关系，这种渗流叫线性渗流。当渗流速度增大到一定程度后，渗流速度和压力梯度之间不再呈线性关系的渗流叫非线性渗流。

2.3.21 气体渗流

指在多孔介质中只有气体一相参与流动。

2.3.22 气体滑渗

指气体在多孔介质渗流时，在固体孔壁上的速度，不为零，存在一个"滑移"速度。当气体分子的平均自由行程与孔隙大小的数量级大致相当时，"滑移"对气体渗流有明显影响。

2.3.23 气体表面渗流

指易在孔隙表面吸附的气体在孔隙表面上的流动。这种渗流影响多孔介质渗透率的测定,用易吸附气体测定出的渗透率比非吸附气体或液体测定出的渗透率要高。

2.3.24 渗滤(蠕流)

均质流体在多孔介质中,在毛细管力或位势作用下缓慢的流动称渗滤。

2.3.25 点源与点汇

在渗流场中,向四周发散流线的点叫点源,如在油(气)田上的注入井[图2.25(a)]。

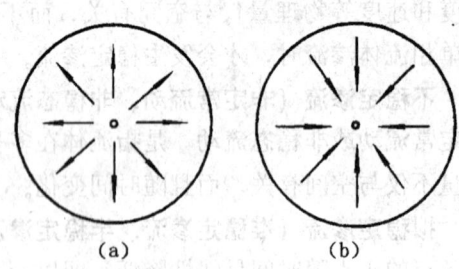

图 2.25 点源与点汇
(a)点源;(b)点汇

图 2.26 径向流

从四周汇集流线的点叫点汇,如在油、气田上的生产井[图2.25(b)]。

2.3.26 径向流

流体在平面上从四周向中心井点汇集或从中心井点向四周发散的流动方式称为径向流(图2.26)。

2.3.27 单向流(直线流)

流线为彼此平行的直线,并且垂直于流动方向的每一个截面上各点渗流速度相等的渗流方式叫单向流，又称直线流（图 2.27）。

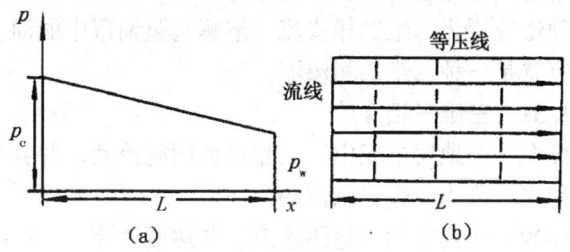

图 2.27　单向流
（a）单向流压力分布曲线；(b）单向流的水动力场

2.3.28　球形径向流（球形流）

对块状底水油藏的厚油（气）层，油（气）井仅钻开油（气）层顶部，流线呈直线向中心点汇集，其渗流面积呈半球形，这种渗流方式叫做球形径向流，简称球形流（图 2.28）。

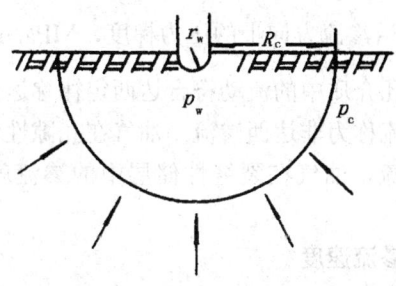

图 2.28　球形径向流

2.3.29　二维渗流与三维渗流

在多孔介质中流动的流体所有质点的运动轨迹及物理量都与空间两个坐标（x，y）有关的渗流叫二维渗流，常称平面渗流；与空间三个坐标（x，y，z）有关的渗流叫三维渗流，也就是立体空间的渗流。球面径向流就是一种三维流动。

2.3.30 二维二相渗流

如果在一个地层单元中,两相流体同时流动,并且是二维流动,这种渗流称为二维二相渗流。溶解气驱油藏中的油、气向油井的渗流就是一种二维二相渗流。

2.3.31 三维三相渗流

如果在一个地层单元中,三相流体同时流动,并且是三维流动,这种渗流称为三维三相流动。

2.3.32 达西定律、达西渗流、非达西渗流

达西定律是渗流力学的基本定律。它表示流体通过多孔介质单位截面积时,其渗流速度与沿渗流方向上的压力梯度成正比关系。表达式为:

$$v = -\frac{K}{\mu}\frac{dp}{dL}$$

式中 v——渗流速度,cm/s;

K——渗透率,D;

μ——流体黏度,mPa·s;

$\dfrac{dp}{dL}$——沿渗流方向上的压力梯度,MPa/cm。

流体在多孔介质中的流动符合达西定律称达西渗流;不符合达西定律的渗流称为非达西渗流。油气在孔隙性储层中的渗流就是一种达西渗流,油气在裂缝性储层中的渗流就是一种非达西渗流。

2.3.33 渗流速度

指流体流量 Q_i 与多孔介质横截面积 A_i 之比,表示通过单位面积的流量。其公式为:

$$v_i = \frac{Q_i}{\Delta A_i}$$

式中 v_i——渗流速度;

Q_i——总流量;

ΔA_i——介质截面积。

流体在多孔介质中流动的渗流速度不是流体质点的真实速

度，因为流体运动时并非通过全部面积，而是只通过多孔介质中孔隙面积，故真实速度应等于总流量除以孔隙面积。因为介质面积大于孔隙面积，所以渗流速度比真实速度小。

2.3.34 流体的流度

流体在多孔介质中流动，有效渗透率（K）与其黏度（μ）的比值叫流体的流度（λ）。如水和油的流度（λ_w，λ_o）分别可表示为：

$$\lambda_w = \frac{K_w}{\mu_w}$$

$$\lambda_o = \frac{K_o}{\mu_o}$$

流度表示流体流动能力的大小。流度越大，流动能力越大。

2.3.35 流度比

流度比（M）是指驱替相（水）的流度（λ_w）与被驱替相（油）的流度（λ_o）的比值。其公式为：

$$M = \frac{\lambda_w}{\lambda_o}$$

2.3.36 渗流的初始条件

在研究油（气）层不稳定渗流时，由于方程变量的解不仅是空间位置的函数，也是时间的函数，因此必须对渗流过程的开始瞬间状况规定条件，这种条件称为渗流的初始条件。

2.3.37 渗流的边界条件

由于油（气）层建立的微分方程的通解中包含许多待定系数和函数，因此必须给出一些条件来确定待定系数和函数。如果给出的条件是对所研究区域空间物理位置而言，这些条件称为渗流的边界条件。

2.3.38 混溶驱替

在多孔介质中一种流体驱替另一种流体过程中，两种流体之间发生扩散、传质和互相溶解等现象，这种驱替称为混溶驱替。

2.3.39 不混溶驱替

在多孔介质中一种流体驱替另一种流体时，相互之间不发生扩散、传质和互溶现象，这种驱替称为不混溶驱替。例如水驱油过程。

2.3.40 活塞驱替

在多孔介质中一种流体驱替另一种流体时，两者之间存在一个明显的分界面，分界面像活塞一样向前推进，这种驱替方式称为活塞驱替。

2.3.41 非活塞驱替

在多孔介质中一种流体驱替另一种流体时，由于储层微观非均质性，以及流体性质差异和毛细管作用的影响而出现两种流体混合的两相渗流区，这种驱替方式称为非活塞式驱替。

2.3.42 渗流封闭边界

在边界上，边界法线方向的流体流动速度分量等于零，这种边界叫封闭边界。

2.3.43 边界效应

在生产井或注入井附近往往存在各种边界，它对渗流场的等势线分布、流线分布和井的产量或注入量产生影响，这种影响叫边界效应。

2.3.44 交互窜流

在双重介质储层中，由于孔隙系统与裂缝系统构成两个压力场，互相之间的流体要进行交换，这种现象叫交互窜流。

2.3.45 交互窜流系数

指双重介质储层中孔隙系统中的流体向裂缝中窜流能力的大小。可用下式表示：

$$\lambda_i = \frac{aK_2 r_w^2}{K_1}$$

式中　λ_i——交互窜流系数；
　　　K_1——裂缝渗透率；
　　　K_2——孔隙渗透率；
　　　a——裂缝密度；
　　　r_w——井的半径。

λ_i 值大,表示流体从孔隙系统中向裂缝系统中窜流能力强。

2.3.46 流动势(速度势)

在渗流理论中为了便于分析问题,引用一个新参数:

$$\Phi = \frac{K}{\mu} p$$

式中 K——地层渗透率;

μ——原油黏度;

p——流体压力。

此参数称为势。引入这一概念后,达西渗流定律可写成:$v = -\frac{\mathrm{d}\Phi}{\mathrm{d}L}$,即地层任一点上渗流速度值($v$)等于该点上势对距离($L$)的一阶导数的负值。

2.3.47 压力函数

又称为赫里斯奇昂诺维奇函数,是指一个与压力、地层流体性质有关的函数。符号为 H。在拉普拉斯方程中用压力函数差 ΔH 代替压力差 Δp,以便于得到油、气两相渗流时油井产量公式和压力分布公式,其形式与单相液体公式相似。

2.3.48 阻力系数

指表征流体在多孔介质渗流过程中的阻力大小。其公式如下:

$$f = \delta \frac{\Delta p}{\rho \Delta L} \left(\frac{\phi A}{q} \right)^2$$

式中 f——阻力系数;

δ——多孔介质的特征尺度;

Δp——压力差;

ρ——流体密度;

ΔL——岩样长度;

q——流体流量;

ϕ——孔隙度;

A——岩样横截面积;

K——岩样渗透率。

2.3.49 供给边缘

油藏外围的广大含水区往往为天然供给水源,使压力保持不变,这个能量供给前缘称为油藏的供给边缘。在油田开采过程中,许多油井同时生产,每一口油井的周围都自然地划分出大小不同的供油面积,其边缘称为油井的供给边缘。

2.3.50 压降漏斗

在平面径向流时,由于井的投产造成地层压力下降,从井壁到供给边缘,压力下降幅度逐渐减小,其压降面为漏斗状的曲面,称为压降漏斗(图2.29)。

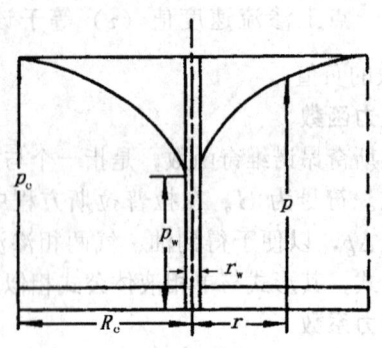

图 2.29 压降漏斗

R_e—供油半径;r_w—油井半径;r—某一供给半径;p_e—边缘供给压力;p_w—井底压力;p—某一供给半径的压力

2.3.51 压力叠加原理

油层中任何一点的压力变化都等于各井在该点上引起的压力变化的总和(图2.30)。图中 A 点的压降等于三口井压降之和,即:

$$\Delta p_A = \Delta p_1 + \Delta p_2 + \Delta p_3$$

2.3.52 黏性指进

当一相流体驱替与其不混溶的另一相流体时,由于两相流体

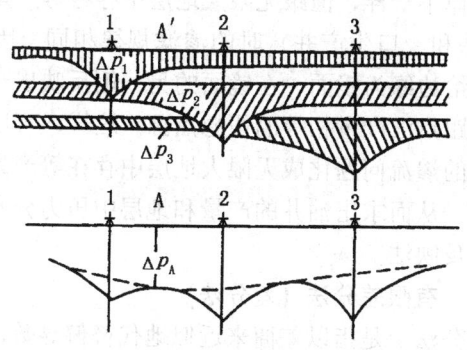

图 2.30 压力叠加示意图

黏度的差异,造成驱替相流体在两相接触处呈分散液束,像手指状向前推进,叫黏性指进。

2.3.53 前沿不稳定性

在多孔介质中两种流体非混相驱替时,驱替前沿出现黏性指进现象,因而使驱替前沿不能形成平滑的分界面,这种现象称为前沿不稳定性。

2.3.54 饱和度间断(饱和度跃变)

在多孔介质非混相非稳态两相驱替渗流过程中,由于毛管力的影响,在驱替前沿处出现驱替相饱和度双值或三值状况,这说明饱和度的分布在前沿处发生了不连续或"跃变",这种现象称为饱和度间断,也称为饱和度跃变。

2.3.55 流管分析法

指研究渗流的一种模拟方法。此法将多孔介质中的流体运移作为流管束中的流动来处理。这种方法只用于中、低孔隙度多孔介质的渗流研究。

2.3.56 汇源反映法

指用来解决直线供给边缘这种类型的边界对渗滤规律的影响问题的一种方法。油井靠近直线供给边缘时,由于这种边界的影响,流体向油井渗滤的规律跟流体向无限大地层中单独一个点汇渗滤时的规律不一样，但跟无限大地层中存在等产量的一源一汇（一口注入井和一口生产井）时的渗滤规律相同。因此，可以想象以直线供给边缘为镜面，在镜面的另一侧反映出一口油井的镜像，即一个跟点汇产量相等的假想点源。这样，可以把井靠近直线供给边缘的渗流问题化成无限大地层中存在等产量的一源一汇的渗流问题，从而求出油井的产量和地层中压力分布公式，这种方法叫汇源反映法。

2.3.57 有限差分法（差分法）

也称差分法，是指以差商来近似地代替偏导数，从而以差分方程代替微分方程。这种方法适用于单相渗流、多相渗流、单组分流动、多组分流动、一维流动、多维流动问题的处理，是一种比较成功和有效的方法。

2.3.58 导压系数

指压缩性液体在弹性多孔介质中进行不稳定渗流时，表示压力传递快慢的一个参数。单位为 cm^2/s，并以希腊字母 η 表示，它的表达式为：

$$\eta = \frac{K}{\mu C_t}$$

式中　η——导压系数；

K——渗透率；

μ——流体黏度；

C_t——综合弹性压缩系数。

2.3.59 分流线

流体流向两个点汇（生产井）时，在两个点汇之间存在一条将渗流左右分开的流线，称为分流线（图2.31）。

2.3.60 主流线

连接注水井与采油井中心点的流线称为主流线。主流线上质点的流速比其他流线上的质点流速要快（图2.32）。

2.3.61 平衡点

两口生产井的分流线上渗流速度等于零的点称平衡点（图

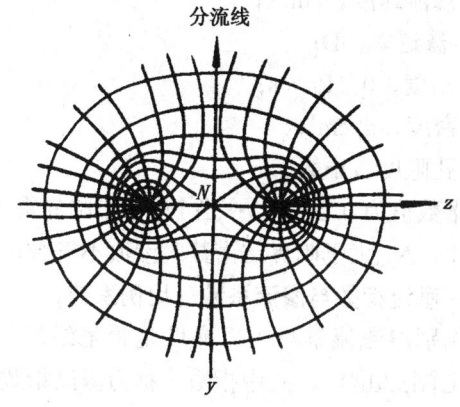

图 2.31 等产量两汇的等压线和流线

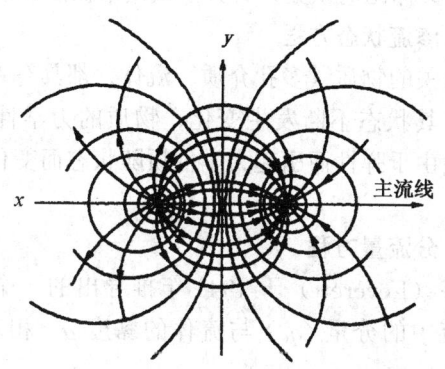

图 2.32 等产量一源一汇的等压线和流线

2.31 中 N 点)。在平衡点附近形成死油区。

2.3.62 渗流雷诺数

指用来判别渗流是否符合达西渗流定律的准数。符号为 N_{po},可用卡佳霍夫公式计算:

$$N_{po} = \frac{v\sqrt{K\rho}}{1750\mu\phi}$$

式中　v——渗流速度，cm/s；

　　　K——渗透率，D；

　　　μ——黏度，0.1Pa·s；

　　　ρ——密度，g/cm³；

　　　ϕ——孔隙度，小数。

临界雷诺数值为 0.2～0.3。当 N_{po} 小于临界雷诺数时，渗流符合达西定律；N_{po} 大于临界雷诺数时渗流不符合达西定律。

2.3.63　渗流指数与渗流系数（比例系数）

指用来判别渗流流量与压力梯度是否呈线性关系的指数方程，即 $Q = C(\mathrm{d}p/\mathrm{d}L)^n$，式中指数 n 称为渗滤指数。n 在 0.5～1 之间变化。当 $n=1$ 时，渗流流量与压力梯度呈线性关系，流体渗流是线性渗流；当 $0.5 \leqslant n < 1$ 时，流体渗流为非线性渗流。C 为渗流系数又称比例系数，其大小取决于储层和流体性质。

2.3.64　渗流状态方程

与渗流有关的物质（多孔介质、流体）都具有弹性，因而在渗流过程中，其状态不断发生变化，物质的力学性质也发生变化。描述这种由于弹性而引起力学性质随状态而变化的方程叫渗流状态方程。

2.3.65　分流量方程

莱弗里特（Leverett）于 1941 年推导出的一个方程。它表示水在总液流中的分量（q_w）与流体的黏度 μ、相对渗透率 K、总流速 v_t、毛细管压力梯度 $\dfrac{\partial p_c}{\partial L}$ 以及重力有关。其公式为：

$$f_w = \frac{1 + \dfrac{K_{nw}}{v_t \mu_{nw}} \left(\dfrac{\partial p_c}{\partial L} - g \Delta \rho \sin\alpha \right)}{1 + \dfrac{\mu_w}{\mu_{nw}} \dfrac{K_{nw}}{K_w}}$$

忽略了重力和毛细管压力后的分流量方程为：

$$f_w = \frac{1}{1 + \dfrac{\mu_w}{\mu_{nw}} \dfrac{K_{nw}}{K_w}}$$

式中　g——重力加速度；
　　　$\Delta\rho$——密度差；
　　　α——地层倾角；
　　　角标 w——润湿相；
　　　角标 nw——非润湿相。

2.3.66　前缘推进方程

1942年由巴克利和莱弗里特（Buckley和Leverett）提出的一个方程。它表示某一固定不变的驱替液饱和度（S_w）面的推进速度，相当于总流速乘以流束组成的由于驱替液饱和度微小改变所引起的变化率。其方程为：

$$\left(\frac{\partial L}{\partial t}\right)_{S_w} = \frac{q_t}{A\phi}\left(\frac{\partial f_w}{\partial S_w}\right)t$$

式中　q_t——流量；
　　　A——地层截面积；
　　　ϕ——孔隙度；
　　　L——界面推进距离；
　　　t——时间；
　　　f_w——分流量；
　　　S_w——饱和度；
　　　下标 w——润湿（驱替）相。

2.3.67　威尔杰方程

指1952年由威尔杰（Welge）推导出的一个方程。它反映了系统中驱替流体的平均饱和度与该系统采出端饱和度相关的关系。其方程为：

$$\overline{S}_w = S_{w2} + Q_i f_{nw2}$$

式中　Q_i——流量；
　　　$\overline{S}_w$——平均饱和度；
　　　S_{w2}——采出端饱和度；
　　　f_{nw2}——被驱替相在出口端的分流量。

2.3.68　启动压力梯度

指流体在低渗透多孔介质中发生渗流的最小压力梯度。

2.3.69 拟启动压力梯度

指实验室测定的流体在低渗透多孔介质中的渗流曲线经过线性回归后与压力梯度轴的交点。它综合反应了渗流偏离达西定律的程度和流体在低渗透多孔介质中的渗流特征。

2.3.70 界面分子力

指固体表面与液体之间的表面分子力。

第3章 油（气）藏工程与油（气）藏数值模拟

3.1 开发设计

3.1.1 油（气）田开发

通过开发前一系列准备工作以后，制订油（气）田开发方针和政策，编制油（气）田开发方案，按其要求进行钻井和地面建设，高效地开采地下油、气资源，这个工作的全过程就叫油（气）田开发。

3.1.2 油（气）藏工程

油（气）藏工程是一门以油（气）田地质学和渗流力学为基础，以油藏数值模拟为手段，研究油（气）田开发设计和工程分析方法的综合性学科。

3.1.3 油（气）藏经营

从油（气）藏投入开发至开采终了，经营者制订正确的开发策略，采取各种科学技术手段和先进的管理方法，不断提高油（气）田开发效果，以获得最佳经济效益的全过程叫油（气）藏经营。

3.1.4 集约式油（气）藏管理

在油（气）藏有效开发期内，把地质、钻井、测井、采油（气）、井下作业、动态监测、调整挖潜、油气集输等形成集约化的管理体系，采用经济有效的先进技术，制订和实施正确的开发策略，并不断进行调整和完善，以取得最佳的经济采收率的全过程叫集约式油（气）藏管理。

3.1.5 集约式油（气）藏管理内容

其内容主要包括：确立经营目标与管理策略，编制开发方案并进行优选，搞好方案实施和动态监测，正确评价开发效果，不断调整和完善注采系统等。

3.1.6 驱动力
能驱动流体运动的力，统称为驱动力。

3.1.7 天然能量
指油（气）藏中自然存在的各种驱油、气动力。如边水或底水的压力、气顶气压力、岩石及流体的膨胀力、液体的重力等。天然能量是一种宝贵的能源，必须充分加以利用。

3.1.8 人工补充能量
指人为地向油（气）层中注水或注气，以增加其驱油、气能量。人工补充能量是延长油田高产稳产期，提高最终采收率，取得较好经济效益的有效方法之一，已被大多数产油国家所采用。

3.1.9 油（气）藏驱动方式（驱动类型）
指油（气）藏开采时，驱使油（气）流向井底的动力来源和方式。

驱动方式不同，油（气）田开发效果及经济效益也不同。研究油（气）藏驱动方式的目的是要正确判断油（气）藏驱动类型，充分利用天然能量，建立高效率的驱动方式，以便最佳地开发油（气）田。

3.1.10 刚性水压驱动
油藏的驱油动力主要来源于有充足供水能力的边水或底水的水头压力称为刚性水压驱动（图3.1）。这类油藏具有良好的供水区，供水露头与油层之间的高差大，油层连通好，渗透率高，驱油能量可以得到不断的补充等特点。

3.1.11 刚性水压驱动油（气）藏生产特点
指这类油（气）藏投产后（不采取人工措施）表现出的固有的生产规律性。

这类油藏由于驱油能量充足，油井能长期自喷，整个油田生产能力旺盛，地层压力、产油量、气油比都能保持长期稳定，开发效果好。

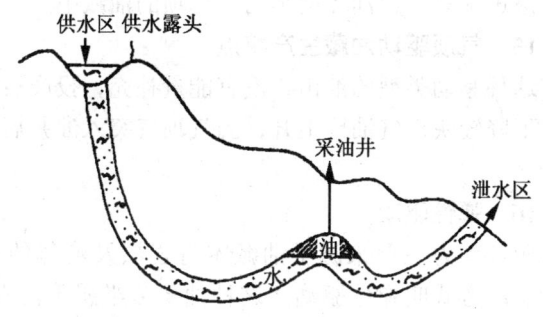

图 3.1 刚性水压驱动示意图

刚性水驱气藏很少见,并且开发效果差,气井易被水淹,无水采气期短,一般不超过1年。

3.1.12 弹性水压驱动

这种驱动类型油(气)藏的驱油动力主要依靠油(气)藏含油、气部分以外广大含水区岩石及地层水的弹性力。其地质特点是存在边水或底水,但没有供水露头,或者虽有供水露头,因地层连通差、渗透率低,因而供水不足。由于含水区域很大,其岩石及地层水的弹性膨胀体积可以超过储油、气体积很多倍,因而可成为一种有效的驱油、气动力。

3.1.13 弹性水压驱动油(气)藏生产特点

这种驱动类型油藏生产特点是:油田开发初期,油井能自喷,生产能力旺盛,但随着弹性能量的消耗而得不到补偿,油层压力不断下降,油井停喷。当油层压力下降到饱和压力以下时,气油比增大,随着油水边界不断收缩,油井逐步被水淹,含水率不断上升,产油量继续下降到最低水平。

弹性水驱气藏的稳产期较长,开采中期开始水侵,无水采气期一般为1年至3年。

3.1.14 气顶驱动

油藏驱油动力主要是气顶中压缩天然气的弹性膨胀力,这种驱动方式叫气顶驱动。气顶驱动常出现在构造完整、构造倾角较大、油层渗透率高、原油黏度小的带气顶的油藏中。

3.1.15 气顶驱动油藏生产特点

具有这种驱动类型的油田，没有能量补充，投产后油层压力和产油量下降较快，气油比上升，当气顶气突入油井后，气油比急剧上升。

3.1.16 弹性驱动

油藏驱油动力主要来源于油藏本身岩层及流体的弹性膨胀力，这种驱动方式叫弹性驱动。这种油藏多半属于没有供水区，或被断层、岩性封闭的油藏。

3.1.17 弹性驱动油藏生产特点

这类油藏的开采特点与弹性水压驱动油藏相似，但由于驱动能量更小，所以油层压力和产油量下降更快，单位压降采油量更小。

3.1.18 溶解气驱动

这类油藏的驱油动力主要来源于溶解气的弹性膨胀力。驱动能量的大小主要取决于原油中溶解气量的多少。

3.1.19 溶解气驱油藏生产特点

这类油藏投产后，在油田开发初期，油层压力不断下降，气油比逐渐上升，产油量缓慢下降，但随着溶解气量的迅速消耗，油层压力和产油量急剧下降，气油比迅速上升；到后期，油层能量枯竭，产油量极度降低，这种驱动方式开发效果差，最终采收率低。

3.1.20 气压驱动

气藏的驱气动力是气体本身的膨胀力。这种气藏边水或底水不活跃，含水区体积小，地层压力和产气量下降较快，稳产期短，晚期开始水侵，水量小，无水采气期较长，一般大于3年，最终采收率高，可达到90%以上。

3.1.21 重力驱动

石油主要靠自身的重力由油层流向井底叫重力驱动。这种驱动类型一般出现在油田开发末期，其他驱动能量都已枯竭，重力就成为主要驱油动力了。这类油藏具有无边水或底水、溶解气量很小、地层倾角陡或油层厚度大等特点。

3.1.22 重力驱动油藏生产特点

重力驱动能量很小,油井不能自喷,产量很小,油田采油速度极低,最终采收率也很低。

3.1.23 综合驱动(混合驱动)

油(气)藏同时具有两种或两种以上驱油(气)动力时称为综合驱动,亦称混合驱动。

3.1.24 驱动指数

指油(气)田开发过程中评价各种驱油(气)能力大小的指标。

3.1.25 水驱动指数

指地层水侵体积占总采出液体体积的百分数。

3.1.26 弹性驱动指数

指岩石和流体的弹性膨胀体积占总采出液体体积的百分数。

3.1.27 溶解气驱动指数

指溶解气膨胀体积占总采出液体体积的百分数。

3.1.28 气顶气驱动指数

指气顶气膨胀体积占总采出液体体积的百分数。

3.1.29 地压系数

指地层压力与气体压缩系数之比。这是判别气藏驱动类型的一个指标。气压驱动气藏地压系数与累积产气量关系为一条斜线;弹性水驱气藏为一条上翘曲线;刚性水驱气藏为一条平行直线(图3.2)。

3.1.30 弹性能量(弹性储量)

指油田在开采过程中,地层压力每下降0.1MPa时,依靠弹性膨胀力所能采出的油量,也称弹性储量。其大小取决于地饱压差、含油面积、油层厚度,以及综合弹性压缩系数等。

3.1.31 水侵速度与水侵系数

水侵速度指单位时间边水或底水的入侵量。水侵系数指单位时间单位压降下,边水或底水的侵入量。它们均是表示边水或底

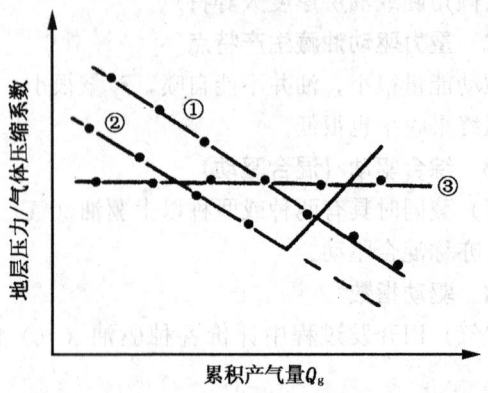

图 3.2 地压系数与累积产气量关系
①气压驱动气藏；②弹性水驱气藏；③刚性水驱气藏

水活跃程度和能量大小的指标。其大小主要取决于供水区域的大小、水源补充状况、供水露头与油层的高差、油层连通好坏、渗透率高低和油水黏度比大小等。

3.1.32 定态水侵

指边水或底水有充足补给时，采出液量与水侵量相当，油层压力不变的水侵方式。

3.1.33 准定态水侵

当边水或底水有水源补充，供水区压力不变，但采液速度大于或小于水侵速度，引起油层压力的变化，这种水侵称为准定态水侵。

3.1.34 非定态水侵

单位时间的水侵量随累积采出液量的增加而减少，而单位压降下的水侵量为一常数，这种水侵称为非定态水侵。

3.1.35 弹性产量比值

指实际弹性累积产量与相应时间封闭型弹性累积产量理论值之比。可用下式计算：

$$N_{pr} = \frac{N_p B_o}{N B_{oi} C_t \Delta p}$$

式中 N_{pr}——无量纲弹性产量比值；

N_p——与总压降对应的累积产油量，10^4 t；

N——原始地质储量，10^4 t；

B_o——与总压降对应的原油体积系数；

B_{oi}——原始原油体积系数；

C_t——总压缩系数，MPa^{-1}；

Δp——总压降，MPa。

3.1.36 油藏天然能量分级

指按照无量纲弹性产量比值与每采出1%地质储量的压降值两项指标对油藏天然能量大小所划分的级别。分为四级：天然能量充足（在采油速度大于2%的条件下，每采出1%地质储量压力下降值小于0.2MPa，N_{pr}大于30）、天然能量较充足（在采油速度1.5%～2%的条件下，每采出1%地质储量压力下降值为0.2MPa～0.8MPa，N_{pr}为10～30）、天然能量不足（在采油速度1%～1.5%的条件下，每采出1%地质储量压力下降值为0.8MPa～2.5MPa，N_{pr}为2～10）、天然能量微弱（在采油速度小于1%的条件下，每采出1%地质储量压力下降值大于2.5MPa，N_{pr}小于2）。

3.1.37 油（气）田开发技术文件

指为开发好油（气）田所采取的重大工程措施而编制的方案设计。如概念设计、总体规划设计、试采设计、工业性试验设计、开发方案、调整方案、三采方案等。

3.1.38 油（气）田开发概念设计

油（气）藏发现后，在初步认识构造、储层、流体、驱动类型、产能等地质特点的基础上，为提高油（气）藏评价钻探、开发及下游工程效益，对油（气）藏地下情况、地面工程、市场状况、经济效益进行一体化设计，要求做到整个框架设想基本可靠，这种设计叫概念设计。

3.1.39 油（气）田开发总体规划设计

对较大油（气）田来说，不宜一次全面投入开发，因此要在认识油（气）田地质特征的基础上，对油（气）田开发方式、开发程序、开发部署、投产步骤、钻井工程、地面建设等重大问题进行论证，对油（气）田生产水平、稳产年限、开发效果、经济效益等进行预测，对油（气）田整体开发做出五年、十年或更长的工作安排，这种设计叫总体规划设计。

3.1.40 油（气）藏试采设计

指根据油（气）藏地质特点，合理确定试采规模、试采时间，以及对试采层系划分、试采井布置、采油采气方式、试采管理、资料收集与整理等工作进行全面部署和安排。

3.1.41 油（气）田开发方案

油（气）田开发方案是指在深入认识油（气）田地下情况的基础上，正确制订油（气）田开发方针与原则，科学地对油（气）藏工程、钻井工程、采油采气工程、地面建设工程及投资等进行设计和安排。它是指导油（气）田开发工作的重要技术文件。

3.1.42 初步开发方案与正式开发方案

规模较大的多油层油田在详探的基础上，先对分布稳定、容易认识的主力油层编制开发方案叫初步开发方案。按方案设计所钻的井网，先不射孔投产，根据新取得的资料对油田地下情况进行再认识，然后对所有油层（包括主力油层）编制总的开发方案叫正式开发方案。

3.1.43 滚动勘探开发

指对地质条件复杂的断块油（气）藏，不能截然地划分勘探与开发阶段，采用边勘探边开发的做法。即在预探过程中，立即在获得工业油（气）流的探井周围部署生产探井（这种井既是生产井，又是探井），在开采的同时，继续探明油（气）储量，逐步扩大勘探和开发面积，直到油（气）田进入全面开发。

3.1.44 油（气）田开发方针与原则

根据中国目前经济水平和油（气）田开发技术状况，油（气）田开发应执行持续稳定发展的方针，坚持少投入、多产出，提高经济效益的原则。具体地说，要在落实探明储量的基础上，充分利用天然能量，采用先进的开发方式，搞好油（气）藏工程设计，发挥采油采气工艺技术作用，提高最终采收率，以获得最佳的经济效益。

3.1.45 开发程序

指油（气）田从评价钻探到全面投入开发过程的工作顺序和步骤。各油（气）田的情况不同，开发程序亦不相同。一般来说，要经过详探、试采、编制初步开发方案和正式开发方案等程序。

3.1.46 油（气）藏试采

在完成评价钻探后，对油（气）藏地下情况有较全面认识的基础上，为了取得油（气）藏开采动态资料，掌握油（气）层开采特点，预测生产规模和经济效益，为编制油（气）田开发方案提供依据，根据油（气）田大小和地质复杂程度，开辟试采井、试采井组、试采区等不同规模进行开采试验，这个工作的全过程叫油（气）藏试采。

3.1.47 生产试验区

较大的油（气）田在正式投入开发以前，为了进一步认识油（气）田地下情况和生产规律，选择具有代表性的一定面积，采用正规的开发部署先投入开发，这个开发区称为生产试验区。

3.1.48 生产试验区确定原则

选择好生产试验区对试验的成败至关重要，选择不当可得出相反的结论。生产试验区的确定要考虑下列原则：

（1）构造形态、油层特征、流体性质及其分布状况等具有代表性，并有一定面积和生产规模，使试验所取得的资料具有指导性。

（2）具有相对独立性，要使外界影响减小到最低程度，保证试验结果具有真实性。

（3）要考虑交通方便，位置适中，有利地面建设等条件，以促进试验的顺利进行。

3.1.49 注水开发全过程试验

指为了指导全油田的开发,了解油层吸水能力、油井产量递减、含水上升规律、稳产状况、最终采收率等情况,选择一块有代表性的地区,用合适的注水方式,较小的井距开展油田注水开发全过程试验,使油田开发几十年的过程,缩短在一年至二年内完成。大庆油田小井距试验区就属于这种试验,取得了良好的效果。

3.1.50 开发方式

指主要利用什么驱动能量来进行油(气)田开发。开发方式有利用天然能量开发、人工注水和注气开发,以及先利用天然能量后进行注水或注气开发等。开发方式的选择取决于油(气)田地质条件及经济效益。人工注水是目前油田开发的主要方式。

3.1.51 利用天然能量开采

指利用油(气)藏本身具有的驱动能量进行开发。除刚性水压驱动外,其他类型驱动能量较弱,开发效果不好,最终采收率较低。气藏多利用本身具有的驱动能量进行开采。

3.1.52 保持压力开采

指油藏在投入开发的同时,进行人工注水,使油层压力保持在原始压力附近,油井长期自喷,油田生产能力旺盛。这种开发方式适用于天然能量不足的油藏。

3.1.53 衰竭式开采

气驱气藏依靠自身的驱动能量进行开采,直至气田报废,这种开发方式叫衰竭式开采。

3.1.54 回注干气开采

富气脱去凝析油成为干气,随即增压,经注气井回注到气层,以保持地层压力高于露点压力,防止在气层中发生反转凝析现象而使烃液损失。这是凝析气藏常用的开发方式。

3.1.55 油(气)田开发部署

指在全面认识油(气)藏地质特征的基础上,对开发程序、开发方式、层系划分、井网布置、注水方式、方案实施等进行科学的确定和合理安排。这是油(气)田开发方案的重要内容,也是搞好油（气）田开发的基础。

3.1.56　开发层系

在多油（气）层油（气）田中，把地质特征相近的若干油（气）层组合在一起，单独用一套井网及注采系统进行开发，这套油（气）层叫开发层系。

3.1.57　层系划分与组合

指确定开发层系的一套工作与方法。层系划分与组合一般要分两步进行：第一，要根据油（气）层特点，搞清划分层系的必要性与可能性；第二，要确定划分与组合开发层系的基本单元，并进行各种划分与组合，最后优选出最佳划分与组合方案。

3.1.58　层系划分与组合单元

指组成开发层系的基本单元，一般为油层组，但也可以是亚组（砂岩组）。

3.1.59　层系组合原则

油（气）田开发层系组合要符合下列原则：

（1）一套开发层系应有相当的地质储量，油（气）井具有一定的生产能力，以保证有较好的经济效益；

（2）一套开发层系的上下必须有良好的隔层，以保证开发层系能独立开采；

（3）开发层系内的各油（气）层的沉积相类型、砂体形态、渗透性等应相近，以减少各油（气）层间的干扰；

（4）开发层系内的各油（气）层的构造形态、油气水分布、驱动类型、压力系统、油（气）性质等应大体一致；

（5）同一套开发层系的层段不宜过长，上、下产层的压差不能过大，保证各产层均能正常生产。

气田开发层系组合时除要遵守上述原则外，还要考虑纯气层、含水气层、含凝析油气层应分别单独组合开发层系。

3.1.60　主力油层与非主力油层

主力油层是指相对厚度大、渗透率高、分布稳定的油层，所占的储量和产油量的比重都很大，是油田开发的主要对象。相反,厚度较小、渗透率较低,分布不稳定的油层叫非主力油层。

3.1.61 井网

开发井在油(气)田上分布形态像一张网,故叫井网。

3.1.62 井网形态

指开发井在油(气)田上的分布与排列状态。正规井网形态有两种:一种是三角形井网;另一种是正方形井网(图3.3)。

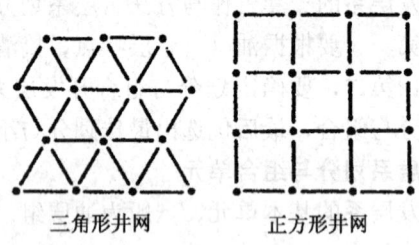

三角形井网　　正方形井网

图3.3 井网示意图

3.1.63 开发井网

用来开采某一层系所采用的包含井别、布井方式、井距等内容的井网叫开发井网。

3.1.64 行列井网与面积井网

采油井与注水井分别成行分布时叫行列井网。采油井与注水井按一定的几何形态分布时叫面积井网。

3.1.65 不规则井网

开发井分布无一定规律性的井网叫不规则井网。

3.1.66 基础井网

一个开发区(油田)采用多套井网开发时,对分布稳定、渗透率高、生产能力强、具有独立开发条件的主力油层,先部署一套较稀的井网,这套井网叫基础井网。它既能开发主力油层,又能探明其他油层。

3.1.67 密井网与稀井网

密井网与稀井网并无严格规定,通常指井距小于300m的井网叫密井网;井距在300m～500m的井网叫较稀井网;井距大于 500m 的井网叫稀井网。

3.1.68 井网密度
指在布井范围内每平方公里面积上的井数，单位为口/km^2。也有用每口井控制的面积来表示，单位为 km^2/井。

3.1.69 经济最佳井网密度
指总利润（总收入减去总投入）为最大，即经济效益最大时的井网密度。

3.1.70 合理井网密度
指在满足油田地质特征的条件下，达到较好经济效益的井网密度。一般在经济最佳和经济极限井网密度之间选择。

3.1.71 油田布井原则
指确定油田井网时应遵守的准则。井网如何布置不仅关系到采油速度、稳产年限，还关系到油田最终采收率和经济效益，因此必须认真推敲。一般应遵守下列原则：

(1) 先稀后密原则，有利于开发后期调整；

(2) 水驱控制程度应达到 70% 以上，采油速度合理；

(3) 有利于发挥工艺措施效果；

(4) 少投入、多产出，保证有良好的经济效益。

3.1.72 气田布井原则
气田开采与油田开采有较大区别，气田布井应遵循下列原则：

(1) "三占三沿"原则，即占构造高点沿长轴，占鞍部沿扭曲，占鼻状凸起沿断裂带进行布井；

(2) 储层性质较均匀时宜采取均匀布井方式，若储层裂缝发育极不均匀时，可根据裂缝发育状况采取不均匀布井方式；

(3) 储层以孔隙为主时，开发井应布置在高渗透率区；

(4) 边水驱动气藏，气井应远离气水边界，宜采用环状布井方式；

(5) 底水驱动气藏，为防止底水锥进，应在隆起部位气层厚度较大的范围内均匀布井。

3.1.73 注水

利用注水设备把质量合乎要求的水从注水井注入油层,以保持油层压力,这个过程称为注水。

3.1.74 注水时机

指油田开始注水的最佳时间。一般要根据油田天然能量大小,油田地质特征,国家对石油的需求,以及满足最大经济效益等状况来决定。

3.1.75 超前注水

指在采油井投产前就开始注水,使地层压力高于原始地层压力,建立起有效驱替系统的一种注水方式。这种注水方式可在裂缝性油田开发中使用。

3.1.76 早期注水

指油田投入开发初期就进行注水,使油层压力保持在原始压力附近,以实现保持压力开发的一种注水方式。

3.1.77 中期注水

指介于早期与晚期之间,即当地层压力降到饱和压力以下,气油比上升到最大值之前注水。

3.1.78 晚期注水

先利用天然能量采油,当驱油能量显著不足,油层压力降至饱和压力之下,油藏驱动方式转变为溶解气驱时再进行注水叫晚期注水。晚期注水作为二次采油方法加以应用,具有投资少、见效快、无水油量多、有利于提高采收率等优点,是目前许多产油国家常用的油田开发方式。

3.1.79 水障法注水

带气顶油田,为避免油气互窜,在油气边界附近钻一圈注水井,注入水在气顶与油区之间形成水障,使气区与油区分别进行开采,这种注水方式叫水障法注水。

3.1.80 注水方式

指注水井在油田上的分布位置及注水井与采油井的比例关系和排列形式。注水方式的选择直接影响油田的采油速度、稳产年限、水驱效果以及最终采收率。

3.1.81 边外注水、边缘注水与边内注水

注水井按一定的形式布在油田边界以外含水区内进行注水叫边外注水（缘外注水）（图3.4）。

注水井按一定形式布在油田边界线上或油水过渡带内进行注水叫边缘注水（缘上注水）（图3.5）。

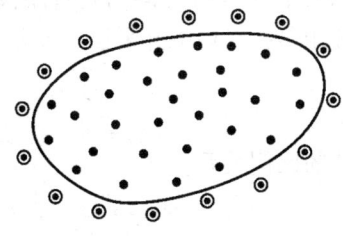 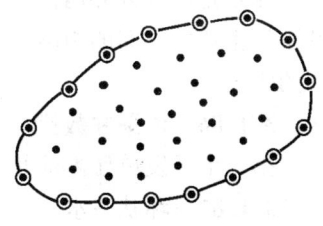

图3.4 边外注水　　　　图3.5 边缘注水

注水井布在油田含油面积内进行注水叫边内注水。边内注水按注水井与采油井的排列关系分为行列切割注水与面积注水两大类。

3.1.82 行列切割注水

利用注水井排把油田切割成若干区块，分区进行注水开发，两排注水井之间夹三排、五排等采油井，这种布井形式叫行列切割注水（图3.6）。它适用于油层分布稳定、连通性好、渗透率高、构造形态规则的较大油田。

3.1.83 切割区（动态区）与切割距

行列切割注水方式两排注水井排之间的区域叫切割区。切割区是独立的开发单位，亦称开发区或动态区。两个注水井排之间的垂直距离叫切割距。切割距的大小

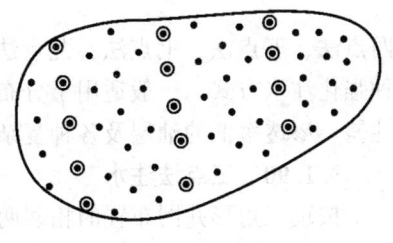

图3.6 行列切割注水

取决于油层分布面积大小、连通状况、渗透率高低以及对采油速度的要求等。

3.1.84 切割方向

指行列切割注水方式的注水井排在油田上的分布方向。切割方向一般分为横切割、纵切割、斜切割等。

3.1.85 排距、井距与地下井距

排距是指行列井网注水方式各注、采井排之间的垂直距离。井距泛指各井之间的距离。地下井距是指在地下开采层上各井之间的距离。

3.1.86 注采井数比

指一个开发单元内油井与水井的比例关系。

3.1.87 环状注水

注水井成环状分布叫环状注水（图3.7）。

3.1.88 块状注水

注水井排成纵横分布，把油田切割成若干区块，这种注水方式叫块状注水。

3.1.89 面积注水

注水井与采油井按一定的形状均匀地分布在整个油田上进行注水叫面积注水。按注水井与采油井比例关系和排列形式可分为三点法、四点法、五点法、七点法、九点法、反九点法等。面积注水是一种强化注水方式，一般适用于分布面积较小、形态不规则、连通性差、渗透率低的油层及各种复杂类型的油藏。

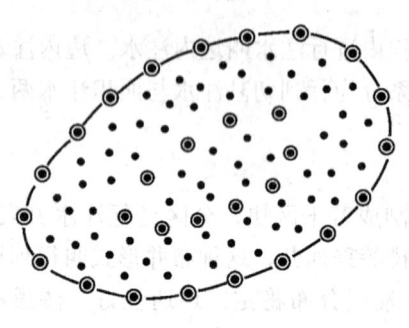

图 3.7 环状注水

3.1.90 三点法注水

按正三角形井网布置的相邻两排采油井之间为一排采油井与注水井相间的井排，这种注水方式叫三点法注水。每口注水井与周围六口采油井相关，每口采油井受两口注水井影响。其注采井

数比为 1∶3（图 3.8）。

3.1.91 四点法注水

按正三角形井网布置的每个井排上相邻两口注水井之间夹两口采油井，由三口注水井组成的正三角形的中心为一口采油井，这种注水方式叫四点法注水。每口注水井与周围六口采油井相关，每口采油井受三口注水井影响。其注采井数比为 1∶2（图 3.9）。

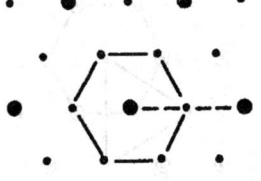

图 3.8　三点法注水

3.1.92 五点法注水

采油井排与注水井排相间排列，由相邻四口注水井构成的正方形中心为一口采油井，或由相邻四口采油井构成的正方形中心为一口注水井。这种注水方式叫五点法注水。每口注水井与周围四口采油井相关，每口采油井受四口注水井影响，其注采井数比为 1∶1（图 3.10）。

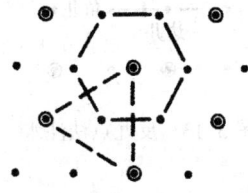
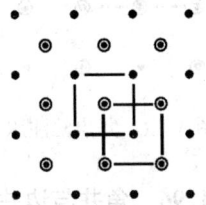

图 3.9　四点法注水　　图 3.10　五点法注水

3.1.93 七点法注水

按正三角形井网布置的每个井排上相邻两口采油井之间夹两口注水井，由三口采油井组成的正三角形的中心为一口注水井。这种注水方式叫七点法注水。每口注水井与周围三口采油井相关，每口采油井受六口注水井影响，其注采井数比为 2∶1（图 3.11）。

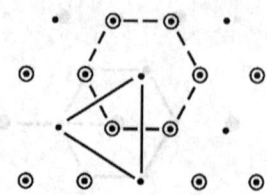

图 3.11 七点法注水

3.1.94 九点法注水

按正方形井网布置的相邻两排注水井排之间为一排采油井与一排注水井相间的井排。这种注水方式叫九点法注水。每口注水井与两口采油井相关,每口采油井受八口注水井影响,其注采井数比为3∶1(图3.12)。

3.1.95 反九点法注水

按正方形井网布置的相邻两排采油井排之间为一排采油井与一排注水井相间的井排。这种注水方式叫反九点法注水。每口注水井与八口采油井相关,每口采油井受两口注水井影响,其注采井数比为1∶3(图3.13)。

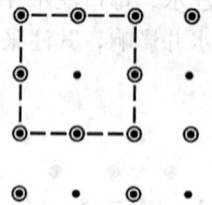

图 3.12 九点法注水 　　　图 3.13 反九点法注水

3.1.96 角井与边井

反九点法面积注水井网中,井位在几何图形四个角点处的井称为角井;井位在几何图形四个侧边中点处的井称为边井(图3.13)。

3.1.97 中心井

四点法、五点法、七点法、九点法注水井网中,位于几何图形中心位置的井称为中心井(可以是生产井,也可以是注入井)。

3.1.98 点状注水

指注水井与采油井之间分布无一定的几何形态关系,而是根据开发需要布置注水井的一种不规则注水方式。这种注水方式适用于断块油田及断层多、地质条件复杂的地区或油田。

3.1.99 顶部注水（中心注水）

注水井布置在油藏顶部进行注水叫顶部注水，亦叫中心注水。

3.1.100 腰部注水

注水井布置在油藏腰部进行注水叫腰部注水。

3.1.101 轴部注水

注水井布置在油藏构造轴线部位进行注水叫轴部注水。

3.1.102 沿裂缝带注水

指对裂缝性油田，在搞清裂缝带分布状况下，将注水井排和采油井排布置在平行裂缝走向，使注入水沿裂缝带方向形成水线，再向采油井排方向驱油，有利于提高最终采收率。

3.1.103 排状注水（线状注水）

也称线状注水。注水井排与采油井排相间，井位对应排列，注水井与采油井构成长方形，注采井比例为1∶1。

3.1.104 交错排状注水

注水井排与采油井排相间，井位错开，注水井与采油井构成等腰三角形，注采井比例为1∶1。

3.1.105 斜四点法、斜五点法、斜七点法、斜九点法及反斜九点法注水

指分别由四点法、五点法、七点法、九点法及反九点法注水演变出来的注水方式（图3.14）。

3.1.106 底部注水

指有底水的块状油藏采用的一种注水方式。即注水井布置在油水边界附近，在底水部位进行注水，以补充油藏驱动能量。

3.1.107 开发指标计算

指在编制油田开发方案时，用渗流力学和数值模拟方法对各种方案整个开发过程的产油量、油层压力、综合含水、采油速度、稳产时间、开发年限、最终采收率等指标进行概算和预测，为不同开发方案的对比与选择提供依据。

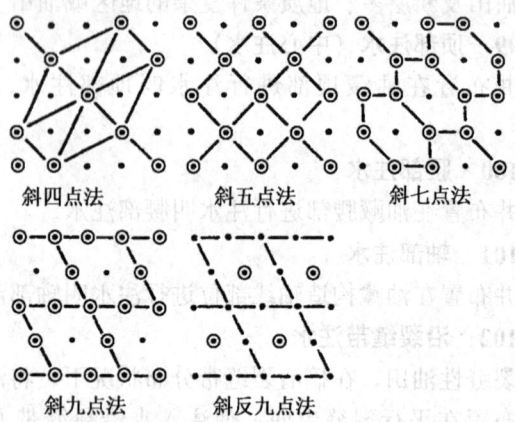

图 3.14 斜四点法、斜五点法、斜七点法、
斜九点法及斜反九点法注水

3.1.108 开发指标概算法

指以渗流理论为基础,以数值模拟、地质模型为手段,进行各项开发指标的计算。常用的有一维两相(包括行列注水和面积注水)和二维两相概算法等。

3.1.109 比单元

为便于用概算法计算面积注水开发指标,把以注水井为中心的注采单元,进一步划分为更小的单元称为比单元。

3.1.110 供油面积(泄油面积)

也称泄油面积,指向每口采油井供油的面积。行列井网的供油面积为井距与排距相乘的矩形面积;面积注水以采油井为中心,划分为三角形、正方形、六角形等不同形态的面积。这种划分的面积主要便于各种指标计算和油井动态分析。

3.1.111 供油半径(泄油半径)

也称泄油半径,指与每口采油井供油面积相等的圆的半径。有时也可简单地将两口采油井之间的半径当作供油半径。

3.1.112 开发指标

指用来评价开发方案或开发效果好坏的主要项目。它包括:

日产油（气）量、年产油（气）量、采油（气）速度、井数、日注水量、年注水量、含水率、稳产时间、开发年限、采收率以及经济分析指标等。

3.1.113 油（气）田日产油（气）量

指全油（气）田实际每日采出的油（气）量，单位为 t/d（m^3/d）。它是表示油（气）田日产油（气）水平的一个指标。

3.1.114 油（气）田日产油（气）能力

指全油（气）田所有生产井都投产时的日产油（气）量。计算时一般用平均单井日产油（气）量乘以生产井数求得。它的数值要大于油（气）田日产油（气）量，是表示油（气）田生产能力的一个指标。

3.1.115 油（气）田年产油（气）量

指全油（气）田全年实际采出的油（气）量，单位为 10^4t/a（$10^4 m^3$/a）。它是表示油（气）田年产油（气）水平的一个指标。

3.1.116 油（气）田年产油（气）能力

指全油（气）田所有生产井全年都投产时的年产油（气）量。计算时一般用油（气）田日产油（气）能力乘以全年开井天数（自喷井为330d、抽油井为300d）求得。它是表示油（气）田生产规模的指标。

3.1.117 采油（气）速度

年产油（气）量 Q 与地质储量 N 之比称为采油（气）速度 v。

$$v = \frac{Q}{N} \times 100\%$$

用上述公式可计算油（气）田、开发区、排间、井组、单井的采油（气）速度。它是表示油（气）田开发快慢的一个指标。

3.1.118 平均单井日产量

指油（气）田实际日产油（气）能力除以实际开井生产的井数所得的值。它是表示油（气）田日产油（气）能力大小的指标。

3.1.119 折算年产量

指根据月实际产量所计算的年产量。即折算年产量 = $\frac{月实际产油（气）量}{该月天数} \times 365d$。折算年产量并不等于实际年产量，是用来计算折算采油（气）速度的一个指标。

3.1.120 折算采油（气）速度

指折算年产量与地质储量之比值，用百分数表示。它表示按目前的生产水平所能达到的采油（气）速度。

3.1.121 注气量

指单位时间内注入油层的气量，可用 m^3/d、m^3/mon、$10^4 m^3/a$ 表示。

3.1.122 注水量

指单位时间内注入油层的水量，可用 m^3/d、m^3/mon、$10^4 m^3/a$ 表示。它是表示油田注水状况的一个指标。

3.1.123 累积注水量

指油田从投注到目前为止注入油层的总水量。可与累积产水量及累积产油量一起研究注采平衡及注入水利用情况。

3.1.124 累积产水量

指油（气）田产水到目前为止共产出的总水量。亦可表示某一阶段的产出总水量。

3.1.125 累积产油（气）量

指油（气）田从投产到目前为止，从油（气）层中采出的总油（气）量。

3.1.126 综合含水率

指油田日产水量 q_w 与日产液量 q_l 之比。符号为 f_w。

$$f_w = \frac{q_w}{q_l} \times 100\%$$

用上述公式可计算油田、开发区、排间、井组的综合含水率。它是表示油田出水状况和所处开发阶段的一个重要指标。

3.1.127 水气比

指气井正常生产时,月产每 $10^4 m^3$ 气量的产水量。即:

$$F_{wg} = \frac{q_{mw}}{q_{mg}}$$

式中 F_{wg}——水气比,$t/10^4 m^3$;

q_{mw}——月产水量,t;

q_{mg}——月产气量,$10^4 m^3$。

3.1.128 采出程度(目前采收率)

也叫目前采收率。指油(气)田某时间的累积产油(气)量 N_p(G_p)占地质储量 N(G)的百分数。符号为 R,其计算公式为:

$$R = \frac{N_p(G_p)}{N(G)} \times 100\%$$

用上述公式可计算开发区、排间、井组、单井的采出程度。它反映油(气)田地质储量的采出状况,是衡量开发效果的一个重要指标。

3.1.129 稳产年限(稳产时间)

指油(气)田达到要求或规定的采油(气)速度后,能维持此水平的年数,亦称稳产时间(稳产期)。它是衡量油田开发水平的一个重要指标。

3.1.130 油田产率(单位压降产量)

也称单位压降产量。指油田平均地层压力下降 0.1MPa 所能采出的油量。油田产率是分析和判别油田驱动类型的重要指标。弹性驱动油田产率为常数,溶解气驱油田产率随开发时间的延长而降低。油田产率的变化标志驱动方式的改变。

3.1.131 极限含水

指油井或油田在经济上失去开采价值时的含水率。目前一般采用极限含水为 98%。它是油井或油田报废的重要指标。

3.1.132 水油比

指日产水量与日产油量之比,其单位为 m^3/t 或 m^3/m^3。它是表示油田产水程度的指标。

3.1.133 极限水油比

由于产水量的上升,使油田失去继续开采价值的水油比叫极限水油比。目前一般采用极限水油比为 49%。它是确定油田开发年限和油田报废的一个指标。

3.1.134 单井经济极限产量

指一口油井投入的总费用与产出的总收入相等时的产量。油井见水前可用下式计算:

$$q_{\min} = \frac{(I_D + I_B)(1+R)^{\frac{T}{2}} \times \beta}{0.0365\tau_o \times d_o \times T(P_o - O)}$$

式中 I_D——平均一口井的钻井投资(包括射孔、压裂等),万元/井;

I_B——平均一口井的地面建设(包括矿区建设等)投资,万元/井;

R——投资贷款利率,小数;

T——开发评价年限,a;

β——油井系数,即油水井数与油井数之比,小数;

τ_o——采油时率,小数;

d_o——原油商品率,小数;

P_o——原油销售价格,元/t;

O——原油成本,元/t;

0.0365——年时间单位换算。

油井见水后可用下式计算:

$$q_{\min} = \frac{(I_D + I_B)(1+R)^{\frac{T}{2}} \times \beta}{0.0365\tau_o \times d_o \times T(P_o - O)(1 - D_C)^{\frac{T}{2}}}$$

式中 D_C——年综合递减率,小数。

3.1.135 单井控制可采储量经济极限

指一口油井累积投入的总费用与累积产出油量总收入相等时所控制的可采储量。可用下式计算:

$$N_{\text{mink}} = \frac{(I_D + I_B)(1+R)^{\frac{T}{2}}}{d_o(P_o - O) \times W_i}$$

式中 W_i——开发评价年限内的采出程度,小数。

从上式可看出:单井控制可采储量经济极限与单井钻井、地面建设投资和投资贷款利率的开发评价时间之半次方成正比,与原油商品率和每吨原油毛收入成反比。也就是说单井投入越大,贷款利率越高,原油商品率越低,每吨原油毛收入越少,则要求单井控制可采储量越大,相反则小。

3.1.136 井网密度的经济极限

指无经济效益时的井网密度。它与单位面积地质储量、原油采收率、原油商品率和每吨原油毛收入成正比,与单井钻井、地面建设投资和投资贷款利率的开发评价时间之半次方成反比。其计算公式如下:

$$f_{\min} = \frac{d_o(D_C - O)}{(I_D + I_B)(1+R)^{\frac{T}{2}}} \times \frac{N \times E_R}{A_o}$$

式中 N——原油地质储量,t;
A_o——含油面积,km^2;
E_R——原油采收率,小数。

3.1.137 经济极限井距

指无经济效益时的井距。符号为 L,可用下式表示:

$$L = \sqrt{\frac{1}{f_{\min}}}$$

3.1.138 开发年限

指油(气)田从投产到开发终了所经历的时间(年)。

3.1.139 采收率

指油(气)田采出的油(气)量占地质储量的百分数。

3.1.140 无水采收率

指无水采油(气)阶段采出的油(气)量占地质储量的百分数。

3.1.141 阶段采收率

指油(气)田某一开采阶段采出的累计油(气)量与地质储

量的比值。

3.1.142 最终采收率
指油（气）田开发终了时累积采出的油（气）量占地质储量的百分数。

3.1.143 经济分析指标
指对不同开发方案进行经济分析时所采用的各项评价标准。各油田所采用的分析指标不尽相同，一般采用总投资、总成本、总产值、单位采油（气）成本、内部盈利率、净现值、投资回收期等作为主要分析指标。

3.1.144 总投资
指油（气）田开发总投入费用。它包括固定资产投资、流动资金、建设期贷款利息三部分。它是保证油（气）田开发建设和生产经营活动正常进行的必要资金。

3.1.145 固定资产投资
固定资产投资包括油（气）田基本建设投资（钻井工程投资、地面建设工程投资、油（气）区内辅助工程投资、油（气）区外系统工程投资）、勘探投资和油（气）田维护投资费用等。

3.1.146 流动资金
指油（气）田生产和经营活动中用于购置原材料、燃料及生产过程中（产品、储存待销的产品、银行存款、库存现金、支付工资、应收欠款等）的周转资金。它是油（气）田在生产领域或流通领域中统一以货币形式对各种资金运行状况总和的反映。

3.1.147 建设期贷款利息
指用于油（气）田建设的借款（不含流动资金借款）在建设期应支付的利息。

3.1.148 采油（气）成本
指油（气）田企业在生产过程中实际消耗的材料、人员工资、其他直接支出和其他开采费用部分。具体包括：材料、燃料、动力、职员工资、职工福利费、折旧费、注水注气费、井下作业费、油气田维护费、储量使用费、测井试井费、修理费、热采费、轻烃回收费、油气处理费、其他开采费等。

3.1.149　投资利润率

指分析期内年平均利润（ALR）与总投资（I_p）的百分比。符号为 ILRR，即：

$$ILRR = \frac{ALR}{I_p} \times 100\%$$

3.1.150　产品销售利润与营业利润

产品销售利润＝销售收入－产品成本－产品销售费－销售税金

营业利润＝产品销售利润＋其他销售利润－管理费用－财务费用

3.1.151　投资利税率

指分析期内年平均利税（ALS）与总投资（I_p）的百分比。符号为 ILSR，即：

$$ILSR = \frac{ALS}{I_p} \times 100\%$$

3.1.152　投资回收期

指油（气）田净收益抵偿全部投资所需要的时间。它是反映偿还能力的重要指标。

投资回收期＝（累积净现金流量开始出现正值年份数－1）

$$+ \frac{\text{上年累计现金流量的绝对值}}{\text{当年现金流量}}$$

3.1.153　贷款偿还期

指油（气）田投产后用作还款的利润、折旧及其收益额来偿还固定资产投资贷款本金和利息所需要的时间。

贷款偿还期＝（还清贷款的年次－1）＋

$$\frac{\text{当年偿还借款额}}{\text{当年可用于还款的收益额}}$$

3.1.154　净现值

指在分析期内各年发生的净现金流量，按预定的折现率折现到基准年（第0年）年末的净现值之和。符号为 NPV，即：

$$NPV = \sum_{t=1}^{n}(C_I - C_O)_t \times (1+i_s)^{-t}$$

式中 C_I——现金流入量，10^4 元；

C_O——现金流出量，10^4 元；

i_s——社会折现率；

t——第 t 年。

3.1.155 财务内部收益率

指在整个计算期内各年净现金流量现值等于零时的折现率。它是考察项目盈利能力的主要动态评价指标。符号为 $FIRR$，可用下式表示：

$$\sum_{t=1}^{n}[(C_I - C_O)_t(1+FIRR)^{-t}] = 0$$

式中 C_I——现金流入量；

C_O——现金流出量；

$(C_I - C_O)_t$——第 t 年的净现金流量；

n——计算期。

3.1.156 资本金利润率

指项目达到设计生产能力后，某一正常生产年份的年利润总额或项目生产期内的年平均利润总额与资本金的比率。它反映投入项目资本金的盈利能力。

3.1.157 资产负债率

指负债总额与全部资产总额的比率。它反映项目各年所面临的财务风险程度及偿债能力的指标。

3.1.158 流动比率

指流动资产总额与流动负债总额的比率。它是反映项目各年偿付流动负债能力的指标。

3.1.159 速动比率

指流动资产总额减去存款额后再与流动负债总额的比率。它是反映项目快速偿付流动负债能力的指标。

3.1.160　折现率与财务折现率

单位时间的现金流量折现的利率称为折现率。将来的现金流量折算成现在的时值称为财务折现率。

3.1.161　社会折现率

指社会对资金时间价值的估量。它是国民经济评价必不可少的参数，在国民经济评价中具有通用性，由国家统一规定。

3.1.162　方案优选与最佳方案、推荐方案

指对若干不同开发方案从地质和经济效益两个方面进行分析对比，从中选出采油速度较高、稳产期较长、最终采收率较高、投资少、经济效益好的最佳方案，以此作为实施的推荐方案。

3.2　方 案 实 施

3.2.1　方案实施

指被批准的推荐方案付诸实践，油（气）田正式投入开发。方案实施过程中还有许多问题需要解决。如对钻井、测井、采油（采气）工艺、地面建设提出具体要求；井网完钻后，对地下情况进行再认识，在此基础上，要对原方案设计的层系划分、井网布置、注水方式等进行核实和调整；编制井别方案和射孔方案，规定油（气）井投产和注水井试注的工作程序及要求等。

3.2.2　井别与井别方案

在油（气）田勘探、开发过程中，按不同的目的和用途，把所钻的井分为不同类别称为井别。如探井、评价井、采油井、采气井、注水井、注气井等。

在有些较复杂的油田或区块，井网完钻后，先不投产，对地下情况进行再认识，最后确定采油井与注水井井别，这种方案称井别方案。这是方案实施工作的重要内容。

3.2.3　开发井

指用来开发油（气）田的井。它包括采油井、采气井、注水井、注气井等。

3.2.4 采油井与采气井

用来开采石油的井叫采油井,开采天然气的井叫采气井,统称生产井,是油(气)田上最基本的井别。

3.2.5 注水井与注气井

用来向油层中注水的井叫注水井,向油层中注气的井叫注气井,两者统称叫注入井。

3.2.6 采水井

指用来开采地层水的井。

3.2.7 凝析气井

指用来开采凝析气藏气的井。

3.2.8 注蒸汽井

指开采稠油油藏,用来向油层中注入蒸汽的井。

3.2.9 缓钻井

在油(气)田地质结构与油(气)层变化较复杂的地区所设计的缺乏成功把握的井,不能按井位顺序钻井,而要等有关井完钻后,根据地下情况再决定是否钻井,这种井叫缓钻井。

3.2.10 生产探井

有的油(气)田局部边界探明程度差,在开发方案中设计了少数既起生产井作用,又起探井作用的井,这种井叫生产探井。

3.2.11 扩边井

油(气)田开发后,发现油(气)田边界有扩大的可能,为了落实扩大油(气)田边界而钻的井叫扩边井。

3.2.12 试采井

为取得油(气)田地下开采动态资料而设计的采油(气)试验井称试采井。

3.2.13 资料井

为探明油(气)田地下情况,取得编制油(气)田开发方案所需的资料而钻的井叫资料井。

3.2.14 代用井

原来的探井、资料井当作生产井或注水、注气井用,这种井叫代用井。

3.2.15 密闭取心井与压力取心井

用密闭取心技术所钻的取心井叫密闭取心井。用压力取心工艺技术所钻的取心井叫压力取心井。

3.2.16 水平井

在钻到目的层部位时，井段斜度超过85°，其水平距离超过目的层厚度10倍的井叫水平井。

3.2.17 定向井

由于地面建筑物或地形的影响，采用定向钻井技术所钻的井叫定向井。

3.2.18 丛式井

在同一井场或平台上钻出一组地下井位或目的层不同的井叫丛式井。

3.2.19 多分支井（多底井）

也称多底井。指一个主井眼中有两个或两个以上分叉井眼进入油（气）层的井。

3.2.20 大位移井与超大位移井

一般认为位移与垂直深度之比大于或等于2小于3的井叫大位移井。位移与垂直深度之比等于或大于3的井叫超大位移井。

3.2.21 深井与超深井

国外把井深在4500m～6000m的井称为深井；井深超过6000m的井称为超深井。中国把井深在4500m～5500m的井称为深井；井深超过5500m的井称为超深井。

3.2.22 小井眼井

一般认为90%的井身直径小于177.8mm或70%的井身直径小于127mm的井叫小井眼井。

3.2.23 自喷井

采用自喷采油方式进行生产的井叫自喷井。

自喷井在高含水以前有许多优点，但进入高含水以后，由于流压的不断升高，生产压差不断缩小，加上含水上升，产量迅速下降，因此，一般都要改用机械采油方式进行生产。

3.2.24 抽油井
采用抽油机进行生产的井叫抽油井。目前全世界抽油井数最多，约占采油井数的85%以上，其中游梁式抽油机—深井泵采油井数占80%以上。

3.2.25 气举井
采用气举采油方式进行生产的井叫气举井。

3.2.26 电泵井
采用电潜泵采油的井叫电泵井。

3.2.27 合采井与合注井
同时开采两个及两个以上开发层系油层的采油井或一个开发层系中许多油层不下分隔器一起开采的油井叫合采井。

同时注两个及两个以上开发层系油层的注水井或一个开发层系中许多油层不下分隔器一起注水的井叫合注井。

3.2.28 分采井与分注井
在井内下入封隔器、配产器进行分层开采的井叫分采井。

在井内下入封隔器、配水器进行分层注水的井叫分注井。

3.2.29 转注井
由采油改为注水的井叫转注井。

3.2.30 排液井
为了采出注水井排上的油，注水井每隔一口进行转注，另一口井继续采油排液，直至油井含水较高时再转注，这种井叫排液井。按排液时间的长短分为短期排液井和长期排液井。

3.2.31 一注井与二注井
在行列井网注水井排上，第一批注水的井叫一注井，第二批注水的井叫二注井。

3.2.32 缓采井
采油（气）井因各种原因暂时关闭不生产的井叫缓采井。

3.2.33 缓注井
注水井因各种原因暂时不注水的井叫缓注井。

3.2.34 干井
井中无油、气或地层水可采的井叫干井。

3.2.35 报废井
指因未钻遇油（气）层或钻井质量不合格而无法用于采油（气）或注水（气）的井。前者叫地质报废井，后者叫工程报废井。在油（气）田开发过程中，由于各种原因造成无法用于油（气）田开发的井也叫报废井。

3.2.36 落空率（空井率）
又称空井率。指未钻遇油（气）层井数占总井数的百分数。

3.2.37 方案核实与调整
指开发井网完钻后，暂不射孔，对地下情况进行再认识，在此基础上对原方案设计进行核实，凡不符合客观实际的地方必须进行调整。其内容包括开发层系、注水方式、井网等核实与调整。这是方案实施工作的重要内容，也是完善原方案设计的有效方法。

3.2.38 隔层调整
指局部地区两个开发层系之间的隔层厚度不符合要求时，要采取将其上下的差油层调入隔层，不进行射孔或改变隔层层位等办法进行调整，使隔层厚度达到规定要求。

3.2.39 低产井区调整
指局部井区生产井的油层性质差，厚度很薄而无法投产时，要采取改变井别(如变为注水井)或改变开发层系等办法进行调整。

3.2.40 断层区调整
指延伸长度较大、密封性好的断层对注入水起阻挡作用，在锐角区，注水井多，油井少；钝角区则相反，注水井少，油井多，注采不平衡，因此需要进行井别调整或补钻新井（图3.15）。

3.2.41 井别调整
指改变井的性质，如采油井改为注水井，注水井改为采油井，或改为关闭井等。

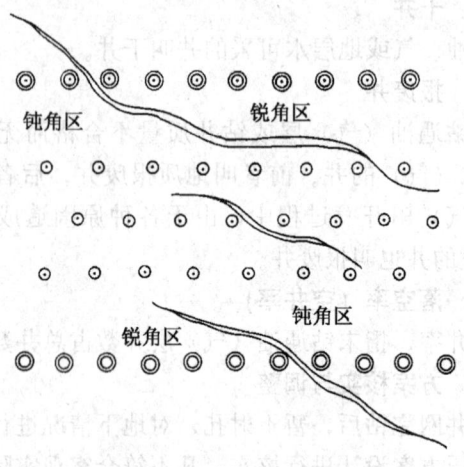

图 3.15 断层区调整示意图

3.2.42 射孔

指用电缆把射孔器下入井内,对准油(气)层,射孔弹穿透套管壁和水泥环,打开油(气)层与井筒的通道,使油(气)流入井内,这个工作过程叫射孔。

3.2.43 定向射孔

指按照预定的方位在套管内射孔。它分为射孔枪外部定向和射孔枪内定向两种。

3.2.44 穿孔率

指有效穿孔弹数占总弹数的百分数。

3.2.45 射孔方案

指在井别确定后,要对采油井与注水井的射孔原则、射孔层位、孔数、隔层及低产区调整的射孔层段等进行设计和部署。

3.2.46 射孔层位

指被射开油(气)层的层号及位置,一般用被射孔层段的深度来表示。

3.2.47 孔密与孔密控制

孔密是指油(气)层每米厚度上的孔数,单位为孔/m。

用调整油层孔密的办法，以控制注入水的推进速度，高渗透层孔数少，低渗透层孔数多，使各油层间的水线能均匀推进，这种方法叫孔密控制。

3.2.48 补孔

因漏射、未射透或开发需要射开新油层等原因，需再次射孔叫补孔。

3.2.49 过油管射孔法

用电缆将射孔器从油管下入井内，经过喇叭口，在套管内对准油（气）层进行射孔，这种射孔方法叫过油管射孔法。这是一种不压井射孔方法，可避免压井液对油（气）层的污染。

3.2.50 油管悬挂射孔法

将射孔器悬挂在油管底部下入井内，对准油（气）层进行射孔，这种射孔方法叫油管悬挂射孔法。

3.2.51 负压射孔

指在井内静液柱压力低于射孔层位压力条件下进行射孔。这种方法有利于降低压井液对油（气）层的污染。

3.2.52 试油（气）

为了认识和鉴别油（气）层性质，了解油（气）层的生产能力、流体性质等，在探井、评价井及少数开发井中进行洗井、射孔、诱喷、求产、测压和取样等工作，这一整套工艺过程称为试油（气）。

3.2.53 分层试油（气）

指利用分隔器，自下而上分层进行求产、测压、取样等工作。

3.2.54 注水泥塞试油

将水泥浆顶替到已试油层与待试油层之间的套管中，水泥凝固封住已试油层，然后再射开上面试油层段，进行诱喷、求产等工作，这种自下而上逐层试油方法叫注水泥塞试油。这种试油所得到的资料准确可靠，但速度慢，成本高。

3.2.55 提捞法试油

把装有单向阀的提捞筒下入井内捞出液体，使井内液柱压力降低，这种方法叫提捞法试油，常用于低压低产井试油。

3.2.56 地层测试器试油

指利用地层测试器进行测压、求产、取样等测试。这种方法可在钻井过程中或完井后进行，是一种先进的试油方法。

3.2.57 油（气）层损害

指油（气）层被钻井液、压井液、洗井液等浸泡污染，孔道被堵塞，油（气）层渗透率降低，生产能力下降。

3.2.58 污染系数

指未污染生产井采油（气）指数（J）与污染生产井采油（气）指数（J_s）之差与未污染生产井采油（气）指数之比。符号为DF，即：

$$DF = \frac{J - J_s}{J}$$

3.2.59 产能比

指在相同生产压差条件下，油（气）层损害后的产量Q_s与未受损害的产量Q之比。符号为PR，即：

$$PR = \frac{Q_s}{Q}$$

3.2.60 条件比

指油井供给半径内损害区渗透率（K_s）与损害区外渗透率（K_f）之比。符号为CR，即：

$$CR = \frac{K_s}{K_f}$$

3.2.61 产率比

指油（气）层损害后采油（气）指数（J_s）与未受损害时采油（气）指数（J）之比。符号为PRJ，即：

$$PRJ = \frac{J_s}{J}$$

3.2.62 投产程序

指油（气）井从完井到正常生产的工作顺序与步骤。一般要经过射孔、洗井、诱喷、放喷、配产等过程。

3.2.63 投注程序

指注水井从完井到正常注水的工作顺序与步骤。一般要经过排液、洗井、试注、配水四个步骤。

3.2.64 通井

在试油前下通井规,清除套管壁上的黏附物,检查套管是否变形、破损,检查人工井底是否符合试油要求等,这个工作叫通井。

3.2.65 洗井

指用洗井液将井内杂质、脏物冲洗出来,以保持井筒和井底的清洁,避免油(气)层堵塞。

3.2.66 洗井方式

指在洗井时洗井液的循环方式。洗井液从油管进,从套管返出地面,叫正循环(正洗)。洗井液从套管进,从油管返出地面,叫反循环(反洗)。

3.2.67 洗井液

指用于洗井的液体。常用的洗井液有淡盐水、原油、清水、稀酸液、聚合物洗井液等。

3.2.68 诱喷[诱导油(气)流]

也称诱导油(气)流。指有自喷能力的井试油(气)或投产时,常采用各种措施使井底压力低于地层压力,诱导油(气)从油(气)层中流入井底,再喷出井口。常用的诱喷方法有替喷、抽汲、气举等。

3.2.69 替喷

指用密度较小的流体(清水或原油)替出井内密度较大的压井液,使井内液柱的压力低于地层压力,诱导油(气)从油(气)层中流入井底,再喷出井口。

3.2.70 抽汲诱喷

指用抽汲工具抽汲井内的液体,降低液面高度,使井内液柱的压力低于地层压力,诱导油(气)从油(气)层中流入井底,再喷出井口。

3.2.71 气举诱喷

指用压风机把压缩空气打入井内,高压气流携带液体喷出地面,使井底压力急速下降,诱导油(气)从油(气)层中流入井底,再喷出井口。气举诱喷一般在用清水替喷后,仍不能喷出的情况下采用。

3.2.72 混气水排液诱喷

指用压风机和水泥车同时注气和泵水替置井内的压井液,以降低井底回压,达到诱导油(气)的目的。

3.2.73 放喷

指油(气)井诱喷后,为了清除井内的泥浆、清水及其他脏物,打开套管闸门,进行无控制的排液。放喷消耗油(气)层能量,故放喷时间不能过长,以排净井内脏物为原则。放喷后油(气)井可以正式投产。

3.2.74 求产

指以各种不同的测试方式测量油(气)井的产量及生产能力。

3.2.75 自喷求产

指利用油(气)井自身的地层能量,测量不同工作制度下的产量。

3.2.76 气举求产

指非自喷井利用气举方式,求得油井的日产量。

3.2.77 抽汲求产

指低产井利用抽汲方式,求得油井的日产量。

3.2.78 提捞求产

指对产量极低的井,利用提捞方式求得油井的日产量。

3.2.79 投产

指油(气)井经过投产程序后正式投入生产。

3.2.80 压裂投产

指对岩性致密、渗透率低、厚度薄、产能小的油(气)层,为了油(气)井能正常生产,应进行酸化压裂后再投产。

3.2.81 试注

指注水井洗井合格后所进行的试探性注水。试注目的是测吸水指示曲线，了解油层的吸水能力，确定合理的工作制度，为全井及层段配水提供依据。

3.2.82 压裂投注

指对渗透率低、厚度薄、吸水能力差的油层，要进行酸化、压裂后再投注。

3.2.83 吸水指示曲线

注水压力与注水量的关系曲线称吸水指示曲线。测试时，注水压力应缓慢上升，每个测试点的注水压力和注水量必须稳定，测试点不应少于4个（图3.16）。

3.2.84 油井工作制度

指油井采用什么样的生产压差进行生产。合理的工作制度要通过试井才能确定。

3.2.85 油井合理工作制度

油井通过试井后，能使油井产量高、气油比小、出砂量低、含水上升速度慢、生产能力旺盛的工作制度就是合理的工作制度。

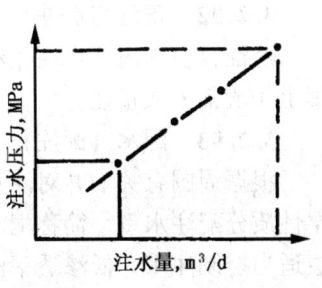

图3.16 吸水指示曲线

3.2.86 气井工作制度

指气井采用什么样的生产压差进行生产。

3.2.87 气井合理工作制度

合理的工作制度要求产气量稳定或缓慢下降，水气比小，含水上升慢，稳产时间长。

3.2.88 注水井工作制度

指注水井采用什么样的注水压差进行注水。

3.2.89 注水井合理工作制度

合理的工作制度要求油层不产生裂缝，注水量能满足周围有关油井的需要，并有利于充分发挥各类油层的作用。

3.2.90 排液

注水井在正式注水前,要进行短期放大生产压差采油,叫排液。排液的目的是清除井内及井底周围油层内的脏物,降低井底周围的地层压力,采出注水井周围油层的油气和减少储量损失,为注好水创造有利条件。

3.2.91 水线与排液拉水线

注入水推进的前缘线,俗称水线。

采用行列注水方式开发的油田或区块,注水井经过排液后,每隔一口井转入注水,另一口继续排液,以求注入水在井排上或附近形成一条水线,向两边的生产井驱油,这种做法叫排液拉水线。

3.2.92 正注与反注

从油管往井内注水叫正注;从套管往井内注水叫反注。在油田上一般都采取正注。

3.2.93 配水(配注)

根据周围有关油井对注水量的要求,注水井按不同层段的油层性质分配注水量,简称配水,亦叫配注。一般要求高渗透率油层适当控制注水,低渗透率油层加强注水,以减缓层间矛盾,提高油田开发效果。

3.2.94 配产

指采用分层开采的油田或区块,采油井根据合理工作制度确定的产油量,按层段的油层性质分配产油量。一般要求高渗透率层段适当控制,减小层间矛盾,以充分发挥中低渗透率油层的作用。

3.2.95 油(气)田投产方式

指油(气)田经过试采后采用什么形式投入生产。一般分为一次全面投产和分区块逐步投产两种方式。前者适用于小油(气)田,后者适用于大油(气)田或地质情况复杂的油(气)田。

3.3 油（气）藏数值模拟

3.3.1 数学模拟
数学模拟是通过建立和求解描述某一物理过程的数学方程组，来研究这个物理过程变化规律的一种方法。

3.3.2 物理模拟
物理模拟是根据相似原理，把要研究的原型按比例缩小，制成物理模型，使原型中的物理过程按照一定的相似关系在模型中再现的一种方法。

3.3.3 数学模型
自然界的物理现象，常可以抽象成某种数学表达式来描述它的变化规律，这种数学表达式称为数学模型。它不是一种实体模型。

3.3.4 数学模型分类
指按不同的方法对数学模型划分的种类。一般有四种划分方法：按流体中相的数目，分为单相流模型、两相流模型、三相流模型；按空间维数，分为零维模型、一维模型、二维模型、三维模型；按油藏特性类型，分为黑油模型和组分模型；按油藏结构特点和开采过程特征，分为裂缝模型、热采模型、化学驱模型、混相驱模型、聚合物驱模型等。

3.3.5 数值模型
应用离散数学方法将数学模型（通常是连续性模型）转换为离散形式，再用适当的数值方法求解，这种离散化的模型称数值模型。

3.3.6 油藏数值模拟
用适当的数值方法求解来研究油（气）藏中流体运动规律的一门技术，称为油藏数值模拟。

3.3.7 油藏数值模型
指用来描述和研究油藏中流体运动规律的数值模型。

3.3.8 黑油模型（低挥发油双组分模型）

黑油模型是描述含有非挥发组分的黑油和挥发性组分的原油溶解气两个系统在油藏中运动规律的数值模拟。黑油模型也称低挥发油双组分模型。

3.3.9 组分模型（多组分模型）

组分模型是用于研究含高挥发性烃类的系统在油气藏中运动规律的数值模型，也称多组分模型。

3.3.10 双重介质模型

双重介质模型是模拟含有孔隙和裂缝双重介质的油气藏中流体运动的数值模型。

3.3.11 气藏模型

描述天然气气藏中流体运动规律的数值模型称为气藏模型。

3.3.12 计算机模型

用于求解数值模型的一个或一组计算机程序称为计算机模型。

3.3.13 油藏模拟器

求解油藏数值模型的计算机模型通常称为油藏模拟器。使用它可直接解决油藏的开发动态问题。

3.3.14 单组分模型

研究油藏水驱过程，如只有油、水两相，不考虑相间传质所建立的数值模型称为单组分模型。

3.3.15 二组分模型

指描述油、气两相流体在油藏中运动规律的油藏数值模型。

3.3.16 三组分模型

指描述油、气、水三相流体在油藏中运动规律的油藏数值模型。

3.3.17 模型维数

指油藏中流体流动方向的个数。

3.3.18 零维模型

把油藏看作是一个岩石和流体均质的储容器，研究这一储容器物质守恒关系的模型称为零维模型。

3.3.19 一维模型

指忽略重力影响，油藏流体只在一个水平方向运动的数值模型。

3.3.20 二维模型

指忽略垂向上岩石和流体的物性变化，油藏流体在平面上（X、Y）两个方向运动的数值模型。

3.3.21 三维模型

指流体在（X，Y，Z）三维油藏空间运动的数值模型。

3.3.22 剖面模型

既考虑流体在平面上，又考虑垂直方向渗流的数值模型称为剖面模型。

3.3.23 径向流模型

指在柱状坐标系下建立的模拟流体运动规律的数值模型。

3.3.24 锥进模型

指模拟纵向非均质底水驱油藏流体在井附近锥进状况的数值模型。

3.3.25 水体模型

在油藏数值模拟中水体的模拟方法称为水体模型。

3.3.26 井模型

在油藏数值模拟中描述产量的方程称为井模型。

3.3.27 随机模型

指具有一定概率分布理论、能表征研究对象的随机特征的统计模型。一般分为离散模型、连续性模型和混合模型三类。

3.3.28 离散模型

指用于描述具有离散性质的地质模型，如沉积相类型、砂体分布和大小、裂缝和断层性质及分布等。

3.3.29 连续性模型

指用于描述连续变量的空间分布的地质模型，如孔隙度、渗透率、流体饱和度、油水界面等参数的空间分布。

3.3.30 离散化

将连续的数学问题化为离散形式数学问题的过程称为离散化,即把连续性问题分开变成可以数值计算的若干离散点的问题。它是求解各种分布参数模型数值解的最有效方法。

3.3.31 离散空间

指把研究的空间范围套上某种类型的网格,将其划分一定数量的单元。通常采用矩形网格(也有用其他形式的网格),如图3.17所示。

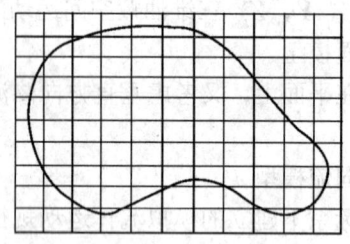

图 3.17 离散空间

3.3.32 离散时间

指所研究的时间内离散成一定数量的时间段,如图 3.18 所示。

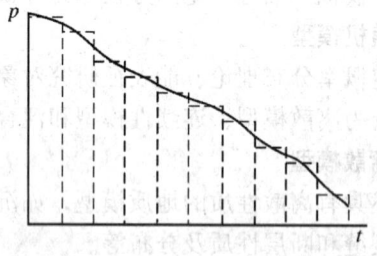

图 3.18 离散时间

3.3.33 网格

指离散后的几何空间的各个单元。如图 3.19 为一维问题网格系统。

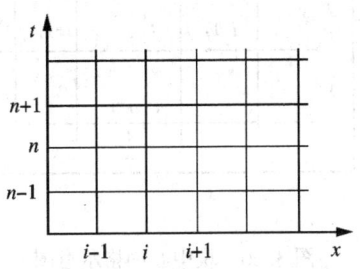

图 3.19 一维问题网格系统

3.3.34 网络模型

指由线（直线或曲线）和汇点组成的空间网络结构。

3.3.35 神经网络

指由一系列简单的高度互连的处理单元组成的协同计算系统。

3.3.36 网格粗化

指由油藏地质模型到数值模型的网格合并与重构转换。

3.3.37 网格定向

指相对于油田的构造形态如何确定网格方向。

3.3.38 块中心网格系统

指把区域剖分成若干小块后，把块的几何中心作为节点，如图 3.20 所示。

3.3.39 点中心网格系统

点中心网格系统和块中心网格系统的不同之处是把网格线的交点作为节点。

3.3.40 矩形网格系统

指用于求解全油田规模、单个井网和井间剖面动态问题的网格几何形态（图 3.21）。

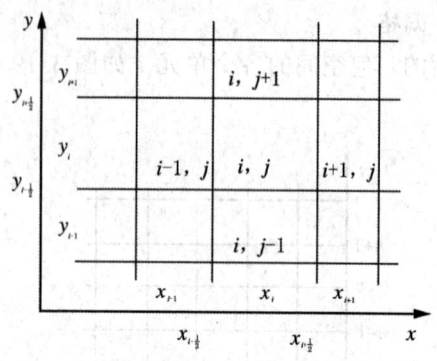

图 3.20　块中心网格示意图

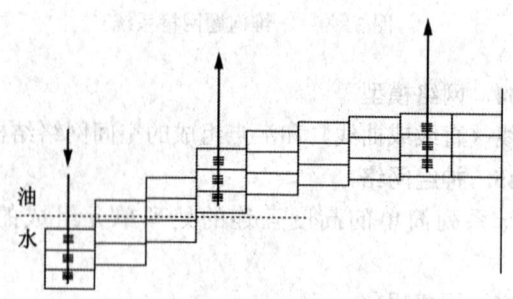

图 3.21　用于剖面研究的典型矩形网格系统

3.3.41　柱面网格系统

指用于单井模拟研究的、以井点为中心的环所组成的网格几何形态（图 3.22）。

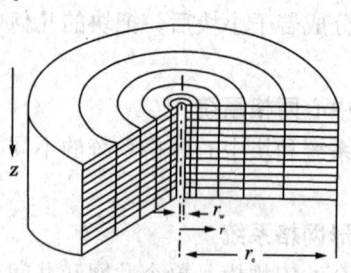

图 3.22　井筒附近的柱面网格系统

3.3.42 角点网格系统

指主要用于模拟断块油藏的多边形网格系统（图 3.23）。

3.3.43 局部加密网格

指在原始网格（粗网格）系统基础上嵌入二级网格（密网格）系统而形成的网格系统（图 3.24）。

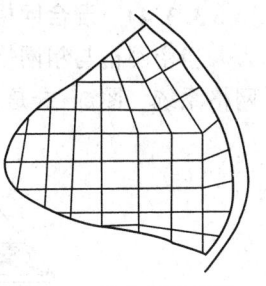

图 3.23 角点网格系统

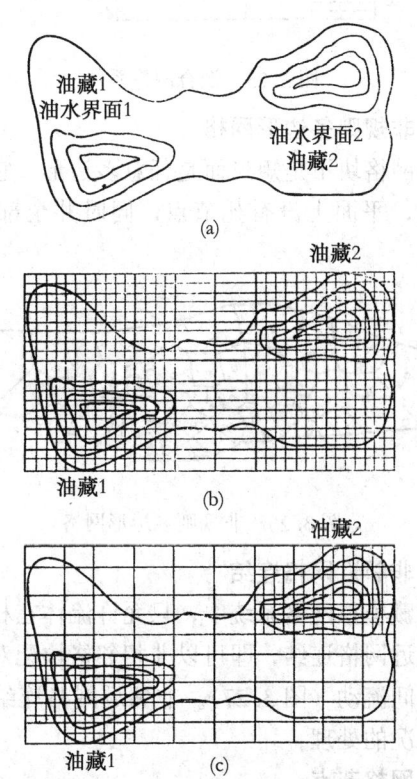

图 3.24 局部网格加密图
（在非重点研究区块内，网格的数量减少）
（a）用于模拟的油藏；（b）常规矩形网格；（c）局部加密网格

3.3.44 混合网格系统

当密网格与粗网格用的不是同一几何体系时,就形成了混合网格系统。图 3.25 是混合网格中的垂直井和水平井示意图。

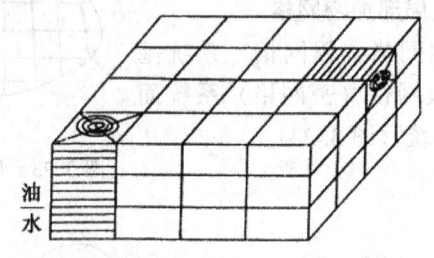

图 3.25 混合网格系统

3.3.45 非规则多边形网格

指每一个网格块不是矩形而是任意多边形,它可以更接近各种油气藏形状,平面上没有死节点,同时井全部位于网格中心(图 3.26)。

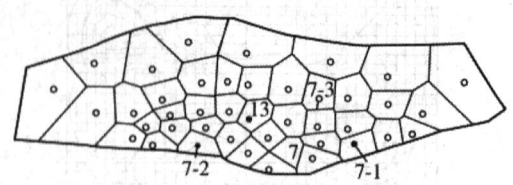

图 3.26 非规则多边形网格

3.3.46 非邻近网格连结

一般油气藏模拟网格系统中,只允许流体在相邻格块之间流动。所谓非邻近网格连结,即可以非相邻格块配对,允许流体在配对的格块之间流动(图 3.27)。非邻近网格连结有助于对断层和裂缝连通情况的处理。

3.3.47 网格节点

网格的交点叫网格节点。

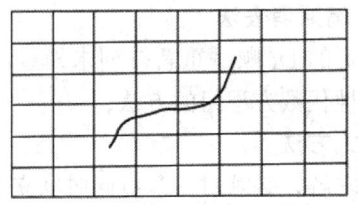

图 3.27 非邻近网格连结

3.3.48 有限元法

先将一个连续区域分为若干具有某种形状的单元,用单元顶点处的值的某种函数关系给出,然后将未知函数在单元上的这些近似函数关系代入与原问题等价的泛函数中去,寻求泛函数的极值,把问题化为求解以未知函数在单元顶点值作为未知量的线性方程组,最后可得到具有半解析性的解。有限元法是一种求解偏微分方程的常用方法。

3.3.49 有限差分法

有限差分法就是一种用差商来代替偏微商的方法。即用差商来代替偏导数,将偏微分方程组离散分为差分方程组以进行求解。这是油藏数值模拟中常用的方法。

3.3.50 直接解法

这是一类重要的矩阵解法。就是经有限次数的运算即可求得方程组准确解的方法。它包括消元法、矩阵求逆法、高斯—约当法、矩阵分解法等。

3.3.51 迭代解法

这是解高阶线性代数方程组的一种逐次逼近方法。先对方程组给定一个初始近似解,代入算出逼近真解一步的近似解,再重新代入计算,反复进行到所需精度的解。它包括简单迭代法、赛德尔迭代法、超松弛法、交替方向隐式法、强隐含法等。

3.3.52 线性化法

指将原来的非线性问题简化为线性方程求解的方法。

3.3.53 矩阵解法

线性代数方程求解方法的总称叫矩阵解法。

3.3.54　D_4 高斯消去法

指按一种特定的 D_4 顺序重新排列未知量，然后施行高斯消去法手续求解线性代数方程组的方法。

3.3.55　隐式方法

指不能逐点求解，必须对各节点同时联立求解的求解方法。

3.3.56　显式方法

指方程可以明显逐点求解的方法。

3.3.57　克郎克—尼克尔森方法

指时间导数中间差分离散，空间导数用显式和隐式加权平均差分离散的数值方法。

3.3.58　强隐含法

如果系数矩阵 A 有关方程组直接求解困难，可找容易直接求解的修正矩阵 $A+B$，$A+B$ 在某种意义上近似于 A，因此可对修正矩阵进行迭代，这样就可求得原方程的解。

3.3.59　差分格式

指用差分方法离散时得到的差分方程组。

3.3.60　空间前差分

用本点和相邻前进方向点的函数值构造差商以代替相应导数的方法称为空间前差分。

3.3.61　空间后差分

用本点和相邻后退方向点的函数值构造差商以代替相应导数的方法称为空间后差分。

3.3.62　时间前差分

时间差商项取未知 $(n+1)$ 时段函数值，空间差商项取已知 (n) 时段函数值，这种方法称为时间前差分法。

3.3.63　时间后差分

时间差商项和空间差商项均取未知 $(n+1)$ 时段函数值，这种方法称为时间后差分法。

3.3.64　空间中心差分

用本点前进方向相邻点和后进方向相邻点的函数值构造差商

代替相应导数的方法称为空间中心差分。

3.3.65 拟函数

指用试验数据形式表示出来的一组更接近于油藏实际的参数。

3.3.66 井拟函数

指用于描述流体从一个网格块到相邻网格块的流动。

3.3.67 模拟的边界效应

指油水两相模拟算法中在出口端补充边界条件，以使分流量的解是唯一的，这种现象通常称为出口端影响或效应。

3.3.68 模拟的边界条件

指使泛定方程有确定特解的、在边界上给定的定解条件。一般分为四类边界条件：第一类称为狄雷克顿特边界条件；第二类称为纽曼边界条件；第三类是第一类与第二类条件的组合；第四类称为衔接边界条件。

3.3.69 截断误差（局部离散误差）

用差商代替导数所产生的误差称为截断误差。

3.3.70 解误差（总离散误差）

指差分方程的解与微分方程解之间的差别。

3.3.71 相容性

当空间步长趋于零时，截断误差矢量也趋于零，此时称差分算子与微分算子相容（一致），这种性质称为相容性。

3.3.72 收敛性

当空间步长趋于零时，解误差向量的模也趋于零，此时称差分算子收敛于微分算子。

3.3.73 稳定性

指任何一计算步产生的误差在以后的计算中不被放大。稳定性的概念在油藏模拟中很重要。

3.3.74 强非线性

系数与饱和度或毛细管压力有关的问题称为强非线性。

3.3.75 弱非线性

所有变量仅是单相压力的函数,不包括压力导数称为弱非线性。

3.3.76 初始化

对一个与时间有关的物理问题而言,获得 $t=0$ 时刻解的过程为初始化。

3.3.77 初始化数据

给出问题在 $t=0$ 时刻解的全部参数称为初始化数据。例如油层深度、原始油水界面、油气界面、油水相对密度、原始地层压力、原始饱和压力、原始气油比等。

3.3.78 松弛法

指一类重要的线性代数方程组迭代解法。

3.3.79 线松弛法

视每一迭代步为若干子步,每一子迭代是将系数矩阵的某行(或列)对应的未知量联立求解,这种方法称为线松弛法。

3.3.80 面松弛法(块松弛法)

视每一迭代步为若干个子步,每一子迭代步是将系数矩阵的某一行(或列)及平行各行(或列)对应的未知量联立求解,这种方法称为面松弛法。

3.3.81 重启动

指现代大型软件的一个重要功能。按照这一功能,某一计算时间阶段的全部信息被记录到特定文件上,根据需要用户可调用这个文件,并从此时间阶段开始继续进行模拟计算。

3.3.82 重启动数据

油藏模拟中一切与时间有关的量都属于重启动数据范畴。例如井定义数据、井工作制度数据、完井射孔数据等。

3.3.83 井数据

指与井有关的信息和数据,例如井定义信息、井工作制度数据、完井射孔数据、开关井信息等。

3.3.84 反射法

指在边界处引入辅助点和相应虚拟函数值的边界条件的处理方法。这种方法在涉及流量型边界条件时常被采用。

3.3.85 基函数

基函数的线性组合构成所有的近似函数。它有不同的形式。基函数在有限元算法构造分析中有重要意义。

3.3.86 LAX 引理

是描述差分算子的相容性和收敛性关系的定理。

第4章 采油、采气工程

4.1 采油、采气与注水

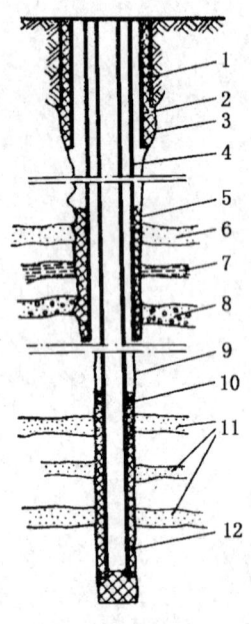

图 4.1 井身结构示意图
1—导管;2—表层套管;3—表层套管水泥环;4—技术套管;5—技术套管水泥环;6—高压气层;7—高压水层;8—易塌地层;9—井眼;10—油层套管;11—主油层(目的层);12—油层套管水泥环

4.1.1 采油、采气工程

指利用采油、采气物理原理和各种采油、采气设备,把油、气从井内采出地面,并进行油气水分离、净化、计量、集输等全部工艺技术和工作的总称。

4.1.2 井身结构

指井眼中下入套管层次、深度、尺寸,以及各层套管外水泥返高的组合与构成,以保证井筒坚实耐用(图4.1)。

4.1.3 套管

用水泥固定在井壁上的厚壁钢管叫套管。它主要起加固井壁,封隔油、气、水层等作用。

根据不同用途,套管分为导管(防止上部疏松层坍塌)、表层套管(隔绝水层,保护井眼,承托井口装置)、技术套管(保护油层上部地层和隔绝高压水层、气层)、油层套管(加固井壁和控制出油)。如果井内没有复杂地层,可以只下一层油层套管。

4.1.4 固井

对已钻成井眼进行下套管、注水泥

以加固井壁的工作称为固井。

4.1.5 完井
主要指钻开生产层，建立油、气层与井筒连通的方式和安装井口装置等工作。

4.1.6 完井方式
指井内生产层或探测目的层位所采取的井身结构方式。一般有套管完井、裸眼完井、衬管完井、填砾完井等。

4.1.7 套管完井（射孔完井）
钻穿目的层后，下套管注水泥将目的层封固，然后下入射孔器将套管水泥环射穿，为油、气流入井底打开通道，这种完井方式叫套管完井，亦叫射孔完井。这是最常用的完井方式。

4.1.8 复合射孔完井
指射孔完井与高能气体压裂于一体的高效完井技术。这种技术既能达到射孔完井的目的，又能达到增产增注的目的。

4.1.9 超正压射孔完井
指在射孔的同时进行超过地层破裂压力的压裂施工，在裂缝中加入支撑剂，使裂缝不能闭合，从而达到进一步改善射孔完井效果的一种新型完井技术。

4.1.10 裸眼完井
指目的层部位不下套管注水泥的一种完井方式。这种完井方式适用于碳酸盐岩、火成岩、变质岩等裂缝性油、气藏。其优点是油、气流入井内的阻力小，缺点是裸露油、气层中若地层压力不同时，会相互干扰。

4.1.11 衬管完井
钻到目的层之前即下套管固井，换小钻头钻开目的层，再下衬管（割缝的套管）至目的层部位，用封隔器固定在套管上，堵死套管与衬管的间隙，这种完井方式叫衬管完井。

4.1.12 砾石充填完井
先将金属绕丝筛管下入井内油（气）层部位，然后用充填液将地面上选好的砾石用泵送至绕丝筛管与井眼或绕丝筛管与套管之间的环形空间内，构成一个砾石充填层，以阻止砂子流入井筒和保护井壁之目的，这种完井方式叫砾石充填完井。它适用于胶结疏松、出砂严重的地层。

4.1.13 采油方式

采油方式是指依靠什么样的方法把石油从井底举升至地面。它可分为自喷采油和人工升举两种方式。

4.1.14 自喷采油（气）方式

指依靠油（气）层的天然能量把石油（天然气）从井底举升至地面。这种采油（气）方式油（气）井生产能力旺盛，地面设备简单，管理方便，是一种最简单又经济的采油（气）方式。

4.1.15 自喷能量

指井中的油（气）靠什么力量喷出地面。自喷能量来源：一是油（气）藏天然能量和人工补充能量把油（气）从油（气）层驱到井底后的剩余能量；二是气体在油（气）井中膨胀的能量。

4.1.16 油气在井筒中的流动形态（流型）

指油气在井筒中不同深度的运动状态，简称流型。在自喷能量充足的情况下，油气在井筒中的流动形态大致分为纯油流、泡流、段塞流、环流和雾流5种（图4.2）。纯油流段压力高于饱和压力，气体溶解于油中，油流为单相运动形态。泡流段压力稍低于饱和压力，少数气体从油中分离出来，以小气泡状态存于油中。段塞流段压力低于饱和压力，气体膨胀，小气泡变成大气泡，形成一段油一段气的运动状态。环流段气体继续分离和膨胀，气体段塞变成气柱，

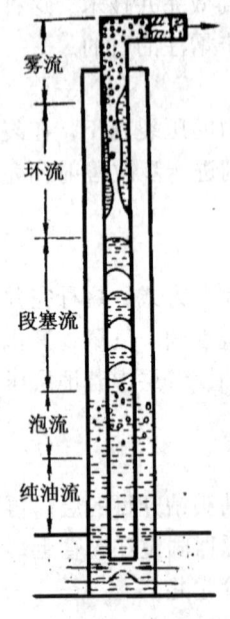

图4.2 油气在井筒中的流动形态

突破油管中心部分成为连续气流,管壁为液流。最后气体占据了整个油管断面,原油形成小滴分散在气柱中,形成雾流状态。

4.1.17 有效损失

混气油流沿油管上升时,如果气体与液体向上流动的速度相同,又没有其他阻力,则混气油流从井底上升到井口所消耗的能量仅与被举升混气油的重力及油井深度有关,克服混气液柱重力所消耗的能量是不可避免的,称之为有效损失。

4.1.18 滑脱与滑脱损失

在气—液两相垂直管流中,由于气体和液体密度的不同而产生气体超越液体上升的现象叫滑脱。出现滑脱后,气液混合物密度增大,从而增大混合物的静水压头(即重力消耗),因滑脱而产生的附加压力损失称为滑脱损失。

4.1.19 摩擦损失

油气混合物沿垂直管上升中的能量消耗除有效损失和滑脱损失外,还需克服油气混合物与管壁摩擦阻力,这部分能量的消耗称为摩擦损失。摩擦阻力与流速的平方成正比,在油管中愈接近井口,混气油流速度愈大,摩擦损失也愈大。

4.1.20 油井生产系统

指油井生产过程中,从储层、井筒到地面分离器所组成的整个流动过程。它由三种流动方式所组成:从储层到井底的渗流;从井底到井口的气液两相流;从井口到分离器的水平或倾斜的管流。

4.1.21 油管

下入套管中间直径较小的无缝钢管叫油管。用油管采油比用套管采油节省地层能量,可延长油井自喷期,同时可进行正、反洗井和分层配产等作业。选择油管直径大小时要注意与油井情况相适应。

4.1.22 自喷井井口装置

指用来调节油井自喷生产而装在井口的一套金属设备。它由套管头、油管头和采油树三部分组成。

4.1.23 套管头

指装在整个井口装置最下端的一个装置。其作用是连接井内各层套管并密封套管间的环形空间。

4.1.24 油管头

指装在套管头上面的一个装置。它包括油管悬挂器和套管四通。其作用是悬挂油管和密封油、套管之间的环形空间。

4.1.25 采油树

指井口装置油管头以上的主体部分，外形像树，故叫采油树。它包括套管闸门、总闸门、生产闸门、清蜡闸门、油管四通或三通、油嘴等部件（图4.3）。其作用是控制和调节油井的自喷生产，引导喷出的油气进入输油管线，保证录取油压、套压、油、气产量、取样及清蜡等工作。

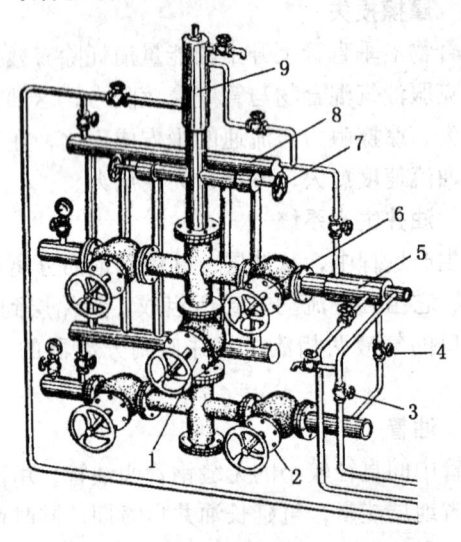

图 4.3 采油树
1—总闸门；2—套管闸门；3—二次生产闸门；
4—油套管连通闸门；5—油嘴保温套；6—生产闸门；
7—清蜡闸门；8—井口散热片；9—防喷管

采油树的型号很多，可根据油井产量大小、压力高低、经济效益等因素选用。

4.1.26 总闸门与套管闸门

装在油管头上面的闸门叫总闸门（图 4.3 中 1）。总闸门是控制油气流入采油树的唯一通道，正常生产时，始终敞开着，总闸门关闭就意味着油井停止生产。

装在套管四通两侧的闸门叫套管闸门（图 4.3 中 2）。套管闸门可进行正、反循环洗井，观察套管压力及通过油、套管环形空间的各项作业。

4.1.27 生产闸门与清蜡闸门

位于总闸门上方、油管四通或三通两侧的闸门叫生产闸门。它是控制油气流向油管线的关口，正常生产时总是敞开着，只在更换和检查油嘴，测油井静压或某些特殊情况下才关闭。

装在采油树最上端的一个或一对闸门叫清蜡闸门（图 4.3 中 7）。在油井进行清蜡时要打开这个闸门，正常生产时总是关闭着。

4.1.28 油嘴

油嘴是控制和调节自喷井生产压差和产量的设备。井口油嘴是一个中心带孔，外面车有螺纹的钢质圆柱体，可分为简易油嘴、可调节油嘴、多孔油嘴、滤网式油嘴等。其孔径大小不一，最小为 1.5mm，最大为 20mm。选用不同孔径的油嘴，可造成不同的生产压差，油井就有不同的产量。

4.1.29 井口油嘴与井下油嘴

指油嘴安装位置不同而区分的种类。井口油嘴一般装在生产闸门外面的出油管上；井下油嘴装在配产管柱的配产器上。

4.1.30 油气分离器

油气分离器是一种分离油气和进行油气计量的装置。另外还可起控制井口出油管线回压、沉砂、沉水等作用。

油气分离器的类型很多，一般分立式、卧式、球式三种。按其直径（内径）大小有 1400mm，1200mm，800mm，600mm，

412mm 等几种。

4.1.31 安全阀

指分离器和水套炉上的一种安全装置。它的作用是防止分离器和水套炉因压力过高而发生跑油、爆炸等事故。

安全阀种类很多，矿场上常用的是单弹簧微启式安全阀。当分离器或水套炉内压力大于安全阀压力时，弹簧被压缩，使阀球离开阀座，气（汽）体经阀孔排出，压力下降，同时发出尖叫声，值班人员可及时发现，并及时处理。

4.1.32 压力表

指一种测量压力的装置。为了取全、取准各项压力资料，要装油管压力表、套管压力表、分离器压力表、回压表、水套炉压力表等。

4.1.33 水套加热炉

水套加热炉是一种原油加温降黏和井口保温的设备。水套炉分水管式和火管式两种，矿场上常用的是火管式水套炉。其主要部件有：水套、火管、加热油盘管、分离器、加水包、安全阀、火嘴、压力表等。

4.1.34 水套

水套是一个密闭的圆形钢筒，正常工作时，水套内的水占其容积的 $1/2 \sim 2/3$，天然气经火嘴喷入火管内燃烧，使水沸腾，加热盘管里的原油。

4.1.35 量油

对油井的产油量按时进行计量叫量油。通过量油求出油井的日产油量，这是油井管理中一项重要工作。

4.1.36 低压量油（放空量油）

低压量油亦称放空量油，就是把原油流入油池或油罐内，用标尺或浮标测量液面高度，然后计算原油体积或质量，再换算成日产油量。

4.1.37 高压量油（密闭量油）

高压量油亦称密闭量油，就是在密封的分离器中计量。这种方法可避免轻质油挥发，又有利于高黏原油的油气混输，因此是矿场上最常用的量油方法。高压量油有玻璃管量油、玻璃管自动量油、翻斗自动量油等。

4.1.38 玻璃管量油

指在装有高压玻璃管的分离器中量油。在分离器侧壁装一高压玻璃管，与分离器构成连通器。根据连通器平衡原理，当分离器进油液面上升到一定高度时，玻璃管内的水柱也相应上升到一定高度，知道玻璃管内水柱上升高度，就可算出分离器内油柱上升高度。记录水柱上升高度所需时间，计算出分离器单位容积，便可算出油井的日产量。

4.1.39 玻璃管自动量油

指用玻璃管自动量油装置进行量油。它的量油原理和玻璃管量油相同，所不同的是时间记录、出油闸门开关都由专门仪表自动控制完成。

4.1.40 玻璃管自动量油原理

在量油玻璃管内上、下标记处插入两对电极，并和自动控制线路相连接。量油时，先打开量油开关，分离器出油闸门自动关闭，分离器内液面上升，玻璃管内水面相应上升。当水面上升到下电极时，电表开始计时，当水面上升到上电极时，电表停止计时，分离器出油闸门自动打开排油。与此同时，自动量油测气仪的计数器记下一个量油数字。此时断开量油开关，一次量油完毕。

4.1.41 翻斗自动量油

指用翻斗自动量油装置进行量油。这种装置由油气分离缓冲装置、翻斗装置、液面控制器及计量讯号装置组成。自动翻斗量油可连续计量，已被广泛应用，但这种计量方法不能解决掺水流程的计量问题。

4.1.42 油气分离缓冲装置

油气分离缓冲装置由上下分离伞、隔离罩及缓冲器组成，其作用是使原油均匀平缓通过漏斗流入翻斗，保证计量准确。

4.1.43 翻斗装置

翻斗由两个并联的三角形斗构成，利用杠杆平衡原理进行量油。当其中一斗装油到预定重量后便会翻转排油，而另一斗开始装油，如此反复，可达到连续计量的目的。

4.1.44 液面控制器

液面控制器由浮球、圆筒形中空阀心和出油管线相连接的开孔形阀座组成，能使分离器液面保持稳定。

4.1.45 计量讯号装置

计量讯号装置包括滑轨、顶杆、永久磁铁及记录路线，记录翻斗翻转次数。知道翻斗翻转次数及翻斗翻转时的盛油量，便可算出油井日产量。

4.1.46 测气

对生产井的产气量定时测量叫测气。通过测气可确定油、气井的产气量及油井的油气比。其方法有放空测气和密闭测气两种。

4.1.47 放空测气

测气时气体经测气管、挡板，然后放入大气，这种测气方法叫放空测气。

4.1.48 密闭测气

测气时气体经过测气管线和挡板后进入集输管线，这种测气方法叫密闭测气。

4.1.49 压差计测气（垫圈流量计测气）

压差计测气亦称垫圈流量计测气，是放空测气方法的一种。

当气流通过挡板进入大气时，受挡板的节流作用，气流速度增大，在气流速度低于临界速度时，流量与压差成正比关系。因部分压能转变为动能，故挡板前后形成压差。由挡板孔径和压差计测得的压力差值，可用下式计算气产量：

$$Q_g = 0.6536 d^2 \sqrt{\frac{T_0}{T}} \times \sqrt{\frac{1}{\gamma_g}} \times \sqrt{\Delta h}$$

式中 Q_g——产气量，m^3/d；

d——挡板孔径，mm；

T_0——标准状态下绝对温度，$T_0 = 273℃ + 20℃ = 293℃$；

T——测气时的气体绝对温度，$T = 273℃ + t℃$；

γ_g——天然气相对密度；

Δh——U 形管压差计内水银柱的高差，mm。

4.1.50 波纹管自动测气

指利用波纹管自动测气装置进行测气。这种装置由主、副孔板，波纹管，差动线圈和测气仪器箱组成。

当气流通过挡板时，因节流作用，挡板前后会出现一个压差，使波纹管变形，从而带动差动线圈内的铁芯运动，并在差动线圈内产生感应电流，由测气仪器箱显示出来。测气时，每 10s 取一个读数，连续取 10 个读数，查出相应的压差值进行平均后，代入公式计算产气量。其公式为：

$$Q_g = 0.3 a\varepsilon d^2 \sqrt{\frac{T_0(p'+1)\Delta h \times 13.6}{\gamma_g \rho_g T p_0}}$$

式中 Q_g——产气量，m³/d；

a——流量系数；

ε——气体膨胀系数；

d——主孔板直径，mm；

T_0——标准状态下绝对温度，$T_0 = 273 + 20℃ = 293℃$；

T——测气时绝对温度 $T = 273℃ + t℃$，t 为实际气体温度；

p'——分离器压力，0.1MPa；

p_0——标准大气压；

γ_g——天然气相对密度；

ρ_g——标准状态下空气的密度，$\rho_g = 1.165 kg/m^3$；

Δh——挡板前后压差，mmHg。

4.1.51 节点系统分析

指自喷井把油层到地面油气分离器的整个生产系统当作一个统一的压力系统，在系统内设置若干节点，并把整个系统分成若干部分，分析各部分在生产过程中的压力消耗，使油井工作制度更加合理（图4.4）。

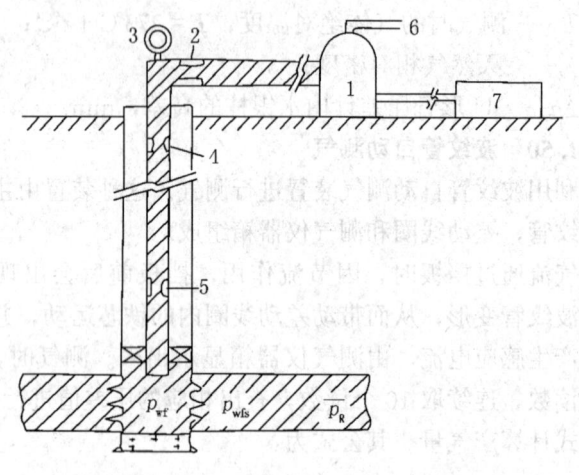

图 4.4　自喷井生产系统节点位置
1—分离器；2—地面油嘴；3—井口；4—安全阀；
5—节流器；6—集气管网；7—油罐

4.1.52　结蜡

在地层高温、高压条件下，石蜡溶解于原油中，当原油流入井内沿井筒上升时，由于温度、压力逐渐下降，石蜡就从原油中析出，黏附在管壁上，这种现象叫油井结蜡。

油管结蜡会减小油流孔径，增加油流阻力，促使油井减产。结蜡严重时会把油井堵死，造成油井停产。

4.1.53　清蜡

清除油管上蜡堵的过程叫清蜡。常用清蜡方法有机械清蜡、热力清蜡、化学清蜡等。

4.1.54　机械清蜡

用地面的绞车（如手摇绞车、电动绞车等）由绞车滚筒上的钢丝或钢丝绳，通过滑轮、防喷管，把重铅锤、刮蜡器具（如刮蜡片、麻花钻头、矛刺钻头等）下入油管，在油管结蜡部位上下活动,将管壁的蜡刮碎,并随油流带出井口,这种方法叫机械清蜡。其装置见图4.5。

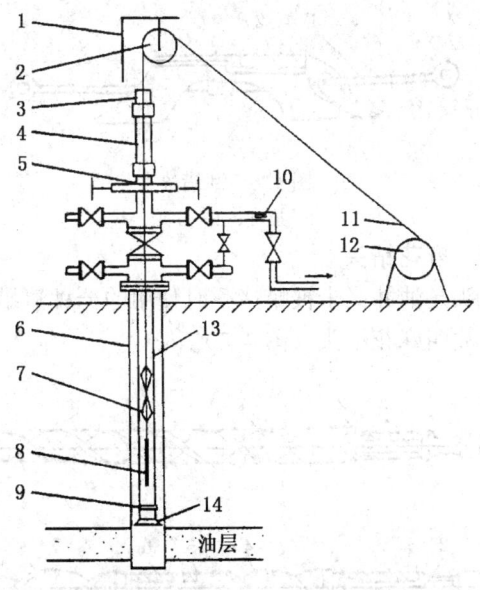

图4.5 自喷井机械清蜡装置示意图
1—扒杆;2—滑轮;3—防喷盒;4—防喷管;
5—钢丝封井器;6—套管;7—刮蜡片;8—铅锤;
9—工作筒;10—油嘴;11—钢丝;12—绞车;
13—油管;14—喇叭口

4.1.55 清蜡绞车

指自喷井清蜡时能使清蜡工具上下运动,以清除井内结蜡的一种动力设备。可分为手摇式和电动式两种,一般都使用电动绞车。

4.1.56 清蜡钢丝

指清蜡时将刮蜡片下入井内的一种冷拔镀铜钢丝。常用的钢丝直径有1.6mm,1.8mm,2.0mm,2.2mm等4种。

4.1.57 刮蜡片

刮蜡片是一种清蜡工具,其形状像个"8"字,上小下大。

常用的刮蜡片外径有 36.5mm～37.0mm，47.5mm～48.5mm，58.0mm～60.0mm 等三种（图 4.6）。

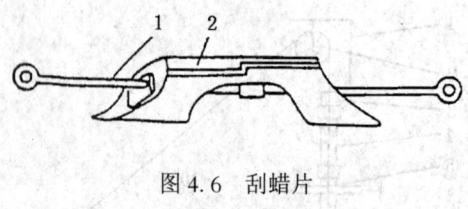

图 4.6　刮蜡片
1—拉杆；2—刀页

4.1.58　麻花钻头

麻花钻头是油井尚未被蜡堵死时使用的一种清蜡工具，其形状像麻花，故叫麻花钻头（图 4.7）。

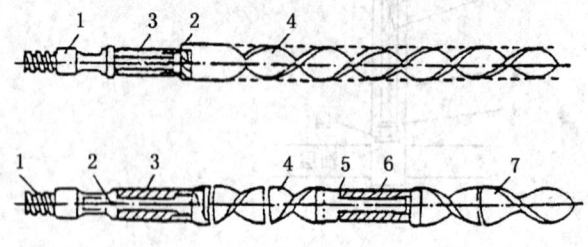

图 4.7　麻花钻头
1—接头；2—销子；3—活环；4—左旋麻花钻头；
5—销子；6—连接活环；7—右旋麻花钻头

4.1.59　顶钻

由于刮下来的蜡将刮蜡片内空间堵死，油气流不能从刮蜡片内通过，就推着刮蜡工具快速上升，这种现象叫顶钻。这是机械清蜡中常见的事故之一，如处理不当，可造成井内钢丝打扭、折断，甚至导致掉刮蜡片的事故。

4.1.60　遇卡

在起刮蜡片时被卡住起不上来的现象叫遇卡。若被蜡卡住叫软卡；若卡在油管、封隔器或闸门上叫硬卡。

4.1.61 跳槽

钢丝从滑轮槽脱出来的现象叫跳槽。这是清蜡中常见的事故之一。造成这种事故的原因很多，如清蜡操作不平稳，钢丝剧烈跳动；滑轮固定螺丝松动；滑轮不正或有缺口；钢丝上记号焊得太大；防跳器或防跳小压轮失灵；上起时错按倒顺开关，突然改为下放等。防止跳槽的关键是认真检查地面各项清蜡设备是否完好，在活动钢丝、松紧密封圈压帽时，要注视滑轮，看钢丝是否跳槽。

4.1.62 打扭

指钢丝在井内或地面发生绕圈的现象。钢丝绕活圈叫活扭，绕死圈叫死扭。钢丝在井内多发生死扭，通常由顶钻引起。在地面往往由于下钻时突然遇阻，钢丝松弛或跳动剧烈，起钻时按错倒顺开关，钢丝弯曲等所造成。

4.1.63 热油循环清蜡

以热油为热载体，在井内循环，熔化井里的蜡，以达到清蜡的目的，这种方法叫热油循环清蜡。

4.1.64 电缆加热清蜡

电缆固定在井口，悬挂在油管内，电缆的三个线芯呈星形连接，通电后，电能转变成热能，熔化井里的蜡，以达到清蜡的目的。

4.1.65 热化学清蜡

指利用化学反应产生热能来清除井内的蜡。如氢氧化钠、铝、镁与盐酸作用可产生大量热能，如 1kg 镁与 9.8kg 浓度为 31% 的盐酸反应可产生 19259kJ 的热量。

4.1.66 化学药剂清蜡防蜡

指将化学药剂从环形空间加入井内，即可起到清蜡防蜡作用，同时还可收到降凝、降黏和解堵的效果。这是目前广泛采用的清蜡防蜡方法之一。常用的化学药剂有油溶型、水溶型和乳液型三种。

4.1.67 油溶型清蜡防蜡剂

指主要由有机溶剂、表面活性剂和少量聚合物配制而成的化学药剂。

4.1.68 水溶型清蜡防蜡剂

指由水和多种表面活性剂配制而成的化学药剂。常用的表面活性剂有磺酸盐型、季铵盐型、平平加型、聚醚型四大类。

4.1.69 乳溶型清蜡防蜡剂

指油溶型清蜡防蜡剂加入水和乳化剂及稳定剂配制而成的化学药剂。这种水包油乳状液加入井内后，在井底温度下进行破乳而释放出对蜡有良好溶解性能的有机溶剂和油溶性表面活性剂，可起到清蜡和防蜡的双重效果。

4.1.70 玻璃油管防蜡

在油管内壁上贴一层 0.5mm～1.0mm 厚的工业玻璃，这种油管叫玻璃油管。把玻璃油管下在油井结蜡井段，利用玻璃表面的亲水憎油性、较高的绝热性及表面光滑等特点，防止蜡的结晶颗粒在上面沉积，使其被油气流带走，起到防蜡的作用。

4.1.71 涂料油管防蜡

指用涂有化学剂的油管来防止油井结蜡。一般用聚氨基甲酯涂在普通油管内壁，以改变油管内表面的性质，使蜡不能黏附在内壁上，从而起到了防止油井结蜡的作用。

4.1.72 磁防蜡

指用磁防蜡器产生磁场，使流经磁场的蜡分子极化，抑制蜡的结晶过程，使蜡在油中呈悬浮状态，避免蜡在油管、井下设备上沉积，达到防蜡的目的。

4.1.73 扫线

指油井在开、关井之前，用套管气或压风机对管线进行清扫，避免油块、水及杂物堵塞管道。

4.1.74 测压

指用不同类型的压力计测量油井、水井、气井等的井下压力。测压是油（气）田生产管理中一项重要工作。

4.1.75 测温

通常指用井下温度计测量油井、气井等的井下温度。

4.1.76 封隔器

指用来分隔油层，实现分层开采的主要设备之一。用于油井的封隔器叫油井封隔器；用于水井的封隔器叫水井封隔器。其结构如图4.8所示。

4.1.77 配产器与偏心配产器

指与封隔器配合用来进行分层配产和不压井起下作业的井下工具。它由工作筒和活动芯子（堵塞器）两部分组成。

工作筒分别由上、下接头与油管连接，活动芯子可以从井口投入工作筒内，也可以用打捞头捞出来。井下油嘴装在活动芯上（按产量大小选用不同尺寸的油嘴），工作筒有两个孔道，一个是上下通道，使下层原油通过；另一个是进油侧孔，使该层原油流入，经油嘴流到活动芯子上部，与下部原油汇集，再经过油管流到地面（图4.9）。配产器的类型很多，常用的有空心配产器、可调空心配产器等。

偏心配产器与配产器的组成及工作原理基本相同，只是堵塞器不占据中心位置而坐入工作筒中心线一侧的偏孔内（图4.10）。

4.1.78 嘴损与嘴损曲线

不同产量通过油嘴时所造成的压力损失叫嘴损。

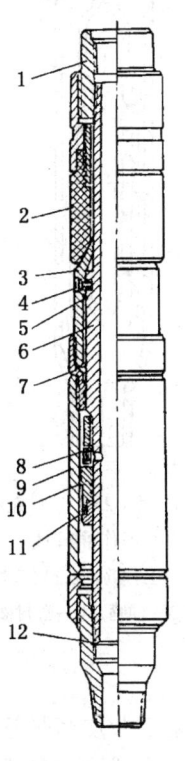

图4.8 851-3型水力机械式封隔器
1—上接头；2—胶皮筒；
3—锥体；4—释放销钉；
5—小卡簧；6—中心管；
7—锥体接头；8—卸压销钉；
9—活塞套；10—活塞；
11—卡簧；12—下接头

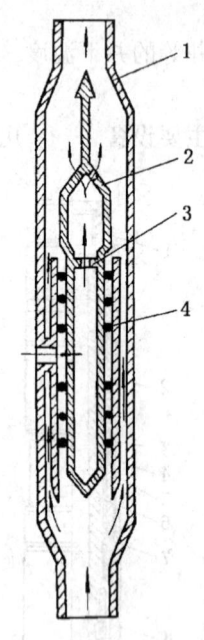

图 4.9 625-1 型配产器
工作原理图

1—工作筒；2—堵塞器；
3—油嘴；4—密封圈

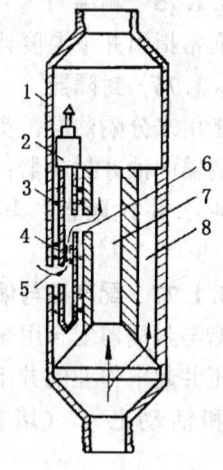

图 4.10 偏心配产
器工作原理图

1—工作筒；2—堵塞器；3—盘根；
4—油嘴；5—进液孔；6—出液孔；
7—主通道；8—旁通道

嘴损开方值与产量的关系曲线叫嘴损曲线（图 4.11）。

4.1.79 释放

封隔器下入井内预定位置时，让封隔器的胶皮筒张开，起封隔上下油层的作用，这个过程叫释放。释放方式因封隔器和管柱结构不同，可分为机械释放和水力释放两种。

4.1.80 卸压

当需要起出井下封隔器或管柱时，要使封隔器胶皮筒收缩到释放前的状态，这个过程叫卸压。卸压方式因封隔器管柱结构不同，可分为上提、旋转、水力憋压等。

4.1.81 验封

封隔器下入井内预定位置进行释放后，要检查各封隔器是否

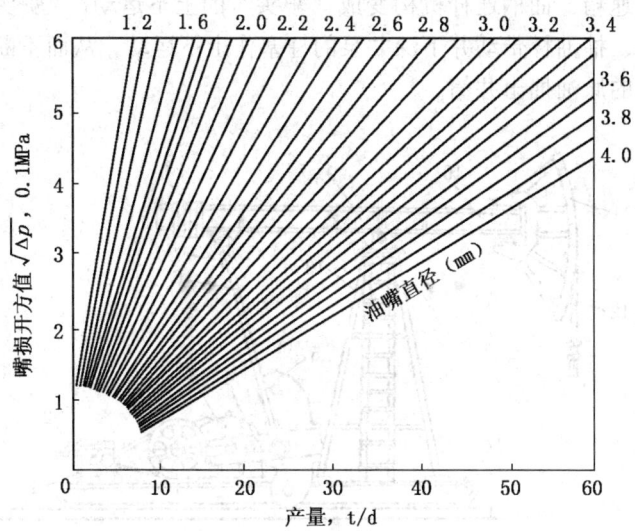

图 4.11 嘴损曲线图版

Δp = 小层流压 - 基础（全井）流压

已全部释放，封隔性是否良好。这种检查工序叫验证封隔器密封性，简称验封。

4.1.82 卡距

指相邻两个封隔卡点间的垂直长度 + 上封隔器下段长度 + 两封隔器之间的工具长度（如配产器、配水器、喷砂器等）+ 两封隔器之间的油管长度。

4.1.83 人工举升采油方式

指依靠外加动力把石油从井底举升至地面的采油方式。

当油井不能自喷，或虽能自喷但产量较低时，一般都要采用人工举升方式采油。它是目前应用最广泛的一种采油方式。

4.1.84 抽油机

指能带动井下抽油泵采油的主要地面设备。现场上最常用的是游梁式抽油机，它由游梁—连杆—曲柄机构、减速箱、动力设备和辅助装置等 4 部分组成（图 4.12）。工作时，电动机的传动经变速箱、曲柄连杆机构变成"驴头"的上下运动,"驴头"经光杆、抽油杆带动井下深井泵的柱塞作上下运动,从而不断地把井中的原油抽出井筒。

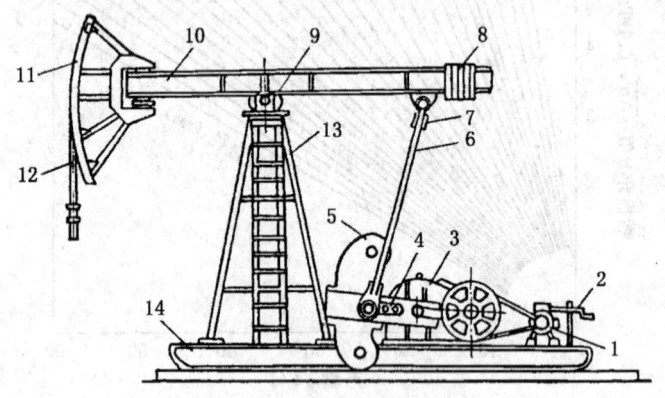

图 4.12 抽油机结构简图

1—电动机;2—刹车;3—减速箱;4—曲柄;5—平衡重;6—连杆;
7—横梁;8—平衡块;9—游梁支承;10—游梁;11—"驴头";
12—悬绳器;13—支架;14—底座

4.1.85 抽油泵（深井泵）

也称深井泵,是抽油装置中的一个重要设备。抽油泵主要由工作筒、固定阀和带有游动阀的空心活塞组成。工作筒接在油管下部,沉没在动液面以下,固定阀装在工作筒的下端,活塞用抽油杆固定在工作筒内,由抽油杆带动作上下运动,抽汲井内原油。

4.1.86 上冲程与下冲程

上冲程指抽油杆带动活塞向上运动,下冲程指抽油杆带动活塞向下运动。活塞上下连续运动,就可将井中原油不断抽至地面（图 4.13）。

4.1.87 管式泵

管式泵是抽油泵中最常见的一种。它的工作筒接在油管下端，活塞连在抽油杆下面，可随同抽油杆一同起出。

管式泵有单游动阀管式泵和双游动阀管式泵。单游动阀管式泵在活塞上部只有一个游动阀；双游动阀管式泵在活塞下面又装了一个阀，起防气作用，故又叫气体阀（图4.14）。

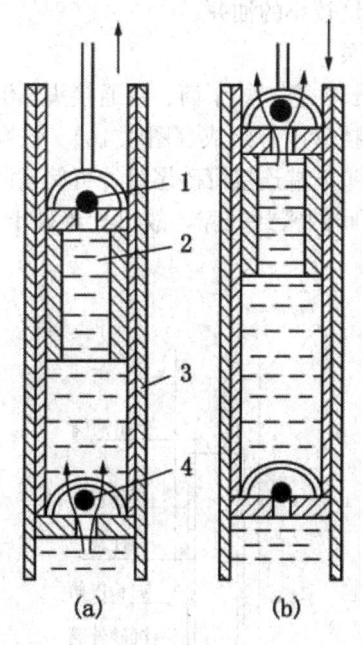

图4.13 泵的工作原理
(a) 上冲程；(b) 下冲程
1—排出阀；2—活塞；
3—衬套；4—吸入阀

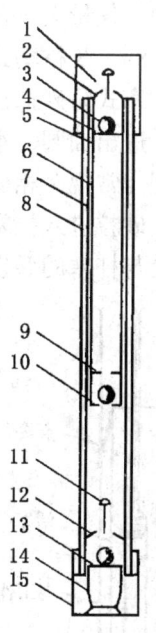

图4.14 三阀管式泵
1—接箍；2—开口阀罩；3—阀球；4—阀球鞍座；5—补心接头；6—活塞；7—卡套；8—泵筒；9—开口阀罩；10—圆锥座承受器；11—阀打捞头；12—开口阀罩；13—阀座；14—圆锥座；15—圆锥座接箍

管式泵只有一个工作筒，泵径较大，适用于产量高、油层浅、含砂较多、气量较小的油井。

4.1.88 杆式泵（插入式泵）

杆式泵是抽油泵的一种。其特点是有内外两个工作筒，外工作筒随油管下入井中，用抽油杆将内工作筒连同活塞一起下入井内，插入外工作筒中并由卡簧固定。检泵时，抽油杆可将活塞及内工作筒一起拔出，故这种泵又叫插入式泵。它是靠活塞与内工作筒之间的相对运动来抽汲原油至地面（图4.15）。这种泵适用于油层深、气量大、含砂少、产量较小的油井。

4.1.89 长柱塞式防砂抽油泵

长柱塞式防砂抽油泵主要由长柱塞、短泵筒、双通接头、沉砂外筒、进出油阀、水力连通式挡砂圈等组成（图4.16）。该泵抽汲原理与常规泵相似。双通接头下端连接沉砂尾管，可储集沉砂，阻止砂粒进入柱塞与泵筒之间的密封间隙，故可杜绝砂卡，减轻泵筒与柱塞的磨损。

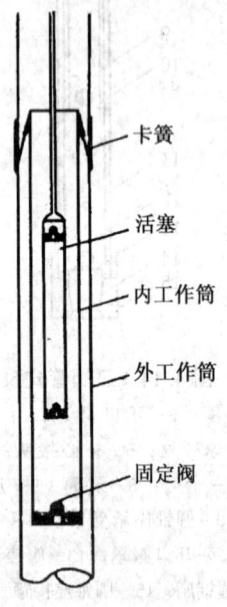

图4.15 杆式固定泵示意图

图4.16 长柱塞式防砂抽油泵结构示意图

4.1.90　等径柱塞抽油泵

该泵主要由泵筒、固定阀、等径刮砂柱塞总成等组成（图4.17）。该泵抽汲原理与常规泵相同。上冲程时，柱塞上行，由于刮砂倒角的作用，可有效地将泵筒内壁附近的砂粒刮落于柱塞上游动阀上空腔内，故可有效防止砂卡柱塞。

4.1.91　串联式抽稠油泵

该泵主要由拉杆、小泵泵筒、小泵柱塞、连杆、释放接头、大泵泵筒、大泵柱塞、支撑接头等组成（图4.18）。该泵由上、下两个泵有机地串联起来，抽汲过程中上、下泵处于密封状态。下冲程时，出油阀关闭，井内液体经下柱塞中心孔顶开进油阀进入下柱塞与上泵筒和上柱塞形成的环形腔室；上冲程时，环形腔室逐渐减小，井中液体打开出油阀排至上柱塞中心孔腔及泵上油管内，完成一个抽汲过程。随着泵的不断抽汲，井筒中原油不断被抽出井口。

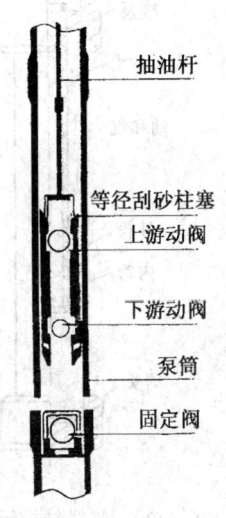

图4.17　等径柱塞抽油泵示意图

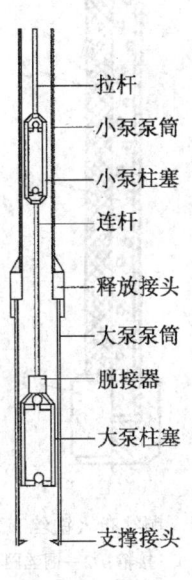

图4.18　串联式抽稠油泵结构原理图

4.1.92 滤砂器

指防止沙子及其他杂物进入泵内的设备。滤砂器种类很多,有铜丝网滤砂器、铁丝网滤砂器、水泥砂浆滤砂器、塑料砂浆滤砂器、砾石滤砂器等。现场普遍采用的是铜丝网滤砂器(图4.19)。

4.1.93 气锚

指防止气体进入泵内影响泵效的设备(图4.20)。气锚的种类很多,但它们的工作原理基本相同。当活塞上行时,由于抽汲和管外液柱压力作用,油和气进入锚内;当活塞下行时,锚内液体是静止的,这时气体上浮,从出气孔流出,进入管外空间,而脱气的原油进入泵内,抽汲至地面。

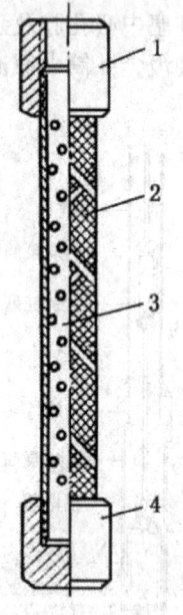

图4.19 铜丝布(铁丝布)滤砂器
1—接箍;2—铜丝网;
3—筛管;4—堵头

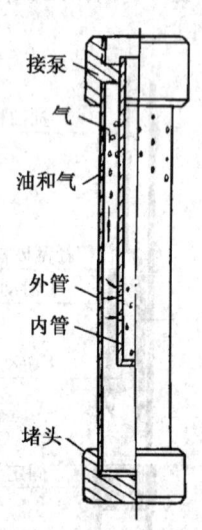

图4.20 气锚结构示意图

4.1.94 砂锚

指防止沙子进入泵内的设备,其作用是将油和沙子在井下预先分离。现场所采用的各种砂锚的工作原理基本相同,就是在油流速度和方向改变时,沙子由于重力作用从原油中沉淀下来。

现场多采用回转式砂锚(图 4.21)。当抽油泵工作时,油从进油管入口进入油管中,当油流出喷嘴时,由于管径变大,沙子在重力作用下沉落到锚的底部,而油就从进油管与锚体的环形空间进入泵中。

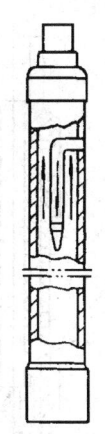

图 4.21 回转式砂锚

4.1.95 气砂锚

指既能防气又能防砂的设备。它实际上是气锚和砂锚的结合体,上室用来分气,下室用来分砂,先分气后分砂,两室之间用一特殊接头连接(图 4.22)。

油流通过进油孔进入分气室,在重力作用下将气分离,然后液体经特殊接箍及带喷嘴的内管进入分砂室,分离出的沙子沉在底部,原油则通过特殊接箍的吸入孔,经吸管进入抽油泵中。

4.1.96 静液面

指非自喷井关井后井内的稳定液面。根据静液面的高度和液体相对密度可以求出油井静压。

4.1.97 回声仪

指利用回声原理探测液面的仪器。主要由井筒中的回音标、地面音响发生器、热感收音器及记录仪器组成。

地面音响发生器发出声音沿油、套管环形空间向下传播,碰到回音标时向上反射至热感收音器,声音的波动变成了波动的电流,然后由记录仪记下一个波动讯号。当声音传至动液面时也反射上来记录一个波动讯号。回音标下入深度是已知的,故可按这两个波动讯号的比例算出动液面的深度。

4.1.98 动液面

指非自喷井在生产时油管与套管之间环形空间的液面。根据

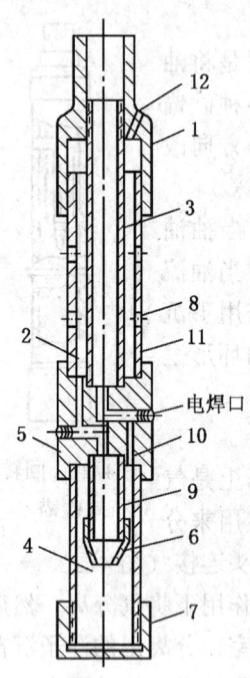

图 4.22 气砂锚
1—大小头；2—分气室；
3—吸收管；4—分砂室；
5—特殊接箍；6—喷嘴；
7—底帽；8—进油孔；
9—内管；10—吸入孔；
11—外管；12—气孔

动液面的高度和液体相对密度可推算油井流压。还可根据动液面的高低，结合示功图分析抽油泵的工作状况。

4.1.99 泵效（抽油系数）

也称抽油系数，是指抽油泵实际抽出的油量与理论抽出油量之比。泵效达到 70% 以上是高效，一般只有 40%～50% 左右，甚至更低。影响泵效的因素很多，常见的有冲程损失、气体侵入、漏失、泵筒未充满等。

4.1.100 泵的系统效率

指泵的有效功率（将井下液体升举至地面之功）与抽油系统输入的功率之比。

4.1.101 冲程

活塞上下活动一次叫一个冲程，即"驴头"带动光杆运动的最高点至最低点之间的距离（m）。

当泵径固定时，抽油井的产量主要决定于冲程的长短和冲数的多少。

4.1.102 冲程损失

指抽油杆及油管在工作过程中，因承受交变载荷而引起的弹性变形，使活塞冲程小于光杆冲程，减少活塞让出的体积，降低泵效。

4.1.103 冲次

指抽油泵活塞在工作筒内每分钟上下运动的次数(次/min)。

4.1.104 冲程利用率

指抽油机实际冲程与抽油机铭牌最大冲程的比值。

4.1.105 冲次利用率

指抽油机实际冲次与抽油机铭牌最大冲次的比值。

4.1.106 泵径

指抽油泵工作筒内径大小（mm）。在冲程、冲数不变的情况下，增大泵径，可以提高抽油井的产量。

4.1.107 防冲距

为了防止游动阀和固定阀相互碰撞，使二者之间保持一定距离，这段距离叫防冲距。

4.1.108 气锁

指气体进入泵内使泵抽不出油来的现象。防止气锁的方法有安装气锚、增加沉没度、减小抽油泵余隙等。

4.1.109 沉没度

指从抽油泵固定阀到油井动液面之间的距离，即泵沉没在动液面以下的深度。沉没度大小要根据具体情况确定，一般原油黏度愈大，流动阻力愈大，要求沉没度愈大，相反则要求小。

4.1.110 抽油泵充满系数

指抽油泵活塞完成一次冲程时，吸入泵内的原油体积与活塞让出的体积之比。充满系数愈大，泵效愈高。

4.1.111 动力仪

指用来测示功图的仪器。矿场较广泛使用的是 CY-611 型水力动力仪。它由动力和记录两大部分组成（图 4.23）。

测示功图时将动力仪装在悬绳器上，其基本工作原理是把作用在光杆上的力，通过杠杆机构、膜压器转变为仪器内动力部分液体的压力，并通过偏曲管系统和行程变换系统，使变化的液体压力和光杆的行程有相对应的关系。

当光杆往复运动时，行程变换系统带着记录台上下运动，同时偏曲管内的压力也随着光杆负荷的增减而变化，使偏曲管绕其轴而产生一个转角，从而带动负荷记录笔作弧形运动，把光杆受力随行程的变化情况被记录下来。因此在"驴头"往复运动一个循环后，便在记录纸上画出一条封闭的曲线。它表明活塞在不同

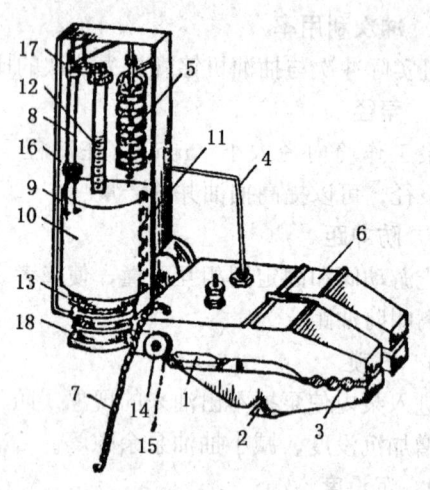

图 4.23 动力仪结构图

1—膜压器；2—力点；3—支点；4—高压紫铜管；5—偏曲（包氏）管；6—支座；7—安全链；8—负荷记录笔；9—基线指针；10—记录器；11—卷纸筒；12—轮轴；13—反回弹簧；14—导向轮；15—拉线；16—卷筒转动轮；17—斜齿轮；18—减程轮

位置时光杆负荷的大小，曲线所圈闭的面积，表示了"驴头"在一次往复运动中抽油泵所做的功，故叫示功图。

4.1.112 示功图

为反映井下抽油泵工作状况，由动力仪测得的一种图形（图4.24）。通过示功图的分析，可以了解抽油装置各项参数配置是否合理，抽油泵工作性能的好坏，以及井下技术状况变化等。把示功图与液面资料结合进行分析，还可了解油层的供油能力。

4.1.113 井下示功图

把地面示功图数据用计算机进行数字处理后，由于消除了抽油杆的变形和黏滞阻力，以及振动和惯性的影响，可得到形状简单又能真实反映泵工作状况的图，这种图叫井下示功图（图4.25）。

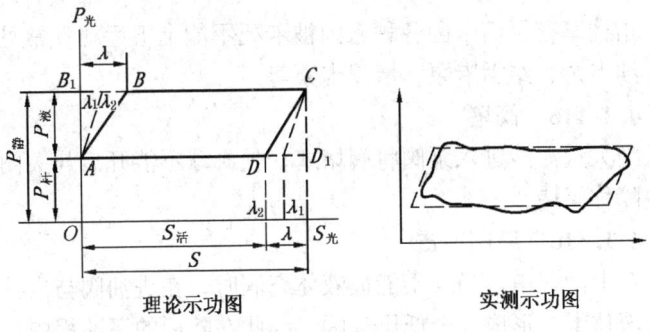

图 4.24　理论示功图与实测示功图

理论示功图中各符号含义为：$S_光$—光杆冲程，m；$S_活$—活塞冲程，m；$P_杆$—抽油杆在油中的质量，kg；$P_液$—泵以上液柱质量，kg；$P_静$—光杆承受的静负荷，kg；λ_1—抽油杆伸缩长度，m；λ_2—油管伸缩长度，m；λ—冲程损失（$\lambda_1+\lambda_2$），m

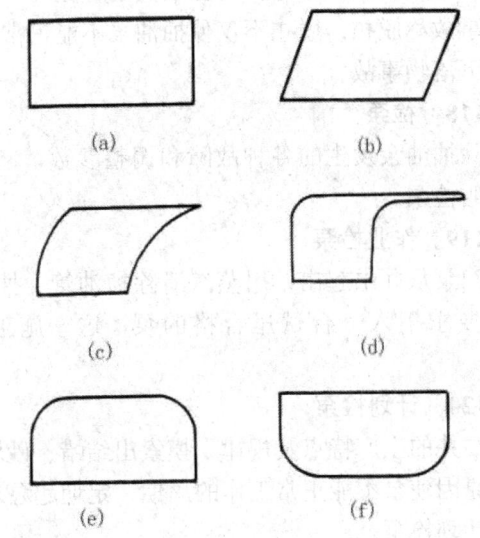

图 4.25　井下示功图

(a) 正常示功图；(b) 油管未锚定；(c) 气体影响；
(d) 供液不足；(e) 排出部分漏失；(f) 吸入部分漏失

4.1.114 卡泵

指柱塞在泵筒中因各种原因被卡死不能上下运动。常见卡泵有泥沙卡泵、结垢卡泵、磨损卡泵等。

4.1.115 阀堵

当大量泥沙进入泵阀将阀堵塞，使阀球不能开启与关闭的机械故障称阀堵。

4.1.116 液压冲击

在上冲程中，当泵不能被液体充满时，在进油阀与出油阀之间的液体上方形成一个低压气区，因此在随后的下冲程中，出油阀一直不能打开，直到与液体发生碰撞为止，这种机械事故称为液压冲击。它可使泵效大幅度降低，还可使设备损坏或降低设备的使用寿命。

4.1.117 脱扣

用螺纹连接的抽油泵零件，在泵的运行过程中，从螺纹中退出的机械事故称脱扣。脱扣不仅使抽油泵不能正常运转，而且还会造成井下落物事故。

4.1.118 检泵

为解除抽油泵发生的各种故障和调整参数，起泵进行检修，这个工作叫检泵。

4.1.119 作业检泵

把抽油泵从井中起出，用蒸汽清除掉油管、抽油杆上的蜡，再按设计要求下入一台试压合格的泵，这一施工过程叫作业检泵。

4.1.120 计划检泵

根据油井的生产特点及规律，摸索出结蜡、砂堵、泵自身磨损或其他原因使泵不能正常工作的周期，定期起泵进行检修，这种作法叫计划检泵。

4.1.121 躺井检泵

在抽油井生产过程中，井下泵、杆、管突然发生故障，或其他原因使抽油泵不能正常工作，需及时换泵等不定期的检泵称为躺井检泵。

4.1.122 异形游梁式抽油机（双"驴头"抽油机）

又称双"驴头"抽油机。用一个后"驴头"代替普通游梁式抽油机的尾轴，并用一根驱动绳辫子来连接横梁，构成抽油机的四连杆机构。工作时电动机将其动力传递给减速器，经曲柄、连杆、横梁、驱动绳辫子、后"驴头"带动前"驴头"绕支架轴摆动。前"驴头"上下运动，通过悬绳器带动抽油杆、活塞上下往复运动，把原油抽出井口（图4.26）。

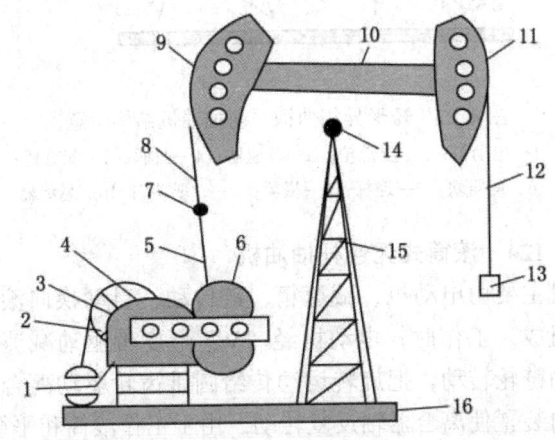

图4.26 异形游梁式抽油机结构示意图

1—电动机；2—皮带轮；3—曲柄；4—减速器；5—连杆；
6—平衡块；7—横梁；8—驱动绳辫子；9—后"驴头"；
10—游梁；11—前"驴头"；12—绳辫子；13—悬绳器；
14—中轴；15—支架；16—底座

4.1.123 矮形异相曲柄平衡抽油机

这种抽油机没有游梁，四连杆机构非对称循环，存在极夹角（10°），即异相。工作时电动机将其动力传递给减速器，经曲柄、连杆、横梁带动"驴头"绕支架轴摆动。"驴头"摆动通过悬绳器带动抽油杆、活塞上下往复运动，把原油抽出井口（图4.27）。

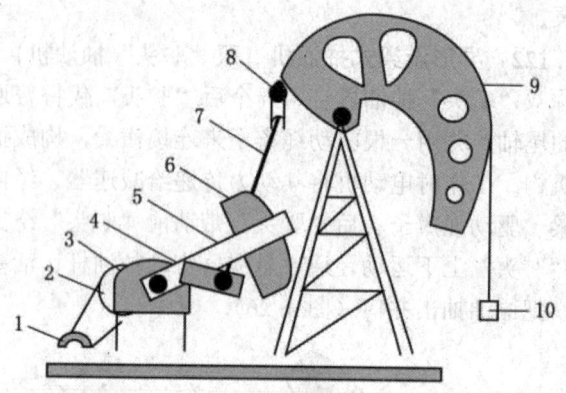

图 4.27 矮形异相曲柄平衡抽油机结构示意图
1—电动机；2—皮带轮；3—减速器；4—曲柄；5—配重臂；
6—配重块；7—连杆；8—横梁；9—"驴头"；10—悬绳器

4.1.124 滚筒式无连杆抽油机

该机主要由电动机、减速箱、链传动、自动换向滚筒装置、支架等组成。工作时，电动机经"V"形皮带驱动减速箱工作，带动主动链轮转动，把旋转运动传给圆锥齿轮驱动离合器旋转，通过换向装置使离合器轴反复转动。由于工作滚筒和平衡滚筒直接接在离合器轴上，因此当离合器轴反复转动时，工作滚筒和平衡滚筒也跟着反复转动，从而使抽油杆在井中做上下往复运动，把井筒中的原油抽出井口（图 4.28）。

4.1.125 宽带式长冲程抽油机

这种抽油机主要由底座、电动机、减速箱、滚筒、过轮、柔性宽皮带、机架、平衡筐等组成。工作时，依靠电动机正反驱动来带动一个特殊滚筒正反转缠绕一根柔性皮带，拉动平衡筐，通过钢丝绳使卡在悬绳器上的光杆作往复运动，把井中的原油抽出井口（图 4.29）。

4.1.126 无油管采油

指利用空心抽油杆取代油管和实心抽油杆，既可带动塞柱上

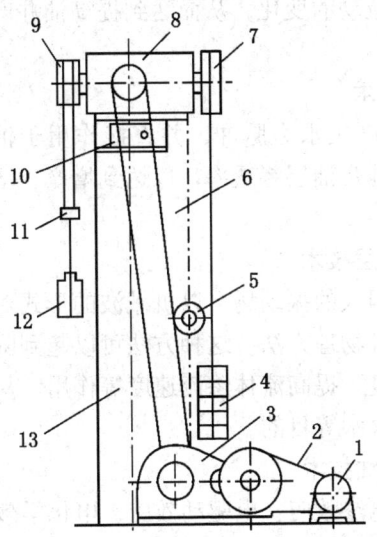
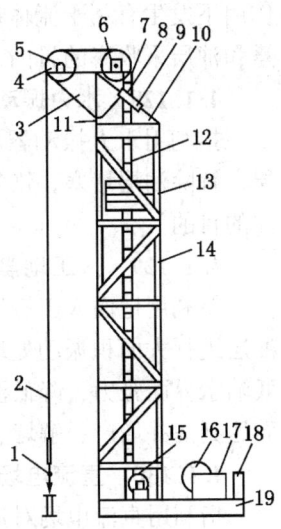

图 4.28 滚筒式无连杆抽油机
1—电动机；2—"V"形皮带；3—减速器；4—平衡重；5—张紧铁轮；6—链传动；7—平衡滚筒；8—自动换向滚筒装置；9—工作滚筒；10—涡轮箱；11—悬绳器；12—抽油杆；13—支架

图 4.29 宽带长冲程抽油机结构简图
1—悬绳器；2—钢丝绳组；3—旋转天车台；4—导向天轮；5—轴承；6—左旋螺杆；7—长销；8—天车固定架；9—螺母套筒；10—右旋螺杆；11—铁链；12—钻孔；13—平衡筐；14—机架；15—过轮；16—滚筒；17—减速箱；18—电动机；19—底座

下运动，又可作为出油通道，将井下原油排出地面。在抽油机抽汲过程中，当抽油机上冲程时，油气通过筛管进入泵筒；而当下冲程时，油气由泵筒直接进入空心杆，通过杆柱的上下运动将井筒中的原油排出地面。无油管采油与常规泵采油的排油过程相反，前者出油是在下冲程，而后者出油在上冲程。

4.1.127 超声波采油

指利用超声波发生器将声波作用于多孔介质岩石骨架和孔隙中的流体上，使多孔介质在声波的机械振动作用、空化作用和热作用下发生有利于流体在其中流动的变化,从而达到提高油井产量和油层采收率的目的。

4.1.128 水力振动解堵技术

指利用水力振动器在井底产生水力脉冲,并直接作用于油层,解除油层堵塞,恢复近井地带油层渗透率,以达到增产、增注的目的。

4.1.129 人工地震处理油层技术

指利用地面人工震源产生强大的振动场,以机械波的形式对油层进行大面积振动处理的一种物理方法。这种方法可以起到降低油水界面张力、降低流体黏度、提高流体渗流速度等作用,从而达到油井增产、解堵、降低含水等目的。

4.1.130 直流电场强化采油技术

指利用直流电场对油层的电渗效应、电驱动效应、电化学效应和电热效应,以改善油层的渗流特性和流体的流动特性,从而达到油、水井增产、增注的目的。

4.1.131 电磁波加热增产技术

指利用无线电频率(RF)发生器和电磁导波器所产生的电磁波进入油层,与油层中(矿化水、极性油等)各种离子、偶极子或固液面的电结构带电粒子间的相互作用,产生电渗效应、"欧姆热",以及"极化"生热,从而起到油层解堵、增产、增注的效果。

4.1.132 泵下阻尼振动采油技术

指利用油管柱端部的自然伸缩,带动阻尼振动器做周期性的脉冲振动,振动波直接作用于油层,解除近井地带的堵塞;脉冲次声波向油层深部传播,增加油层驱动能量,增大流体的流动性,降低含水,从而达到提高油井产量和油层最终采收率的目的。

4.1.133 非线性波采油技术

指利用非线性波发生器产生穿透能力较强的非线性波,这种波携带能量在油层中传播,以振动和冲击作用激发波场中的介质，使介质的振幅、速度及加速度发生变化，破坏了封堵颗粒与油层间的结合力，使颗粒剥落，解除油层堵塞，提高油井产量。

4.1.134　低频电脉冲采油技术（电液压冲击法处理油层技术）

低频电脉冲采油技术亦称电液压冲击法处理油层技术或电爆炸处理油层技术。该技术通过在井下液体中高压放电，在油层中造成定向传播的压力脉冲，选择性地处理薄油层或注水波及差的油层，解除油层污染和堵塞，扩大连通孔隙，改善油层渗流性能，从而达到油水井增产、增注的目的。

4.1.135　水力活塞泵抽油

水力活塞泵是一种液压传动的无杆泵抽油装置。它由地面泵组、井口装置和管线系统、水套加热炉、沉淀罐及井下水力活塞泵机组等部分组成。

水力活塞泵一般用稀油作动力液，用本井或邻井的原油经分离器脱气，经过水套加热炉加热至60℃左右，进入沉淀罐，然后吸入高压三缸柱塞泵，加压后的高压原油（称为动力液）经过井口的四通阀进入油管，推动井下水力活塞泵组的马达和靠连杆连成一体的下端抽油泵活塞上下往复运动，抽汲井中原油。

水力活塞泵的种类很多，有双作用水力泵、差动式水力泵和速控式单作用水力泵等。它适用于深井、定向井、结蜡井、稠油井，以及条件较复杂的油井。

4.1.136　射流泵抽油

射流泵是一种结构简单、体积小、制造方便的无杆抽油装置。它由打捞头、胶皮碗、出油孔、扩散管、喉管、喷嘴和尾管组成。

射流泵工作时，高压动力液由油管注入，经泵的通道至喷嘴而喷出，因喷嘴的直径很小，流速增大，压力降低，流入井底的原油不断向低压区补充，而原油一经喷嘴周围又被高压动力液抽吸进入喉管，在喉管内初步混合，高压动力液把能量部分交换给地层原油，然后混合液体进入扩散管内。由于管径逐步增大，使高速低压的动力液变为高压低速的液流，从而给井下原油增加了压能。动力液与地层原油在扩散管内充分混合后，经出油孔从油管与套管间的环形空间流出地面。

4.1.137 电动潜油泵抽油

是用油管把离心泵和电动机下入井内，由井下电动机带动离心泵工作把油升举到地面的抽油设备。

电动潜油泵排量大，适用于高产量井、深井、斜井、水平井、含砂井、稠油井、高含蜡井等油井，缺点是制造成本高，电缆的起下工作繁重等。

4.1.138 螺杆泵抽油

螺杆泵抽油系统是由螺杆泵、抽油杆柱、抽油杆扶正器及地面驱动系统等组成的无杆抽油装置。这种装置的使用费低，是浅井理想的采油方法。

螺杆泵靠空腔排油，即由转子与定子间形成的一个个互不连通的封闭腔室，当转子转动时，封闭空腔沿轴线方向由吸入端向排出端方向运动，封闭腔在排出端消失，空腔内的原油也随之由吸入端被挤到排出端，同时又在吸入端重新形成低压空腔，将原油吸入。这样，封闭空腔不断形成、运移和消失，原油不断充满、挤压和排出，从而使井中的原油不断被举升到井口。

4.1.139 输入功率与有效功率

输入功率指驱动螺杆泵采油的驱动电机的功率。

有效功率指在一定的扬程下，将井下液体举升到地面所需要的功率。

4.1.140 系统效率

指螺杆泵井的有效功率与输入功率的比值。

4.1.141 损耗功率

指螺杆泵井的输入功率与有效功率之差。

4.1.142 气举采油方式

指依靠从地面压入井内的压缩气体（天然气或空气）的膨胀力和浮力把原油从井底举升至地面。这种采油方式对海上采油、深井、斜井及不宜采用机械开采的井都较适用。

4.1.143 连续气举

将高压气体连续地注入井内,使井内的石油连续不断地喷出井口,这种采油方式叫连续气举。它适用于供液能力强、地层渗透率较高的油井。

4.1.144 间歇气举

将高压气体间歇地注入井内,使井内的石油周期性地喷出井口,这种采油方式叫间歇气举。它适用于井底压力低、产油能力差的油井。

4.1.145 柱塞气举

指利用油井中天然气自身能量举升井筒中液体的一种采油方式。它适用于高气油比的油井采油。

4.1.146 腔室气举

腔室气举是一种闭式间歇气举方式。它适用于井底压力低,采油指数高的油井。

4.1.147 气举启动压力与工作压力

开动压风机向油、套管环形空间注入压缩气体,环形空间内液面被挤压向下(如不考虑液体被挤入油层,则环形空间内的液体全部进入油管),油管内液面上升,当环形空间内的液面下降到管鞋时,压风机达到最大的压力,称为启动压力。

压缩气体进入油管后,使油管内原油混气,液面不断上升直至喷出地面。由于环形空间继续进气,油管内液体继续喷出,使混气液的密度降低,油管鞋的压力急剧下降,此时井底压力及压风机的压力亦随之急剧下降。当井底压力低于地层压力时,原油从地层流到井底。由于地层出油使油管内混气液密度稍有增加,因而使压风机的压力又复而上升,经过一段时间后趋于稳定,此时压风机的压力称为工作压力(图4.30)。

4.1.148 气举阀

气举阀是一种用来降低气举启动压力的装置。它的作用相当于在油管上开一个孔眼,从环形空间进入的高压气体向下挤压液面,当液面低于孔眼时,气体就通过孔眼进入油管,使管内流体

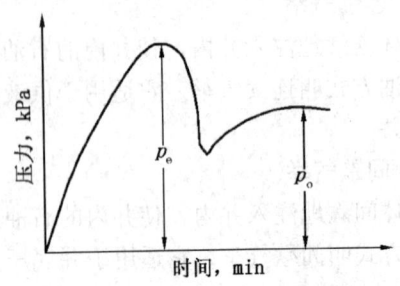

图 4.30 气举启动时压风机压力变化曲线
p_e—启动压力；p_o—工作压力

混气而喷出，油管压力随之下降。当油管压力降到一定程度后，气举阀自动关闭将孔眼堵死。环形空间液面继续下降，以下的气举阀依次投入工作。因此，油管上装设气举阀就可降低启动压力。

4.1.149 气井井口装置

指用来控制和调节气井生产而装在井口的一套采气设备。它与油井井口装置一样由套管头、油管头和采油树三部分组成。其作用是悬挂油管，密封油、套管之间的环形空间，通过油管或环形空间进行采气、压井、洗井、酸化、压裂、加缓蚀剂等作业，以及调节气井生产压差和产量等。

气井采油树结构较油井采油树简单，由总闸门、小四通、油管闸门、测压闸门、套管闸门等组成（图 4.31）。

4.1.150 控制无水临界流量采气

所谓无水临界流量是指地层水刚好侵入气井井底时的生产压差和相应的产量。为了控制地层水侵入井底，保持无水采气，生产气量要稍低于无水临界流量。这种采气方法具有产量高、稳产期长、自喷输气时间长、采气成本低、经济效益高等优点。

4.1.151 泡沫排水采气

指在含水气井里加入表面活性剂的一种排水采气工艺。

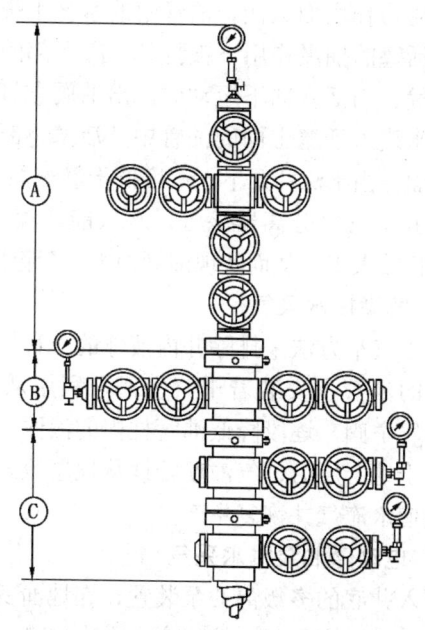

图 4.31 气井井口装置
A—采油树;B—油管头;C—套管头

表面活性剂可以降低水的表面张力,使水在气流扰动下发泡,变成密度小的泡沫,很容易被气流携带到地面。有资料介绍,如果把水带到地面需要 4m/s~5m/s 气流速度,而升举泡沫只需 0.1m/s~0.2m/s 的气流速度。表面活性剂可使水体被气流分散,形成带水能力最佳的雾状流或环流,同时可形成一种网状泡沫结构,升举时可减小滑脱损失。

这种排水采气工艺具有设备简单、施工容易、见效快、成本低、不影响气井正常生产等优点,因此得到广泛应用。

4.1.152 抽油机排水采气

指能带动深井泵工作的一套排水采气装置。它由抽油机、抽油杆、深井泵、泵下附件、井口装置等组成。

深井泵的活塞由抽油杆带动上下运动,当向上运动时,出油阀受上部液柱压力作用而关闭，油管中的水被上提排出，与此同时，进油阀在活塞的抽汲作用下被打开，阀下部的水在套管压力作用下进入泵筒；当活塞向下运动时，出油阀被打开，进油阀关闭，泵筒中的水进入活塞上面的油管中。活塞不断上下运动，水不断被排到地面。由于深井泵下入深度低于静液面，浸没在水中，油管下部又有井下气水分离器除气，水只能经深井泵抽入油管，气只能通过套管被采出，从而实现油管抽水，套管采气的目的。

4.1.153 气举排水采气

指利用人工气举方法来排除井内液体的一种排水采气工艺。

在注气点的油管上安装若干气举阀，利用从套管注入高压气，逐级启动气举阀，逐段降低油管柱内的液面，使井内液柱回压下降，并低于地层压力，气液便陆续从地层流入井底，随之喷至地面，从而使水淹气井恢复生产。

4.1.154 电动潜油泵排水采气

随油管下入井底的多级离心泵装置，在地面变频控制器的自动控制下，电流经过变压器、接线盒、电力电缆使井下电机带动多级离心泵作高速旋转，井内液体通过旋转式气体分离器、多级离心泵、单流阀、泄流阀、油管、特种采气井口装置被举升至地面。

4.1.155 节流

天然气在管道中流动，通过骤然缩小的孔道，由于摩擦耗能使其压力显著下降，流量减小，这种现象被称为节流。

4.1.156 微分节流效应

节流时，微小压力变化所引起的温度变化称为微分节流效应。

4.1.157 积分节流效应

实际节流时，压力变化为一有限值，有限压力变化所引起的温度变化称为积分节流效应。

4.1.158 气液相平衡分离与机械分离

气液相平衡分离是在一定的分离条件下，将液相物料送进分离器进行闪蒸（闪急蒸馏），或将气相物料送进分离器进行部分冷凝，两者都可以分离出气、液两相产品。

机械分离主要是靠重力分异作用，通过分离器及其部件实现气、液两相分开。

4.1.159 多级分离

经过两级或两级以上的闪蒸或部分冷凝，将气井所产生的流体分离成气、液两相的工艺方法称为多级分离。

4.1.160 水源

注水开发油田需要大量的水。水源是指作为注入水的来源。目前作为注水用的水源有地面水和地下水两大类。地面水包括河水、湖水、海水等；地下水包括浅层水和深层水。

4.1.161 水的净化（水处理）

亦称水处理，指采取各种方法清除水中的机械杂质、溶解盐类、有机物等，使水质符合注水要求。常用的处理方法有沉淀、过滤、化学处理、脱氧、曝晒等。

4.1.162 沉淀

让要准备注入的水在沉淀池（或罐内）停留一定时间，使其所含悬浮物靠重力，或在水池中加入聚凝剂，使其沉淀下来。

4.1.163 过滤

指用过滤设备除去水中的悬浮物和其他杂质的工艺过程。

4.1.164 杀菌

指用杀菌剂除掉水中的藻类、铁菌、硫酸盐还原菌及其他生物。

4.1.165 脱氧

指用物理法或化学法除掉注入水中所溶解的氧气、二氧化碳及硫化氢等气体。

4.1.166 水质

指注入水的质量要符合注水要求。总的要求是：水质稳定；与地层水相混不产生沉淀；不使黏土矿物产生水化膨胀；水中无大量悬浮物，以免堵塞油层孔道；腐蚀性小等。符合 SY/T

5329—94《碎屑岩油藏注水水质推荐指标及分析方法》标准中的规定（表 4.1）。如有新标准应按新标准执行。

表 4.1 碎屑岩油藏注水水质推荐指标及分析方法

注入油层平均空气渗透率,D		<0.10			0.1～0.6			>0.6		
标 准 分 级		A_1	A_2	A_3	B_1	B_2	B_3	C_1	C_2	C_3
指标	悬浮固体含量,mg/L	≤1.0	≤2.0	≤3.0	≤3.0	≤4.0	≤5.0	≤5.0	≤7.0	≤10.0
	悬浮物颗粒直径中值, μm	≤1.0	≤1.5	≤2.0	≤2.0	≤2.5	≤3.0	≤3.0	≤3.5	≤4.0
	含油量,mg/L	≤5.0	≤6.0	≤8.0	≤8.0	≤10.0	≤15.0	≤15.0	≤20.0	≤30.0
	平均腐蚀率,mm/a	0.076								
	点 腐 蚀	A_1,B_1,C_1 级:试片各面都无点腐蚀; A_2,B_2,C_2 级:试片有轻微点蚀; A_3,B_3,C_3 级:试片有明显点蚀。									
	SRB 菌,个/mL	0	<10	<25	0	<10	<25	0	<10	<25
	铁细菌,个/mL	$n×10^2$			$n×10^3$			$n×10^4$		
	腐生菌,个/mL	$n×10^2$			$n×10^3$			$n×10^4$		

注：(1) $1≤n<10$；
(2) 清水水质指标中去掉含油量一项。

4.1.167 注水站

安装多级高压泵、流量计及汇水配水管网等注水设备，将水源的水或经过水质处理的水，经加压向外输送的地方叫注水站。

经过处理的水先到储水罐，由多级高压泵吸入，经过增压从分水器输水管线送到各配水间。在注水站的输出管线上装有流量计记录水量，在泵的出口和输水管线上安装压力表，随时掌握和调节泵压和干线压力。

4.1.168 配水间

指用来控制和调节各注水井注水量的操作间。

配水间分多井配水间和单井配水间两种。多井配水间可控制和调节 2 口～5 口井的注水量，多用于行列注水井网。单井配水间只能控制和调节一口井的注水量，多用于面积注水井网。

4.1.169　配水器

指对油层进行分层定量注水的井下工具，它与水井封隔器配套使用。

配水器的种类很多，常用的有 745－4、745－5 型固定配水器，空心配水器，偏心配水器和 655 型活动配水器等。

4.1.170　偏心配水器

偏心配水器是一种活动式分层配水工具，主要由工作筒和堵塞器两大部分组成。配水嘴装在堵塞器上，可以用特殊打捞器打捞任意一级，更换配水嘴。

这种配水器的优点是堵塞器不占据管柱中间位置，所以不受级数限制，一般可下 8～9 级，同时在投捞某一级时其他各级仍可正常注水。

4.1.171　管损与管损曲线

注入水通过油管时因摩擦阻力所引起的压力损失叫管损。

不同管径、不同深度、不同注入量与压力损失的关系曲线叫管损曲线（图 4.32）。

4.1.172　持水率（视含水率）

又叫视含水率，是指在一定长度的管子内水流相的体积 V_w 占该管子总体积 V 的百分比。符号为 f_{Hw}。

$$f_{Hw} = \frac{V_w}{V} \times 100\%$$

4.1.173　持液率（真实含液率）

指在气液两相流的管线中流动时，单位管内液相体积与单位管长总体积之比。持液率等于零时，表示两相流动转变为单相气流。持液率等于 1 时，表示为单相液流。

4.1.174　持气率（空隙率）

持气率又称空隙率、截面含气率、真实含气率，是指在两相流动时，单位管内气相体积与单位管长总体积之比。

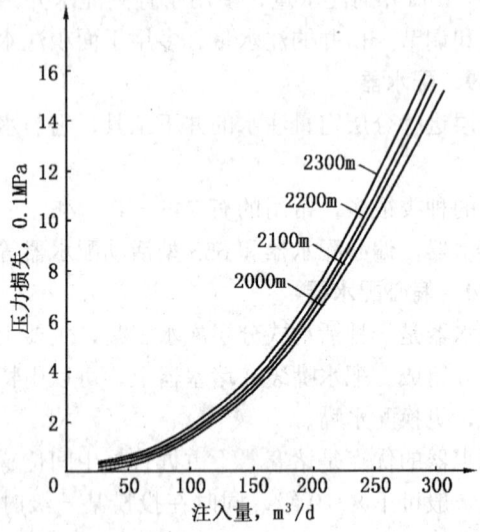

图 4.32 2½in❶ 油管的管损曲线

流动介质：水；平均水温：40℃

4.1.175 无滑脱持液率❶

在单位管长中，如果气相速度等于液相速度，即气液两相之间无相对运动，不存在滑脱现象，则单位管长内液相体积与单位管长总体积之比称为无滑脱持液率。

4.1.176 表观速度（折算速度）

指某一相单独充满并流过管子截面的速度。如气相表观速度即为气相单独充满并流过管子截面的速度；液相表观速度即为液相单独充满并流过管子截面的速度。

4.1.177 滑脱速度

气相与液相真实速度之差称为滑脱速度。

4.1.178 滑脱比

指气相实际速度与液相实际速度之比。

---

❶ 1in = 0.0254m。

4.1.179 层流与紊流
当单相流体流速较低时,流体呈一层一层的流动,各层间互不相混,各自沿直线向前流动,这种流动称为层流。当单相流体流速较大时,流体呈无规则的紊乱流动,这种流动称为紊流。

4.1.180 体积流量
指单位时间内流过断面的流体体积。

4.1.181 质量流量
指单位时间内流过断面的流体质量。

4.1.182 流线
指在同一瞬间流场中连续的不同位置的流动方向线。

4.1.183 流管
流线簇构成一个管状表面称为流管。

4.1.184 迹线
流体质点运动的轨迹称为迹线。

4.1.185 流束、微小流束、总流
在流管内取一微小曲面,通过曲面上的每一点作流线,这簇流线称为流束。断面无穷小的流束称微小流束。无数微小流束的总和称为总流,如油管内油、气、水流的总体便是总流。

4.1.186 有效截面与流量
流束或总流上垂直于流线的断面称为有效截面。单位时间内流经有效截面的流体称为流量(m^3/s 或 m^3/d)。

4.1.187 流动密度
指单位时间内流经过流断面的两相混合物的质量与体积之比。

4.1.188 两相混合物速度(总表观速度)
指两相混合物在单位时间内流经过流断面的总体积与流经过流断面的面积之比。

4.1.189 两相混合物质量速度
指两相混合物单位时间内流过单位过流断面的两相流体的总质量。

4.1.190 管路损失
液体沿管道输送过程中所消耗的能量称为管路损失。它包括液流沿直线管段所受阻力引起的损失和液流通过流量计、阀门、弯头等处所受阻力所引起的损失。

4.1.191 沿程阻力与沿程水头损失
液流沿整个流程上的直线管段所受的阻力称为沿程阻力。克服沿程阻力所引起的水头损失叫沿程水头损失。

4.1.192 局部阻力与局部水头损失
液流通过流量计、阀门、压力表、弯头等局部地方所受的阻力称为局部阻力。克服局部阻力所引起的水头损失叫局部水头损失。

4.1.193 垢
在一定条件下，从水中析出的固体物质称为垢。

4.1.194 结垢
水中钙、镁、钡等矿物质因起物理化学作用产生沉淀物，黏附在与之相接触的物体上，这种现象叫结垢。常见的有碳酸盐结垢、硫酸盐结垢、硫酸钡结垢、硫酸锶结垢等。

4.1.195 油（气）田垢
指由于水的物理、化学作用，在油（气）田各生产部位产生的无机盐沉淀物，称为油（气）田垢。根据结垢部位不同分为地层垢、近井垢、井筒垢、设备垢等。

4.1.196 地层垢
指注入水与地层水相遇而产生的结垢。它可造成地层永久性伤害，使吸水能力下降。

4.1.197 近井垢
靠近井附近油（气）层的结垢叫近井垢。它可造成油（气）层渗透率下降，产量减少。

4.1.198 井筒垢
当流体从相对高温、高压地层流入井筒时，由于压力、温度的急剧降低，可产生以碳酸盐为主的垢；多层合采时，由于各层产液中水的不相溶性，可产生硫酸盐垢；由于电动潜油泵泵体过热，与地层流体相遇时也可产生垢。这些存在于井筒中的垢称为井筒垢。井筒结垢可造成油管、筛管、尾管、套管等管径缩小，增加液流阻力，以及抽油杆断脱、电动潜油泵叶轮卡死、机轴断裂、管材变形和损坏等。

4.1.199 设备垢

地面各种管线、设备中的垢称为设备垢。设备结垢可造成各种管线、设备的减效、腐蚀、堵塞、损坏等。

4.1.200 防垢剂

指能防止结垢的化学剂。常用的有无机磷酸盐防垢剂、有机磷酸盐防垢剂和高分子防垢剂等。

4.1.201 腐蚀

金属物体与周围介质（气液、液体、土壤等）接触，发生化学和电化学变化，以及物理溶解等而产生的变质和破坏叫腐蚀。油（气）田生产中发生腐蚀的形式众多，常见的有化学气体腐蚀、生物腐蚀、硫化氢腐蚀、电化学腐蚀、土壤腐蚀、大气腐蚀、硫酸盐还原菌腐蚀等。

4.1.202 缓蚀剂

指能明显降低金属腐蚀速度的物质。它可分为液相缓蚀剂和气相缓蚀剂两种。

4.2 井下作业

4.2.1 井下作业

利用一套地面和井下设备及工具，对油（气）田开发井采取各种井下技术措施，以达到提高生产井产量，改善井下技术状况和油（气）田开发效果，提高最终采收率的目的。这一系列井下技术工艺称为井下作业。它包括油井分层开采，水井分层注水，油、气、水井压裂和酸化，油、气、水井堵水，油、气层防砂、治砂，油、气、水井大修等。因此，井下作业已成为实现油

（气）田长期高产、稳产和改善开发效果的重要手段。

4.2.2　大修与小修

大修指比较重大和复杂的井下作业，如复杂打捞、封窜、堵漏、修套管、套管内侧钻井、油（气、水）井报废等。

小修指较简单的井下作业，如冲砂、检泵、简单打捞等。

4.2.3　压井作业

指在具有自喷能力的油（气、水）井进行井下作业时，先用水泥车把压井液泵入井内，使井内液柱压力略大于油（气、水）层静止压力，避免油（气）层内的油、气、水喷出地面，然后进行井下作业。

4.2.4　压井液

指在压井作业中能防止井喷的液体。常用的压井液有清水、盐水、泥浆等。要根据地层压力大小选择不同密度的压井液，密度小了压不住井，密度过大会把井压漏、压死，影响油（气）层生产能力和油层吸水能力。

4.2.5　循环法压井

把配好的压井液泵入井内进行循环，将密度较大的压井液替入井筒，这种压井方法叫循环法压井。循环法压井分为正循环和反循环两种。

4.2.6　反循环压井与正循环压井

压井液从油、套管环形空间泵入，然后从油管返出叫反循环压井，此法多用于压力高、产量大的井。压井液从油管泵入，从油、套管环形空间返出叫正循环压井，此法多用于压力低、气量大的井。

4.2.7　挤注法压井

指用高压挤入压井液，把井内的油、气、水压回地层，以达到压井的目的。此法多用于砂堵、蜡堵或其他事故不能进行循环的井。其缺点是压井时可能将脏物挤入油（气）层，造成对油（气）层污染。

4.2.8 喷水降压法

指注水井作业时将注入地层的水大量放喷,以降低井底压力,便于拆卸井口装置,进行井下作业。此法消耗注水补充的部分能量,同时各层喷出的水量无法计量,故一般不采用此法。

4.2.9 不压井、不放喷作业（不压井作业）

不压井、不放喷作业也称加压起下作业,简称不压井作业,是指自喷井不压井、注水井不放喷进行起下管柱作业。它是使用一套控制装置来克服管柱的上顶力,在井内保持高压的情况下实现安全起下管柱。这种井下作业方法可避免油(气)层污染和损耗地层能量。

4.2.10 压裂

利用地面高压泵将压裂液挤入油(气)层,使油(气)层产生裂缝或扩大原有裂缝,然后再挤入支撑剂,使裂缝不能闭合,从而提高油(气)层的渗流能力,这种工艺措施叫压裂。

4.2.11 人工裂缝

用压裂工艺技术使油(气)层产生的裂缝称为人工裂缝。

4.2.12 压裂液

在压裂过程中,向井内油(气)层挤入的液体统称压裂液。根据施工不同阶段和不同作用,可分为：

前置液：也称预压液,指压开裂缝加砂之前所用的液体,起破裂油(气)层的作用；

携砂液：将支撑剂携带到裂缝中,同时还起延伸裂缝和冷却地层的作用；

顶替液：将携砂液替入裂缝中。

压裂液性能直接影响压裂效果和作业成本高低,因此要求压裂液具有一定黏度、滤失少、悬砂能力强、摩阻低、性能稳定、配伍性好、易排泄、成本低等优点。

4.2.13 压裂液类型

指根据压裂液的基液性质划分的种类。常用的压裂液分为三类：一是水基压裂液,包括盐水与活性水压裂液、稠化水压裂液、水包油压裂液、水基凝胶压裂液等；二是油基压裂液，包括稠化油压裂液、凝胶原油压裂液、油包水压裂液等；三是其他类型压裂液，包括聚合物乳状压裂液、泡沫压裂液、酸基压裂液、液化气压裂液等。

4.2.14 支撑剂

指油（气）层压开裂缝后，充填到裂缝中的一种固体颗粒。它的作用是支撑裂缝不闭合，使油（气）层具有较高的渗透率，以达到增产、增注的目的。因此要求支撑剂具有足够的强度、颗粒大小均匀、圆度好、杂质少、价格便宜等优点。

4.2.15 支撑剂类型

按支撑剂的力学性质可分为两大类：脆性支撑剂，包括石英砂、玻璃球、陶粒等；韧性支撑剂，包括核桃壳、铝球、塑料球等。

4.2.16 破裂压力

指油（气）层岩石开始产生裂缝时的井底压力。可用下列公式进行计算：

$$p_f = G_{Df} \times H_d$$

式中 p_f——破裂压力，MPa；

G_{Df}——破裂压力梯度，MPa/m；

H_d——油（气）层深度，m。

4.2.17 破裂压力梯度

指地层深度每增减 1m 破裂压力的变化值，其大小与岩石性质、埋藏深度、微裂缝等有关。据大量资料统计，破裂压力梯度在 15kPa/m～18kPa/m 至 22kPa/m～25kPa/m 之间变化。一般认为小于 15kPa/m～18kPa/m 产生垂直裂缝，大于 23kPa/m 则产生水平裂缝。因此深地层易产生垂直裂缝，浅地层易产生水平裂缝。

4.2.18 闭合压力

指已存在裂缝张开的缝内流体作用在裂缝壁面最小的平均压力。可用下列公式计算：

$$p_c = \frac{(\frac{v}{1-v})S_v + S_{ni} + A_{pe} \times \frac{p_i}{2}}{1 - A_{pe}/2}$$

式中 p_c——闭合压力，Pa；

v——泊松比；

A_{pe}——孔隙弹性常数；

S_v——上覆岩层应力，Pa；

S_{ni}——在上覆岩层和孔隙压力条件下的初始水平应力，Pa；

p_i——地层内孔隙压力，Pa。

4.2.19 净压力

指井底或裂缝内的压力与闭合压力之差。

4.2.20 填砂裂缝导流能力

指裂缝闭合后，支撑剂充填带对储层流体的通过能力。其值等于填砂裂缝渗透率与裂缝宽度的乘积。

4.2.21 含砂比

指单位体积携砂液中沙子的质量比或体积比。即每立方米携砂液中有多少千克支撑剂；或每立方米携砂液中有多少升支撑剂。含砂比过高或过低，对压裂效果都有不良影响，因此要根据携砂液的性能、裂缝的渗滤性，以及液体的流速等确定合理的含砂比。

4.2.22 分层压裂（选择性压裂）

分层压裂也叫选择性压裂，是指用压裂车进行多层分压或单独压开预定的层位（图4.33）。这种方法多用于射孔完成的井。由于处理井段小，压裂强度大，因而增产、增注效果好。这种方法可分为上提封隔器法和滑套喷砂器分层压裂等。

4.2.23 多裂缝压裂

指一次压裂能产生多条裂缝的压裂工艺技术。常用的方法有塑料球封堵法、暂时堵塞剂法等。前者多用于射孔完成的井，后者多用于裸眼完成井、射孔井段套管变形不宜用封隔器卡开的

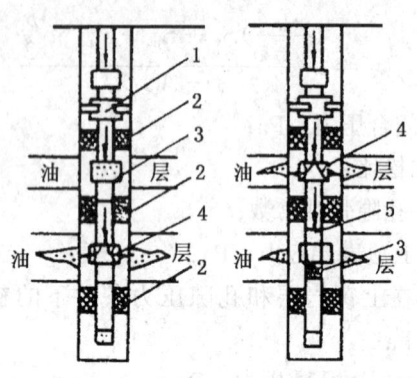

图 4.33 分层压裂示意图
1—水力锚；2—封隔器；3—滑套；4—喷砂器；5—堵塞球

井，以及固井质量不好容易窜槽的井（图 4.34）。

4.2.24 限流压裂

指采用严格控制油（气）层射孔密度，提高注入排量，使最先压开的油（气）层吸收大量压裂液而增大孔眼摩阻，造成井底压力剧增，迫使压裂液分流，从而相继压开邻近油（气）层，达到一次压开几个油（气）层的目的。这种压裂方法的优点是一次能压开几个层至 20 个层，并能压开厚度小于 0.4m 的薄油（气）层，而且对套管、水泥环及隔层损坏小。

4.2.25 脱砂压裂

指能控制裂缝长度、增大裂缝宽度、提高裂缝导流能力的一种水力压裂工艺。

压裂时，通过控制前置液用量和施工排量，使携砂液达到动态缝端附近时，前置液完全滤失，携砂液脱砂形成砂堵，阻止裂缝延伸。

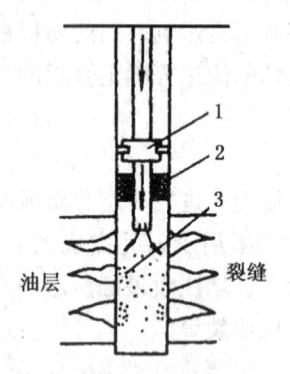

图 4.34 多裂缝压裂示意图
1—水力锚；2—封隔器；
3—堵塞器

当地面继续加砂时，裂缝长度不增加，而宽度不断增大，从而形成短而宽的具有高导流能力的裂缝。

4.2.26 高砂比压裂

指裂缝中铺砂浓度大于 $10kg/m^2$ 的一种压裂工艺。

这种压裂的关键技术是采用"坡阶式分段法"，即低砂比阶段时间相当短，在 2min～5min 内使砂比达到 30% 以上，在大部分作业时间内以高砂比泵入，实现用少量的压裂液把沙子带入裂缝，使裂缝中的铺砂浓度达到 $10kg/m^2$ 以上。这种压裂方法可造成具有高导流能力的裂缝，从而提高压裂的增产增注效果。

4.2.27 冻胶酸压裂

指利用冻胶酸或稠化酸作前置液压开并延伸裂缝，然后泵入携砂液，形成砂支撑的酸蚀缝，以提高储层的导流能力。

4.2.28 高能气体压裂（HEGF）

高能气体压裂（High Energy Gas Fracturing）简称 HEGF。指利用火药或火箭推进剂燃烧产生的高温、高压气体压开多条径向裂缝以获得增产、增注效果的方法。这种压裂方法具有施工简便、成本低、无污染的优点，为低产、低压井改造提供了新手段。

4.2.29 热化学压裂

指用化学药剂作为前置液，利用化学药剂反应产生的气体和热量来处理油层，增加渗透性，降低原油黏度，从而达到油井增产的目的。

4.2.30 二氧化碳压裂

指用液态二氧化碳或二氧化碳与其他压裂液混合，加入相应的添加剂，来代替常规水基压裂液完成造缝、携砂、顶替等工序的压裂技术。

4.2.31 水力振动压裂

指利用振动器振动产生的水击压强，使井筒周围地层产生新的微裂缝，接着进行水力压裂施工。高压液体使新的微裂缝延伸、扩展，从而提高了井底油层的导流能力，达到油（水）井增产、增注的目的。

4.2.32 内爆冲击压裂

指利用空心钢化玻璃球破碎时产生的瞬态动压冲击能量,将油层压开多条裂缝,从而达到油(水)井增产、增注的目的。

4.2.33 射流振荡压裂

指把射流振荡处理油层与水力压裂相结合,变静态压裂为连续振荡动态加砂压裂。这种压裂方法可降低施工压力,提高加砂速度,进而提高压裂效果。

4.2.34 酸化

酸化是指地面配制的酸液经井筒挤入油(气)层中,酸液溶解井底及其附近油(气)层中的堵塞物,恢复油(气)层原有的渗透率;酸液还能溶解碳酸盐岩、钙质胶结物,增加油(气)流通道,降低油(气)渗流阻力,从而达到增产、增注的目的。

4.2.35 酸液种类

指酸化和酸处理时所采用的酸液品种。常用的有盐酸、甲酸、乙酸、多组分酸、乳化酸、稠化酸、泡沫酸等。

4.2.36 酸液的添加剂

在酸化和酸处理时要在酸液中加入某些化学物质,以改善酸液的性能和防止酸液在地层中产生有害的影响,这些化学物质统称为酸液的添加剂。常用的添加剂有:缓蚀剂、缓速剂、稳定剂、表面活性剂等;有时还要加入增黏剂、减阻剂、暂时堵塞剂、破乳剂、杀菌剂等。

4.2.37 酸液溶解能力系数

指单位质量纯酸反应所能溶解的矿物质量。用 β_{100} 表示:

$$\beta_{100} = \frac{矿物相对分子质量 \times 矿物在反应方程式中的摩尔数}{酸的相对分子质量 \times 酸在反应方程式中的摩尔数}$$

4.2.38 酸液溶解能力

单位体积酸液与岩石中某种矿物完全反应所能溶解的体积,称为该酸液对该矿物的溶解能力。用 x 表示:

$$x = \frac{溶解能力系数 \times 酸液密度}{岩石密度}$$

4.2.39 酸洗

指在酸化前用稀盐酸溶液在井筒中进行循环冲洗，以清除井壁、井筒中的泥饼、残留钻井液及注酸管内的铁锈等脏物，以保证酸化时酸液浓度不变，从而提高酸化效果。

4.2.40 酸浸

酸浸是将浓度在6%以下的酸液泵入井内，关井2h～6h，使黏附在孔眼的盐类和油气层表面的堵塞物被溶解掉，再用大量洗井液将井内脏物冲洗干净，以提高酸化效果。

4.2.41 热酸处理

指把酸液加热后再挤入地层。热酸对碳酸盐类的作用速度比普通温度的酸快三四倍，它可以缩短酸化时间，增强溶解性，从而提高酸化效果。

4.2.42 选择性酸化

挤酸前，在控制高吸水层启动压力的条件下，把由聚乙烯醇加硼砂组成的暂堵剂挤入高吸水层，暂时封堵，迫使泵压提高。当泵压达到低吸水层或不吸水层启动压力时，酸液自动挤入这些油层，以达到恢复和提高其吸水能力的目的。

4.2.43 压裂酸化（酸压）

压裂酸化又称酸压，指用酸液作压裂液，不加砂的压裂，或者用高黏度液体当前置液，先把地层压开裂缝，然后再挤入酸液，这种方式称为前置液压裂酸化或称填塞酸压。压裂酸化多用于碳酸盐岩地层，使裂缝壁面凹凸不平而不能闭合，从而增加地层渗透能力，达到增产的目的。

4.2.44 暂堵酸化

指用携带液将暂堵剂带入井内封堵高渗透层，然后再挤酸，酸化中低渗透率层。

4.2.45 分层酸化

指用分隔器或堵塞球进行分隔，使酸液分别进入各层段。这是一种提高多产层纵向改造效果的有效方法。

4.2.46 闭合酸化

采用常规酸液压开地层后停泵,等待裂缝闭合,再以低于地层破裂压力,但略高于闭合压力的处理压力,将酸液挤入闭合或部分闭合的裂缝中,使地层产生不规则刻蚀裂缝及深度较大的流通沟槽,而面积较大的未被刻蚀的裂缝面就能支撑住裂缝,使之不闭合,这种酸化工艺称为闭合酸化。它适合于某些较软的碳酸盐岩储层。

4.2.47 两级酸化

指采用少量稀盐酸酸化井筒内及近井地带油层,反应 10min~20min,开套管闸门放空,把残酸、铁锈、水垢、杂质等排到地面,然后再使用适量酸液进行第二次酸化。

4.2.48 盐酸处理

指用一定浓度的盐酸处理油(气)层,溶解其孔道表面的碳酸盐类及黏土等胶结物,同时也可清除储层表面的泥饼、泥浆及铁锈等堵塞物。盐酸与石灰岩、白云岩发生化学作用生成可溶的盐类,其反应式如下:

$$CaCO_3 + 2HCl \rightarrow CaCl_2 + CO_2 \uparrow + H_2O$$
$$CaMg(CO_3)_2 + 4HCl \rightarrow MgCl_2 + CaCl_2 + 2CO_2 \uparrow + 2H_2O$$

新生成的氯化钙($CaCl_2$)和氯化镁($MgCl_2$)都能溶解于水。新生成的二氧化碳(CO_2)是气体也能溶解于水。所以在酸处理后,用自喷或抽汲方式将反应后的废酸液,包括溶解其中的盐类排出地面。这样就可增大储层孔道,提高渗透率,达到增产、增注的目的。

4.2.49 土酸处理

指用浓度为10%~15%的盐酸和浓度为3%~8%的氢氟酸与添加剂组成的混合液(土酸)处理油(气)层。盐酸可溶解地层中的碳酸盐类和铁、铝等,而氢氟酸可溶解硅酸盐类。其反应式如下:

$$SiO_2 + 4HF \rightarrow SiF_4 \uparrow + 2H_2O$$
$$CaAl_2Si_2O_8 + 16HF \rightarrow CaF_2 \downarrow + 2AlF_3 + 2SiF_4 \uparrow + 8H_2O$$

新生成的氟化硅（SiF_4）是气体，但新生成的氟化钙（CaF_2）不溶于水，会沉淀下来堵塞储层。所以在硫酸盐和硅酸盐含量较高的油（气）层，常先用盐酸处理后，再进行土酸处理。

4.2.50　堵水

指用机械或挤化学剂等方法把高含水层或层内高含水段封堵，以缓解层间和层内矛盾，使未见水层或低含水层充分发挥作用。堵水要选准时机，堵早了影响堵水层发挥作用，堵晚了影响其他层发挥作用。另外，还要避免"堵后难采"、"堵后无采"的现象出现。

4.2.51　机械堵水

指用封隔器、套管补贴等技术将需要封堵的高含水层堵住。

4.2.52　化学堵水

指用化学剂封堵高含水层。化学堵水大致可分为选择性堵水和非选择性堵水两大类。其优点是不受套管变形及损坏的影响，弥补了机械堵水的不足。

4.2.53　非选择性堵水

指将封堵剂挤入油井的高含水层内，凝固成一种不透水的人工隔板，阻挡注入水流入井内。这种堵水方法有效期较长，但堵住了整个层段，没有选择性。常用的封堵剂有水玻璃、合成树脂、水泥等。

4.2.54　选择性堵水

指将具有选择性的堵水剂挤入需要封堵的高含水油层，使堵水剂与高含水层中的水发生物理或化学作用，产生一种固态或胶态阻碍物，阻止注入水流入井内。这种堵水剂挤入含水层时，与油不发生作用，能随油气被采出。这种方法的优点是只堵油层的含水部分，含油部分不会堵塞。常用的堵水剂有乳化石蜡、活性稠油、松香皂等。

4.2.55　水玻璃堵水

将水玻璃溶液、柴油和氯化钙溶液，依次挤入水淹层或高含水层，使水玻璃与氯化钙在地层内相遇，生成白色硅酸钙沉淀，堵塞地层孔隙和孔道，以达到堵水的目的。其反应式如下：

$$Na_2SiO_3 + CaCl_2 \rightarrow 2NaCl + CaSiO_3 \downarrow$$

这种封堵剂来源广、成本低、施工安全、封堵效果较好，但要对非封堵层采取保护措施，避免伤害。

4.2.56 合成树脂堵水

将以氢氧化钠作触媒的 219# 酚醛树脂，按一定比例加入固化剂——草酸，混合均匀后加热至草酸完全溶解树脂为止，然后挤入高含水层或水淹层，便可形成坚固不透水屏障，达到堵水的目的。

4.2.57 水泥浆堵水

利用水泥浆在凝固过程中见水变硬的性质，将水泥挤入窜槽井段封堵窜槽水，或挤入高含水层或水淹层，以达到堵水的目的。

4.2.58 乳化石蜡堵水

将乳化石蜡溶液挤入水淹层，再挤入一定数量的破乳剂。在水淹层中，破乳后的硬脂酸和石蜡凝聚在水淹层砂粒表面，堵塞了水淹层；在油层中，破乳后的硬脂酸和石蜡则形成小颗粒悬浮在原油中，可随油流排出地面。

4.2.59 活性稠油堵水

把加入表面活性剂的稠油挤入高含水层，使油的相渗透率提高，水的相渗透率降低；另外活性稠油遇水后形成性能稳定的油包水型乳状液，可增大对水流的阻力，因活性稠油与地层原油为同相，不会阻止其流动，因而可起到阻止水窜入井内，降低油井含水率的作用。

4.2.60 松香皂堵水

由于地层水含有大量钙、镁离子，当松香皂液与之相遇后可生成松香酸钙和松香酸镁沉淀，把水淹层孔隙堵塞，起到堵水的作用，而出油层不含钙、镁离子，所以不会发生堵塞。

4.2.61 封隔器堵水

指利用封隔器将高含水层与出油层隔开，以达到封堵高含水层的目的。

4.2.62 底水封堵

指在靠近油、水界面上部，挤入树脂、硅酸钙、硅酸溶液等封堵剂，在井底附近形成人工隔板，阻止底水锥进。

4.2.63 防砂

利用各种措施和方法，防止油（气）层出砂堵塞井底叫防砂。

4.2.64 防砂方法分类

指按防砂机理及工艺条件，对防砂方法划分的种类。一般可分为机械防砂、化学防砂、复合防砂等。

4.2.65 机械防砂

指把防砂管柱下入井内，防止地层砂进入井筒的防砂工艺。一般分为两类：一类是下入防砂管柱后进行砾石充填，这种方法防砂效果好，有效期长；另一类是直接下入防砂管柱，不充填砾石，滤砂管在地面预制，这种方法简便易行，但使用范围受到限制，特别不适合粉细砂岩油层。

4.2.66 化学防砂

指利用化学反应来胶结地层砂，形成高强度、高渗透的人工井壁，能有效地防止地层砂进入井筒的防砂技术。

4.2.67 复合防砂

指用两种或两种以上防砂方法进行组合的防砂技术。

4.2.68 探砂面

指用光油管在井筒内试探砂柱顶面的位置。根据油管下入深度和人工井底深度就可算出砂柱面的位置。

4.2.69 人工井壁防砂法（颗粒防砂法）

也称颗粒防砂法，是指把具有特殊性能的水泥浆、树脂—核桃壳及树脂砂浆等挤入油层出砂部位，这些物质凝固后形成一层既坚固又有渗透性的人工井壁，可起到阻止油（气）层沙子流入井内而不影响油（气）井的生产。

4.2.70 人工胶结砂层防砂法（液体防砂法）

也称液体防砂法，是指从地面向油（气）层挤入胶结剂和增孔剂，使胶结剂固化，将井壁附近的疏松砂层胶固，起到防砂的作用。常用的方法有酚醛树脂溶液防砂、酚醛溶液地下缩聚防砂等。

4.2.71 砾石充填防砂法

先将割缝衬管或绕丝筛管下入井内出砂井段，将经过选择的砾石用高质量的液体送至衬管或筛管外面，形成一定厚度的砾石层，可阻止沙子流入井内，但对油流不受影响。这种方法又分为裸眼砾石充填与套管内砾石充填两种（图4.35）。

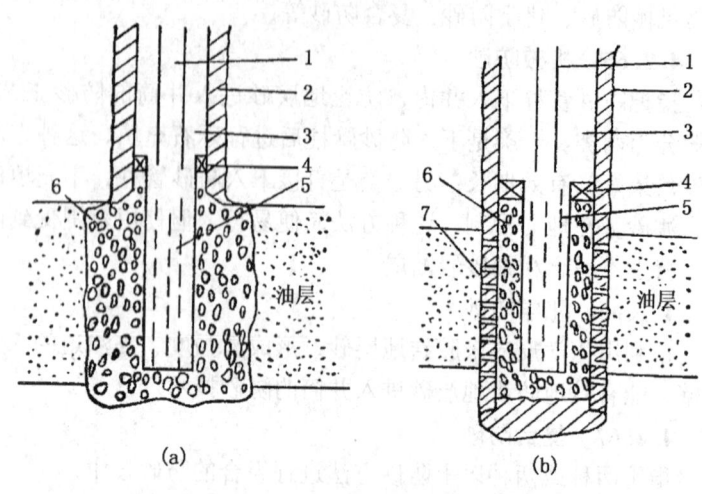

图 4.35 砾石充填防砂
(a) 裸眼砾石充填法；(b) 套管内砾石充填法
1—油管；2—水泥环；3—套管；4—封隔器；
5—衬管；6—砾石；7—射孔孔眼

4.2.72 滤砂管防砂法

指利用滤砂管自身的高渗透过滤层，将地层砂挡在滤砂管周围,形成充填挡砂层,防止地层砂进入井筒的防砂技术。

4.2.73 高温固砂法

由氢氧化钙、碳酸钙、有机硅烷低聚物及增乳剂、分散剂等组成的高温固砂剂,在高温条件下,其中的有机硅化合物经过水解、表面脱水使有机硅化合物的一端与地层砂以硅氧键的形式结合,形成蜂窝状结构,将地层砂固结在一起,造成具有一定渗透率和强度的人工井壁,从而起到了防砂的作用。这种固砂方法多用于蒸汽吞吐出砂的井。

4.2.74 冲砂

指向井内打入液体,利用高速液流将砂堵冲散,并将沙子带出地面。按冲砂时的冲洗循环方式可分为正冲砂、反冲砂和正反冲砂三种。

4.2.75 正冲砂、反冲砂、正反冲砂

正冲砂——冲砂液从油管注入,从油、套管环形空间返出;反冲砂——冲砂液从油、套管环形空间注入,从油管返出;正反冲砂——先用正冲砂方式冲散砂堵,使泥沙呈悬浮状态,然后迅速改用反冲砂方式,将泥沙带出地面。

4.2.76 冲砂液

指用来解除砂堵的液体。要求冲砂液具有一定黏度,保证有良好的携砂能力;具有一定的密度,形成液柱压力,防止井喷;不伤害油层;来源广、价格便宜等性能。常用的冲砂液有油、水、乳状液和汽化液等。

4.2.77 捞砂

指利用提升设备将捞砂筒下入井底捞取积砂。常用的捞砂筒有活塞式捞砂筒和真空捞砂筒两种。

捞砂一般用于油层压力较低、砂堵不严重、井深较浅、不宜采用冲砂的井。

4.2.78 窜槽

各层段套管与水泥环或水泥环与井壁之间互相窜通叫窜槽或管外窜槽。造成窜槽的原因有:固井质量不好,射孔把水泥环震

裂；井下作业时压差过大将管外地层憋窜；套管损坏造成窜槽等。

4.2.79 验窜（找窜）

也称找窜。可用封隔器、同位素测井、声波测井、井温测井等方法进行验证，并可确定窜槽的层位。

4.2.80 封隔器找窜

用两个封隔器卡住要验窜的层段，用不同压力从油管挤入液体，观察套管压力或溢流量变化，即可判断是否窜槽及窜槽量的大小。

4.2.81 同位素测井找窜

往地层内挤入含放射性液体，用同位素测井仪录取放射性曲线，与井的自然放射性曲线作比较，放射性强度有明显增加的井段，说明管外窜槽。

4.2.82 封窜

指对已找到的窜槽井段进行封堵。通常采用循环法、挤入法、填料水泥浆法等。

4.2.83 循环法封窜

将水泥浆以循环而不憋压的方式替入窜槽井段内，水泥凝固后，可达到封窜的目的，这种方法叫循环法封窜。

4.2.84 挤入法封窜

将水泥浆挤入窜槽井段内，以达到封窜的目的，这种方法叫挤入封窜法。它适用于窜槽体积大、形状不规则的井。

4.2.85 填料水泥浆法封窜

在水泥浆挤入并充满窜槽段后，接着挤入填料水泥浆堵死窜槽的进口，避免水泥浆反吐，以达到封堵的目的，这种方法叫填料水泥浆法封窜。

4.2.86 套管损坏类型

指按套管损坏的性质和程度划分的种类。一般分为套管变形、套管破裂、套管错断和套管外漏4种。

4.2.87　套管变形整形技术

指根据套管变形的程度，采用相应的工艺措施修复变形的套管。通常采用胀管修复法、爆炸整形法和磨铣整形法三种。

4.2.88　胀管修复法

指采用各种形状的整形器钝击胀管整形。常用的整形器有梨形胀管器、长圆形鼻状整形器、偏心辊子整形器、旋转震击套管整形器、滚球套管整形器等。

4.2.89　爆炸整形法

将合乎要求的适量炸药放在特制的爆炸筒内，下到套管变形位置引爆，冲击波将套管变形部分向外鼓胀，使套管变形得到恢复，这种方法叫爆炸整形法。

4.2.90　磨铣整形法

指用锥形磨鞋或锥形铣鞋把套管凸出的部分磨掉，并从套管损坏处挤入水泥浆进行封固。

4.2.91　套管补贴技术

指利用井下黏合剂，使用专用工具将特制的金属波纹管紧紧粘贴在套管的破损处，以恢复套管的正常使用功能。常用的方法有封隔器环氧树脂波纹管贴补、旋转卡瓦波纹管贴补、玻璃纤维波纹管贴补等。

4.2.92　环氧树脂波纹管贴补

在耐高压的橡胶筒（即封隔器）上套着波纹管，其两端靠卡环固定，上连树脂缸和扶正器，下连平衡压力的喷嘴。下到井内套管损坏处后，憋压将橡胶筒膨胀而胀圆波纹管，靠波纹管上所带的树脂缸挤出的环氧树脂黏合剂将波纹管紧贴在套管损坏处，等候24h树脂固化后即可使用。

4.2.93　旋转卡瓦波纹管贴补

将外面包裹一层涂环氧树脂黏结剂的玻璃布，用下井管柱下到套管破损处。然后旋转钻杆，通过丝杆等部件的作用使卡瓦胀开，固定顶套与波纹管的位置，再上提井下管柱，胀头胀开波纹管，使之紧贴于破损套管内壁，等待固化。

4.2.94 玻璃纤维波纹衬管贴补

将由外层涂有催化剂的塑料瓦梭状玻璃纤维布,缠绕在涂有防粘剂的胶筒上制成玻璃纤维衬管,下到井内套管损坏位置。从管柱加液压鼓胀胶筒,把玻璃纤维波纹衬管紧紧挤压在破损处。保持压力 12h～24h,待塑料固化后,经试压合格,即可恢复生产。

4.2.95 井下事故

在井下作业时或生产管理过程中,由于卡钻、井下落物等原因,影响生产井正常生产,甚至使生产井报废的事件称为井下事故。

4.2.96 卡钻

管柱在井下不能活动或仅能在很小的范围内活动或转动,不能上起时称为卡钻。卡钻的类型很多,有砂卡、蜡卡、落物卡、套管变形卡、水泥卡等。

4.2.97 井下落物(落鱼)

凡是掉入或断落在井内的物体称为井下落物,俗称落鱼。一般分为管类落物、杆类落物、小物件落物和绳类落物四大类。

4.2.98 鱼顶与鱼底

井下落物的顶部称为鱼顶。鱼顶井深指鱼顶所在井下位置的深度。

鱼底是指井下落物的底部。鱼底井深指鱼底所在井下位置的深度,即鱼顶深度加上落物(落鱼)的长度。

4.2.99 探鱼

利用油管或钻杆带铅模等工具,在井内探测落鱼的深度和位置的过程称为探鱼。

4.2.100 印模法检测

利用专用管柱下接铅模、蜡模、泥模、胶模等打印工具,对井下落鱼或套管损坏情况等进行打印,对印痕进行描绘、分析、判断,搞清鱼顶、套损点等的几何形状、尺寸和深度位置。这种方法叫印模法检测。

4.2.101 摸鱼

利用油管或钻杆下带打捞工具,在井下寻找落鱼,拨正落鱼,使之进入打捞工具内的过程称为摸鱼。

4.2.102 方入与方余

打捞井下落物时,所使用的打捞管柱上部方钻杆进入转盘以下的长度叫方入;方钻杆上部所剩余的长度叫方余。

4.2.103 鱼顶方入和造扣方入

根据鱼顶深度计算的打捞工具端部碰到鱼顶时,所使用的打捞管柱上部的方钻杆进入转盘的长度叫鱼顶方入。

当打捞工具(公锥或母锥)下到可以造扣到造扣结束,或打捞工具(卡瓦打捞筒)下到可以进行打捞的井深时,打捞管柱上部方钻杆进入转盘的尺寸称为造扣方入。

4.2.104 卡点

指钻具或其他物品在井内被卡的具体位置。

4.2.105 打捞

指利用各种打捞工具捞取井下落物。

4.2.106 硬捞与软捞

用油管、抽油杆、钻杆等连接打捞工具,下到井内进行打捞叫硬捞。用钢丝绳、钢丝连接加重杆、铅锤或油管和打捞工具下入井内进行打捞叫软捞。

4.2.107 打捞工具分类

指按打捞工具的结构形式所划分的种类。一般分为锥类、矛类、筒类、强磁类、篮类、钩类6种形式。

4.2.108 锥类打捞工具

指一种专门在管类落物(油管、钻杆、封隔器、配水器等)的内孔或外壁上进行造扣而实现打捞目的专用工具。这种工具打捞成功率较高、操作简便,但对管壁过薄的鱼头、自由落物等不能使用,捞住鱼头后一旦拔不动,退出工具较难。常用的有公锥、母锥等。

4.2.109 矛类打捞工具

指既能打捞自由落物，又能打捞遇卡落物，形状像矛一样的打捞工具。常用的有滑块捞矛、接箍捞矛、可退式捞矛等。

4.2.110 筒类打捞工具

指用来打捞管、杆一类落物的打捞工具。常用的有不可退式卡瓦打捞筒、可退式卡瓦打捞筒、短鱼顶打捞筒、测井仪打捞筒、抽油杆打捞筒等。

4.2.111 强磁打捞工具

指利用磁铁吸铁的原理打捞铁类小物件的专用打捞工具，如磁铁打捞器等。

4.2.112 篮类打捞工具

指用来打捞小落物、绳类、非金属碎块的打捞工具。常用的有反循环打捞篮、老虎嘴等。

4.2.113 钩类打捞工具

指专门用来打捞绳、缆、钢丝等落物的打捞工具。按其结构形式可分为内钩、外钩、内外组合钩、壁钩、活齿外钩等几种形式。

4.2.114 公锥

指打捞钻杆或油管及其他管类落物的一种打捞工具。

公锥是一个通心圆锥体，其两端车有螺纹，上端用来连接钻杆或油管，下端特制螺纹用来打捞落物。公锥下端有正扣和反扣两种，正扣公锥直接用来造扣打捞管件，反扣公锥是为倒扣用的。

4.2.115 母锥

母锥为一个锻制的短钢管，其顶上车有母扣，方便与钻杆连接，下部车有锥形的内打捞扣，扣上带有切削槽，用来打捞钻杆、油管等。母锥也有正扣与反扣之分。

4.2.116 打捞矛

打捞矛是从管子内壁打捞管类落物的一种工具。

用上提下放和不同方向转动，使打捞矛进入管类落物的内腔，然后逐渐向上提紧，使打捞矛的卡瓦在重力和管壁摩擦力的作用下,向圆柱杆的下端移动,直到打捞矛的圆柱杆和卡瓦与管壁内表面牢牢卡死为止,起钻将落物捞出。

4.2.117 井下打捞增力器

井下打捞增力器由套管锚定部分、增力部分、打压球座三部分组成(图4.36)。套管锚定部分的作用是将井下打捞增力器锚定在套管上,并承受增力部分所产生的应力。增力部分是直接产生拉力的部分。打压球座可以保证工具在水平的状态下打压,同时也可根据要求自动卸压。

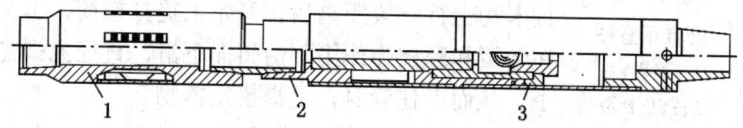

图4.36 井下打捞增力器结构示意图
1—锚定部分;2—增力部分;3—打压球座

4.2.118 提放式可退捞矛

提放式可退捞矛由矛杆、矛爪和换向等部分组成(图4.37)。捞矛下井时,换向部分位于短轨道外,矛爪处于收缩状态。当捞矛接触并插入鱼腔时,矛爪推动换向部分移动,进入长轨道,此时上提管柱,矛爪与矛杆斜面接触,直径胀大,将落鱼牢牢抓住。

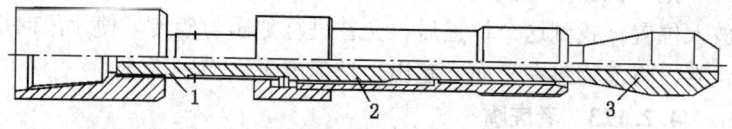

图4.37 提放式可退捞矛结构示意图
1—矛杆;2—换向部分;3—矛爪

4.2.119 凹面磨鞋

凹面磨鞋由磨鞋、YD合金及其他耐磨材料组成(图4.38)。由于凹面磨鞋的底面为5°~30°凹面角,在磨削过程中罩住落鱼,迫使落鱼聚集于切削范围之内而被磨碎，磨碎物由洗井液带出地面。

4.2.120 卡瓦打捞筒

指一种捞油管、钻杆的打捞工具。它由壳体、卡瓦、配合接头和引鞋等部件组成。

当引鞋切口把落鱼引进打捞筒后，继续下放打捞筒，落鱼上顶卡瓦，迫使卡瓦克服弹簧的阻力而沿斜面向上移动，打捞筒内径变大，落鱼通过卡瓦上行一段距离后，开始上提打捞筒，卡瓦在弹簧和摩擦力作用下沿斜面下滑，直径愈来愈小，从而卡住管身，上提捞出落物。

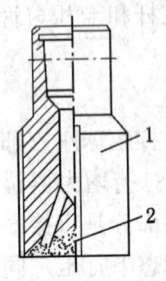

图 4.38 凹面磨鞋示意图
1—磨鞋体；
2—YD合金

4.2.121 磁铁打捞器

用来打捞钳牙、卡瓦牙、锚头、阀球座等小物件的一种打捞工具。它由接头、壳体、顶部磁极、永久磁极、底部磁极、青铜套和铣鞋等组成。

磁铁打捞器由钻杆或油管下入井内，开泵进行正反循环，将落物聚集在井底中心，停泵后加压吸落物，平稳起钻捞出小落物。

4.2.122 一把抓

指用来打捞单独落井小物件的工具，如钢球、钳牙、卡瓦等。

把一把抓下入预定位置后，变换几个方向下放，寻找最大的放入位置。找到这个位置后，交替进行加压与旋转，使牙齿向里包卷，将落物包在里面，起出一把抓就可以捞出落物。

4.2.123 老虎嘴

指用无缝钢管氧焊割成老虎嘴状的打捞钢丝绳的工具。它由嘴腔、嘴角、嘴唇三部分组成。

打捞时将老虎嘴下至鱼顶上部，开泵冲洗后，旋转不同方向并上下活动，待落物进入嘴腔后，稍加压起钻捞出落物。

4.2.124 活页式打捞器

指由接头、主体、活页和引鞋组成的打捞工具。活页中间有开豁圆孔，一端有绞链固结，可向上开启，当抽油杆进入活页打捞器后即顶开活页，鱼顶进入一定长度后活页下落，使抽油杆进入活页开口，上起打捞器时活页卡住抽油杆的接头，将它带至地面。

4.2.125　捞钩

指用于打捞弯曲抽油杆的打捞工具。打捞时，将钩子下过第二根抽油杆之上接头，然后转动一两圈，使抽油杆进入钩子内，上提钩子卡住落物接头而被捞出。

4.2.126　施工一次成功率

指成功工序与实施工序的百分比。

成功工序指符合质量标准和录取资料标准的工序；实施工序指实际施工中的工序。

第5章 开发动态监测

5.1 生产测井

5.1.1 油(气)田开发动态监测

指运用测量、测试、试井、测井、密闭取心、分析化验等手段和方法,获取油(气)田开发过程中静态和动态信息,为油(气)田开发动态分析、调整挖潜和提高油(气)田开发效果提供第一性数据。

5.1.2 监测系统

指为进行油(气)田开发动态监测而建立起来的观测体系。它包括监测的组织分工、监测内容的确定、观测点的建立、资料验收等一整套工作。油(气)田开发动态监测系统包括许多子系统,一般有压力、流体流量与性质、水淹情况、采收率、气顶气及油田水入侵情况、井下技术状况等监测系统。

5.1.3 压力监测系统

指监测油(气)田地层压力变化而设置的观测体系。这个体系要求能反映整个油(气)田地层压力的分布与变化状况,测压点要遍及油(气)田的各个部位,自喷油井观测时间相隔一般不超过三个月,抽油井及采气井一般不超过半年。

5.1.4 流体流量监测系统

指为监测油(气)田产油量、产气量、产水量及注水量变化而建立的观测体系。

为了准确反映油(气)田采油(气)速度及产油(气)能力的变化,每口生产井都要按时进行产油、产水或产气量的测量。注水开发油田要选择半数以上(自喷井)或1/3以上(抽油井)井点,每年作一次分层测试,以便搞清各类油层的动用状况和见水情况；全部分层注水井每年都要作一次分层测试，以便搞清各类油层的吸水状况。

5.1.5 流体性质监测系统

指为监测油（气）田油、气、水性质变化而建立的观测体系。

流体性质监测系统应在油（气）田投产时建立，要选择相当数量有代表性的井点进行高压物性取样，大部分井要作地面原油、天然气及地层水性质的分析化验。开发过程中应选择部分可对比的井点进行高压物性取样，1/5～1/4 的油井作为流体性质观测井，每年取样分析化验一次。

5.1.6 水淹监测系统

指为监测油（气）田各类油（气）层水淹状况及其变化而建立的观测体系。

对新投产的调整井，每口井都要进行水淹监测，老井应选择少量油（气）井作定期观测井点，对比含水饱和度变化，定期对各类油（气）层作水淹状况分析，搞清剩余油（气）的分布。

5.1.7 气顶气窜流监测系统

指为监测气顶气向油区窜流状况而建立的观测体系。

带气顶的油田，由于纯油区地层压力下降，气顶气容易窜入油井，影响油井生产。监测气顶气的窜流情况，可在油气边界选择少量油井作为定期观测点。

5.1.8 原油外流监测系统

指为监测油田边缘原油外流状况而建立的观测体系。

注水开发油田，由于油区地层压力高，容易产生原油向油田外流动。可在油水边界外钻少量观测井，定期观测原油外流情况。

5.1.9 油气、油水、气水界面监测系统

指为油（气）田的油气、油水、气水界面变化状况而建立的观测体系。

带气顶的油田应在油气边界附近确定适量观察井，定期观测

油气界面变化情况。边水或底水油田应在油水边界附近钻少量观测井定期观测油水边界推进的情况。水驱气田应在气水边界附近钻少量观测井定期观测气水边界推进的情况。

5.1.10 水障监测系统

指为带气顶油田水障变化状况而建立的监测系统。

有的带气顶油田采用在油气边界上钻一圈注水井进行注水，用水线把气顶区与含油区隔开，保证气顶气不窜入油井，因此要在水线附近选择部分井对水障变化作定期监测。

5.1.11 储层物性监测系统

指为储层物性变化状况而建立的观测系统。

注水开发油田，经长期注入水冲刷后，储层的孔隙度、渗透率、含油饱和度等都会发生变化，因此应选择少量井用测井方法定期进行观测，或在不同投产时间的老井旁边钻密闭取心井，取岩心样品进行孔隙度、渗透率、含油饱和度分析化验，与老井进行对比，研究其变化状况。

5.1.12 温度场监测系统

指为了解油层温度变化状况而建立的观测系统。

注水开发油田，由于长期注冷水，油层温度下降，距注水井愈近，温度下降的幅度愈大，原油黏度增大，轻质成分减少，影响最终采收率的提高，因此应选择适量油井进行定期测温，观察其油层温度的变化。采用热力开采的稠油油田也需要观察油层温度的变化。

5.1.13 井下技术状况监测系统

指为了解各类井套管损坏状况而建立的观测体系。

为了掌握套管损坏程度变化，可确定几条检测剖面，每个剖面上选择几口井作为观测点，每年检测一次。

5.1.14 采收率监测系统

指为监测残余油（气）饱和度及驱油效率的变化而建立的观测系统。

一般可选择部分有代表性的油（气）井作为饱和度变化观测

井点，定期观测。另外，可部署少量密闭取心和压力取心井，监测残余油（气）饱和度及驱油效率的变化。

5.1.15 生产测井（开发测井）

生产测井，又称开发测井，是指开发井在生产过程中用各种测试仪器进行井下测试，获取地下信息。一般包括以下4个内容：

（1）生产剖面测井；
（2）注入剖面测井；
（3）工程测井；
（4）地层参数测井。

5.1.16 生产剖面测井

在油井生产过程中，为了解每个小层的出油情况、见水状况及压力变化所进行的各种测井统称为生产剖面测井。如测量油井的温度变化、体积流量、含水比、流体密度等参数来定量或定性解释采油井每个油层的产液量、含水率、产油量和产水量。

5.1.17 注入剖面测井

为了解注水井每个层段或单层的吸水状况而进行的测井，统称为注入剖面测井。主要测量在一定注水压力条件下每个层段或单层的吸水量。

5.1.18 工程测井

为了解井下管柱深度，检查井下技术状况等而进行的测井统称为工程测井。其主要内容包括管柱深度、套管损坏（变形、破裂、错断和漏失）、井径变化、套管腐蚀及补贴效果、射孔质量、固井质量、管外窜槽位置、压裂酸化及封堵效果、出砂层位等检测。

5.1.19 地层参数测井

为了解油（气）层物性而进行的测井统称地层参数测井。其主要内容包括油（气）层岩石孔隙度、渗透率、含油（气）饱和度等。

5.1.20 过环空测井

指通过油管与套管之间的环形空间,起下测井仪器,在套管内录取各种参数的测井。

5.1.21 时间推移测井

针对油水井需要解决的问题,用几种测井方法有计划地进行定期监测,随着时间的推移不断积累资料,以掌握其变化规律而进行的测井称为时间推移测井。

5.1.22 生产动态测井

通常把确定产出剖面和注入剖面的测井称为生产动态测井。

5.1.23 评价生产层测井

通常把判断水淹层及确定残余油饱和度的测井称为评价生产层测井。

5.1.24 水淹层测井

指利用自然电位、自然电流、电阻率、声速、相位介电、人工电位等测井方法所取得的资料,经过判别法或优化法进行综合解释,以确定油层水淹程度的测井方法。

5.1.25 中子寿命"测—注—测"法

指通过测量油层的热中子俘获截面来确定剩余油饱和度的测井方法。如果油层孔隙度大于15%,其精度很高,解释误差在10%以内。这种测井方法还可用来评价酸化、堵水效果。

5.1.26 碳氧比能谱测井

指利用元素碳和氧对快中子的非弹性散射截面的差别及放出的伽马射线能量的差别来确定剩余油饱和度的测井方法。适用于孔隙度大于20%的油层,孔隙度为10%～20%时解释不准确,孔隙度小于10%时不适用。这种测井方法还可用来探测油气层,监视油水界面,判断水淹层,监测油层产出情况及注入蒸汽前缘等。

5.1.27 套管损坏测井

指用来测量套管变形、破裂、错断、外漏、腐蚀状况的测井方法。此方法包括井径法、超声波电视法、磁测井法、测斜仪测井、陀螺定向仪测井、噪声测井等。

5.1.28　固井质量测井

指用来检查固井质量的测井方法，包括声波测井、放射性示踪测井、井温测井等。

5.1.29　改造生产层测井

指用来选择和评价生产层改造效果的测井方法，包括井温测井、放射性测井、声幅测井、声波测井等。

5.1.30　防砂测井

指用来确定出砂层位和沉砂效果的测井方法，有井径测井、声波测井、噪声测井、自然伽马测井、井温测井等。

5.1.31　流量测井

指测量井内流体数量的测井方法，最普通的是涡轮流量计测井、放射性示踪测井等。

5.1.32　涡轮流量计测井

指利用各种类型涡轮流量计测量分层产量。

涡轮流量计工作原理是：涡轮流量计的传感器由装在低摩阻枢轴扶持的轴上的叶片组成。轴上装有磁键或不透光键，井内流体推动涡轮转动时，检流线圈或光管可测出涡轮的转速。当流体呈单相流且流量超过某一数值后，涡轮的转速与流速成线性关系。记录涡轮的转速，便可算出流体的流量。

常用的涡轮流量计有全井眼流量计、连续流量计、封隔式流量计、伞式流量计和胀式流量计等。

5.1.33　敞流式涡轮流量计测井

指用不带导流机械装置的连续流量计和全井眼流量计（图5.1），在井筒内原有流动状态下进行测量，既可连续测量，也可进行点测。测量时，仪器从油管或油、套管环形空间下入射孔井段，扶正器使仪器居中，以合适的恒定速度上提或下放仪器进行测量。这种测井的优点是可以测取连续变化的流动剖面，而且测井工艺简单。使用的条件是中、高流量的单相流，两相流动条件下，效果变差，必须结合流体密度或含水率测井才能估算各相分层流量。

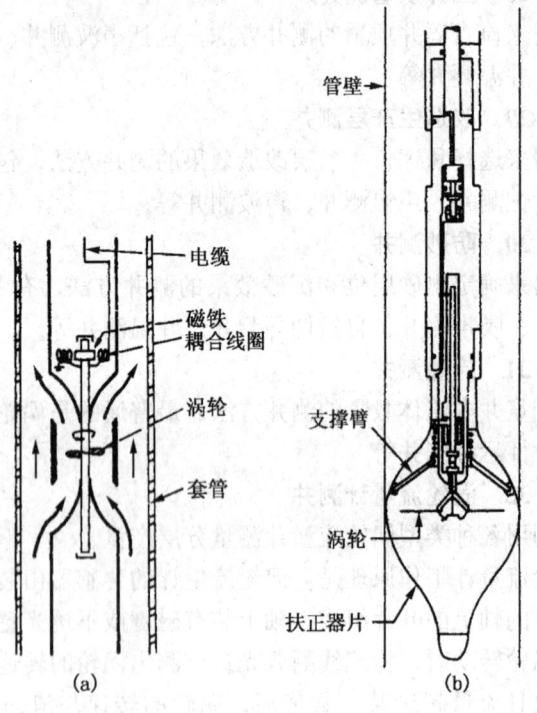

图 5.1 连续流量计 (a) 和全井眼流量计 (b)

5.1.34 导流式涡轮流量计测井

指用带有机械导流装置的封隔式流量计、伞式流量计、胀式流量计（图 5.2）测量分层产量。

测井时仪器封隔流道，迫使井内流体全部或部分混合，加速流过一定内径的导流器喉道，作用于涡轮传感器。收集到的信息可根据图版换算成体积流量。

封隔式流量计测井时用皮囊胀开封隔流道，由于皮囊承受压力有限，只能测流量小的井。伞式流量计和胀式流量计用金属旋翼张开封隔流道，能承受较大的压力，所以可测量小至中等流量的井。这种测试方法只能进行点测，测井工艺较复杂，如封隔不

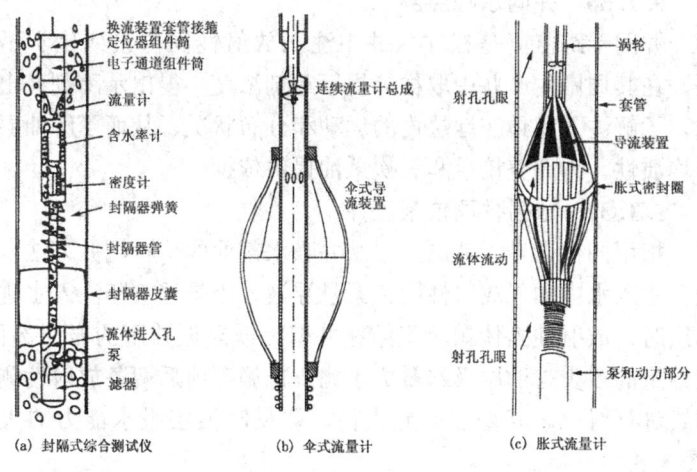

图 5.2 封隔式综合测试仪、伞式流量计和胀式流量计

好,解释结果会造成假象。但亦有其优点:一是测井结果受流体密度和黏度影响轻微,校正量很小;二是解释结果受油、气、水之间滑动速度影响很小,所以可以按均流模型求解各相流量,给多相流动测试分析带来方便。

5.1.35 核流量计测井

指利用人工放射性同位素作示踪剂,监视井下流体流动状态和观察油井技术状况的一种测井方法。

这种测井方法由放射性材料的使用和伽马射线探测器的记录两部分组成。测量井下流量和流动剖面主要有两种方式:一种是载体法,即利用固相载体吸附放射性同位素并混入注入流体内,用伽马探测器测量示踪剂沿井剖面的分布状况,求出各吸入层的相对流量。另一种是速度法,即采用专门的放射性示踪流量计,将稀释后的放射性同位素喷射入井内流体,测量示踪剂随井下流体的移动情况,求出各层段的体积流量。这种测井方法主要用于涡轮流量计不能测量的低产井或抽油井。

5.1.36 井间示踪监测

井间示踪监测是在注入井中注入放射性同位素或化学示踪剂,在其周围生产井中取样分析示踪剂浓度,得出示踪剂产出曲线,了解注入流体在地层内的运动和分布状况,从而了解油层的非均质性,为调整挖潜和三次采油提供依据。

5.1.37 放射性同位素测井

指用同位素悬浮液测定注水井吸水剖面的一种测井方法。它是在注入水中加入放射性同位素悬浮液,当悬浮液随注入水进入油层时,放射性固体颗粒集结在井壁上或靠近井壁的岩层部位,集结量的多少与油层吸水量成正比。把施工前后两条放射性测井曲线进行对比,其增加的异常值,即反映油层吸水能力的大小(图 5.3)。

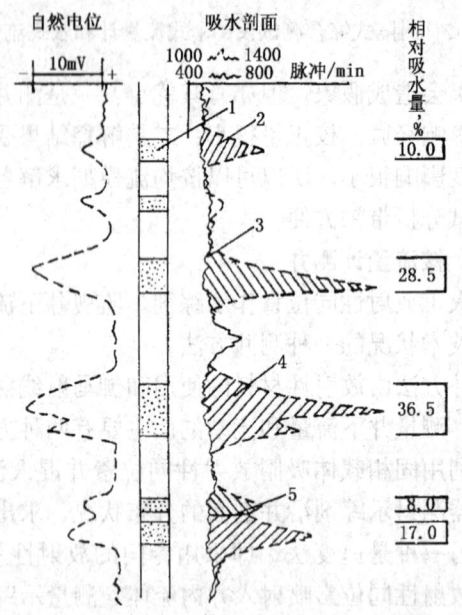

图 5.3 放射性同位素测井曲线
1—吸水层;2—同位素曲线;3—自然伽马曲线
4—吸水面积;5—分层线

5.1.38 极化

在电场作用下,介质分子中正、负电荷重心不重合,并沿电场方向定向排列的现象叫极化。

5.1.39 人工电位与人工电位测井

介质通电后发生极化,所产生的电位称为人工电位。利用人工电位测井仪沿井身测量人工电位变化的测井方法叫人工电位测井。利用人工电位测井曲线(图5.4)可判断水淹层,确定水淹层的含水率等。

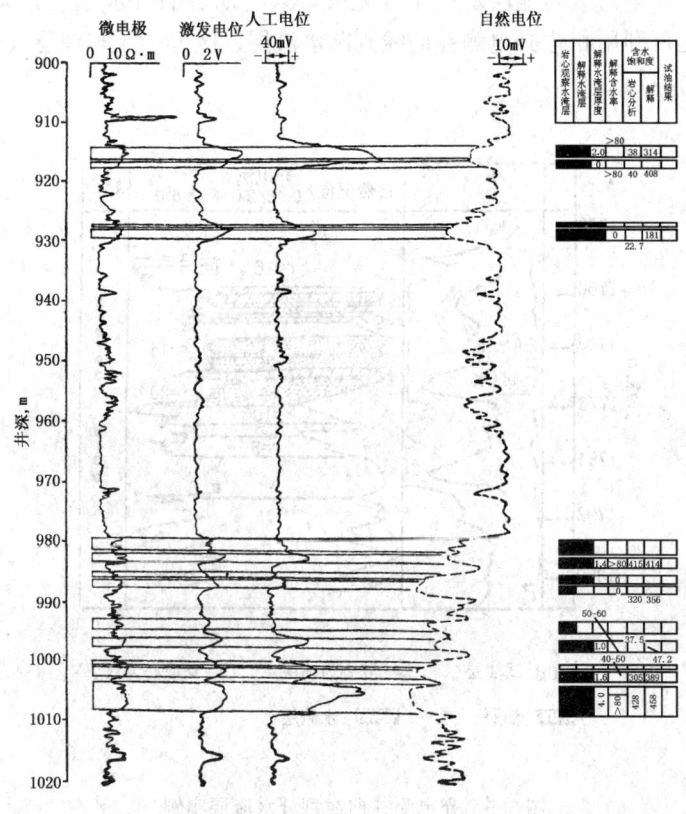

图5.4 人工电位测井判断水淹层实例

5.1.40 介电常数

介电常数是表示介质在外电场作用下极化能力强弱的物理量。如石油的介电常数接近 2，石英、长石、云母、方解石的介电常数在 4.2~8 之间，水的介电常数为 80。

5.1.41 相位介电测井

利用相位介电测井仪沿井身测量电磁波传播过程中相位变化，通过相位变化与介电常数的关系来确定地层的介电常数，这种测井方法叫相位介电测井。

介电常数与地层水矿化度无关，只与地层的含水程度有关，因此可利用相位介电测井曲线判断水淹层、区分水层与油层（图 5.5）。

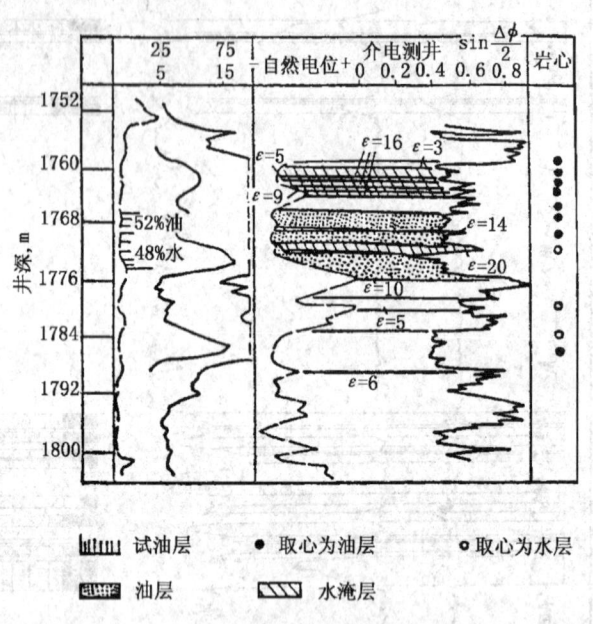

图 5.5 介电测井曲线划分水淹层实例

5.1.42 流体识别测井

指利用仪器测量井内流体的密度或持水率来识别流体性质的一种测井方法。测量流体密度的仪器有压差密度计和伽马密度计，测量混合流体持水率的仪器有电容式含水率仪、放射性含水率仪等。

5.1.43 压差密度计测井（密度梯压计测井）

压差密度计又称密度梯压计，其结构如图5.6所示。利用两个相距2ft❶的压敏波纹管，测量井筒内流体两点间的压力差值。对于摩阻损失不大的井眼，测出的压力梯度正比于流体密度，依此可识别井筒内流体的性质。

5.1.44 伽马流体密度计测井

指利用流体对伽马射线的吸收特性测定流体密度，依此来判断井筒内流体性质的一种测井方法（图5.7）。

5.1.45 电容法持水率计测井

指利用油气与水的介电特性差异测量生产井内流体含水量的一种测井方法。这种方法可识别流体类型及各相流量。按其传感器的测量方法可分为环空式和取样式两种，前者用于连续测量或点测，后者用于点测。

5.1.46 放射性持水率计测井

放射性持水率计是利用低能X光子的吸收特性测量井底持水率及混合流体密度的一种测井方法。

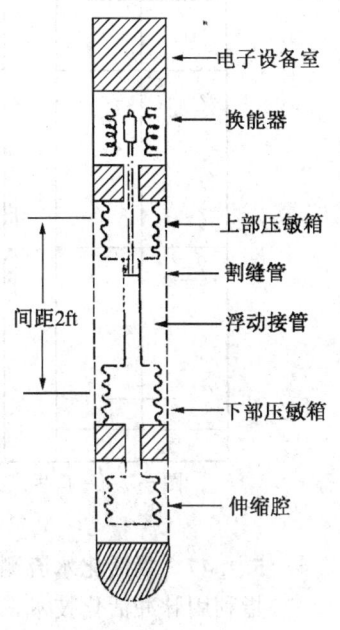

图5.6 压差密度计的结构

---

❶1ft = 0.3048m。

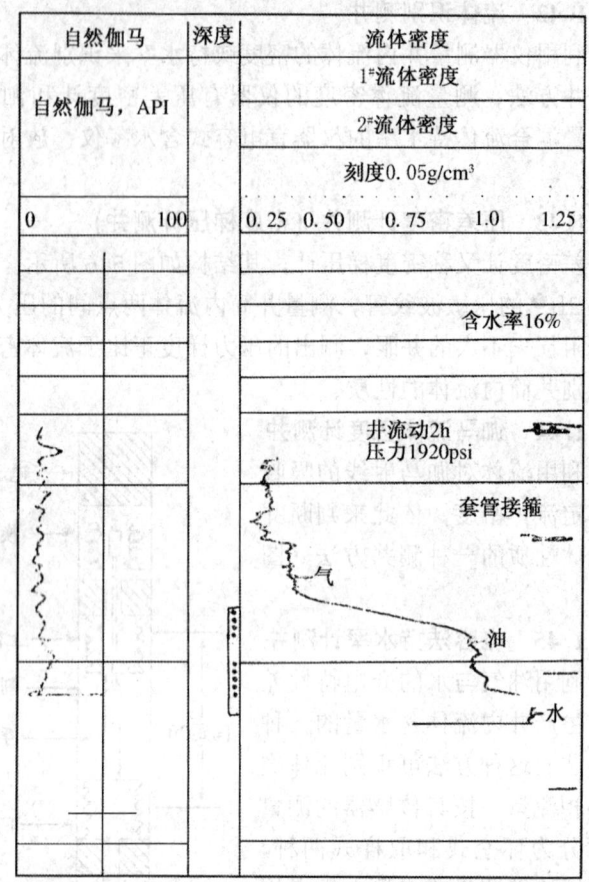

图 5.7 一口生产井的伽马流体密度计测井曲线
（1psi = 6.89kPa）

5.1.47 氧活化水流测井

指利用脉冲活化技术，通过使用短的活化时间，接着用较长的采集时间探测流动的活化水，然后用脉冲源到探测器的间距和活化水通过探测器所用时间计算出水的流速，依此可探测井筒内或套管外水的流动。

5.1.48 噪声测井（声频测井、声呐测井）

噪声测井又称声呐测井、声频测井、井下声频示踪测井。利用井内流体的流动要产生噪声，噪声的频率和幅度与流体的类型、流速以及流动时所通过的介质等有关的原理，测量并记录井下噪声的频率和幅度，与地面实验得到的一系列典型声频曲线比较，就可以鉴别井底流体泄漏和管外水泥窜槽等问题。

5.1.49 微井径测井

指利用微井径仪测量油、气、水井中套管各部位内径的尺寸，提供套管内径变化情况及套管接箍的位置。它可检查射孔质量。若与磁测井和井下超声电视资料综合解释，可判断套管腐蚀及损坏情况。

5.1.50 井下超声电视测井

指利用井下超声电视测井仪在裸眼井拍摄井壁地层照片，了解岩石裂缝及孔洞分布情况；在套管内拍摄内壁照片，了解射孔及套管损坏情况。它以照片形式提供资料，直观，便于分析判断，但由于测井速度低，测量井段不宜过长。它常与磁测井、微井径等测井方法配合使用。

5.1.51 小直径磁性定位器测井

指利用由外壳、永久磁钢、绕组、压力平衡管组成的直径为30mm的小直径磁性定位器对油、水井管柱进行测量，能确定油管接箍、封隔器、节流器、配产器和工作筒的位置和深度。

5.1.52 磁测井仪测井

指利用磁测井仪确定套管内部和外部腐蚀或缺损状况，为井的大修提供依据。新井测得的曲线可作为基础资料，存入井史，再与定期检查的测井曲线进行对比，可研究套管腐蚀情况及防腐措施效果。它与井下超声电视测井配合使用，可对套管损坏状况迅速作出正确评价。

5.1.53 井温测井

指利用井下井温仪连续测量井内不同深度的温度变化。井温测井应用较广，能确定固井水泥返高顶面深度、气夹层层位、产水层位、油气界面位置。还可测定注入剖面，评价压裂和酸化效果等。随着测井工艺技术的发展，综合解释的完善，井温测井资料将会得到更广泛的应用。

5.1.54 示踪剂损耗法测井

这种测井使用一个放射性探测器,记录全层示踪剂液塞的伽马强度(随着示踪剂液塞不断随注入流体进入各射孔层而不断损失,井筒流体的放射性强度也随之减弱,直至消失)的一种测井方法。依据示踪曲线与基线所形成的面积与流量大小成正比的关系来确定每层流量的大小。

5.1.55 放射性示踪速度法测井

这是一种常用的放射性示踪测井方法。测量时仪器浮在两个射孔层之间向井筒中喷射示踪剂,然后测量示踪剂在两个点间的传递所需的时间,由此确定每个解释层的视速度,进而计算出每个解释层的流量。根据测量方法分为静止测量法和追踪法两种。

5.1.56 超声流量计测井

指利用超声波在流体中传播特性来测量流体流量的一种测井方法。根据对信号的检测方法可分为传播速度法、多普勒法、相关法、波速偏移法等。

5.1.57 涡街流量计测井

指利用流体流过阻碍物时产生稳定的漩涡,通过测量其漩涡产生频率而实现流量测量的一种测井方法。

5.1.58 电磁流量计测井

指利用电磁感应原理测出导管中的平均流速,进一步求得液体体积流量的一种测井方法。

5.1.59 低能源持水率计测井

指利用低能光子穿过油、气、水混合物时,油水的质量吸收系数不同而进行持水率测量的一种测井方法。

5.1.60 电导法持水率计测井

指利用油水电导率的差别测量井筒持水率的一种测井方法。

5.1.61 沉降监测测井

指用于监测因油气开采引起地层下沉的一种测井方法。监测方法主要分两种:一种是使用多套管接箍测井仪计算每根套管长度的压缩量；另一种是使用多探头自然伽马测井仪监测地层内部放射性标志的移动。

5.1.62 组件式地层动态测试器

这种测试器（MDT）由电源和电子短节、液压动力组件、单探测器组件、双探测器组件、泵出组件、封隔器组件、光学流体分析组件、多样品组件、1gal❶样品组件、2.75gal样品组件、6gal样品组件等组成（图5.8）。根据具体情况，MDT可组合不同方式进行测试。一次下井可取得不同地层的液体样品，可作出渗透率剖面及水平渗透率等参数。

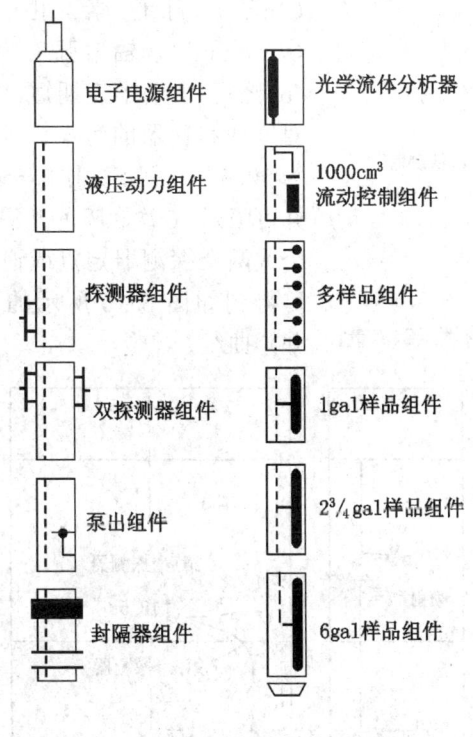

图5.8 MDT仪器组件示意图

---

❶ 1gal = 0.004546m³。

5.1.63 示踪流量计

示踪流量计的结构如图 5.9 所示。仪器上装有一个放射性溶液喷射器，它把少量溶液喷入流体，在喷射器下部（用于注水井）或其上部（用于生产井）安装一个或两个放射性探测器。套管接箍定位器用于确定套管接箍的位置。放射性示踪剂使用的是锡—铟（Sn^{13}—In^{113}）同位素发生器产生的铟（In^{113}）同位素。由于半衰期（99.8min）γ 辐射强度为 0.393MeV（65%）。由于半衰期短，因此可减小对原油和仪器的污染。喷射器（体积为 20cm^3）每次喷射 0.5cm^3，一次下井可喷射 40 次。喷入井筒后，启动一个或两个探测器定点或追踪测量，即可得到如图 5.10 所示的测井（注水井）曲线。

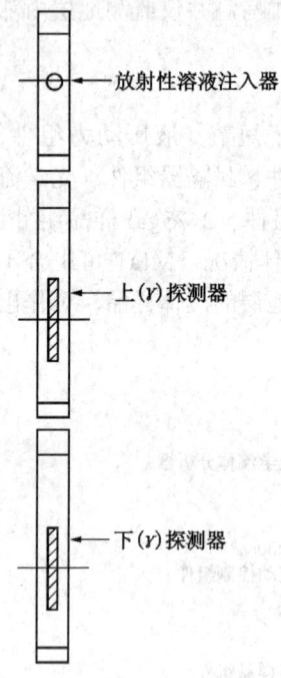

图 5.9 放射性示踪流量计

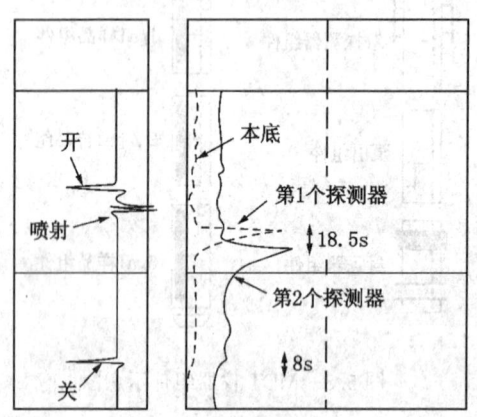

图 5.10 双探测器示踪流速测井图

5.1.64 涡轮产量计

指用于未下配产管柱的油井测量分层产量的测试仪器（图 5.11）。当流量计下到井内测试层后，井内液流通过导流伞进入流量计，推动涡轮旋转，装在涡轮轴上的磁钢随涡轮一起旋转时，感应线圈产生正弦电流或脉冲讯号。讯号由电缆传到地面的脉冲记录仪记录下来，根据液流呈单相流动时，流量与涡轮转速成正比的原理，依据每分钟的脉冲数据确定流量的大小。

5.1.65 204 型浮子产量计

指用于已下配产管柱的油井测量分层产量的测试仪器（图 5.12）。它由测量、记录和导流三部分组成，要与 625-3 型配产器配合使用。下井后使堵塞器坐在待测层段的配产器内，层段液流进入产量计，通过锥形管冲动浮子，浮子带动记录笔向上移动，同时钟机带动卡片筒转动，就可记录下浮子随时间变化的垂直位移曲线。根据浮子的位移，便可计算出产量。

5.1.66 水井连续流量计

水井连续流量计是一种非集流型涡轮测试仪器。它由电缆头、扶正器、加重、磁性定位器、流量传感器 5 部分组成（图 5.13）。测量时用扶正器使仪器位于液柱中心，使液流通过测量仪器。在井眼直径、测速和流体黏度一定的单相流体中，涡轮转速与流量成正比，通过连续测量井内液体沿轴向运动速度的变化来确定注入剖面的吸水量。这种仪器的优点是测井成功率高，测速快。

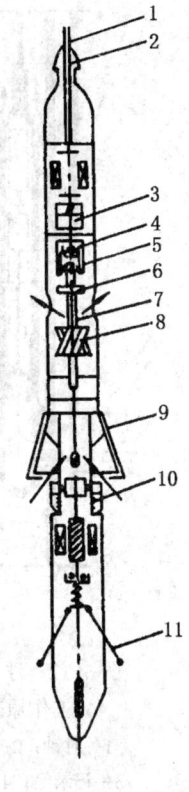

图 5.11 涡轮产量计
1—测试电缆；2—绳帽；3—永久磁铁；4—感应线；5—轴承；6—磁钢；7—轴；8—涡轮；9—导流伞；10—销扣结构；11—扶正器

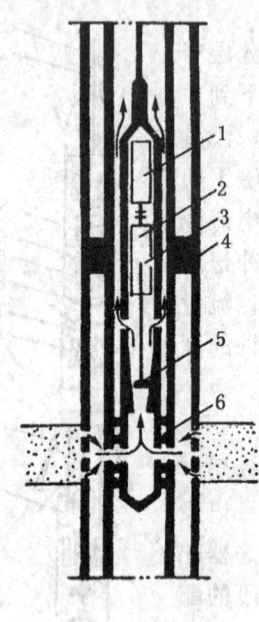
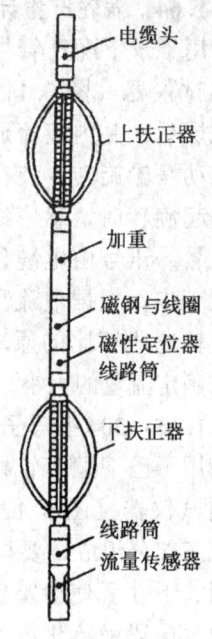

图 5.12 浮子产量计
工作原理图
1—时钟；2—记录筒；
3—记录笔；4—封隔器；
5—浮子；6—密封圈

图 5.13 水井连续
流量计示意图

5.1.67 找水仪

把取样式电容含水率计和涡轮流量计组合在一起成为找水仪。它由皮球式集流器、涡轮产量计、含水率计三部分组成（图 5.14），可以同时测出每个油层的产液量和含水率。

5.1.68 CY-751 型综合测试仪

CY-751 型综合测试仪是在 73 型找水仪的基础上发展起来的集流式系列仪器。它由集流器总成、涡轮流量计、持水率计、伽马密度计、振弦压力计等组成（图 5.15）。它能在自喷井正常

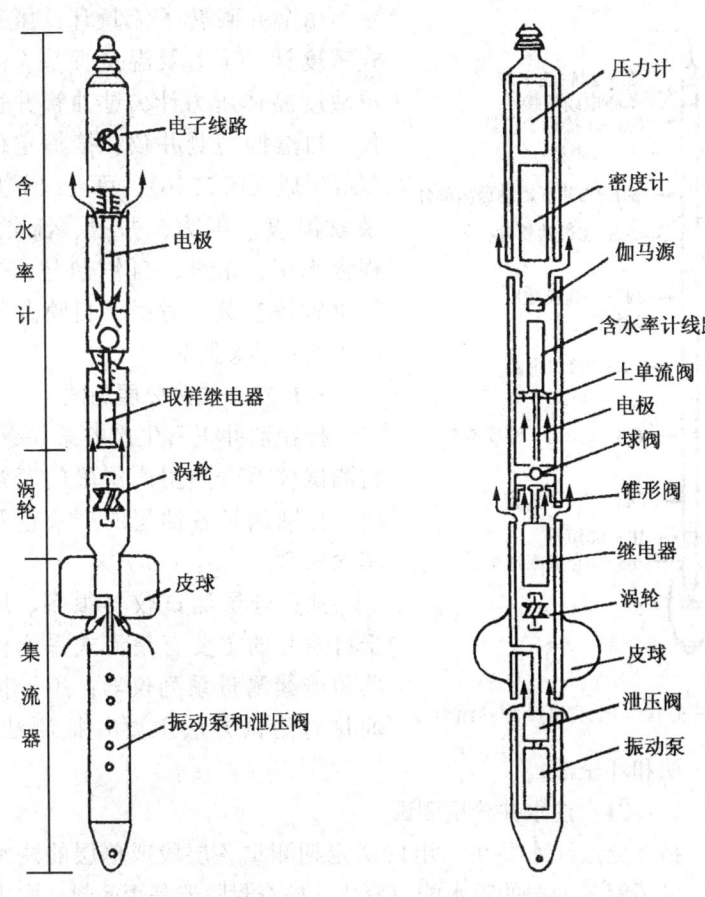

图 5.14 73 型找水仪结构示意图

图 5.15 CY-751 型综合测试仪示意图

生产的情况下,一次下井取得体积流量、流体密度、持水率、流动压力 4 个参数,通过计算可确定油井分层的产油量、产水量、流动压力、产气层位和估算产气量。

5.1.69 PLT 生产测井组合仪

PLT 生产测井组合仪是可连续测量又可点测的多参数测井

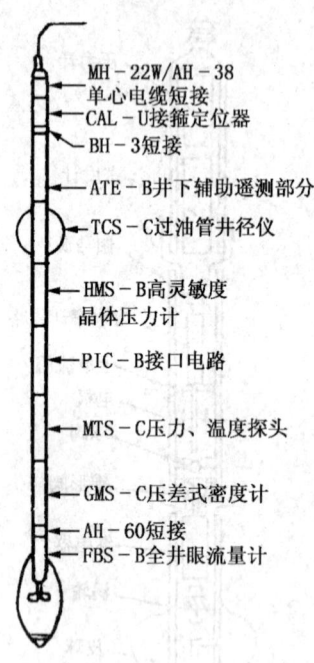

图 5.16 PLT 生产测井组合仪

仪。由全井眼转子流量计、压差式密度计、压力及温度探头、高灵敏度晶体压力计、过油管井径仪、自然伽马测井仪、接箍定位器等组成（图 5.16）。可一次下井录取温度、压力、井径、流量、视含水率、密度、自然伽马、接箍位置等参数。适用于自喷井的油水两相动态监测。

5.1.70 油井分层测试

指在油井正常生产的条件下，将测试仪器下到生产层段的套管内，分别测量各油层的产液量及其含水率。

油井分层测试仪器很多，用于自喷井的主要有集流式系列仪器和连续测量系列仪器；用于抽油井的测试方法主要有抽测法、气举法和环空法。

5.1.71 注水井分层测试

指在分层注水井内，用仪器定期测量各层段或单层的注水量，以了解各油层的吸水能力变化，检查封隔器是否密封，配水器工作是否正常，以及井下作业施工质量等。

注水井分层测试的仪器常用的有集流式点测流量计、注水井连续流量计、放射性同位素测井仪、井温仪等。

5.1.72 分层采油井测试管柱类型

指分层采油井测试管柱的结构形式。分为中心式和偏心式两种。中心式分采管柱由活动式配产器、封隔器、油管和丝堵等组成〔图 5.17（a）〕，分采层段最多为五级，这种管柱称为 625-3 型配产管柱；偏心分采管柱由偏心工作筒、偏心配产器、封隔

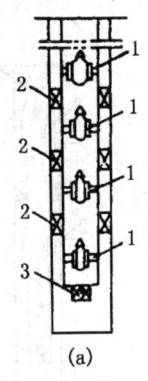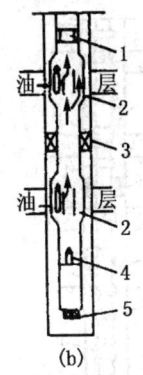

图 5.17 分采井测试管柱类型图
(a) 中心式分采管柱：1—中心活动式配产器；
2—封隔器（甲、乙、丙、丁）；3—丝堵；
(b) 偏心分采管柱：1—工作筒；2—偏心配产器；
3—封隔器；4—撞击筒；5—丝堵

器、油管、撞击筒和丝堵等组成 [图 5.17（b）]。

5.1.73 注水井测试管柱类型

指注水井测试管柱的结构形式。分为固定式、空心式、偏心式三种。固定式管柱是把固定式配水器、封隔器、底部循环阀等按要求连在管柱上 [图 5.18（a）]；空心式管柱由空心活动配水器、封隔器及油管组成 [图 5.18（b）]；偏心式管柱由偏心工作筒、偏心配产器、封隔器、油管、撞击筒和丝堵等组成 [图 5.18（c）]。

5.1.74 吊测法

吊测法是分采井常用的测试方法。测试时，将仪器与钢丝（或电缆）连接在一起，下到预定深度后，悬挂足够时间，再通过地面动力设备将仪器取出。

5.1.75 投捞法

投捞法也是分采井常用的测试方法。测试时，将仪器和脱卡工具连接在录井钢丝上，下到预定深度后，让仪器与脱卡工具分

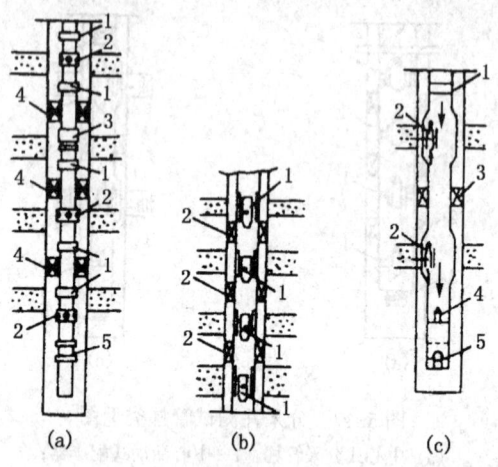

图 5.18 注水井测试管柱类型

（a）固定式：1—测试定位接箍；2—固定式配水器（745-4型）；3—固定式配水器（745-5型）；4—封隔器（745-8型）；5—循环阀；(b) 空心式：1—401空心配水器；2—封隔器；(c) 偏心式：1—工作筒；2—偏心配水器；3—封隔器；4—撞击筒；5—底部阀

开，使仪器留在井内。如此反复操作，陆续将仪器分别坐落到欲测的各层位同时测试，测完后再用专门打捞工具将仪器逐一捞出。

5.1.76 环空测试法找水

在油井正常生产情况下，从油、套管环形空间起下仪器，在套管中测试。此法是目前最好的有杆抽油井找水的方法。测试前后不用作业，成本低，测试过程中不改变油井的正常工作制度，测试周期短，资料符合率高。套压大于1.5MPa及套管变形、破裂的井不能使用这种方法。

5.1.77 气举法找水

气举法找水是有杆抽油井找水测试的一种方法。测井前起出生产管柱，下气举管柱，用压风机气举生产，待产量稳定后进行测试。此法对井的要求简单，可用自喷井的仪器进行测试；但从抽油变为气举时要动管柱，改变了井的生产状况，测试资料可信程度差；测一口井周期较长，约 4d～5d，施工费用较高。

5.1.78 抽测法找水（事先下入仪器法）

抽测法找水又称事先下入仪器法，也是有杆抽油井找水测试的一种方法。在测井前要先起出生产管柱，将仪器用电缆从套管中下入井底，然后下入生产测试管柱，边抽边测。此法虽有气举法的优点，但起下管柱次数多，周期长（约 3d～8d），施工费用高，油井工作制度不易稳定，资料可信程度较差。

5.1.79 投球法

投球测试是注入井分层测试的常用方法。测试时，按测试管柱中不同直径的球座选用相应的堵塞球，用钢丝连接投到最下面的测试层段，测完后取出。如此上返，测完所有层段。每一层段测试时，均用地面流量计记录不同压力下的全井产量，然后用递减法求出每个层段的产量。

5.1.80 浮球法

浮球测试也是注水井分层测试的常用方法。测试时，利用注入水将塑料球带到井内应测层位，封堵相应球座孔眼，测完后停止注水，用放流办法将球反冲出来。其投球次序也是先下后上。这种测试方法简便，较投球测试效果好。

5.1.81 井下取样器

指用来录取生产井高压油、气、水样的仪器。

取样器的种类很多，但基本结构和原理都相似。一般由控制器、上下阀和样筒三部分组成。控制器按其结构分为时间控制式、锤击式、压开式和刮壁式等。

以锤击式取样器为例（图 5.19）。取样前，取样器上下阀由三个钢球锁住，呈顶开状态。下井后，堵塞器坐在它的工作筒内，层段流体顶开下阀经样筒由出液孔流到油管。投入重锤后，控制帽受击向下，三个锁球进入控制帽的内槽，顶杆松开，上阀在弹簧作用下关闭。样筒内外压力平衡，下阀也靠弹簧作用关闭，层段的流体样品封闭在样筒内。按同样方法可录取其他层段

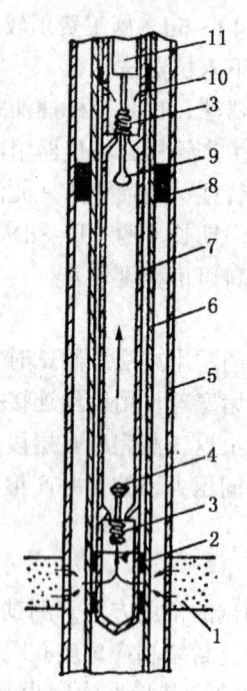 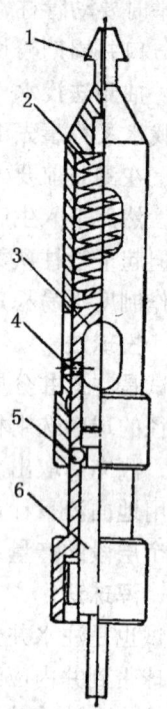

(a) 取样器工作原理示意图　　(b) 锤击式控制器

图 5.19　取样器工作原理示意图（a）
和锤击式控制器（b）

(a)：1—油层；2—堵塞器；3—弹簧；4—下阀；
5—套管；6—油管；7—样筒；8—封隔器；
9—上阀；10—出液孔；11—控制器顶杆；
(b)：1—绳帽及控制器外套；2—弹簧；3—支架；
4—定向螺钉；5—钢球；6—顶杆

的流体样品。

5.1.82　井下压力计

指用来测量井下压力的仪器。井下压力计的种类很多，但其工作原理基本相同。

当压力计下到井下后，高压流体通过外壳上的进气孔，经滤网、压缩褶皱盒将压力经毛细管传给螺旋弹簧，使弹簧管随压力发生不同程度的扭转，带动上端的记录笔在记录卡上画出扭转轨迹。同时记录筒由钟机带动向下移动，得到压力随时间变化曲线。根据弹簧扭转应变大小和压力关系，就可算出测点的压力值。

5.1.83 测压卡片图形

指由测压仪记录井下压力状况的图形（图 5.20）。根据图形可计算出井底压力。

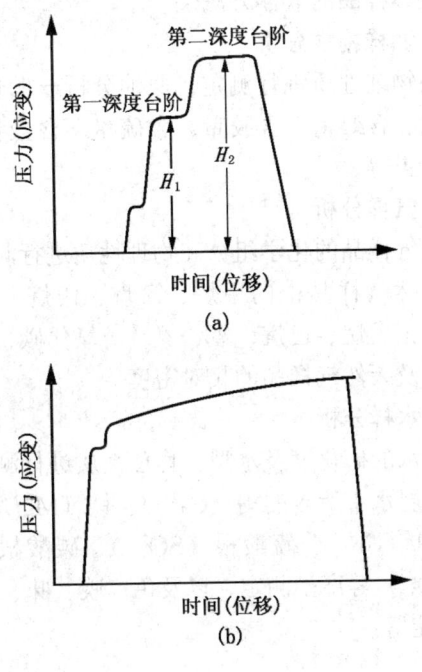

图 5.20 测压卡片图形
(a) 流压（静压）记录卡片图；
(b) 压力恢复曲线卡片图

5.1.84 振弦压力计

振弦压力计主要由膜片、磁钢、线圈、软铁、钢弦等组成的多用于抽油井不起泵测量井底压力的仪器。其工作原理是：被测压力直接作用于仪器膜片上，膜片受压就会发生挠曲变形，并把张紧了的钢弦放松，钢弦的振荡频率随即发生变化。被测压力越高，钢弦越松，振荡频率越低。此变化由通信道传至地面频率计显示出来，根据测定的频率值就可确定井下压力。

5.1.85 分层取样

指利用封隔器和配产管柱，用分层取样器录取油井、注水井中各油层的流体样品的取样方法。

5.1.86 油样物性分析

指对原油物理性质进行测定。原油分析一般包括相对密度、黏度、凝固点、含蜡量、含胶量、含硫量、含盐量、含沥青量、含水量、含砂量等。

5.1.87 气样分析

指对天然气样品的化学组分和物理性质进行测定。气样分析一般要分析天然气样品中的甲烷、乙烷、丙烷、异丁烷、正丁烷、异戊烷、正戊烷、己烷、氧、氮、一氧化碳、二氧化碳、硫化氢等含量以及天然气样品的相对密度。

5.1.88 水样分析

指对地层水的矿化度及水型、物理性质进行测定。水样分析一般包括对地层水中所含的钙（Ca^{2+}）、镁（Mg^{2+}）、钾（K^+）、钠（Na^+）、氯（Cl^-）、硫酸根（SO_4^{2-}）、碳酸根（CO_3^{2-}）、重碳酸根（HCO_3^-）等离子测定，以及色、嗅、味、透明度、悬浮物、pH值测定等。

5.2 地球物理测井（测井）

5.2.1 地球物理测井（测井）

利用岩层的各种物理特性（如化学特性、导电性、声波特性、放射性及中子特性等），采用专门的测井仪器，沿井身剖面测量地球物理参数的方法称地球物理测井，简称测井。它是研究油、气、水层及井况的重要手段之一。

5.2.2　测井系统

指包括地面设备和井下仪器的全套测井装备。

5.2.3　测井响应

指在测井环境条件下，井下地层的岩性和物性在各种测井曲线上的反应。

5.2.4　自然电位

在井中未通电的情况下，放在井中的电极与地面电极之间存在电位差。这种电位差是自然场产生的，故称为自然电位，用 SP 表示。

5.2.5　自然电位测井

利用自然电位测井仪在井中测量自然电位随井深的变化叫自然电位测井，测得的曲线叫自然电位曲线（图 5.21）。自然电位曲线可用来判断岩性、划分渗透层、求地层水电阻率、估算黏土含量、判断水淹层等。

5.2.6　自然电位基线

以泥岩电位为基值，作为计算电位变化的相对零线，此线称为自然电位基线（图 5.21）。

5.2.7　自然电位曲线干扰

在自然电位测井中，有许多与地层自然电位无关，但影响自然电位曲线形状的因素叫自然电位曲线干扰。干扰的因素很多，如电极极化、绞车磁化、电蚀作用、工业迷散电流等。

5.2.8　电极系

普通电阻率测井的线路中，有两个供电电极（以 A、B 表示）和两个测量电极（以 M、N 表示），两个供电电极 A、B 和一个测量电极 M（或两个测量电极 M、N 和一个供电电极 A）组成的电极系叫电极系。根据电极间的相对位置不同，可分为梯度电极系和电位电极系两种基本类型。

5.2.9 成对电极与不成对电极

在电极系的三个电极中,有两个在同一线路(供电线路或测量线路)中,叫成对电极或叫同名电极。另外一个和地面电极在同一线路(测量线路或供电线路)中,叫不成对电极或叫单电极。

5.2.10 梯度电极系

电极系中三个距离($\overline{AM}$,$\overline{AN}$,$\overline{MN}$ 或 $\overline{AM}$,$\overline{BM}$,$\overline{AB}$),如果成对电极之间的距离($\overline{MN}$或$\overline{AB}$)最小,即 $\overline{AM}>\overline{MN}$ 或 $\overline{MA}>\overline{AB}$,这种电极系叫梯度电极系(图5.22)。梯度电极系又分为底部梯度和顶部梯度电极系两种。

5.2.11 顶部梯度电极系与底部梯度电极系

成对电极在不成对电极之上的电极系,所测量的视电阻率曲线,在高阻层的顶部界面出现极大值,能划分出高电阻率地层的顶界面,叫顶部梯度电极系。

成对电极在不成对电极之下的电极系,所测量的视电阻率曲线,在高阻层的底部界面出现极大值,能划分出高电阻率地层的底界面,叫底部

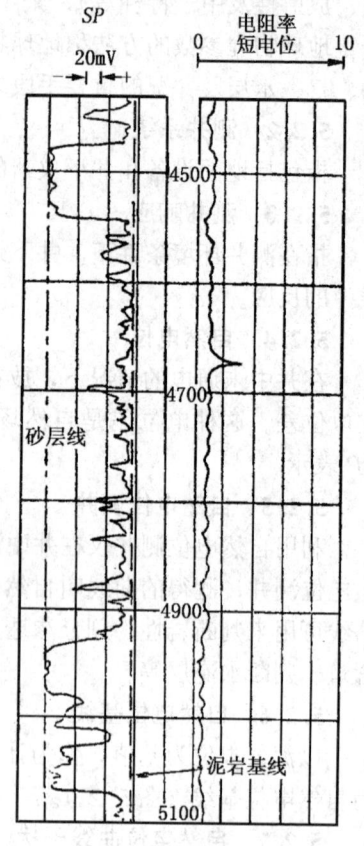

图 5.21 自然电位曲线

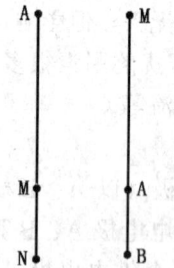

图 5.22 梯度电极系

梯度电极系。

5.2.12 电位电极系与理想电位电极系

电极系的三个电极之间，如果成对电极间的距离（$\overline{MN}$或$\overline{AB}$）较大，即$\overline{MN}>\overline{AM}$或$\overline{AB}>\overline{AM}$，叫电位电极系。当成对电极中的一个电极放到无限远处时，即$\overline{MN}\to\infty$或$\overline{AB}\to\infty$，此种电极系称为理想电极系（图5.23）。

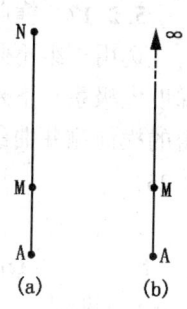

图5.23 电位电极系与理想电位电极系
(a) 电位电极系；
(b) 理想电位电极系

5.2.13 地层真电阻率与地层视电阻率

未钻井前保持原状的地层电阻率叫地层真电阻率。钻井后所测得的地层电阻率受钻井液电阻率、围岩电阻率、钻井液侵入带电阻率、井径、地层厚度和电极系结构等影响，这种电阻率叫视电阻率。

5.2.14 屏蔽影响

在井的剖面中如有几个高阻层存在，它们之间的距离与电极距相差不大，这时任一高阻层的视电阻率曲线都要受到邻近高阻层的影响，这种影响称为屏蔽影响。其影响的大小与屏蔽层的厚度、电阻率大小和远近有关。屏蔽层越厚，电阻率越高；距离越近，屏蔽影响越大。

5.2.15 普通电阻率测井（视电阻率测井）

把一个普通的电极系（由三个电极组成）放入井内，测量井内岩层电阻率的变化叫普通电阻率测井。它包括梯度电极系、电位电极系和微电极测井，是地球物理测井中最基本和最常用的测井方法。这种测井方法在测量岩层电阻率时，受钻井液电阻率、井径、钻井液侵入带电阻率、电极系结构和上下围岩等影响，测量的参数不等于岩层的真电阻率，而是岩层的视电阻率，故这种测井又叫视电阻率测井。

5.2.16 梯度视电阻率曲线与电位视电阻率曲线

用梯度电极系测得的曲线叫梯度视电阻率曲线。用电位电极系测得的曲线叫电位视电阻率曲线（图 5.24）。

5.2.17 横向测井

选用一组不同电极距（一般采用 6 种）的电极系（通常选用梯度电极系）下入井内，自下而上测量地层的视电阻率，根据测得的横向测井曲线，判断油、气、水层和钻井液侵入情况（图 5.25）。

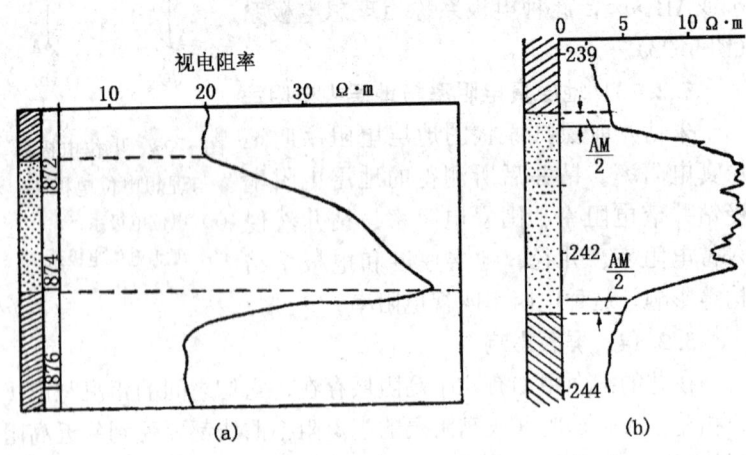

图 5.24 梯度视电阻率曲线与电位视电阻率曲线
(a) 梯度电极系；(b) 电位电极系

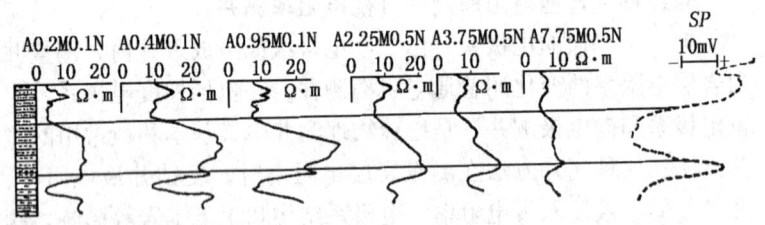

图 5.25 横向测井曲线

5.2.18 标准测井（对比测井）

根据全区或油田的地质—地球物理条件选择一两种电极系作

为标准电极系，与自然电位、井径等测井方法组成测井系列，在全区或油田各井中，用相同的深度比例和横向比例进行测量，这种测井方法称为标准测井或叫对比测井（图5.26）。

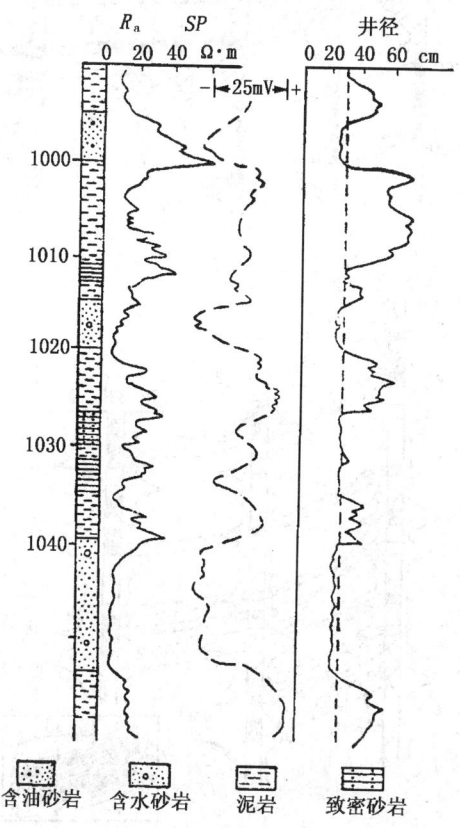

图5.26 砂泥岩剖面的标准测井曲线

5.2.19 测井曲线对比法

指利用测井曲线能反映岩性特征的特点，对各井进行地层对比，可确定地层埋藏深度、地层厚度、岩性变化、断层位置及其性质、地层超覆或退覆等（图5.27）。这是地层对比的有效方法之一。

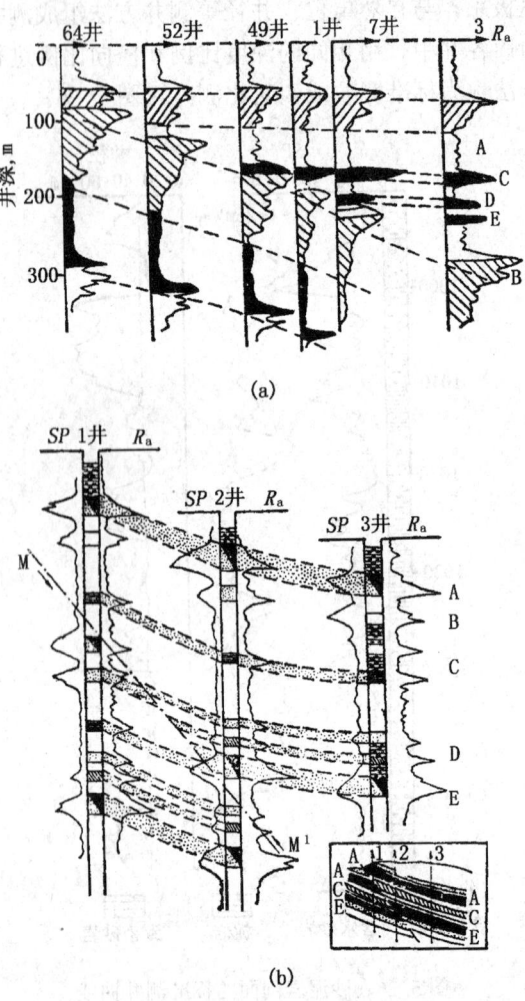

图 5.27 测井曲线对比示例

(a) 测井曲线对比确定地层超覆；
(b) 测井曲线对比确定逆断层

5.2.20 微电极测井

采用特殊结构和电极距很小的电极系，测量井壁附近地层的电阻率。由于电极系紧贴井壁,这就大大减小了钻井液对测量结果的影响,因而根据微电极测井曲线能较准确地划分薄夹层、确定岩层界面、区分致密层和渗透层、计算冲洗带电阻率和泥饼厚度(图 5.28)。

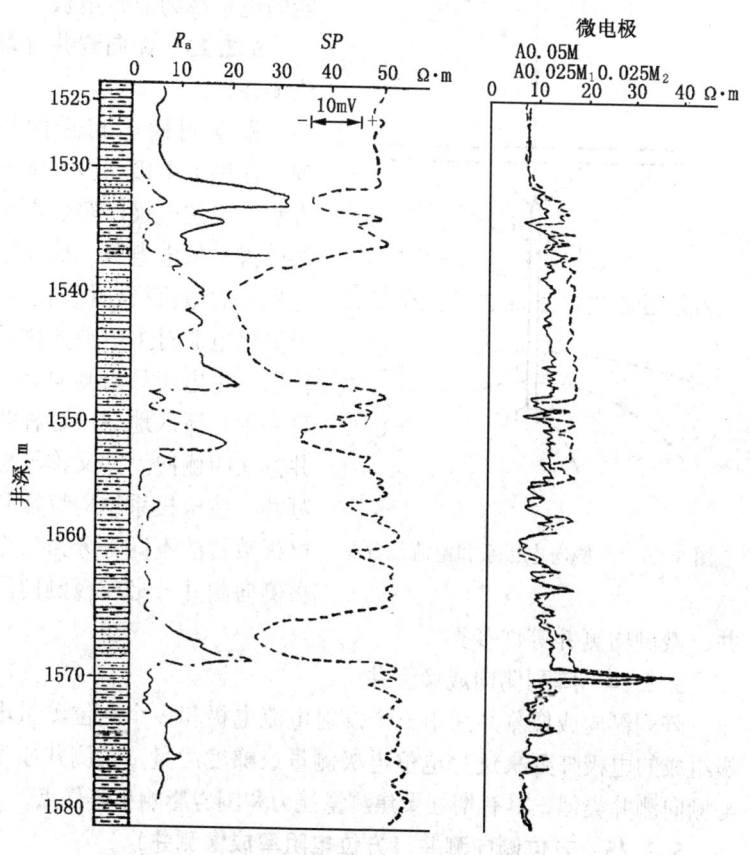

图 5.28 砂泥岩剖面微电极测井曲线

5.2.21 主电极与屏蔽电极

在侧向测井的电极中,位于中间位置的供电电极称为主电极 A_0(图 5.29),位于主电极的上方和下方的电极称为屏蔽电极

A_1，A_2。

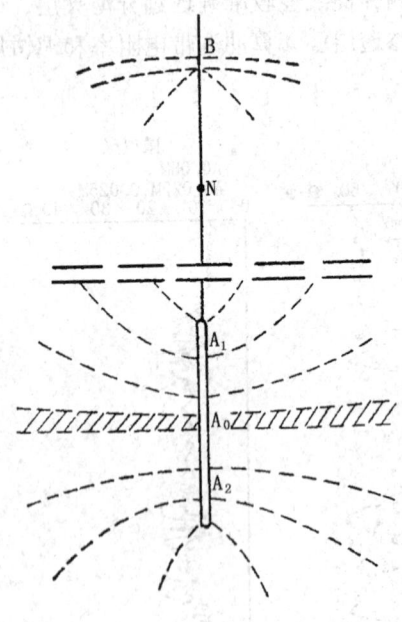

图 5.29 三侧向电极系和电流线分布

5.2.22 监督电极

在聚焦测井的电极系中，用于监视和控制聚焦性能的电极称为监督电极。

5.2.23 侧向测井（聚焦测井）

根据同性电相斥的原理，在供电电极的上方和下方装上聚焦电极，聚焦电极的电流与供电电极（称为主电极）的电流极性相同，由于聚焦电流对主电流的排斥作用，主电流只沿侧向（垂直井轴）流入地层。这种测井方法叫侧向测井又称聚焦测井。按电极系结构特征和电极数目的不同，分为三电极侧向测井、七电极侧向测井、微侧向测井等许多类型。

5.2.24 阵列侧向成像测井

阵列侧向成像测井是由一个发射电流电极和多个电位测量电极组成的电极阵列来进行电位电极测量或梯度测量。其测井原理与侧向测井类似，具有增强聚焦测量能力和围岩影响小等优点。

5.2.25 方位侧向测井（方位电阻率成像测井）

方位侧向测井（ARI）原名为方位电阻率成像测井。它共有 12 个电极，装在双侧向测井的屏蔽电极的中部，每个电极向外张开角为 30°，12 个电极覆盖了井周 360°方位范围的地层，可研究井周围地层的不均匀性，划分薄交互层，鉴别裂缝等。

5.2.26 三侧向测井

三侧向测井的电极系是一个长的金属圆柱体，被绝缘物分隔成三部分（图 5.29），测井时主电极 A_0 和屏蔽电极 A_1、A_2 通以相同极性的电流，通过自动调节装置，使 A_1、A_2 的电位始终保持和 A_0 的电位相等，主电极 A_0 的电流在屏蔽电极电流的作用下呈水平层状射入地层，这样就可减小井和围岩的影响，使测得的曲线具有较高的分层能力（图 5.30）。

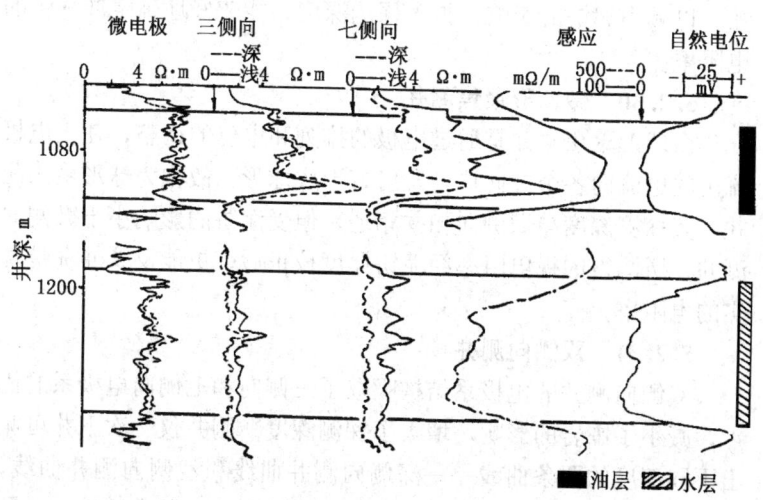

图 5.30　深浅三侧向、七侧向测井曲线

5.2.27 七侧向测井

七侧向测井的电极系由 7 个电极组成，其原理与三侧向测井基本相同。它分为深侧向与浅侧向两种。深侧向屏蔽电流的回路电极不在电极系内，而是在距离电极系较远的地方，所以探测范围较深。浅侧向是把回路电极移到电极系内，降低了对主电极的聚焦能力，流入地层的电流线被分散，因而降低了探测范围。

5.2.28 微侧向测井

微侧向测井的原理与七侧向测井基本相同，只是将电极尺寸缩小。以主电极为中心，监督电极和屏蔽电极成环状围在主电极的外边，嵌在绝缘板上。测井时用推靠器使极板紧贴井壁，采用聚焦方式使测量电流聚焦为电流束侧向流入地层。它的探测深度与微电极测井相似，约8cm，能较好反映冲洗带的电阻率和岩性变化，能划分5cm厚的薄层。

5.2.29 邻近侧向测井

邻近侧向测井原理和电极结构与微侧向测井相似，只是比微侧向电极多一个聚焦屏蔽电极，使主电极发出的电流进一步压缩，以减小泥饼的影响，扩大探测深度，能较好地确定冲洗带的电阻率。

5.2.30 微球形聚焦测井

微球形聚焦测井是通过电极的排列和电位的调整，使主电极流出的电流向各个方向均匀发射，形成球形，故称为球形聚焦测井。其探测深度与微侧向测井相近，但受泥饼的影响小于微侧向测井。所测得的视电阻率经泥饼厚度校正后，更能反映冲洗带真实的电阻率。

5.2.31 双侧向测井

双侧向测井的电极系结构吸取了三侧向和七侧向电极系的优点，减小了围岩的影响，增大了探测深度。测井仪一次下井可测出不同深度的两条曲线——深侧向测井曲线和浅侧向测井曲线，故称为双侧向测井。其曲线有很好的分层能力，能分出0.6m厚的地层。

5.2.32 电磁感应

由于导线在磁场中运动切割磁力线，或者由于通过导线的磁通量发生变化而产生电动势的现象称为电磁感应。

5.2.33 感应测井

感应测井是利用电磁感应原理研究地层电阻率的一种测井方法。测井时把电极系放入井内，通以矩形交流电，在井中形成电场，记录测量电极间的电位差来反映地层视电阻率的变化（图5.31）。感应测井比普通电阻率测井优越，受高电阻率邻层影响小，对低电阻率地层反应灵敏，能求地层电阻率，计算孔隙度、

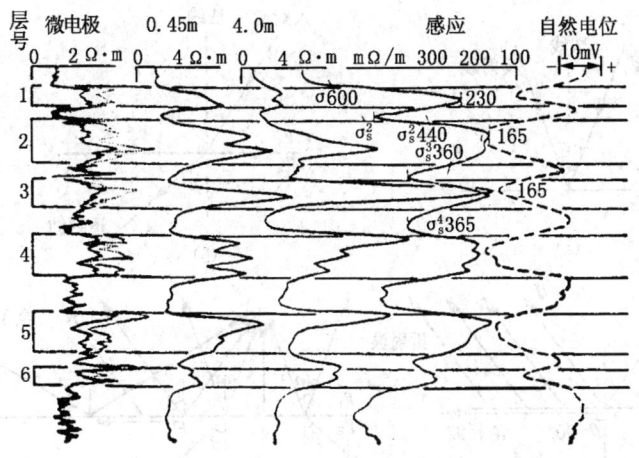

图 5.31 感应测井曲线实例

含油饱和度，判断油、气、水层等，因此被广泛应用。

5.2.34 双感应测井

指能同时测量和记录两条探测深度不同的感应曲线的感应测井。

5.2.35 深感应测井

指双感应测井系列中的深探测深度的感应测井。

5.2.36 中感应测井

指双感应测井系列中的中探测深度的感应测井。

5.2.37 双感应—侧向测井

指为同时测量地层视电阻率和侵入带电阻率而设置的感应—侧向组合测井系列的测井。

5.2.38 反射波与透射波

当声波入射到介质分界面时，一部分能量反射回原来的介质中，这种波叫反射波 [图 5.32 (a)]；另一部分能量则透过界面在第二介质中传播，这种波叫透射波 [图 5.32 (b)]。

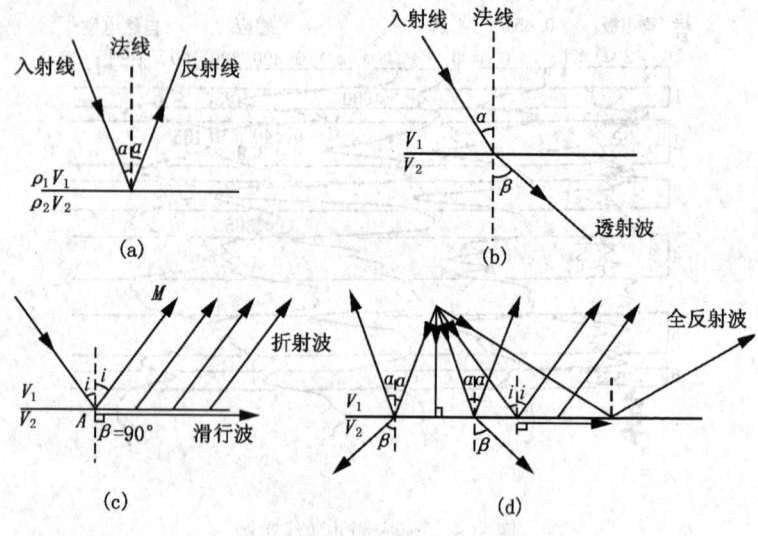

图 5.32 声波在介质分界面上的传播

5.2.39 滑行波与折射波

透射波在第二介质中沿界面滑行,这种波叫滑行波。滑行波沿界面滑行时可引起上层介质质点的振动,而在第一介质中形成的波叫折射波 [图 5.32 (c)]。

5.2.40 全反射波

当入射角大于临界角时,射线将全部被反射回到第一介质,这种波叫全反射波 [图 5.32 (d)]。

5.2.41 波列

一组波形的总称叫波列。

5.2.42 压缩波与切变波(纵波与横波)

粒子振动方向和传播方向一致的弹性波叫压缩波,亦称纵波。质点运动方向垂直于波传播方向叫切变波,亦称横波。

5.2.43 声阻抗

指阻止声波传播的能力。

5.2.44 声波时差

指声波压缩波通过单位距离的传播时间。

5.2.45 声波测井

声波测井是利用声波在不同岩层中的传播速度、声波幅度的衰减、频率的变化等声学特性的差异来研究地层剖面、判断固井质量等问题的一种测井方法。它分为声波速度测井、声波幅度测井、声波变密度测井、超声波电视测井等方法。

5.2.46 声波速度测井

根据不同地层声波传递速度不同的原理，利用由地面仪器和井下仪器组成的声波速度测井仪下井记录声波通过1m厚度地层所需时间 Δt（称声波间隔传播时间）随井深变化的曲线（也称时差曲线）。依据此曲线可划分地层、判断气层、确定地层孔隙度等（图5.33）。

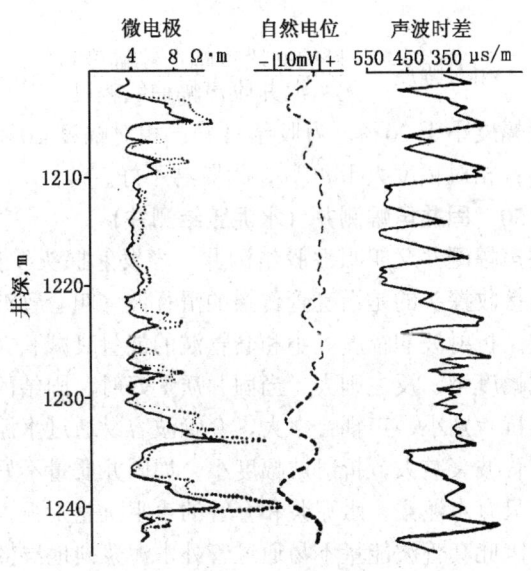

图5.33 声波速度测井曲线

5.2.47 声波幅度测井

声波在介质中传播时，引起质点振动，其能量逐渐被吸收，声波幅度逐渐衰减。在声波频率一定的情况下，声波幅度的衰减和介质的密度、弹性等因素有关。声波幅度测井就是通过测量声波幅度的衰减变化来认识地层特性及水泥胶结情况的一种测井方法。根据不同的目的可分为固井声幅测井、裸眼井声幅测井、声波变密度测井、自然声波测井、超声波电视测井等。

5.2.48 水泥胶结指数

指测试层段的声幅衰减与水泥胶结良好层段的声幅衰减之比。它是评价水泥胶结质量的基本参数之一。胶结指数为1，表示套管与水泥环完全胶结，小于1则表示不完全胶结。

5.2.49 相对幅度

指目的井段声幅曲线幅度与无水泥井段声幅曲线幅度的百分比。即：

$$相对幅度 = \frac{目的井段声幅曲线幅度}{无水泥井段声幅曲线幅度} \times 100\%$$

相对幅度小于20%，为胶结良好；相对幅度20%～40%为胶结中等；相对幅度大于40%，为胶结不好。

5.2.50 固井声幅测井（水泥胶结测井）

固井声幅测井又叫水泥胶结测井。当发射探头发出声波后，最先到达接收探头的是沿套管传播的滑行波（叫套管波）所产生的折射波。折射波的幅度大小和套管波的能量衰减有关，衰减大则折射波幅度小，反之则大。当固井质量好时，固结的水泥和套管的声阻抗差别小，声耦合率大，套管波容易通过水泥环向地层散失，套管波衰减大，折射波幅度小。如固井质量不好，套管外无水泥，只有水泥浆，水泥浆和套管的声阻抗差别很大，声耦合率很小，因此套管波能量不易通过管外水泥浆向地层散失，所以套管波能量衰减很少，折射波幅度就大。根据折射波幅度大小就可了解固井质量的好坏以及水泥面、水泥帽和套管断裂位置（图5.34）。

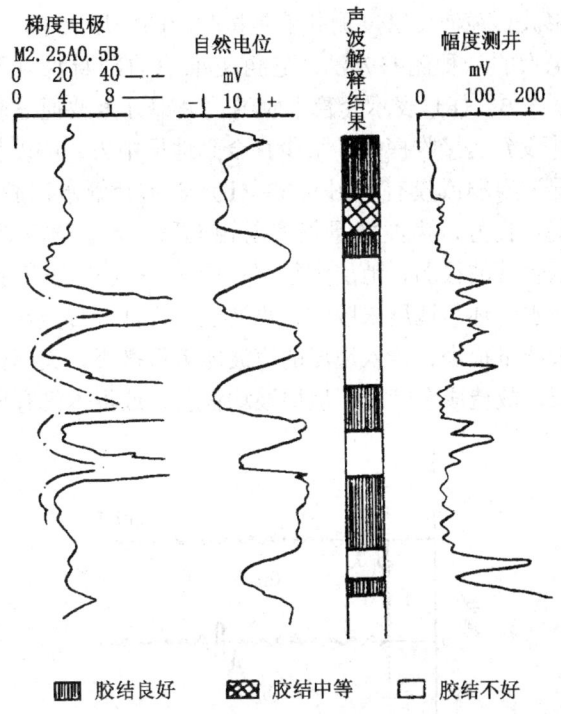

图 5.34 水泥胶结测井实例

5.2.51 裸眼井声幅测井

发射探头发射能量一定的声波，经过钻井液传到地层，形成滑行波，在井中沿井壁传播（叫地层波），地层波在地层中传播时能量逐渐衰减。遇地层裂缝，声波只有部分能量透过，同时裂缝内的物质对声波能量也有衰减作用，所以声波能量要有较大的衰减，因此，接收到的地层波的幅度比非裂缝地层要低得多。根据这一原理，利用裸眼井声幅测井曲线就能识别裂缝性地层。

5.2.52 声波变密度测井（声波全波测井）

声波变密度测井又叫声波全波测井。声波传播到接收探头处时，不仅有套管波，还有水泥环波、地层波及水泥浆波，它们到达接收探头的时间有早有晚,先是套管波,其次是地层波,最晚是水泥浆波。声波变密度测井就是按时间的先后次序,将这三种波全部记录的一种测井方法。它可更准确的判断水泥胶结的情况,如图 5.35(a)表示套管未胶结,大部分声波通过套管外无水泥的井段到达接收探头,很少耦合到地层中去,所以套管波很强,地层波很弱或没有;图 5.35(b)表示套管水泥胶结良好,地层波耦合良好,声波能量很容易由套管、水泥环传到地层中去,所以套管波很弱,地层波很强;图 5.35(c)表示套管水泥胶结好而水泥环与地层未胶结,声波能量大部分传至水泥环,套管中剩余能量很少,传入地层的声波能量很微小,大部分在水泥环中衰减,故造成套管波、地层波均很弱,或根本没有地层波。

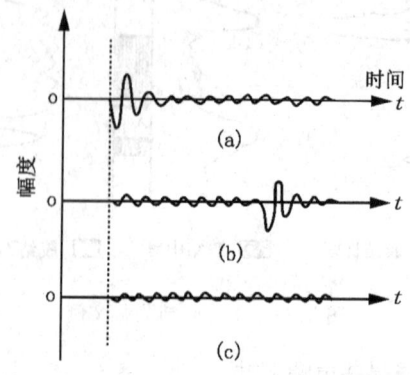

图 5.35 不同固井情况下的套管波与地层波

5.2.53 自然声波测井

流体流动时会冲击套管或井壁而产生自然声波,用自然波测井仪测量其幅度,这种测井方法叫自然声波测井。在套管中流体窜出与窜入的地方,自然声波测井曲线幅度很大。结合固井声幅测井可准确的确定窜漏层位和井段,也可寻找产层层位(图 5.36)。

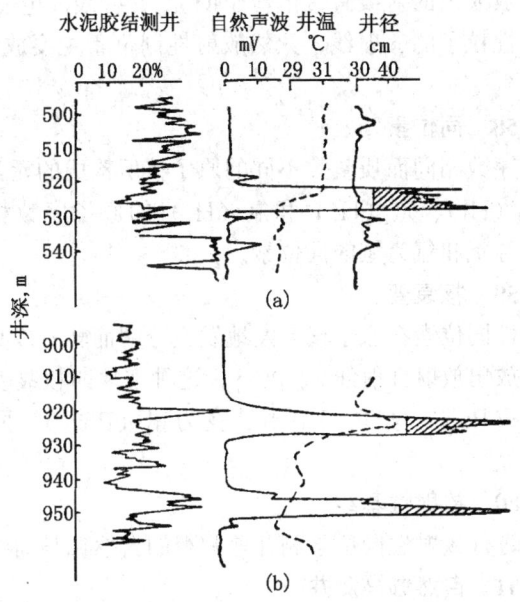

图 5.36 自然声波测井实例
(a) 找窜；(b) 寻找产层

5.2.54 长源距声波全波列测井

长源距声波全波列测井可记录声波的整个波列，不仅可获得纵波的速度和幅度信息、横波的速度和幅度信息，还可得到波列中的其他波成分，是一种较好的声波测井方法。借此可估算储层孔隙度、确定储层岩性、判断含气储层、识别裂缝等。

5.2.55 放射性元素

不稳定元素会自发地改变其结构，衰变成其他元素并放出射线，这种元素称为放射性元素。

5.2.56 放射性同位素

指带有放射性的同位素。

5.2.57 放射性

原子核按一定规律自发衰变的性质称为放射性。放射性同位素的核所放射出的射线有带电粒子的 α、β 射线,电磁波的 γ、x 射线,中性粒子的 n 射线,天然放射性同位素主要放射 α、β、γ 射线。

5.2.58　同位素

原子序数相同而质量数不同的原子核所构成的元素称为同位素。如氢(H_1^1)、氘(H_1^2)和氚(H_1^3)的原子序数相同,而质量不等,称氘和氚为氢的同位素。

5.2.59　核衰变

放射性同位素在原子核自发地发生分解而转变成另外某种原子核,并放出放射性射线 α、β、γ,这种现象叫核衰变。如放射性元素钋(Po_{84}^{210})在衰变中由钋变为铅(Pb_{80}^{206}),同时放出 α 射线。

5.2.60　放射性基线

指未进行放射性同位素测井前测得的自然伽马曲线。

5.2.61　自然伽马测井

指利用由井下仪器和地面仪器组成的自然伽马测井仪下入井内,自下而上移动测量地层中自然存在的放射性元素原子核衰变过程中放射出来的伽马射线的强度,依此来识别岩性,确定岩层的泥质含量,以及进行地层对比的测井方法(图 5.37)。

5.2.62　自然伽马能谱测井

指利用钾、钍、铀释放不同能量伽马射线的特性,用自然伽马能谱测井仪测量地层中钾、钍、铀含量的一种测井方法。它能区别泥质地层和钾盐层,判断砂泥岩性,识别火成岩、碳酸盐岩以及裂缝等。

5.2.63　密度测井

指利用密度测井仪测量由伽马源放出并经过岩层散射和吸收而回到探测器的伽马射线强度的一种放射性测井方法。利用密度测井曲线可研究地层性质,求得地层的孔隙度(图 5.38)。

5.2.64　岩性密度测井

采用伽马射线的光电效应和康谱顿效应测定地层的岩性和密

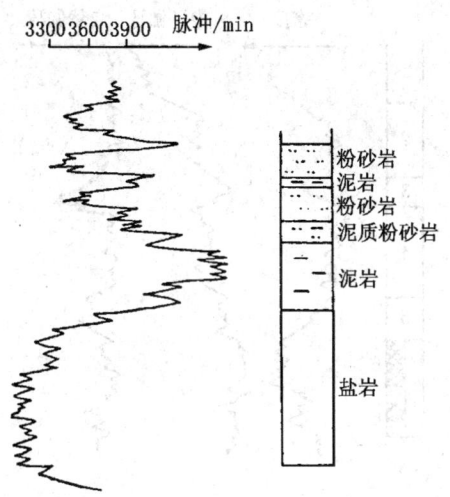

图 5.37 自然伽马测井曲线

度的测井方法称为岩性密度测井。

5.2.65 中子源

指能轰出地层的中子,使之产生射线的元素。测井用的中子源分为连续中子源和脉冲中子源两种类型。

5.2.66 连续中子源(同位素中子源)

连续中子源即同位素中子源。它把能产生 α 射线的同位素与金属铍混合在一起,让 α 射线去轰击铍原子核,发生核反应,产生中子。这类中子源有钋—铍中子源、锔—铍中子源、镭—铍中子源和钚—铍中子源等,常用的是锔—铍中子源。

5.2.67 脉冲中子源(脉冲中子发生器)

脉冲中子源也叫脉冲中子发生器。它利用氘—氚核反应产生中子,即利用被加速的氘去轰击氚而产生中子。这种核反应可以人为控制,每秒发射四百次,每次发射的时间也是一定的。

5.2.68 中子俘获

中子被元素原子核吸收的现象叫中子俘获。通常只有低能中

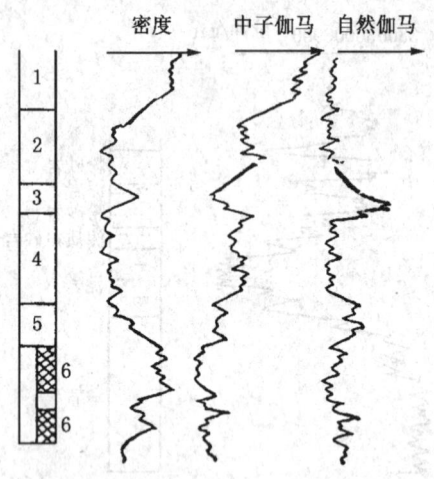

图 5.38 密度测井曲线
1—碳酸盐岩；2,4—硬石膏；3—泥岩；
5—致密含泥质灰岩；6—孔隙带

子（如热中子、超热中子）才易被原子核所俘获。

5.2.69 快中子非弹性散射

快中子先把靶核吸收形成复核，而后再放出一个较低能量的中子，靶核处于较高能级的激发状态，这种快中子与靶核的作用叫快中子非弹性散射。

5.2.70 快中子的弹性散射

快中子与靶核发生碰撞后，中子和靶核组成的系统的总动能不变，中子的能量降低，速度减慢，它所损失的能量转变为靶核的动能，靶核仍处于基态，这种碰撞称为快中子的弹性散射。

5.2.71 快中子活化核反应

快中子与稳定的原子核作用会发生核反应，生成新的放射性元素，这种作用称为活化核反应。

5.2.72 中子—热中子测井

中子源发射一定能量的中子流，中子穿过井眼进入地层，中子能量逐渐衰减成热中子，热中子被原子核俘获，放出伽马射线，被仪器中的探测器所接受。探测器在单位时间内所接受到的中子数，主要与单位体积地层中的含氢量有关，含氢量越高，接收到的中子数越少。通常储层孔隙中被油、气、水所饱和，因而仪器接收到的中子数目的多少，反映了储层孔隙度的大小。另外，还可利用中子—热中子测井曲线来划分地层、确定气层和油水界面等（图5.39）。

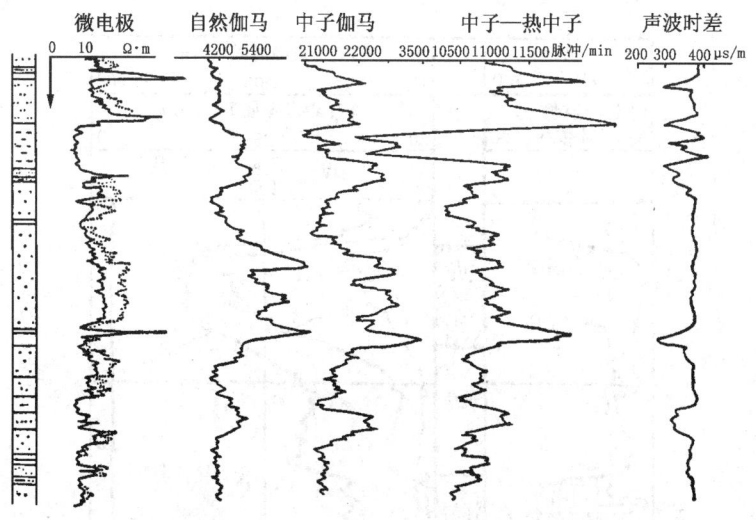

图5.39　砂泥岩剖面中子—热中子测井和中子伽马测井曲线实例

5.2.73　中子伽马测井

中子伽马测井是沿井身测量中子伽马射线强度的一种中子测井方法。其原理是：装在下井仪器中的中子源发出快中子进入地层，经弹性散射减速为热中子被岩层原子核俘获，放出中子伽马射线，被探测器所接受和记录，得到中子伽马测井曲线（见图5.39）。它主要用来研究地层的孔隙度。

5.2.74　中子寿命测井（热中子衰减时间测井）

也称热中子衰减时间测井。它是通过测量热中子在储层中的寿命来研究储层性质的一种中子测井方法。其原理是：脉冲中子源在井中向地层发射快中子,快中子与岩层中的原子核多次碰撞后减速为热中子,直至全部被岩层所吸收,同时放射出俘获伽马射线。从变为热中子的瞬间起到热中子大部分(约 63.7%)被岩层吸收时止,热中子所经过的这段平均时间称为中子寿命。由于地层岩性及其孔隙中充填液体的不同,中子寿命长短也不同,从而利用其曲线来区分油、水层和气层(图 5.40)。

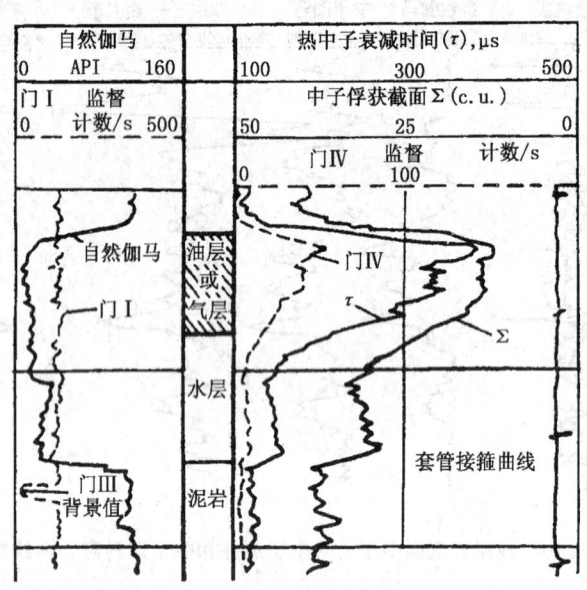

图 5.40 中子寿命测井曲线

5.2.75 超热中子测井

超热中子测井是探测超热中子密度,以反应地层中子减速特性,依此来划分储层的一种测井方法。

5.2.76 核磁共振测井

指利用核磁现象测量地层岩石孔隙流体中氢核的核磁共振弛豫信号的幅度和弛豫速率,进而可得到地层岩石孔隙结构和孔隙流体的有关信息。目前这种测井方法应用范围不断扩大,可用于确定油层水淹程度、驱油效率、剩余油饱和度、可采储量等。

5.2.77 活化与活化测井

脉冲中子源发射高能快中子对稳定的同位素进行照射，使其变成放射性同位素，称为活化。放射性同位素生成后立即衰变，在衰变过程中放射出γ射线，称为活化伽马射线。用仪器测量活化伽马射线的强度，得到活化伽马射线随井深变化曲线，这种测井方法叫活化测井。它对识别岩性很有价值。

5.2.78 铝活化测井

指测量地层铝元素含量的一种活化测井方法。通过铝活化后放射出的γ射线强度正比于铝在地层中的含量关系，记录γ射线强度即可求得地层中铝元素的含量。

5.2.79 成像测井技术

指在井下采用传感器阵列扫描测量或旋转扫描测量，沿井眼纵向、周向或径向大量采集地层信息，传输到地面后通过图像处理得到井壁二维图像或井眼周围某一探测深度以内的三维图像。它比以曲线表示方式更直观、更精确、更方便。目前大体分为电成像测井技术、声成像测井技术、核成像测井技术和力成像测井技术。

5.2.80 电成像测井技术

指以电磁学原理为基础，利用地层微电阻率扫描成像测井仪、阵列感应成像测井仪、方位电阻率成像测井仪等录取地层信息，经过图像处理形成井壁图像。它可确定地层倾角和方位、裂缝产状、油气层厚度等。

5.2.81 声成像测井技术

指利用井下电波电视、超声波成像测井仪、偶极横波成像测井仪、组合式地震成像测井仪、阵列地震成像测井仪等仪器对井下进行观测，了解地层裂缝、套管断裂、固井质量等。

5.2.82 核成像测井技术

指利用阵列核成像测井仪、碳氧比能谱成像测井仪、地球化学成像测井仪、核磁共振成像测井仪等仪器测量地层孔隙度、渗透率、饱和度等参数。

5.2.83 力成像测井技术

指利用以流体力学原理为基础的组件式地层动态测井仪，下井采集地层流体样品，并能直接测量地层压力、渗透率、水淹层含水率等。

5.2.84 微电阻率扫描成像测井

指利用 FMS 仪（一种以极板为基础的聚焦微电阻率测井装置）测量井壁附近地层的电导率，经过特殊的图像处理，转变成黑白或彩色图像，识别地层中的层理、裂缝、粒度及渗透率变化等。

5.2.85 地层倾角测井

利用地层倾角测井仪测得一组曲线，根据这组曲线确定地层倾角和倾向的一种测井方法。

5.3 试 井

5.3.1 试井

以渗流力学理论为基础，以各种测试仪器为手段，通过改变油、气、水井工作制度，进行求产、测压来研究储层特性和油、气、水井生产能力的一种方法称为试井。利用试井方法所取得的资料，可以求得储层物理参数［如渗透率、采油（气）指数、流动系数、导压系数、储层边界、断层位置等］。

根据渗流力学中稳定流与非稳定流两类问题，可把试井分为稳定试井与不稳定试井两大类。

5.3.2 稳定试井（系统试井）

逐步改变井的工作制度（对自喷井是改变油嘴直径；对气举井是改变进气量；对抽油井是改变冲程和冲数等），测量每一个工作制度下稳定的井底压力及产液（油）量、产气量、含水率、含砂量。这种试井方法称稳定试井，也叫系统试井。

5.3.3 稳定试井曲线

油井稳定试井时，每个工作制度都要取得油、气、水产量，流压，油压，套压，井温，含砂量等资料。用这些资料绘制的曲线叫稳定试井曲线（图5.41）。

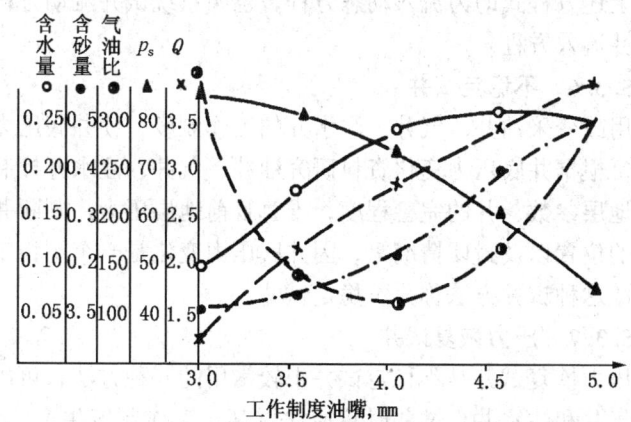

图5.41 油井稳定试井曲线

5.3.4 指示曲线

根据稳定试井测得的油、气、水井产量或注入量和生产压差关系曲线叫指示曲线（图5.42）。当指示曲线为直线时，如线1，说明流体在地层中的流动符合达西渗流定律，没有脱气现象；直线末端向下弯曲，如线2，说明压差较小时流体在地层中流动符合线性渗流定律；当压差增大时，油层有脱气现象，影响油井生产，如线3。这是一种不正常现象，一般说明生产不稳定，或是多层产油，或是测试仪表有问题。

5.3.5 流入动态方程（系统试井流动方程）

油井稳定试井时得出的指示曲线，可用如下方程式表示：

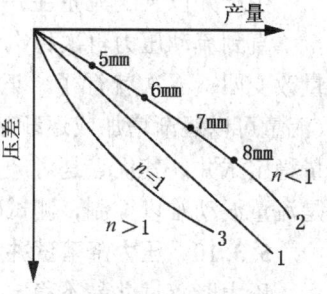

图5.42 指示曲线

$$q_o = c(p_R - p_{wf})^n$$

式中 q_o——油井产量，t/d；
  p_R，p_{wf}——分别为地层压力和井底压力，MPa；
  c，n——系数。

上述方程式即为流入动态方程，也叫系统试井流动方程，或叫向井流入方程。

5.3.6 不稳定试井

用改变采油井、气井、注水井的工作制度，使井底压力发生变化，根据井底压力变化资料研究油井、气井、注水井控制范围内的地层参数、井的完善程度，推算目前地层压力，判断井附近断层的位置以及封闭情况等。因井底压力变化是一个不稳定的过程，故这种试井方法称为不稳定试井。

5.3.7 压力恢复试井

压力恢复试井是不稳定试井中较常用的一种方法，可用于油井、气井和注水井。试井时将原先以某一工作制度生产的油井、气井关井，使井底压力逐步恢复，用井下压力计测量井底压力随时间的恢复值。

5.3.8 等产量恢复试井

指关井前油井以恒定产量生产，当油井流量达到稳定（要求井底压力达到稳定）值，关井测量井底压力随时间的变化。

5.3.9 多级流量稳定试井

生产井以某一流量生产，直至流动压力稳定，然后改变流量，直到流动压力再次稳定为止，以此类推。在正常情况下，流量改变四、五次就行了。记录每一流量达到稳定时的流动压力（流量可以逐渐增加或逐渐减少）。这种产能测试方法称为多级流量稳定试井。其优点是对产量影响小，可消除续流影响；其缺点是流量波动难以控制，测试时间较长。

5.3.10 压力降落试井

压力降落试井是不稳定试井的一种，用于油井、气井和注水井。试井时将关闭较长时间的井以某一稳定流量开井生产，用井下压力计记录井底压力随时间的降落值。

5.3.11 变流量试井（多流量试井）

也称多流量试井，是不稳定试井的一种。压力降落试井要求测试井以常流量生产，实际上往往难以实现。在这种情况下，只要准确测量流量和压力随时间变化的数据，把压降测试过程的产量可视为常数的若干间隔，根据常产量生产的压力公式和叠加原理，可得到任一间隔的压力降公式。利用此公式处理压力降落曲线，确定油层参数和表皮系数的方法称为多流量流动测试。

5.3.12 两流量试井（两级流量试井）

也称两级流量试井，是变流量试井的一种特例。改油井（或注水井）工作制度，测量井底压力变化。根据两种工作制度下的稳定产量（或注水量）和井底压力资料，利用变流量测试的基本公式来确定油层渗透率、推算地层压力、研究井的完善程度和判断断层情况等。这种试井方法主要优点是：可不关井测试，且可减小续流的影响。

5.3.13 气井产能试井

为了确定气井的产能而进行的测试称为气井产能试井。气井稳定试井是产能试井的标准方法，与油井的系统试井十分相似。

5.3.14 压力恢复曲线的压降现象

在开始压力快速恢复阶段，压力不断上升，但到了后期的慢速恢复阶段，压力不仅不升，反而开始缓慢下降。这种压力恢复过程中的反常现象称为压降现象（图5.43）。造成这种现象的原因是温度敏感性所致。当关井进行压力恢复时，开始时压力恢复较快，温度效应显示不出来。当地层压力恢复快结束时，压力恢复减慢，温度效应开始显现，随着井筒不断向地面散热，井筒温度不断降低，因而导致井筒压力的下降，即出现压力恢复过程中的压降现象。

5.3.15 压力恢复曲线与压力降落曲线

压力恢复试井时，井底压力随关井时间的变化曲线称为压力恢复曲线（图 5.44）。压力降落法试井时，井底压力随开井时间变化的关系曲线称为压力降落曲线（图 5.45）。

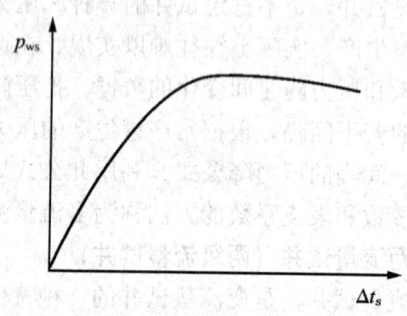

图 5.43　"压降"型压力恢复试井曲线

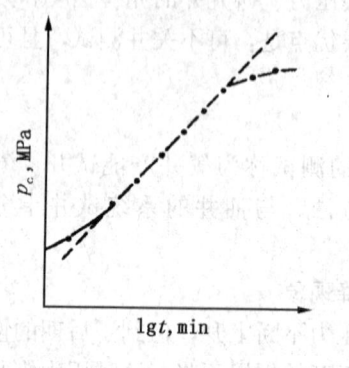

图 5.44　压力恢复曲线

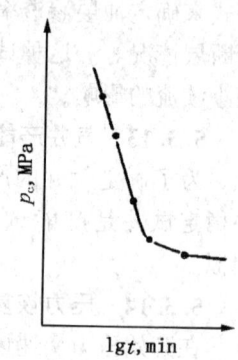

图 5.45　压力降落曲线

5.3.16　压力恢复曲线的"驼峰"

油井关井后，井筒中混合油气要分离。气体上升到井筒上部，而油沉到井筒下部，此时井底就要产生一个附加压力，使井底压力猛然上升。在 2h～3h 内可升高零点几，甚至几个兆帕，使得井底压力大于油层压力，井筒中液体反流入油层，故使压力恢复曲线初始段中间某部分上跳呈"驼峰"状（图 5.46）。

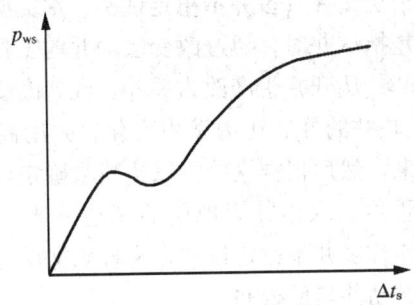

图 5.46 "驼峰"型压力恢复试井曲线

5.3.17 等时试井

等时试井是气井的一种产能测试方法。测试时使气井以某一稳定流量生产一段时间,然后关井使压力恢复到稳定状态,如此循环进行 4 个以上流量的测试。最后一个流量测试的生产时间应延长到稳定流状态。

5.3.18 改进等时试井(等时间歇试井)

也称等时间歇试井,是指关井压力恢复时间与开井生产时间相等的试井方法。其试井结果与精确等时试井极相似,而且省时省力,因此应用很广泛。

5.3.19 一点法试井

指只需在关井测得地层压力条件下,开井取得一个工作制度下的产量和井底流动压力的气井试井方法。

5.3.20 地层测试器试井(中途测试、DST 试井)

指在钻井过程中或完钻后,利用地层测试器,取得地层压力、产能、流体性质等资料的测试方法。这种试井也叫中途测试,简称 DST 试井。

5.3.21 探测液面法试井

探测液面高度随时间的变化,再把液面高度换成井底压力,可获得压力降落或压力恢复的试井资料。这是在没有自喷能力的井中经常使用的一种试井方法。

5.3.22 干扰试井（多井不稳定试井、水文勘探）

干扰试井是指试井时，通过改变激动井的工作制度（如从关井转为开井生产，从开井生产改为关井，或者改变激动井的产量等），使周围反映井的井底压力发生变化，并用高灵敏度的压力计连续记录下来，然后根据这些测试资料来确定地层的连通方向和断层的封闭程度，求出井间地层的流动系数、导压系数等参数。干扰试井亦称多井不稳定试井，又称水文勘探。

5.3.23 激动井与反映井

在进行干扰试井时，人为地改变井的工作制度，以便对相邻井造成干扰，此井称为激动井。位于激动井周围，用来观测激动井工作制度改变造成的井底压力变化的井称为反映井。

5.3.24 脉冲试井

指试井时，周期性地改变激动井（脉冲井）的生产状况（开井与关井），使其产生一系列短时压力脉冲，用高灵敏度的压力计连续记录反映井由压力脉冲引起的压力变化。这种试井称脉冲试井。根据压力变化资料，可以确定油层连通情况，油层导压系数、流动系数和储能系数等。

5.3.25 探边测试

指用较长的测试时间，使流体达到拟稳定流状态，以获得拟稳定压力降落数据的一种压力降落试井方法。它可计算单井控制地质储量和井到封闭边界的距离，判断是否存在断层等。

5.3.26 压力恢复曲线的边界效应

在生产井周围存在有限边界，如断层、岩性尖灭等，或者多口油井同时生产时，每口油井周围存在有限供油面积。在关井初期，压力波动未传到边界时，边界对压力恢复的影响反映不出来，但在关井后期压力波动传到边界后，边界的影响使压力恢复曲线后一段偏离理论曲线，这种现象称为压力恢复曲线的边界效应。边界的性质不同，其影响不同，反映为压力恢复曲线后一段形状的不同。如果井位于断层附近，则压力恢复曲线后一段上翘，出现第二直线段。在单井情况下，如果测试井周围有注水井，则压力恢复曲线后一段偏离直线而趋于平稳（图 5.47）。

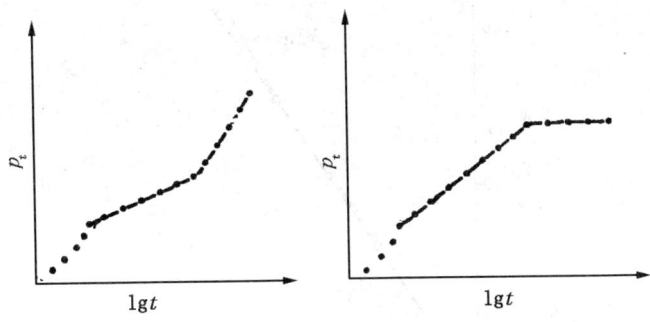

图 5.47 边界效应压力恢复曲线示意图
(a) 有断层显示的压力恢复曲线；(b) 有注水井显示的压力恢复曲线

5.3.27 气井产能方程与气井产能曲线

气井产能曲线是由气井产能测试资料整理而成的产气量与生产压差关系曲线（图 5.48）。处理方法主要有经验方法和理论方法两种。经验方法可用下面的方程描述：

$$q_g = c(p_R^2 - p_{wf}^2)^n$$

式中 q_g——产气量，m^3/d；
p_R——地层压力，MPa；
p_{wf}——流动压力，MPa；
c——气井产能系数；
n——气井动态指数。

由上述方程可知，在双对数坐标中，以气藏地层压力和气井井底压力的平方差（$p_R^2 - p_{wf}^2$）为纵坐标，以气井产气量 q_g 为横坐标，两者的关系为一近似直线。系数 c 称为气井产能系数，它的对数值是产能曲线的截距。指数 n 称为气井动态指数，它的倒数 $1/n$ 是产能曲线的斜率。n 的数值通常在 0.5 至 1.0 之间。

理论方法由下述方程描述：

$$p_R^2 - p_{wf}^2 = aq_g + bq_g^2$$

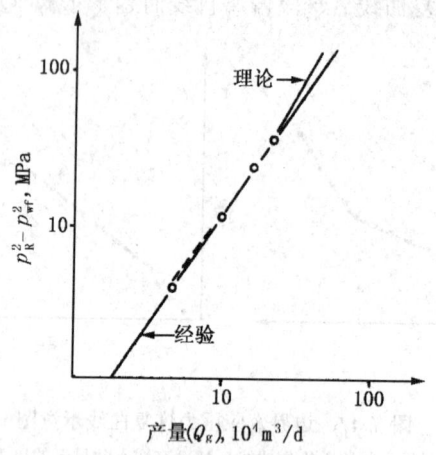

图 5.48 气井产能曲线

上式表明,在直角坐标上,若以 $(p_R^2 - p_{wf}^2/q_g)$ 为纵坐标,以 q_g 为横坐标,两者呈一斜率为 b、截距为 a 的近似直线。

5.3.28 井筒储存效应（续流）

油井关井后,油层内的原油不能立即停止向井底的流动;相反,油井开井时,油层内的原油不能立即流入井底,这种现象叫井筒储存效应,也叫续流。

5.3.29 井筒储存系数（续流系数）

也称续流系数,是指续流段井筒内流体体积的变化量与井底压力变化量的比值。续流系数与井筒内流体的压缩系数成正比。

5.3.30 续流校正

为了缩短关井时间,使短期关井的压力恢复资料能够使用而提出的一种最简便的方法。即用井下流量计测出关井后续流量随关井时间的变化规律,并将关井后从 $t=0$ 到 $t=t_n$ 这段时间划分成几个等分,当 $t=t_1, t_2, \cdots, t_n$ 时,井底的瞬间续流量分别为 $q_1, q_2, \cdots, q_n$。然后求出关井后不同时间的续流校正系数 $q_0/q_0 - q_i$,其中 q_0 是油井关井前稳定产量,q_i 是关井后第 i 个时间段的续流量。将不同时间的续流校正系数乘以该时间的井底压力变化值 Δp，得到经过校正的压力变化值 $(\Delta p)(q_0/q_0 - q_i)$。在半对数坐标中绘制续流校正后的压力变化值与关井时间的关系曲线（为一直线），利用此直线段斜率就可确定油层参数等。

5.3.31 双重介质储容比

指高渗透介质弹性容量与总系统（高渗透介质＋低渗透介质）弹性容量之比。其公式为：

$$\omega = \frac{\phi_f C_f}{\phi_f C_f + \phi_m C_m}$$

式中 ω——双重介质储容比；
ϕ——孔隙度；
C——压缩系数。
下标 f 代表裂缝系统，下标 m 代表基质孔隙系统。

5.3.32 双重介质窜流系数

指描述低渗透介质中的流体流向高渗透介质难易程度的一个无量纲量，其计算公式为：

$$\lambda = a r_w^2 \frac{K_m}{K_f}$$

式中 λ——双重介质窜流系数；
a——与岩石结构相关的系数；
r_w——产层井眼半径；
K——渗透率。
下标 f 代表裂缝系统，下标 m 代表基质孔隙系统。

5.3.33 井筒储集常数

指描述井筒内流体可压缩性强弱的量，其计算公式为：

$$C = V_{wb} C_{wb}$$

式中 C——井筒储集常数，m^3/MPa；
V_{wb}——井筒容积，m^3；
C_{wb}——井筒内流体的压缩系数。

5.3.34 定压边界

在存在巨大气顶、活跃边水或边缘注水时,边界上的压力可看成不随时间而变化,这种边界叫定压边界。

5.3.35 封闭边界

指油藏被不渗透岩层或断层包围的边界叫封闭边界。当封闭边界影响达到井筒后,油藏压力随时间的变化率为一常数,即压力与时间呈直线关系。

5.3.36 井壁附加阻力（附加压力损失）

井壁附加阻力又称附加压力损失（Δp_E）,是指产量相等的理想完善井的生产压差 $\Delta p'$ 与实际油井的生产压差 Δp 之差,即 $\Delta p_E = \Delta p' - \Delta p$。表示由于油井的不完善,在井壁处所产生的附加阻力的大小。

5.3.37 井的有效半径（折算半径）

井的有效半径也叫井的折算半径,是指考虑油井表皮效应,把完井半径换算成反映油井的有效半径。可用下式表示:

$$r_c = r_w e^{-S}$$

式中 r_c——油井有效半径;

r_w——油井完井半径;

S——表皮系数;

e——自然对数的底。

5.3.38 流动效率

指测试井的实际采油指数与理想完善井的采油指数的比值。

5.3.39 堵塞比

指理想采油指数与实际采油指数的比值,即流动效率的倒数,是表征井壁附近污染情况的一个参数。

5.3.40 井底污染（井底伤害）

在钻井、射孔和修井过程中,由于各种工作液渗入地层,使井底附近地层渗透率降低,称为井底污染,也叫井底伤害。

5.3.41 表皮效应

由于钻井、井下作业和增产措施,使井底附近地层渗透率变差或变好,从而引起附加流动阻力的效应,叫表皮效应。当地层渗透率变好时,附加阻力为负值,反之为正值。

5.3.42 表皮系数(井底阻力系数)

又称井底阻力系数,是表示井的完善程度的一个无量纲系数。表皮系数 S 可用完井半径 r_w 与井的折算半径 r_c 之比的自然对数来表示,即 $S=\ln r_w/r_c$。当 $r_w/r_c=1$ 时,S 值为零,说明井是完善的;当 $r_w/r_c>1$ 时,S 值为正值,说明井是不完善的。

5.3.43 气井视表皮系数

气井的视表皮系数 S_a 等于表皮系数加上非达西渗流引起的压力损失。在气井井底附近,通常气体流速很高,流量(q_g)与压降之间的关系不符合达西渗流定律。作为近似描述,可以在达西定律的压降上附加一个非达西渗流引起的压力损失 D_g 项,使达西定律仍然适用。

5.3.44 地层压力损失与附加压力损失

流体在地层中流动所消耗的压力称为地层压力损失。流体在表皮效应中的流动所消耗的压力称为附加压力损失或表皮压力损失。可用下式计算:

$$\Delta p_f = \frac{q\mu}{2\pi Kh}\ln\frac{V_c}{r_w}$$

$$\Delta p_s = \frac{q\mu}{2\pi Kh}S$$

式中 Δp_f——地层压力损失;

Δp_s——附加压力损失;

q——油井产量,m³/d;

μ——原油黏度,mPa·s;

K——渗透率,D;

h——油层厚度,m;

S——表皮系数;

r_c——外边界半径,m;

r_w——内边界半径,m。

5.3.45 完善程度

完善程度(P_F)指理想完善井的生产压差 $\Delta p'$ 与实际油井的生产压差 Δp 之比,即 $P_F = \Delta p'/\Delta p$,是表示油井完善程度的一个参数。$P_F = 1$ 时,说明井是完善的;$P_F < 1$ 时,井是不完善的;当 $P_F > 1$ 时,井是超完善的。

5.3.46 油井完善指数

油井的生产压差 Δp 与压力恢复曲线半对数直线段的斜率 m 之比,称为油井的完善指数 $\Delta p/m$。它是衡量油井完善程度的经验性参数。完善指数一般变化范围在 6~7.5 之间,其值接近 7 说明井是完善的;如果大于 7,达到 8 以上,则井是不完善的;如果小于 7,在 5 以下,则井是超完善的。

5.3.47 完善井

指全部钻穿油(气)层,钻井液污染很小,不下套管裸眼完成的井。完善井因无井底附加阻力,故其表皮系数为零。

5.3.48 不完善井

指因不同原因造成井底产生附加阻力的井。根据完井方式又分为程度不完善井——部分钻穿油(气)层,不下套管完成的井;性质不完善井——下套管射孔完成的井;双重不完善井——部分钻开油(气)层,又是下套管射孔完成,或虽全部钻开油(气)层,但仅部分层段射孔完成的井。

5.3.49 超完善井

由于采用高效率的射孔器射孔及对油(气)层进行压裂等增产措施,使这类井的井底附近的渗流阻力比完善井还小,所以在其他条件相同时,产量比完善井高,这种井称为超完善井。

5.3.50 试井诊断图(双对数诊断图)

也称双对数诊断图,其曲线称为不稳定试井解释的"诊断曲线"。在 $\lg \Delta p$ 与 $\lg t$ 双对数曲线上,各种不同类型的油藏和内外边界在各个不同流动阶段,其曲线均有不同的形状,因此可通过对双对数曲线分析,识别油藏类型和各个不同的流动阶段。

5.3.51 特种识别图（特种识别曲线）

特种识别图也称特种识别曲线。每一种不同情况或不同的流动阶段，其曲线都有自己独有的特征，这种曲线称为特种识别曲线。

5.3.52 压力导数解释法

压力变化所服从的扩散方程，是描述压力随时间的变化率，即压力对时间的导数与其他量之间的关系。由于压力导数比压力本身更敏感，对压力分析不明显而常常被忽略的微细变化，压力导数能把它放大，使其具有明显的反应，从而便于判别和解释。特别是非均质油层，压力导数曲线具有非常明显的特征，很容易识别。因此，这种方法被广泛应用。

5.3.53 常规试井解释方法

20世纪50～60年代，世界上普遍使用压差为纵坐标，时间对数为横坐标的半对数曲线分析法来进行试井解释（图5.49），这种方法叫常规试井解释方法。

5.3.54 现代试井解释方法

20世纪70年代以来，运用系统分析概念和数值模拟技术，建立了双对数分析方法，如厄洛赫（Earlougher）图版（图5.50），确立了早期资料解释，完善了常规试井解释方法。

5.3.55 试井解释模型

试井解释模型由三部分组成：即反映油藏内流体流动特征的基本模型，反映井筒及其附近情况的内边界条件和反映油藏边缘情况的外边界条件。这三部分中各种情况的任一组合都可以构成一个试井解释理论模型。

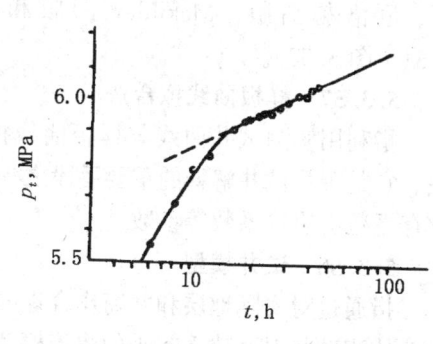

图5.49 压力恢复曲线

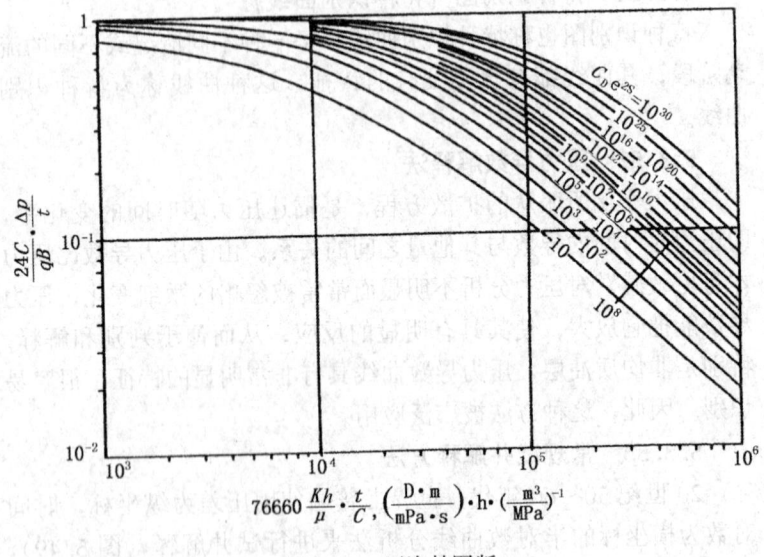

图 5.50 厄洛赫图版

5.3.56 试井解释图版

根据不同的试井解释理论模型计算出的各种数据，在某种坐标系中画好的一组或若干组曲线，称为试井解释图版，即样板曲线。在绘制图版时，考虑的因素及选取的变量不同，得到的图版也不同。目前已经发表试井解释图版中，较著名的有 Ramey 图版、厄洛赫图版、Mckinley 图版和 Gringarten 图版等（图 5.51～图 5.53）。

5.3.57 样板曲线拟合法

指利用实测试井曲线与样板曲线拟合来进行试井解释的方法。它是现代试井解释的重要手段之一，可计算流动系数、井筒储存系数、表皮系数等参数。

5.3.58 试井模型

指通过对实际地层和井筒作合理的假设，以描述地层和井筒中流体流动状况而建立起来的渗流模型。它由内边界条件（井筒条件）、油藏特性和外界条件三部分组成。

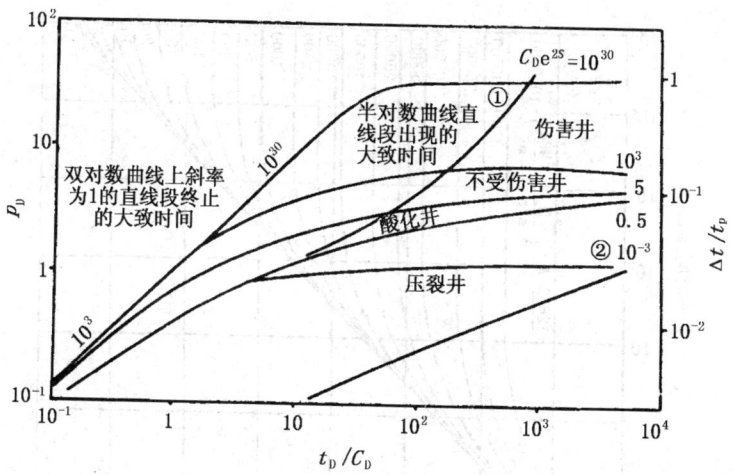

图 5.51 Gringarten 图版

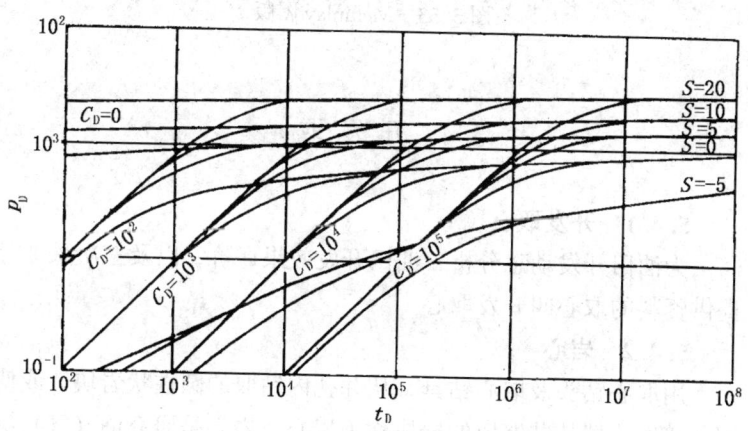

图 5.52 Ramey 解释图版

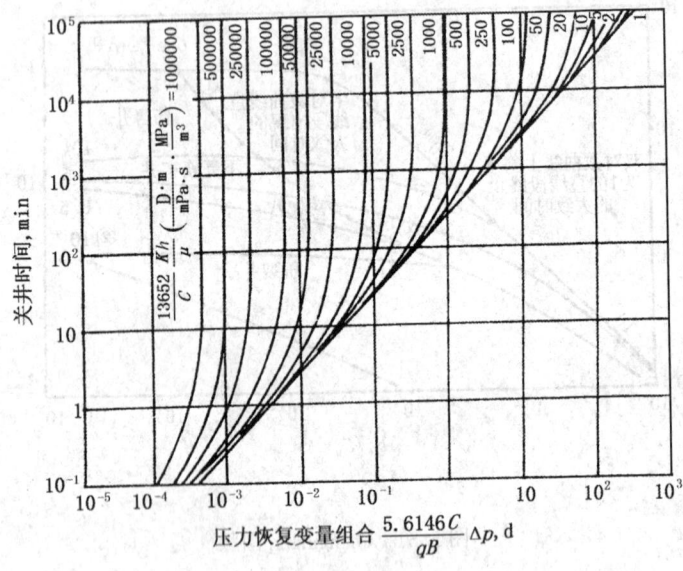

图 5.53 Mckinlay 图版

5.4 开发取心

5.4.1 开发取心
为油田开发动态分析、油田开发效果评价，以及三次采油等提供资料的取心叫开发取心。

5.4.2 岩心
用取心钻头及取心钻具，从井孔内钻取的圆柱状岩块，或使用井壁取心器从井壁取的岩块称为岩心。岩心是研究油（气）层特征最直接的资料。

5.4.3 开钻
每口井第一次开始钻进地层或每下一次套管后开始钻进地层叫开钻。

5.4.4 开钻时间
下完导管后,钻头接触地层,启动转盘开始钻进的时间称为开钻时间。

5.4.5 进尺
指钻头钻进地层的长度或深度。

5.4.6 井侵
指当地层孔隙压力大于井底压力时,地层孔隙中的流体侵入井内的现象。

5.4.7 溢流
当井侵发生后,井口钻井液自动外溢的现象称溢流。

5.4.8 井涌
溢流进一步发展后,钻井液涌出井口的现象称井涌。

5.4.9 井喷
当地层流体无控制地进入井筒、喷出地面或进入其他低压层的现象称为井喷。前者称为地上井喷,后者称为地下井喷。

5.4.10 井喷失控
井喷发生后,用常规方法不能控制井口,而出现敞喷的现象称为井喷失控。

5.4.11 压井
向井内注入适当密度的加重钻井液来制止井涌或井喷,以达到迅速恢复或重建井内的压力平衡,这种作业称为压井。

5.4.12 井控与井控技术
井控是油、气井压力控制的简称。井控技术是指对油、气井压力控制的工具、装置和一系列配套技术的总称。

5.4.13 地质录井(录井)
指钻井过程中所取得地质资料的工作叫地质录井,简称录井。

5.4.14 岩屑与岩屑录井
地下的岩石被钻头破碎后,随钻井液被携带到地面上,这些岩石碎块叫岩屑。

在钻进过程中,按一定的取样深度和时间间隔,在井口钻井液槽内捞取岩屑。通过计算岩屑实际深度、选样、描述,最后制成井下地质剖面,这个工作过程叫岩屑录井。

5.4.15　岩屑迟到时间
岩屑自井底到井口所需的时间叫岩屑迟到时间。

5.4.16　钻井液
指用于钻井目的,由液体和基质、加重剂、化学制品等组成的混合液。它在钻井中具有携带岩屑,清洁井底,冷却钻头,平衡地层压力,保护井壁和油、气层等作用,被人称为钻井工艺的"血液"。

5.4.17　钻井液录井
指在钻井过程中每隔一定深度或一定时间,测定钻井液性能的变化,并将这些资料绘制成柱状剖面图,以了解地下岩层和油、气层情况,这个工作过程叫钻井液录井。

5.4.18　荧光录井
原油在紫外光照射下会发出荧光。利用原油的这种特性,测定钻井液、岩屑、岩心中荧光的强弱程度,以了解地下是否存在油层及其所处的位置,这个工作叫荧光录井。

5.4.19　气测录井(气测井)
利用气测仪测定随钻井液一起返出的烃类气体的组分及其含量的方法与过程称为气测录井,简称气测井。

5.4.20　钻时与钻时录井
钻时是指每钻进一定厚度的岩层所需的时间(min/m)。钻时录井就是记录钻进过程中的钻时变化以判断钻遇岩层的情况。

5.4.21　现代录井
指利用循环钻井液作为录取信息的载体,使用综合录井仪记录其地质、油气、压力、岩石物性等信息随深度变化的一种综合录井作业。

5.4.22　取心
用取心技术和取心工具把地下岩石从井中取出地面的工艺过

程称为取心。取心工艺包括取心钻进、割掉岩心、取出岩心三个主要环节。

5.4.23 取心工具

取心工具一般包括取心钻头、岩心筒、岩心抓、扶正器和悬挂装置等部件。

5.4.24 取心钻头

指用来环形破碎地层岩石,形成岩心的取心工具。取心钻头的类型很多,常用的有 PDC-Z 型取心钻头、三角聚晶取心钻头、圆柱聚晶单锥取心钻头、SLY-Ⅱ型取心钻头、SLY-Ⅰ型取心钻头等。

5.4.25 岩心筒

岩心筒是由内岩心筒和外岩心筒组成的取心工具。内心岩筒的作用是储存及保护岩心;外岩心筒的作用是在取心钻进时承受钻压、传递扭矩、带动钻头旋转及保护内岩心筒。

5.4.26 岩心爪

指用来割取岩心和承托已割取的岩心柱的取心工具,其形式很多,有卡箍式、卡板式、卡簧式和卡瓦式等。

5.4.27 扶正器

扶正器由外筒扶正器和内筒扶正器组成。外筒扶正器起保持外筒和钻头工作平衡、防斜等作用;内筒扶正器起保持内筒稳定,使岩心筒与钻头对中性好,岩心易进入岩心筒,不易磨掉等作用。

5.4.28 短筒取心

在取心中不接单根的取心钻进叫短筒取心。

5.4.29 长筒取心

在取心中上提方钻杆接单根,一次取心长度在两根钻杆长度以上的称为长筒取心。

5.4.30 水基钻井液取心(普通钻井取心)

水基钻井液取心也叫普通钻井取心。指用普通钻井取心技术和取心工具钻取岩心的一种方法。一般探井及为编制油(气)田开发方案提供资料的资料井都用这种方法钻取岩心。

5.4.31 井壁取心

由跟踪定位器和取心器组成的井壁取心工具，由电缆下入井内预定位置割取井壁岩样的方法叫井壁取心。根据取心器的不同可分为击发式取心器取心、连续切割式井壁取心器取心和液压式扩眼取心器取心等。

5.4.32 大直径取心

用大直径取心钻头（直径等于大于 243mm）取出的岩心直径不小于 160mm 的取心方法叫大直径取心。大直径岩心中心部分可避免钻井液中水的侵染，用它作分析可获得较准确的油层原始含油饱和度资料。

5.4.33 特殊钻井取心

指除水基钻井液取心以外，适用于不同要求的特殊钻井取心工艺，如油基钻井液取心、密闭取心、压力取心、疏松岩层取心、水平井取心、定向井取心等。

5.4.34 油基钻井液取心

用油料（原油、柴油、蓖麻油等）、黏土、加重剂配制成的钻井液进行取心称为油基钻井液取心。用这种方法获取的岩心可避免水的侵染，用这种岩心作分析，除可获得孔隙度、渗透率等资料外，还可获得较准确的油层原始含油饱和度资料。

5.4.35 密闭取心

利用密闭取心技术和工具，使取出的岩心不被钻井液侵入和污染的取心方法叫密闭取心。

密闭取心已成为获取油（气）层原始含油（气）饱和度及监测水驱或注水开发油田的油层水淹状况和剩余油分布的重要手段。

5.4.36 压力取心

指利用保压取心技术和取心工具取出的岩心，用干冰进行冷冻处理，使岩心保持地层原始状态的取心方法。压力取心可获得油（气）层原始和开发过程中含油、气、水饱和度资料及其他物性参数，是监测油（气）田开发效果及剩余油、气分布的重要手段。

5.4.37　疏松及破碎地层取心

利用疏松及破碎地层取心技术及取心工具取出的岩心进行冷冻处理，使取出的岩心保持地层原始状态，这种取心方法叫疏松及破碎地层取心。

5.4.38　橡皮套取心

指由外筒、中间筒、橡皮套、内筒提心筒、花键差动机构组成的取心工具所进行的取心。

5.4.39　海绵岩心筒取心

指用在常规取心工具的内岩心筒内壁上敷一层聚酸基甲酸酯海绵的取心工具进行取心。

5.4.40　钢丝织筒取心

指用钢丝织筒代替橡皮套，用地面管汇造成的脉动流量配合取心工具上部的内筒提升重放机构，实现钻进时钢丝织筒滚动包卷岩心。这种取心工具适用于深井高温易碎地层中取心。

5.4.41　密闭保护液

岩心密闭保护液是一种黏度高、流动性好、没有触变性、化学性质稳定的胶溶性液体。它由过氯乙烯树脂、蓖麻油、重晶石粉等原料配制而成。

5.4.42　水平井取心

指利用水平井钻井技术和特殊设计的取心工具获取岩心的方法。这种岩心的可贵之处在于可取得接近水平状态的储层物性资料。

5.4.43　定向取心

指利用定向钻井技术及取心工具钻取岩心的方法。用这种方法取出的岩心能反映地层倾角、倾向、走向等构造参数和储层物性资料。但这种取心还存在技术较复杂、成本较高、定向误差较大等缺点，亟待进一步改进。

5.4.44 大直径岩心、普通岩心与小直径岩心

岩心直径不小于 160mm 的岩心为大直径岩心；岩心直径 160mm～130mm（不包括 130mm）的岩心为普通岩心；岩心直径不大于 130mm 的岩心为小直径岩心。

5.4.45 岩心归位

利用大比例尺的微侧向、自然伽马曲线及其他有关测井曲线对岩心顺序、深度、厚度进行校正，使岩心正确反映地层情况的工作叫岩心归位。

5.4.46 井深

指从钻机转盘补心面至井底的深度。

5.4.47 完钻

钻进深度达到设计要求，或因工程事故不能继续钻进，钻进工作结束叫完钻。

5.4.48 完钻时间

指完钻时最后一个钻头起出地面的时间或因工程事故停止钻进的时间。

5.4.49 水泥返高

指固井时从管外返出的水泥浆形成水泥环后的顶面距钻井转盘面的深度。

5.4.50 井斜

指井眼的中心线偏离井口中心向下的垂直线的现象。

5.4.51 人工井底

固井完成或某层测试后注水泥塞上返或井下有桥塞时，留在套管内最上部一段水泥塞的顶面或桥塞顶面为人工井底，其深度从钻井转盘面算起。

5.4.52 桥塞

指为封隔已测试层进行上返测试工作，下入套管内的堵塞器或指在井眼内堵塞部位灌注的水泥塞。

5.4.53 补心高度

钻机转盘面（补心面）至地面的垂直距离叫补心高度。

5.4.54 套补距
指钻机转盘（补心）面与下井后套管顶部法兰短节上平面或套管头之间的垂直距离。

5.4.55 水泥塞
指由注入井眼或套管内的水泥浆凝固而成的水泥柱。

5.4.56 堵心
指由于钻头结构不合理或在下钻过程中严重泥包，使岩心进口处的岩屑得不到及时清洗和排除等原因，造成岩心进口堵塞，而且愈堵愈紧，而使取心失败。

5.4.57 磨心
指由于蹩钻、跳钻而引起钻头跳动，或由于钻速过高而引起岩心内筒旋转和摆动，使岩心受到径向和轴向外力的作用而发生相对运动，造成岩心磨损。

5.4.58 卡心
指由于泥饼过厚、井壁坍塌等原因，造成岩心被卡住取不出的现象。

5.4.59 割心
利用割心工具割断井底岩心的工作叫割心。

5.4.60 掉心
指由于各种原因造成岩心掉落井底的现象。

5.4.61 余心与套心
指由于取心工具存在问题，或割心不当等原因，造成部分岩心留在井底取不出来的现象。余心较长时，应进行打捞，这个工作叫套心。

5.4.62 劈心
指每块岩样从劈心线位置劈开两半，一半送入细选作各项分析化验用，另一半送含水观察试验和岩心描述使用，最后留作长期保存。

5.4.63 选样密度
指每米岩心长度需要选取多少样品。一般含油产状为油砂或含油级岩心,选样密度为每米 10 块,其他含油产状岩心适当放大取样密度。

5.4.64 水洗厚度与水洗厚度系数

水洗厚度是指油层水洗岩样长度之和。水洗厚度系数是指油层水洗厚度占单层有效厚度的百分数。

5.4.65 单块岩样驱油效率

指单块岩样被注入水驱替的程度。即校正后目前含水饱和度减去原始含水饱和度占原始含油饱和度的百分数。

5.4.66 井位水平位移

因井斜使地面井位与在开发层上的井位不相符合叫井位水平位移。

5.4.67 岩心描述

指在自然光下,用岩心新鲜面描述岩心的岩性、岩石颜色、碎屑成分、矿物、胶结类型、分选性、沉积构造、岩性组合关系、化石及其他含有物、接触关系及含油气产状等。

5.4.68 岩心素描图

指岩心上一些特殊构造或难于用文字表达的现象按一定比例缩画成的素描图。

5.4.69 荧光照相

指将新鲜岩心在荧光灯下进行紫外光照射,然后拍成岩心剖面照片,作为基础资料进行保存。

5.4.70 岩心收获率

指钻取岩心的实际长度与取心钻井进尺的百分比。

5.4.71 密闭岩心及岩心密闭率

取出的岩心未被钻井液侵入或污染的岩心称为密闭岩心。

密闭岩心块数或长度占岩心总块数或总长度的百分数叫岩心密闭率。它是评价密闭取心工作质量的重要指标,一般要求密闭率大于 80% 以上。

5.4.72 岩心滴水试验

指利用水珠与岩心润湿角大小关系来确定岩心是否被水洗的

方法。试验时，用水滴管将水滴在刚劈取岩心的断面上，静止观察 10min。水滴立即渗入岩心为一级（强水洗）；水珠在 10min 之内全部渗入岩心为二级（较强水洗）；水珠呈椭圆状（θ<60°）为三级（水洗）；水珠呈透镜状（60°<θ<90°）为四级（弱水洗或未水洗）；水珠不变呈圆珠状（θ>90°）为五级（未水洗）（详见图 5.54）。

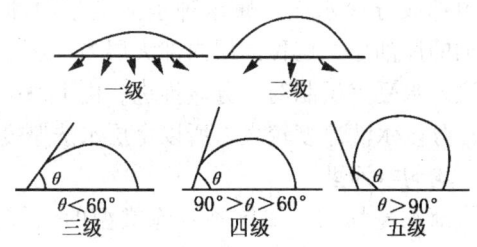

图 5.54　滴水试验水珠形态分级图

5.4.73　岩心水洗程度

指岩心被注入水驱替的程度。一般分为三级：强水洗（驱油效率大于 55%）、中水洗（驱油效率在 35%～55%之间）和弱水洗（驱油效率小于 35%）。

5.4.74　油层水淹类型

指水驱或人工注水开发油田油层内部水洗段分布状况。一般分为底部水淹型、中部水淹型、多段水淹型、均匀水淹型 4 类。

5.4.75　底部水淹型

指注入水只淹油层底部，顶部不水淹。属这种水淹类型的油层多为正韵律厚油层。这类油层的底部常具有冲刷面或与下伏地层呈突变接触，层内夹层不发育，底部渗透率很高，上下渗透率级差大。在渗透率非均质性、油水黏度窜流及重力分异作用等影响下，注入水只沿油层底部高渗透率段突进，含水饱和度快速增长，水相流动阻力迅速下降，故注入水就更容易沿这条老路推进，造成底部水淹严重，而顶部不水淹，水淹厚度小。

5.4.76 中部水淹型

指油层中部先见水、先水淹。属于这种水淹类型油层多为正韵律与反韵律组合而成的厚油层,所以中部渗透率高,上、下部渗透率低,注入水沿油层中部快速推进。由于重力分异作用影响,水洗厚度逐步向油层底部扩大。

5.4.77 多段水淹型

指油层内部成分段水淹。属这种水淹类型的油层为多次沉积、多次叠加的厚油层。这种油层内部夹层多,往往把油层分成几个小段,注入水受夹层制约,分段推进。由于每个段内部的渗透率级差小,分段水洗厚度较大,所以全层水洗厚度就较大。

5.4.78 均匀水淹型

指油层内部水淹均匀。属这种水淹类型的油层有低渗透薄层、复合韵律均匀层和反韵律厚层。对低渗透率薄层与复合韵律均匀层,由于渗透率差异小,注入水分布较均匀,水洗厚度可达80%左右。反韵律厚层上部渗透率高,底部渗透率低。但由于注入水沿上部推进的同时,在重力的作用下也能进入下部,从而扩大了水洗厚度,使油层均匀水淹。

第 6 章 开发分析及调整

6.1 开发动态分析

6.1.1 油（气）田开发动态分析

在油（气）田开发过程中，利用油（气）田生产数据和各种监测方法采集到的资料来分析、研究地下油、气、水运动规律及其发展变化，检验开发方案及有关措施的实施效果，预测油（气）田开发效果，并为调整挖潜提供依据的全部工作称为油（气）田开发动态分析。它包括生产动态分析、井筒内升举条件分析、油（气）层动态分析三个方面的问题。

6.1.2 生产动态分析（单井分析）

生产动态分析亦称单井分析，包括油（气）井动态分析和注水井动态分析，是油（气）田生产管理经常性的基础工作。油（气）井动态分析包括分析压力、产量、含水变化，搞清见水层位、来水方向及井下技术状况，判断工作制度是否合理及生产是否正常等。注水井动态分析包括分析井口压力、注水量及吸水能力变化，判断井下故障等。

6.1.3 井筒内举升条件分析

指油井井筒内脱气点、阻力及压力消耗等变化分析。脱气点高或阻力大，井筒内能量损失就大，油井就愈容易停喷。因此要控制合理的气油比和选择合适的油管等有效措施，减少井筒内能量损失，确保井筒内具有良好的举升条件。

6.1.4 油（气）层动态分析

指搞清各类油（气）层中油、气、水的分布及其运动状况，吸水能力和产油（气）能力变化，地层压力及渗流阻力变化，含水率及产量变化，油（气）层物性及流体性质变化，储量动用及剩余油（气）分布状况等，为挖掘油（气）层潜力提供依据。

6.1.5 油（气）田开发动态分析指标

指用来说明油（气）田开发状况，地下油、气、水运动规律，以及各种调整挖潜措施效果的有关数据和技术指标。

6.1.6 油（气）藏静态资料

油（气）藏投入开发前所取得的钻井、取心、测井、试油、试井、分析化验等用来描述油（气）藏地质特征的资料称为油（气）藏静态资料。

6.1.7 油（气）藏动态资料

油（气）藏投入开发以后所取得的压力、产量、含水、注水量、储层温度、水淹状况等用来研究地下油、气、水运动规律及评价油（气）藏开发效果的资料称为油（气）藏动态资料。

6.1.8 检查井

油田开发到一定的阶段，为了检查各类油层的水淹程度、驱油效率及剩余油饱和度等变化而钻的密闭取心井叫检查井。

6.1.9 监测井

定时监测产量、压力、含水率、吸水剖面、产出剖面、井下技术状况等油田开发动态变化的井叫监测井。监测井一般都在生产井与注水井中选定，也可专设。

6.1.10 更新井

因井下技术状况变坏，油、水井不能继续使用，在其旁边新钻的替代井叫更新井。

6.1.11 调整井

为调整和完善原开发井网与注采系统，改善油田开发效果，延长高产稳产期，提高油田最终采收率而钻的新井叫调整井。局部地区补钻的个别新井叫零散调整井，整个油田或开发区成排加密的新井叫加密调整井。

6.1.12 停产井与停注井

指由于各种原因而停止生产的采油（气）井和停止注水、注气的井。

6.1.13 高产井
泛指单井产量比本油（气）田一般生产井日产量高出较多的井；或指单井产量高于一定数量（如日产油 100t，日产气 $100\times10^4 m^3$）的井。

6.1.14 低产井
泛指单井日产量很低的井；或指日产量略高于规定的工业油（气）流标准的井。

6.1.15 提捞井（捞油井）
也称捞油井。指产油量很低，只能用捞油筒进行提捞的井。

6.1.16 积压井
因工程或其他原因暂时不能采油（气）或注水的井叫积压井。

6.1.17 高产短命井
指日产油（气）量很高，但见水早，含水上升速度很快，稳产时间很短的油（气）井。

6.1.18 高产稳产井
指日产油（气）量很高，且见水晚，含水上升速度慢，稳产时间长的油（气）井。

6.1.19 间歇自喷井
指停喷一段时间又自喷一段时间的油（气）井。由于自喷能力强弱不同，停喷时间和自喷时间长短各不相同。

6.1.20 间歇抽油井
由于液面恢复慢，只能停抽一段时间，等液面恢复到一定高度后再抽油，这种井叫间歇抽油井。

6.1.21 转抽井
指由自喷采油改为机械采油的油井。

6.1.22 试验井
指进行各种试验的井。

6.1.23 气水井（含水气井）
气水井也叫含水气井，指边产气边产水的气井。

6.1.24 含酸气气井

指天然气中含硫量大于 $1g/m^3$ 或含相当数量的二氧化碳的产气井。

6.1.25 高压气井

指产层压力系数大于 1.3 的产气井。

6.1.26 低压气井

指产层压力系数小于 0.9 的产气井。

6.1.27 水淹井

指含水率很高的油井或气井。

6.1.28 调剖井

指进行产液剖面或吸水剖面调整的井。

6.1.29 三稳井

指地层压力、产量、含水率均稳定的油井，或地层压力、产量、气水比均稳定的气井。

6.1.30 油田开发模式图

指表示各类油田在开发全过程中产量和含水变化的模型图（图6.1）。

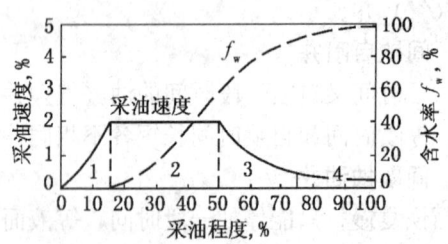

图 6.1 油田开发模式图

6.1.31 油田开发阶段

指整个油田开发过程按产量、含水、开发特点等变化情况划分的不同开发时期。按含水变化可分为无水采油阶段、低含水采油阶段、中含水采油阶段、高含水采油阶段；按开发方法可分为一次采油、二次采油、三次采油；按产量变化可分为产量上升阶段、高产稳产阶段、产量递减阶段、低产收尾阶段。

6.1.32 无水采油阶段

从油田全面投产至综合含水率达 2% 的采油阶段叫无水采油阶段。这个阶段的油田开发特点是：大部分油井未见水，地层压力较高，油井生产能力旺盛，油田产量稳定上升。

6.1.33 低含水采油阶段

从无水采油阶段结束，至综合含水率达 40% 以前的采油阶段叫低含水采油阶段。这个阶段注水全面见效，主力油层充分发挥作用，地层压力较高，见水层相对集中，工艺措施效果明显，含水上升速度较慢，油田产量达到最高水平。

6.1.34 中含水采油阶段

从低含水采油阶段结束，至综合含水率达 80% 的采油阶段叫中含水采油阶段。这个阶段大多数油井多层见水，主力油层进入高含水开采，经过各种增产及调整措施，中低渗透率油层充分发挥作用，油田产量维持在较高的水平上。

6.1.35 高含水采油阶段

综合含水率达到 80% 以后的采油阶段为高含水采油阶段。这个阶段大多数油井进入高含水采油，大部分油层水淹，剩余油分布零散，地下油水关系复杂，各种措施难以维持稳产，产量迅速递减。至油田开发末期，含水上升速度减缓，产量降至最低水平，但下降缓慢。

6.1.36 气田开发阶段

指整个气田开发过程按压力、产量、含水和开采特点等变化规律划分的不同开发时期。气驱气藏可分为产量增长期：随气井不断投产，产气量不断增长，全部气井都投产后，产气量达到最高水平；稳产期：随着气井地层压力的下降，产量下降，靠放大生产压差、酸化压裂、增加新井投产等措施维持最高产量水平；递减期：依靠新井投产及增产措施等都不经济时，产气量迅速下降，直至气藏开发结束。水驱气藏可分为无水采气、带水自喷采气和排水采气三个阶段。

6.1.37 注采单元

指面积注水井网中,一口注水井和周边相关的几口生产井构成的一个独立开发单元。

6.1.38 单井动用状况分析

根据单井地质情况、生产数据及测试资料,分析各油层工作状况及其变化原因,分析各油层水淹状况及其变化原因,并为改善该井生产状况提供新的措施依据,这个工作称为单井动用状况分析。

6.1.39 井组

指以注水井为中心,与周围相关油井所构成的油田开发基本单元。

6.1.40 井组动态分析

指以井组为单元,搞清各井产量、压力和含水率变化状况,吸水能力及注采平衡状况,见水层位和来水方向等,发现问题及时解决。

6.1.41 排间动态分析

指行列井网各井排之间开发状况分析。重点分析水线推进状况、各油层动用状况,以及注采平衡状况等。要针对出现的问题提出有效措施,以改善排间开发效果。

6.1.42 开发区块

指具有独立和完整注采系统的开发区或断块。

6.1.43 区块动态分析

以区块为单元,重点分析全区块地层压力、含水率、产量变化趋势及其变化原因;分析平面油水运动状况,及时进行注采关系调整;分析层间关系及各类油层工作状况,调整注采剖面;分析全区块开发效果,提出改善开发效果办法等。

6.1.44 气井生产系统(生产井模型)

气井生产系统也称生产井模型,是指天然气通过气层孔隙介质或裂缝流入井底,再通过井筒升至井口,由井口经地面管线流至分离器,后经压缩机站把气送到输气干线这一完整的生产过程。

6.1.45 气井生产系统分析（节点系统分析）

气井生产系统分析又称节点系统分析，简称节点分析，是指以气井生产系统作为一个整体研究分析对象，分析全系统压力损耗状况，对每个压力损失进行定量评估，并对影响流入节点的供气能力和流出节点的输气能力进行逐一分析和优选，为实现全系统的优化生产，发挥系统最大潜能提供依据。

6.1.46 油（气）藏动态史拟合

油（气）藏动态史拟合是综合油（气）田开发地质、油（气）藏工程和油（气）藏数值模拟的一门边缘科学技术。其目的是使模拟计算的油（气）藏动态与实际动态相近，以此来预测油（气）藏开发动态趋势和评价油（气）田开发效果。

6.1.47 地层静压力（上覆岩层压力）

地层静压力也叫上覆岩层压力，指由上覆岩层骨架和孔隙中流体重量引起的压力。其大小可用下列公式表示：

$$p_o = H_r[\bar{\phi}\rho_f + (1-\bar{\phi})\rho_{ma}]g$$

式中 p_o——地层静压力，MPa；

H_r——上覆岩层的垂直高度，m；

$\bar{\phi}$——上覆岩层平均孔隙度，小数；

ρ_{ma}——上覆岩层骨架的平均密度，kg/m³；

ρ_f——岩层孔隙中流体的平均密度，kg/m³；

g——重力加速度，$g = 9.8$ m/s²。

6.1.48 静水压力

油（气）层中地层水液柱重量所产生的压力叫静水压力。可用下列公式计算：

$$p_H = H\rho_w g$$

式中 p_H——静水压力，MPa；

ρ_w——地层水密度，kg/m³；

H——液柱高度，m；

g——重力加速度，9.8m/s²。

6.1.49 地层压力（孔隙流体压力）

又称孔隙流体压力，是指地层孔隙内流体所承受的压力。如果该流体为油或天然气，就称为油层压力或气层压力。油（气）层未开采之前，各处的地层压力相对平衡，投入开发后，平衡状态遭到破坏，油（气）层压力与油（气）井井底压力之间产生压差，使油（气）层内的油（气）流入井底，甚至喷出井口。

6.1.50 压力系数与异常压力

指实测地层压力与同深度静水压力之比值。压力系数是衡量地层压力是否正常的一个指标。压力系数为 0.8～1.2 为正常压力，大于 1.2 者称高压异常，小于 0.8 者称低压异常。

6.1.51 原始地层压力

油（气）层开采以前的地层压力，称为原始状态下的地层压力，单位为兆帕（MPa）。

原始地层压力一般都是通过探井、评价井（资料井）试油时，下井底压力计至油（气）层中部测得。原始地层压力也可用试井法、压力梯度法等求得。

6.1.52 目前地层压力与静止压力（静压）

目前地层压力指油（气）田在开发过程中某一时期的地层压力。

油（气）井关井恢复压力，稳定后所测得的油（气）层中部压力叫静止压力，简称静压。油（气）层静压代表测压时的目前油（气）层压力，是衡量油（气）层压力水平的标志，因此需要定期进行监测。

6.1.53 静压梯度

指同一井内单位深度（10m 或 100m）静止压力的变化值。利用静压梯度可以计算井内不同深度的静压值，确定油水或气水界面，判断各油（气）层是否属于同一个压力系统等。

6.1.54 压深关系曲线

指地层压力随埋藏深度的关系曲线（图 6.2）。图中有两个斜率不同的直线段，上部直线代表油相的压深关系，下部直线段代表水相的压深关系,两直线的交点为油、水之间的分界面。

6.1.55 静止温度与流动温度

在油井静止状态下测得的井下油(气)层温度称为静止温度,简称静温。在油井流动状态下测得的井下油(气)层温度称为流动温度,简称流温。

6.1.56 地温梯度

指单位深度的地层温度化值。在世界范围内平均地温梯度约 30℃/km。高于此值时表示地层相对较热,低于此值时表示地层相对较冷。

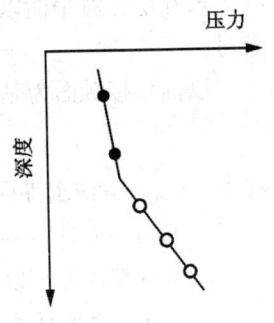

图 6.2 压深关系曲线

6.1.57 流动压力(井底压力、流压)

油(气)井在正常生产时所测得的油(气)层中部的压力叫流动压力,也叫井底压力,简称流压。流入井底的油、气就是靠流动压力举升至地面,因此流动压力是油(气)井自喷能力大小的重要标志。

6.1.58 流压梯度

指油(气)井在开井时,单位深度(10m 或 100m)流动压力的变化值。根据流压梯度可以推算井内不同深度的流动压力,还可以判断油井是否见水(如见水,流压梯度增大)。

6.1.59 折算压力

将不同深度测得的地层压力折算到某一基准面(海平面或油水或气水接触面)的压力叫折算压力。

以海平面为基准面的折算压力公式为:

$$p_c = p_f + 0.01 \rho_o h_o$$

式中 p_c——折算压力,MPa;

p_f——油层中部实测压力,MPa;

ρ_o——地层条件下原油密度,g/cm³;

h_o——油层中部海拔,m。

当油层在海平面以上时,取正号;油层在海平面以下时,取负号。

以油水接触面为基准面的折算压力公式为:

$$p_c = p_f + 0.01\rho_o \mid h_{wo} - h_o \mid$$

式中 h_{wo}——油水界面海拔,m;

$\mid h_{wo} - h_o \mid$——油水界面与油层中部海拔高差的绝对值。

利用折算压力可以正确对比井与井之间的压力高低。

6.1.60 动水压力(水动力)

也称水动力,是指油(气)藏存在供水区和泄水区时,由于水位面倾斜引起地层水流动而产生的压力。

6.1.61 压力系统

指受同一压力源控制的,能相互影响和传递的压力统一体,即同一压力场。油(气)藏中流体所承受的压力主要来源于上覆岩层压力、边水或底水的水柱压力、油(气)藏形成时构造力和热力等。相同压力系统内各井点折算到某一深度(海平面或油水或气水界面)的原始地层压力值相同或很近似。不同压力系统的油(气)层,不能组合为同一开发层系。

6.1.62 油管压力(油压)

流动压力把油气从井底经过油管举升到井口后的剩余压力叫油管压力,简称油压。由油管压力表测得,其值为流动压力减去井内油气混合液柱压力、摩擦阻力及滑脱损失。

油压大小取决于流压的高低,而流压又与油层压力有关,因此,油压的高低是油井能量大小的反映。

6.1.63 套管压力(套压)

流动压力把油气从井底,经过油、套管之间的环形空间举升到井口后的剩余压力叫套管压力,简称套压。它由套管压力表测得,其值为流动压力减去环形空间液柱与气柱压力。

套压与油压都是反映油井生产状况的重要指标,必须认真录取,及时分析其变化原因。

6.1.64 余压

指井下流体流到地面时的剩余压力。余压大小表示油（气）井自喷能力大小，余压等于零，则表示油（气）井不能自喷，一般可从油压或套压大小表现出来。

6.1.65 注水井井口压力

指注水井油管（或套管）压力表记录的压力，其数值等于注水泵压力减去地面管线损失的压力。如果地面管线损失的压力很小，注水井井口压力等于注水泵压力。

6.1.66 泵压

指注水泵注水时的压力。

6.1.67 注水压力

指注水时注水井井底压力，其数值等于注水井井口压力加上注水井内液柱压力。注水压力与注水量成正比关系。注水压力应根据油井对注水量的要求来决定。注水压力最高不能超过油层岩石破裂压力。

6.1.68 启动压力

指油层开始吸水时的注水压力。启动压力愈大，说明油层吸水能力愈差。

6.1.69 最低自喷流压

指油井保持自喷所需要的最低流动压力。随着油井含水率的上升，最低自喷流压随之增大，因此，放大生产压差的余地越来越小，最后不得不改变采油方式。

6.1.70 回压

油（气）田上所说的回压是指输油（气）干线压力对油（气）井井口的一种反压力。回压高对油（气）井放大生产压差、增加产量有影响，因此要求输油（气）干线回压要小。

6.1.71 废弃压力

指气田的经济极限压力，即在经济上已失去开采价值时的压力。低于废气压力时，气田报废。

6.1.72 总压差

指原始地层压力与目前地层压力之差。总压差是衡量油田是否保持油层能量开采的重要标志。总压差为正值，说明注入量大于采出量，油层能量充足；总压差为负值，说明注入量小于采出量，产生地下亏空，油层能量不足。

6.1.73 采油（气）压差（生产压差、工作压差）

油（气）井目前地层压力与流动压力之差叫采油（气）压差，亦称生产压差或工作压差。

采油（气）压差控制采油（气）井产量，采油（气）压差越大，油（气）井产量越高。但采油（气）压差不能任意放大，否则会造成油井压力急剧下降，油层脱气，气油比上升，产油量下降，开采条件恶化；而气井则会造成边水或底水的入侵，天然气采不出来。因此，必须根据油（气）层条件确定合理的采油（气）压差。

6.1.74 注水压差

指注水井注水时井底压力与地层压力之差。注水压差是控制注水井注水量的主要因素，要根据生产需要不断进行调整。

6.1.75 注采压差（大压差）

注水井井底压力与采油井井底压力之差叫注采压差，亦称大压差。注采压差的大小反映驱油能量的大小，注采压差越大，水驱油动力越大。

6.1.76 流饱压差

指油井流动压力与饱和压力之差。流动压力高于饱和压力时，井底的原油不会脱气，气油比低，产量高；流动压力低于饱和压力时，原油中的溶解气分离出来，气油比增高，原油黏度增大，产量下降。所以油井必须在合理的流饱压差界限内进行生产。

6.1.77 地饱压差

指目前地层压力与饱和压力之差。地饱压差是衡量油层弹性能量大小和油田开发状况的重要指标。地饱压差越大弹性能量越大，反之则弹性能量越小。如果油田在地层压力低于饱和压力较多的条件下进行开发，油层中的原油就要大量脱气，原油黏度增大，油层产油能力降低，油田开发效果变差。

6.1.78 油田日产液量

指全油田实际每日采出的油与水的混合液量，单位为 t/d 或 m^3/d。它是表示油田日产液水平的一个指标。

6.1.79 油田日产液能力

指全油田所有生产井都投产时的日产液量。测算时用平均单井日产液量乘以生产井数求得。

6.1.80 油田年产液量

指全油田全年实际采出的油与水的混合液量，单位为 $10^4 t/a$ 或 $10^4 m^3/a$。它是表示油田年产液水平的指标。

6.1.81 油田年产液能力

指全油田所有生产井都投产时的年采出液量。测算时一般用油田日产液量乘以全年开井天数（自喷井为 330d，抽油井为 300d）求得。它是表示油田产液规模的指标。

6.1.82 产能到位率

指油田产能项目配套建成后，在设计的生产压差下，油田实际年产量与方案设计的年产量之比。

6.1.83 油田最大排液量

指以油层本身采液能力为基础，采取各种开发措施后，在经济合理的条件下所能达到的最高产液量。

6.1.84 平均单井日产液量

指油田实际日产液能力除以实际开井生产的井数所得的值。它是表示油田日产液能力大小的指标。

6.1.85 油（气）田日产水量

指全油（气）田实际每日采出的水量，单位为 t/d 或 m^3/d。

6.1.86 油（气）田年产水量

指全油（气）田全年实际采出的水量，单位为 $10^4 t/a$ 或 $10^4 m^3/a$。

6.1.87 井口产油量

指在各采油井井口计量的日产油量（t/d）。它是采油井动态分析和油田开发动态分析的基础资料之一。

6.1.88 核实产油量

由中转站、联合站、油库对所管辖范围内所有采油井重新计量的实际总日产油量叫核实产油量（t/d）。

6.1.89 输差

指井口产油量和核实产油量之差与井口产油量之比。其计算公式为：

$$L = \frac{q_{ow} - q_{or}}{q_{ow}}$$

式中　L——输差；

　　　q_{ow}——井口产油量，t/d；

　　　q_{or}——核实产油量，t/d。

6.1.90 工业产气量

指全气田进入集气输气管网和就地利用的全部气量。

6.1.91 临界产量

指油（气）井正常生产不会造成底水锥进时的产量。

6.1.92 无阻流量

指测定气井产能时，采取井口敞开放喷方法，即井口无回压时所得的产气量。

6.1.93 损耗气量与损耗率

全气田在采气、输气、净化等过程中损耗的气量叫损耗气量。

全气田损耗的全部气量与工业产气量之比叫损耗率，用百分数表示。

6.1.94 绝对无阻流量

指气井的井底压力等于零时的产气量。它是反映气井潜在产能的一个重要指标。绝对无阻流量不能直接测量，但可根据气井产能试井求得。

6.1.95 含水率（含水百分数）

油井日产水量 q_w 与日产液量 q_L 之比叫含水率（f_w），亦称含水百分数。可用下列公式计算：

$$f_w = \frac{q_w}{q_L} \times 100\%$$

$$\overline{f}_w = \frac{\Sigma f_w}{n}$$

式中　n——井数，口；

　　　$\overline{f}_w$——平均含水率。

含水率是油井动态分析的重要指标，含水率上升速度过快，就应查明原因，采取有效措施加以调整。

6.1.96 含水上升速度

指一定时间内油井含水率或油田综合含水的上升值。可按月、季和年计算，分别叫月含水上升速度、季含水上升速度和年含水上升速度。它是评价油井或油田开发效果好坏的重要指标。用某时间间隔内含水率上升的绝对值表示。

6.1.97 含水上升率

每采出1%的地质储量后含水率的上升值叫含水上升率。它是评价油田开发效果的重要指标。含水上升率越小，油田开发效果越好。可按下式计算：

$$I_{NW} = \frac{\Delta f_w}{\Delta R} \times 100\%$$

式中　I_{NW}——含水上升率，%；

　　　Δf_w——阶段末、初含水率之差；

　　　ΔR——阶段末、初采出程度之差。

6.1.98 耗水率

指注水开发油田每采出1t原油所伴随采出的水量。它是衡量注入水利用率的一个有用指标。耗水率低说明注入水利用率高，可减少注水量，降低注水成本。

6.1.99 存水率（净注率）

指未采出的累积注水量与累积注水量之比叫存水率，亦称净注率。它是衡量注入水利用率的指标。存水率越高，注入水的利用率越高。计算公式为：

$$w_f = \frac{W_i - W_p}{W_i} \times 100\%$$

式中　w_f——存水率，%；
　　　W_i——累积注水量，m³；
　　　W_p——累积产水量，m³。

6.1.100　阶段存水率

油田某一开采时期的存水率叫阶段存水率。

6.1.101　边水侵入量

指油（气）田开发过程中边水累积侵入体积（m³）。

6.1.102　生产气油比（气油比）

每采出1t原油而伴随采出的天然气量叫气油比，亦称生产气油比。气油比是衡量油层有无脱气的重要指标，要求气油比始终保持在原始气油比附近。

6.1.103　累积生产气油比

指累积产气量 G_p 与累积产油量 N_p 之比。其计算公式为：

$$R_P = \frac{G_P}{N_P} \quad (m^3/t)$$

或：

$$R_P = \frac{G_P}{Q_{NW} - W_P} \quad (m^3/t)$$

式中　Q_{NW}——累积产液量，t。

6.1.104　综合生产气油比

指实际产气量与产油量之比，单位为 m³/t。它是反映溶解气驱油能量利用和变化情况的指标。

6.1.105　注采比

指注入剂（水或气）的地下体积与采出物（油、气、水）的地下体积之比。可分为月注采比、季注采比和年注采比。其计算公式为：

$$R_{IP} = \frac{Q_{iw} - Q}{Q_o \frac{B_o}{\rho_o} + Q_W}$$

式中　R_{IP}——注采比；

Q_{iw}——注水量，m^3；

Q——溢流量，m^3；

Q_o——产油量，t；

ρ_o——原油密度，g/cm^3；

B_o——原油体积系数；

Q_W——产水量，m^3。

6.1.106　累积注采比

指注入剂（水或气）累积注入量的地下体积 V_i 与采出物（油、气、水）累积采出量的地下体积 V_p 之比。它是检查油层注采平衡状况的重要指标，用 R_{CIP} 表示。累积注采比为 1 时叫注采平衡，大于 1 叫超注，小于 1 叫欠注，即出现地下亏空。其计算公式为：

$$R_{CIP} = \frac{V_i}{V_p}$$

6.1.107　储采比

指油（气）田年初剩余可采储量与当年产油（气）量之比。

6.1.108　采油指数

指单位采油压差下油井的日产油量。采油指数是一个反映油层特性、流体性质、完井条件及泄油面积等与产量之间关系的综合指标。它代表油井生产能力的大小，可用来判断油井工作状况及评价增产措施的效果。

在油层内呈单相（无游离气）流动状态下，不同工作制度的采油指数基本相同。其计算公式为：

$$J_o = \frac{q_o}{p - p_{wf}} \quad [t/(MPa \cdot d)]$$

在油层内呈多相（有游离气）流动状态下，不同工作制度的采油指数有相应值。其计算公式为：

$$J_o = \frac{q_o}{(p-p_{wf})^n} \quad [\text{t}/(\text{MPa}\cdot\text{d})]$$

式中　q_o——日产油量，t；

　　　p——静压，MPa；

　　　p_{wf}——流压，MPa；

　　　n——油井指示曲线指数或称渗滤特性指数。

6.1.109　比采油指数（单位厚度采油指数）

指单位油层有效厚度和单位生产压差下油井的日产油量，其单位为：$\text{m}^3/(\text{m}\cdot\text{d}\cdot\text{MPa})$ 或 $\text{t}/(\text{m}\cdot\text{d}\cdot\text{MPa})$。它表示每米油层有效厚度油井的产油能力大小，在对比油井之间产能大小时，可消除油层厚度的影响，对比性更强。

6.1.110　采液指数

指单位采油压差下油井的日产液量。它代表油井见水后生产能力的大小。

6.1.111　比采液指数（单位厚度采液指数）

指单位油层有效厚度和单位生产压差下油井的日产液量。它表示每米油层厚度油井的产液能力大小。

6.1.112　产气指数

指在不同生产压差下气井的日产气量（q_g）。它代表气井生产能力的大小，并可用来判断气井的工作状况。符号为 J_g，其计算公式为：

$$J_g = \frac{q_g}{(p^2 - p_{wf}^2)^n} \quad [\text{m}^3/(\text{MPa}\cdot\text{d})]$$

n 为渗流指数，是表征气体流动特征的常数。当只存在层流时，$n=1$；只存在紊流时，$n=0.5$；当流动从层流向紊流过渡时，$0.5<n<1$。故只存在层流时，其公式为：

$$J_g = \frac{q_g}{p^2 - p_{wf}^2} \quad [\text{m}^3/(\text{MPa}\cdot\text{d})]$$

6.1.113　比产气指数（单位厚度产气指数）

指单位气层有效厚度和不同生产压差下气井的日产气量，其单位为：m³/(m·d·MPa) 或 10⁴m³/(m·d·MPa)。它表示每米气层厚度气井产气能力的大小。

6.1.114 吸水指数

指注水井在单位注水压差下的日注水量。它反映注水井注水能力及油层吸水能力的大小，并可用来分析注水井工作状况及油层吸水能力的变化。其计算公式为：

$$I_w = \frac{q_{iw}}{p_w - p} \quad [m^3/(MPa \cdot d)]$$

不便测注水井地层压力（静压）时，可用测吸水指示曲线的方法求得：

$$I_w = \frac{\Delta Q_w}{\Delta p_w} \quad [m^3/(MPa \cdot d)]$$

上两式中 I_w——吸水指数，$m^3/(MPa \cdot d)$；

q_{iw}——日注水量，m^3/d；

p_w——井底压力，MPa；

p——地层压力，MPa；

ΔQ_w——两种工作制度日注水量之差，m^3/d；

Δp_w——两种工作制度井底压力之差，MPa。

6.1.115 视吸水指数

指注水井日注水量（q_{iw}）与注水井井口压力（p_{iwh}）之比。符号为 I'_w，其计算公式为：

$$I'_w = \frac{q_{iw}}{p_{iwh}} \quad [m^3/(d \cdot MPa)]$$

视吸水指数是吸水指数的近似值，是油田现场人员为了及时掌握注水井吸水能力变化所采用的简便计算方法。

6.1.116 比吸水指数（单位厚度吸水指数）

指单位油层有效厚度和单位注水压差下注水井的日注水量。它表示注水井每米有效厚度油层的吸水能力大小。在对比注水井之间吸水能力大小时可消除厚度的影响，对比性更强。其计算公式为：

$$I_{wh} = \frac{q_{iw}}{(p_w - p)h_{oe}}$$

式中 I_{wh}——比吸水指数，$m^3/(m \cdot d \cdot MPa)$；

h_{oe}——油层有效厚度，m。

6.1.117 吸水厚度

指注水井能注入部分的油层厚度。

6.1.118 相对吸水量

指在同一注水压力下，某油层的吸水量占全井吸水量的百分数。它是衡量分层相对吸水能力的指标。

6.1.119 采油强度

指单位有效厚度油层的日产油量。它是衡量油层生产能力的一个指标，可用来分析各类油层动用状况。符号为 Q_{st}，其计算公式为：

$$Q_{st} = \frac{q_o}{h} \quad [t/(m \cdot d)]$$

6.1.120 采液强度

指单位有效厚度油层的日产液量，单位为 $m^3/(m \cdot d)$。它是油井见水后衡量油层生产能力的一个指标，也可用来分析油层见水后各类油层动用状况。

6.1.121 注水强度

指注水井单位有效厚度油层的日注水量，单位为 $m^3/(m \cdot d)$。它是衡量油层吸水状况的一个指标。合理的注水强度对充分发挥各类油层的作用，提高油田开发效果有重要作用。

6.1.122 油层动用程度

指油层产油或产液厚度与油层射开总厚度之比，它是油田开发动态分析的重要指标。油层动用程度愈高，动用的储量愈多，油田开发效果愈好。

6.1.123 注水程度（注入孔隙体积倍数）

注水程度又称注入孔隙体积倍数。指累积注水量体积与油层孔隙体积之比。它表示人工注水补充能量的大小。

6.1.124 注水速度
指油田年注水量与地质储量之比,用百分数表示。

6.1.125 采液速度
指油田年产液量与地质储量之比,用百分数表示。

6.1.126 水线推进速度
指单位时间水线的推进距离。一般用年来计算,单位为 m/a。

6.1.127 油水界面活塞式推进
在刚性水压驱动下,不计油、水之间的"相"差别,看成单相渗流,并认为岩层是均质等厚的,油水接触面垂直于流线,类似活塞式均匀向前推进,含油区与含水区之间存在明显界面,这种驱动方式称为活塞式推进。

6.1.128 油水界面非活塞式推进
在水驱油过程中,由于油、水间的黏度差及毛细管压力和岩石表面性质的影响,含油区与含水区之间有一个油、水同时流动的混合区,这种驱动方式称为非活塞式推进。

6.1.129 流动单元
指一个油砂体内部因受边界限制、不连续薄夹层、各种沉积微相界面、小断层及渗透率差异造成的渗流特征相同、水淹状况一致的油、水运动单元。这是油、水运动的最小单元。

6.1.130 年注水体积比
指年注水量体积占油层孔隙体积的百分数。它表示油田每年的注水程度及地下亏空状况。

6.1.131 注采平衡
注入水地下体积与采出流体(油、气、水)地下体积相等,即累积注采比等于1时叫注采平衡。

6.1.132 地下亏空体积
指注入水地下体积与采出流体(油、气、水)地下体积之差。它是反映注采平衡状况的指标。

6.1.133 压力平衡

注入水补给油层的压力与采出流体(油、气、水)所消耗的压力相等称为压力平衡。它是反映注采平衡的一个指标。

6.1.134 地层系数

油层的有效渗透率与有效厚度的乘积叫地层系数。它反映油层产油能力与吸水能力的大小,地层系数愈大,油层的产油能力与吸水能力就愈大。

6.1.135 流动系数

指地层系数与地层原油黏度的比值,单位为 $D·m/(mPa·s)$。表示原油在油层中流动的难易程度,流动系数愈大,原油愈易流动。

6.1.136 厚度连通系数

指油井中与注水井连通层有效厚度之和占油井全井总有效厚度的百分数。

6.1.137 平面"舌进"系数

指平面最大水线推进距离与平均水线推进距离的比值。它是衡量平面矛盾大小的一个指标,平面突进系数愈大,平面矛盾就愈大。

6.1.138 水淹厚度系数

指见水层水淹厚度与该层全层有效厚度之比。它是衡量油层垂向水淹状况的指标,水淹厚度系数愈大,采收率愈高。

6.1.139 扫油面积系数(水淹面积系数)

单层井组(开发区、油田)水淹面积与该层井组(开发区、油田)控制面积之比叫扫油面积系数,也叫水淹面积系数。它是衡量油层平面水淹状况的指标,扫油面积系数愈大,采收率愈高。

6.1.140 注入水波及体积系数(扫油体积系数)

注入水波及体积系数又称扫油体积系数,是指存水量(累积注水量与累积产水量之差)地下体积与油层有效孔隙体积之比,即油层水淹部分的平均驱油效率。它是反映驱油效率大小的一个指标。

6.1.141 油(气)井利用率

指正常生产的油(气)井数与油(气)井总井数之比。反映油（气）田上油（气）井利用程度和油（气）田生产管理水平。

6.1.142 油（气）井时率

指油（气）井实际开井生产时间与日历时间之比。它反映油（气）井利用程度的一个指标。

6.1.143 油（气）井综合利用率

指油（气）井利用率与油（气）井时率之乘积。它表示油（气）田管理水平的一个指标。

6.1.144 产量递减率

指单位时间（月或年）产量递减的百分数。它是衡量油（气）田稳产程度的重要指标。

6.1.145 指数递减、调和递减与双曲线递减

产量递减率为常数称为产量指数递减；若产量递减率随产量的递减而减小则称为调和递减；若产量递减规律符合双曲线函数则称为双曲线递减。其产量与时间的关系式如下：

指数递减：

$$Q = Q_i e^{-Dt}$$

双曲线递减：

$$Q = Q_i (1 + \frac{D_i}{n} t)^{-n}$$

调和递减：

$$Q = Q_i (1 + D_i t)^{-1}$$

式中　Q——油（气）田递减阶段 t 时间的产量，$10^4 m^3/a$ 或 $10^8 m^3/a$；

D——瞬时递减率，$\% \cdot a^{-1}$ 或 a^{-1}；

t——递减阶段的生产时间，a；

Q_i——递减阶段的初始产量，$10^4 m^3/a$ 或 $10^8 m^3/a$；

D_i——开始递减时的初始瞬时递减率，a^{-1}；

n——递减指数。

6.1.146 产量自然递减率

指没有新井投产及各种增产措施情况下的产量递减率,它反映油(气)田产量自然递减状况。

6.1.147 综合递减率

指包括老井、新井投产及各种增产措施情况下的产量递减率,它反映油(气)田实际产量的递减状况。

6.1.148 产量递减矿场经验预测法

把产量与相应的时间变化关系绘在直角坐标纸上、半对数坐标纸上和双对数坐标纸上,不同类型油(气)田可以在不同坐标纸上得到良好的直线关系。利用直线外推法或经验关系式,可预测油(气)田某一时间的产量(图6.3)。其经验关系式如下:

直角坐标的直线关系式:$Q = a - bt$

半对数坐标的直线关系式:$\lg Q = A - Bt$

双对数坐标的直线关系式:$\lg Q = A - B\lg t$

式中　Q——油(气)田的年产量或月产量,10^4t 或 $10^8 m^3$;

　　　a——直角坐标系直线的截距;

　　　b——直角坐标系直线的斜率;

　　　A——半对数或双对数坐标系直线的截距;

　　　B——半对数或双对数坐标系直线的斜率;

　　　t——油(气)田开发年限,a 或 mon。

6.1.149 递减类型判别

指利用递减指数 n 来判断递减类型。当 $n = \infty$ 时为指数递减;当 $1 < n < \infty$ 时为双曲线递减;当 $n = 1$ 时为调和递减。n 愈大递减愈快。三种曲线对比如图6.4。

6.1.150 注水开发油田的三大矛盾

非均质多油层油田注水开发时,由于油层性质存在层间、平面、层内三大差异,导致注入水在各油层、各方向不均匀推进,使油水关系复杂化,影响油田开发效果,这就是所说的注水开发油田的三大矛盾——层间矛盾、平面矛盾及层内矛盾。解决三大矛盾的关键是认识油水运动的客观规律,因势利导,采取不均匀

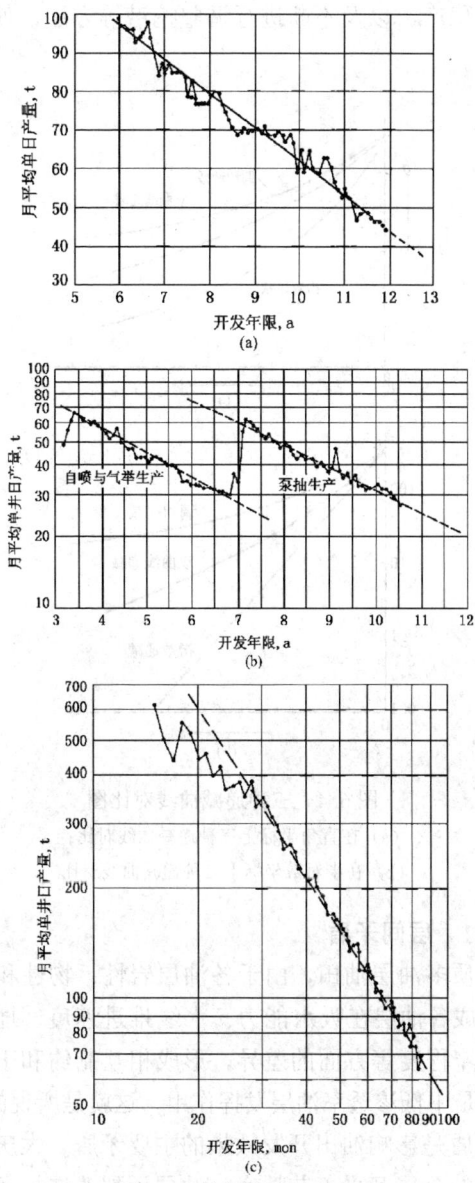

图 6.3 产量递减直线图

(a) 直角坐标；(b) 半对数坐标；(c) 双对数坐标

开采、接替稳产,以及不断进行调整挖潜等方法,使各类油层充分发挥作用。

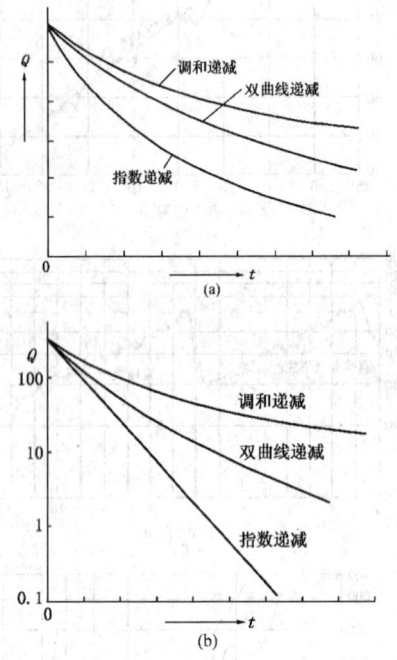

图 6.4 三种递减曲线对比图
(a) 在直角坐标上三种递减曲线对比;
(b) 在半对数坐标上三种递减曲线对比

6.1.151 层间矛盾

指非均质多油层油田,由于各油层岩性、物性和储层流体性质不同,造成各油层在吸水能力、水线推进速度、地层压力、出油状况和水淹程度等方面的差异,形成相互制约和干扰,影响各油层、尤其是中低渗透率油层发挥作用,这就是所说的层间矛盾。

层间矛盾是影响油田开发效果的主要矛盾。大庆油田在开发实践中创造的分层开采工艺技术、油层压裂改造技术和层系及注采系统调整等技术,就是解决这个问题的有效方法。

6.1.152 平面矛盾

由于油层性质在平面上的差异，引起注水后同一油层的各井之间地层压力有高有低，见水时间有早有晚，含水上升速度有快有慢，因而相互制约和干扰，影响油井生产能力的发挥，这就是平面矛盾。

解决平面矛盾除采用分层开采工艺技术外，打加密调整井进行注采系统调整，采取堵水、压裂等措施都是行之有效的方法。

6.1.153 层内矛盾

指同一油层由于纵向上性质的差异，造成注入水在油层内垂向上的不均匀分布和推进，影响油层水洗厚度和驱油效率的提高。解决层内矛盾的有效方法是采用各种化学剂进行堵水和压裂改造等措施，调整吸水剖面和产出剖面，增加水洗厚度，提高驱油效率。

6.1.154 毛细管窜流

指亲油厚油层水淹后，高渗透率段内的油在毛细管力梯度作用下向低渗透率小孔道运动，而低渗透率小孔道内的水向高渗透大孔道运动，使高渗透段水淹程度越来越高，而低渗透段水淹程度越来越低，加剧了层内矛盾。

6.1.155 重力窜流

指由于油、水的重力差异引起注入水下沉而油上浮，加剧了非均质厚油层底部水淹程度。

6.1.156 "舌进"

在油层平面上，注入水沿高渗透区或高渗透带首先到达油井，其水线前缘成舌状，故称"舌进"。"舌进"是平面矛盾的一种表现，它可造成油井过早见水，降低无水采收率，含水率上升过快，使油井过早水淹。

6.1.157 单层突进

非均质多油层油田，由于各油层性质的差异引起注入水沿某一厚度大、渗透率高的油层快速推进，首先到达油井，这种现象叫单层突进，它是层间矛盾的一种表现。单层突进可造成油井过早见水，降低无水采收率，含水率迅速上升，产量急剧下降，使地下原油采不出来。

6.1.158　层内突进

由于较厚油层内部垂向上各部位岩性、物性的差异，引起注入水先沿高渗透段突进，形成不均匀推进的前缘，这种现象叫层内突进。层内突进是层内矛盾的一种表现。它同样可引起油井含水迅速上升，产量急剧下降，油井过早水淹。

6.1.159　锥进

具底水的油（气）田，由于采油（气）过猛，引起底水向油（气）井井底突进叫锥进。锥进会造成油（气）井过早见水，降低无水采收率。油（气）井见水后，含水率迅速上升，产量急剧下降，使油（气）井过早被水淹，地下油（气）采不出来而降低最终采收率。

6.1.160　压锥

指采取缩小油嘴、关井等方法抑制水锥的形成或延缓水锥的发展，以降低含水上升速度。

6.1.161　倒灌

指高压层的流体流入低压层的现象。造成这种现象的主要原因是分层配水不当，高含水层由于超注，地层压力升得很高，使全井流动压力高于差油层的地层压力，这时就会造成高压层的流体流向低压层的倒灌现象。或其他原因造成各油层压力相差悬殊时也会造成倒灌。倒灌也是层间矛盾的一种表现。

6.1.162　"自然水路"

由于油层在平面上的非均质性，注入水首先沿高渗透率条带快速推进，并形成一条高含水饱和度带，注入水总是沿此条带快速推进，这种条带称为"自然水路"。造成位于此条带上的油井严重水淹，而在条带两侧的油井长期受效差。这是平面矛盾的一种表现。

6.1.163　"南涝北旱"

指行列注水井排两侧油井注水受效状况差异的现象。处于注水井排北侧的油井，由于注水量不够，处于"干旱"状态，注水效果差；如果增加注水量，北侧油井受效了，但南侧的油井由于注水量过剩，处于"涝淹"状态，含水上升速度加快，产量下降。这也是平面矛盾的一种表现。

造成这种现象的原因与古河道水流方向有关，逆古水流方向注入水阻力大，推进速度慢，而顺古水流方向则相反。所以"南涝北旱"是河流相沉积油层注水的一种特有现象。

6.1.164　暴性水淹

由于油层存在裂缝，使注入水很快到达油井，油井见水后，含水上升速度很快。在很短的时间内，油井含水就达到百分之百，这种现象叫暴性水淹。

6.1.165　排间矛盾

指行列井网各生产井排之间的矛盾。第一排生产井受到注水效果，而第二排生产井受第一排生产井的遮挡，注水受效差。若为了满足第二排生产井需要，增加注水量时，则第一排生产井见水早，见水后含水上升速度快，产量下降，产生排间矛盾。生产井排愈多，排间矛盾愈大。因此行列井网必须选择合适的生产井排数和排距。

6.1.166　井间干扰

同一油层上的油井或注水井开井时，某一口油井或注水井改变工作制度，对相邻油井或注水井的压力、产量或注水量产生影响，这种现象叫井间干扰。井距愈小，井间干扰愈严重，新井投产或投注，老井产量或注水量下降愈大。因此必须选择合理的井距，使井间干扰降低到最低程度。

6.1.167　见水预兆

指注入水前缘刚到达油井时，取样化验含水率，往往测不出来。但在油井管理和生产特征上却有各种快见水的表现：在测气时，放空管出口处有雾状气体及水珠冲出；清蜡钢丝发黑、清蜡铅锤及刮蜡片带水珠、结蜡点下降、清蜡困难；静压及流压连续上升、产油量增加、套压和气油比下降等。掌握见水预兆，有利于及时采取有效措施，推迟油井见水时间。

6.1.168　来水方向

指油井见水层的水来自哪口注水井。一般来说，一口油井同时受几口注水井的注入水影响，见水层的水来自一口注水井叫单向来水或单向见水，同时来自两口及以上注水井叫多向来水或多向见水。掌握来水方向，可为油井的动态分析及调整见水层的注水量提供依据。

6.1.169　见水层位

指在油井中被注入水水淹的油层。一个油层见水叫单层见水，两个及以上油层见水叫多层见水。来水方向及见水层层位可根据油、水井的地质条件、油井动态反映、注指示剂等方法进行判断。掌握见水层位，为及时调整油井及水井的配产、配注方案提供依据。一般对见水层位要适当控制注水，对未见水层要适当加强注水。

6.1.170　笼统注水、笼统采油

指在注水井和采油井中把所有性质差异较大的油层进行合注合采。这种做法加剧了层间矛盾，造成高渗透率油层负担过重，中、低渗透率油层不能充分发挥作用，使油田开发效果变差。

6.1.171　高产稳产

泛指油（气）田产量较长时间维持在较高的水平上。稳产时间长短取决于油（气）田地质条件、原油黏度、采油（气）速度，以及油（气）田开发技术水平等。

6.1.172　稳产期采收率

指稳产期内采出的累积油（气）量与地质储量之比。

6.1.173　油井见效类型

指油井对注水受效不同表现所划分的种类。一般可分为5种类型。

过猛型：注水后不久，油井的压力、产量猛升，油井很快见水；

明显型：注水后不长时间，油井的压力、产量明显上升；

平稳型：注水后不长时间，油井的压力、产量由下降转为稳定；

微弱型：注水后较长时间，油井的压力、产量缓慢下降；

无效型：注水后很长时间，油井的压力、产量不断下降。

6.1.174　气井出水类型

指裂缝—孔洞型底水气藏气井出水情况的不同分类。一般分为3种类型。

水锥型：底水沿裂缝上窜，呈水锥推进，产水量小，含水上升平缓，对气井生产影响不大；

纵窜型：底水沿高角度大缝窜入井内，产水量大，含水上升快，对气井生产影响很大；

纵窜横侵型：底水通过大缝上窜，再沿高渗透孔洞层横侵造成气井出水，对气井生产危害最大，可造成大片气井水淹。

6.1.175　井位与地下井位

井位是指各类井在地面的方位。地下井位是指各类井钻到开采目的层的方位。由于井斜的原因，地面井位与地下井位不一致，可根据井斜的角度和方向算出地下井位。

6.1.176　开发井位图

指完钻后实际的油（气）田开发井分布图。图上标有断层，井别用符号区分。它是编制各种等值图、开采现状图、水线推进图等的基础图幅，也是油（气）田开发动态分析的基本图幅之一（图6.5）。

6.1.177　油（气）层剖面图

油（气）层剖面图是表示油（气）层在油（气）田某一方向剖面上的连通状况、有效厚度、砂岩厚度、渗透率的变化图幅，是油（气）田开发动态分析的重要图幅（图6.6）。

6.1.178　单层平面图

单层平面图是反映单油层有效厚度、渗透率、砂岩尖灭、与上下层连通状况等变化的图幅（图6.7）。是油田开发动态分析和井组开发动态分析的重要图幅，也是编制分层配产配注方案必

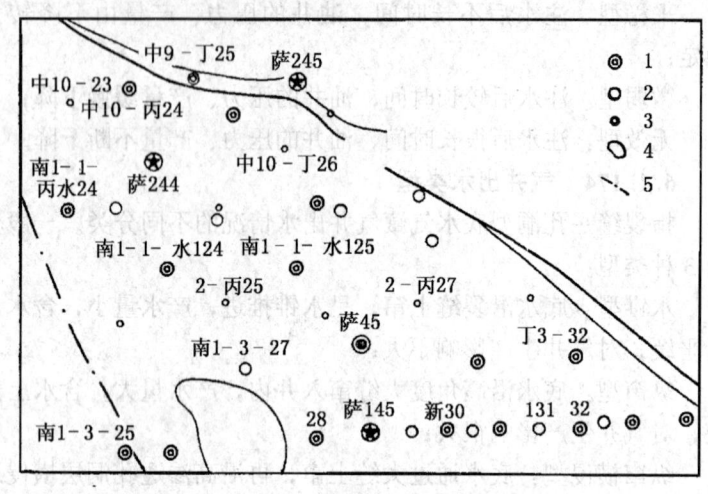

图 6.5 油田开发井位图
1—注水井；2—油井（葡Ⅰ组）；3—油井（萨+葡Ⅱ组）；
4—水泡子；5—葡Ⅱ组内含油边界

不可少的图幅。

6.1.179 油层相带平面分布图

指表示不同相带在油（气）层平面上分布状况的图件（图 6.8）。它是沉积相研究的重要成果，是指导油（气）田开发动态分析和调整挖潜的重要依据。

6.1.180 有效厚度等值图

指表示油（气）田油（气）层有效厚度变化的图幅，是油（气）田开发动态分析和调整挖潜的必需图幅之一（图 6.9）。

6.1.181 渗透率等值图

渗透率等值图是表示油（气）层渗透率在平面上变化的图件。它是油（气）田开发动态分析和调整挖潜的重要图幅。

6.1.182 含油（气）饱和度等值图

表示油（气）层含油（气）饱和度在平面上变化的图件。它是油（气）田储量计算和油（气）田开发动态分析的重要图件。

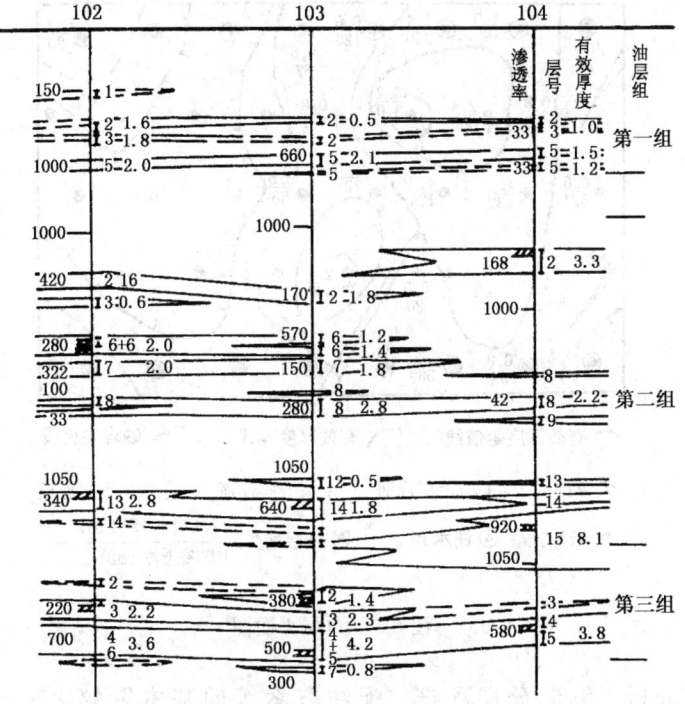

图 6.6 油(气)层剖面图

6.1.183 孔隙度等值图

孔隙度等值图是表示油(气)层孔隙度在平面上变化的图幅。它是油(气)田储量计算的重要图件。

6.1.184 油(气)层等压图

油(气)层等压图是反映油(气)田不同开采时期油(气)层压力分布状况的图幅。它是了解油(气)田开发现状及进行油(气)田开发动态分析的重要依据。

6.1.185 栅状图

以栅栏状的形式表示油井、注水井之间油层的连通状况、有效厚度、砂岩厚度、渗透率等变化的图幅。它是进行油、水井动

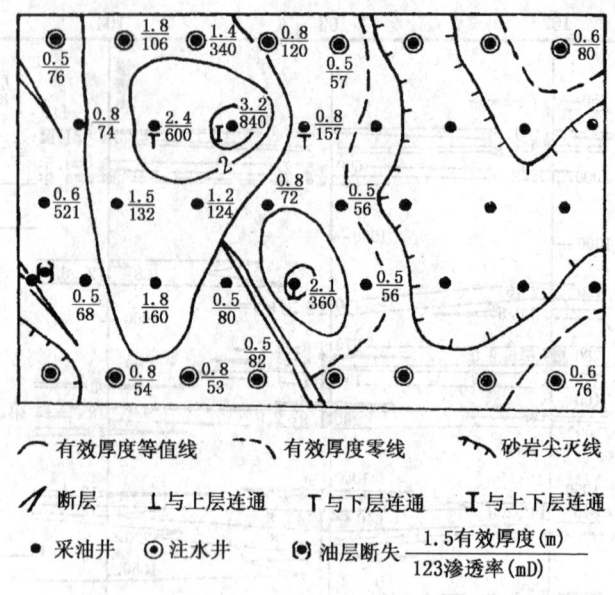

图 6.7 单层平面图

态分析,编制分层配产、配注方案等的基本图幅之一(图 6.10)。

6.1.186 油田开采现状图(油田开采形势图)

油田开采现状图又称油田开采形势图,是反映油田不同开发时期生产状况的综合性图幅。图上标有油井的产液量、含水率、总压差、井况、增产措施、注水井注水量、水线分布(图 6.11),是了解油田生产全貌,搞好油田生产管理的指导性图件。

6.1.187 注采剖面图

指反映注水井与采油井之间各油层吸水与产油关系的图幅(图 6.12),是单井生产动态分析的重要图幅。

6.1.188 水线推进图

指反映不同时间水线分布状况的图幅。利用这种图可研究水线合理推进速度及防止单层突进和平面"舌进"。

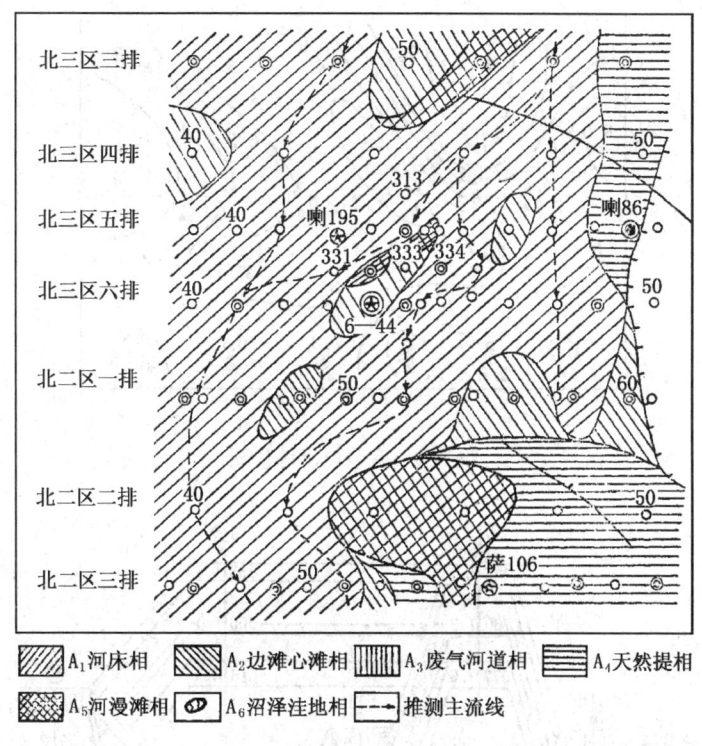

图 6.8 油层相带平面分布图

6.1.189 平面水淹图（平面油水分布图）

平面水淹图又称平面油水分布图或平面含水分级图。它是反映注入水在油层平面上分布状况及水淹程度的图幅（图 6.13）。根据此图可进行油层动态分析，为调整挖潜提供依据。

6.1.190 水淹剖面图

水淹剖面图是反映油层剖面上各油层水淹状况的图幅（图 6.14）。通过水淹剖面图可了解各油层的水淹状况及潜力分布，为进行油层动态分析和调整挖潜提供依据。

6.1.191 油砂体开采现状图

油砂体开采现状图（形势图）是反映油砂体开采现状的图幅

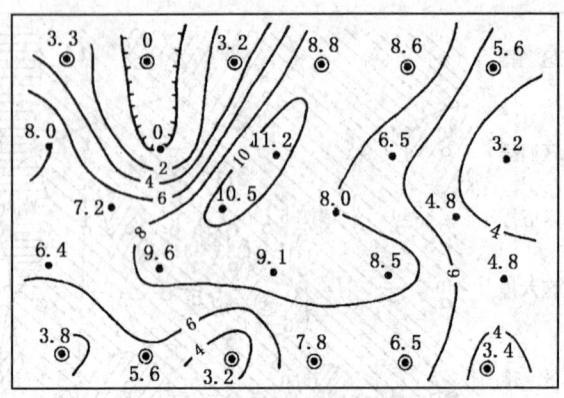

图 6.9 有效厚度等值图

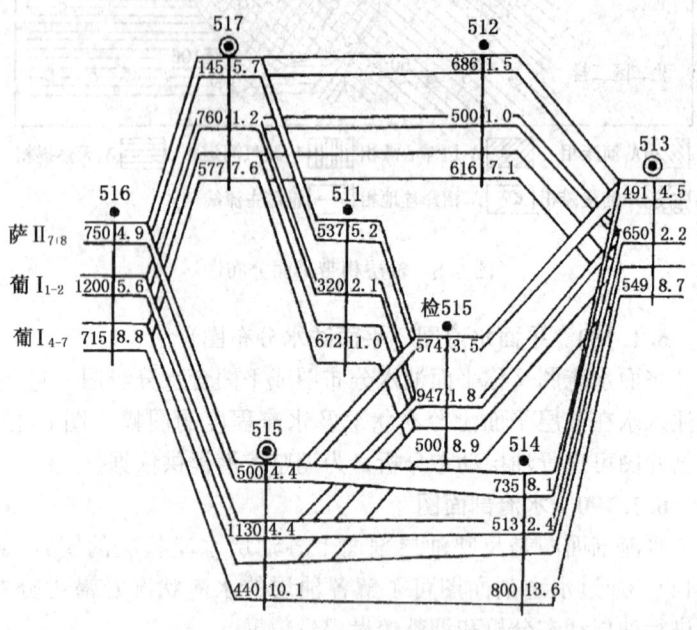

图 6.10 栅状图

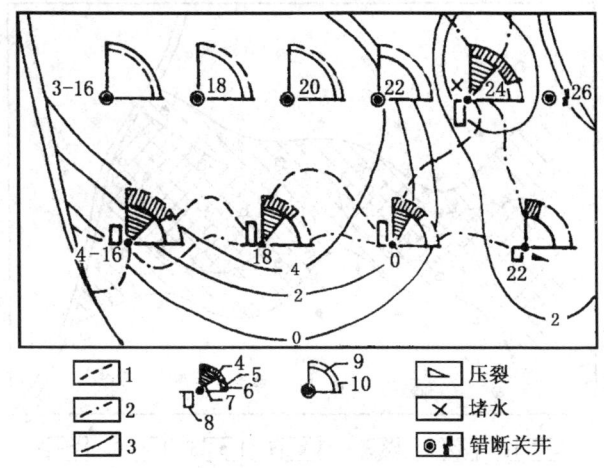

图 6.11　油田开采现状图

1—第一阶段水线；2—第二阶段水线；3—等压差线；
4—第一阶段液量；5—第一阶段含水率；6—第二阶
段产液量；7—第二阶段含水率；8—总压差；
9—第一阶段注水量；10—第二阶段注水量

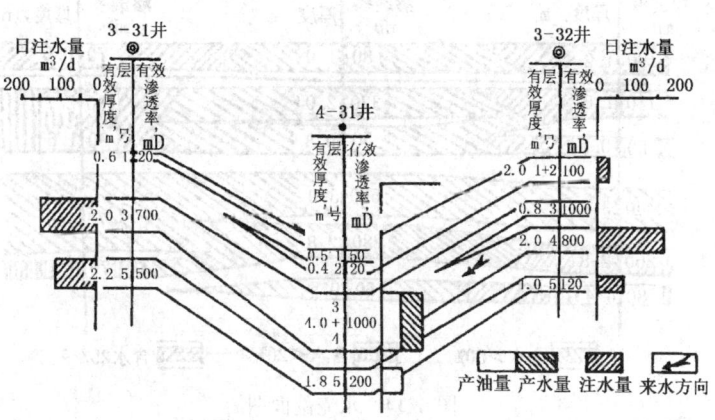

图 6.12　注采剖面图

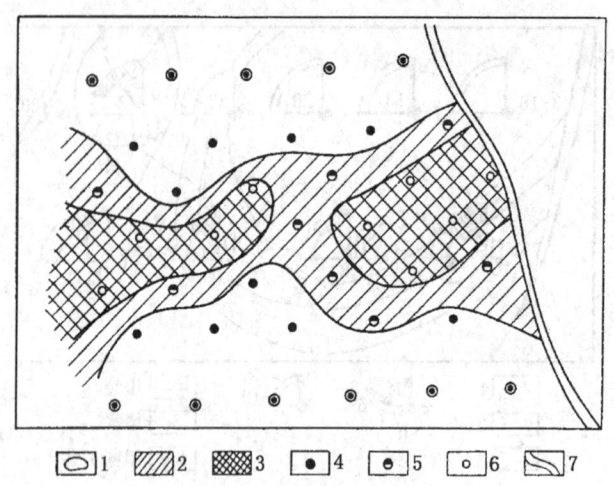

图 6.13 平面水淹图
1——一、二级水淹区；2—三级水淹区；3—未水淹区；
4——一、二级水淹井；5—三级水淹井；6—未见水井；7—断层

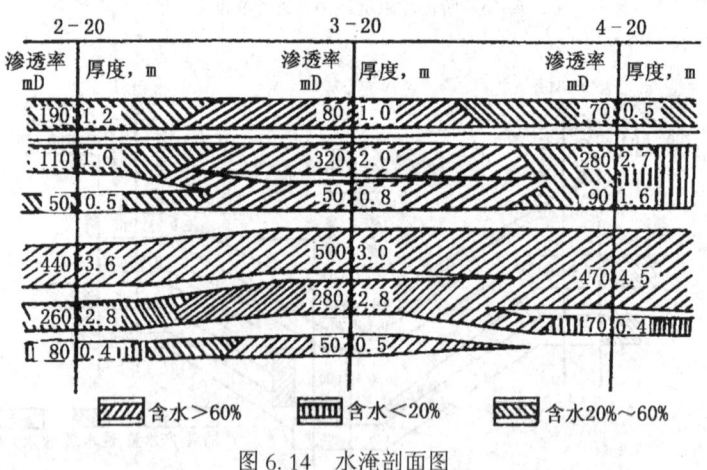

图 6.14 水淹剖面图

（图 6.15）。这种图以油砂体图为底图，图上所标内容与油田开采现状图基本相同，是进行油层动态分析的重要图幅。

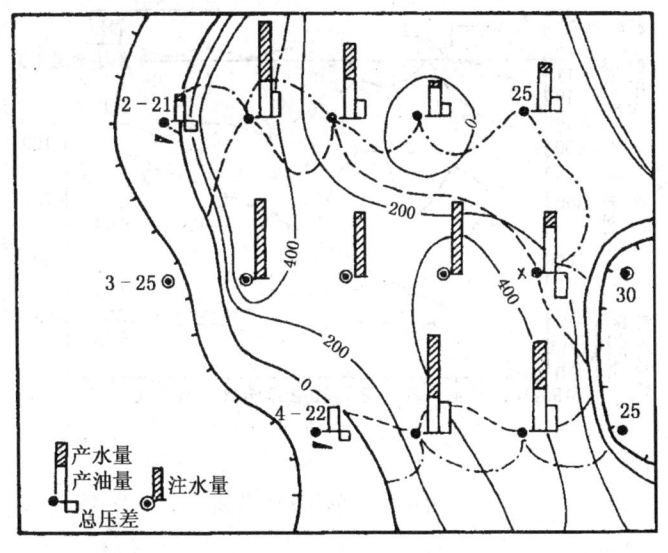

图 6.15 油砂体开采现状图
1—堵水；2—压裂；3—第一阶段水线；4—第二阶段水线；
5—油砂体尖灭线；6—有效厚度零线；7—渗透率等值线

6.1.192 单井采油曲线

单井采油曲线是反映油井生产状况随时间变化的图幅，是油井的生产记录（图 6.16）。通过采油曲线可了解油井生产状况，检查注水效果，分析油井工作制度是否合理，评价增产措施效果，判断油井生产变化趋势等。

6.1.193 单井采气曲线

单井采气曲线反映采气井生产状况随时间变化，是采气井生产情况的记录（图 6.17）。根据此曲线，可了解气井生产状况，分析气井工作制度是否合理，检查增产措施效果，判断气井生产变化趋势等。

6.1.194 综合开采曲线

综合开采曲线图是反映油田生产状况随时间变化的图幅（图

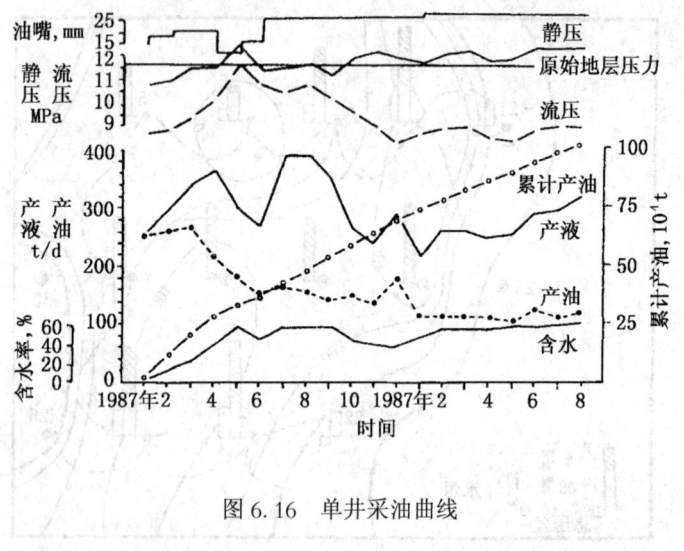

图 6.16 单井采油曲线

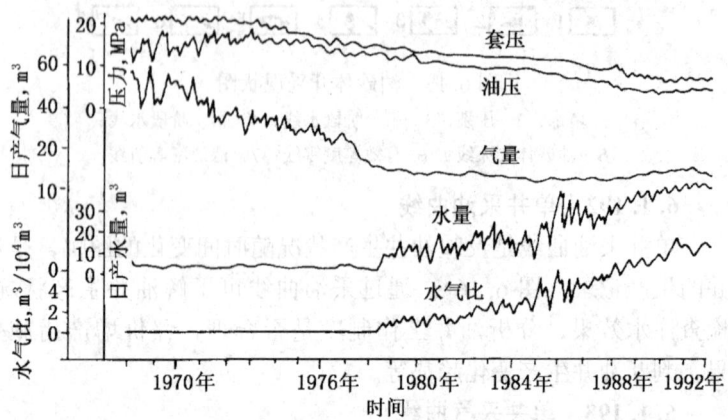

图 6.17 单井采气曲线

6.18)。图中纵坐标为生产指标(主要包括开井数、平均油嘴、平均静压、气油比、产油量、累积产液量、累积注水量、采油速度、采出程度等)。横坐标为时间,一般每月一个点,也可以一季度或一年一个点。

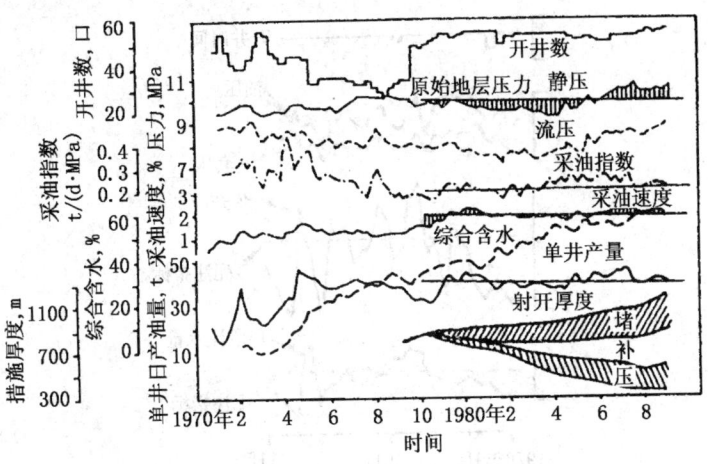

图 6.18 综合开采曲线

综合开采曲线能反映出油田开采的基本特征及其变化趋势，用来了解注采平衡状况、油井利用率、油层含水及产能变化，检查各种增产措施及油田开发效果。

6.1.195 注水曲线

注水曲线反映注水井注水状况随时间变化，是注水井的工作记录（图 6.19）。通过注水曲线可了解注水井工作状况及配注合格率，分析注水井工作制度，检查增注效果等。

6.1.196 含水与采出程度关系曲线

含水与采出程度关系曲线是反映油田开发效果好坏的图件（图 6.20）。曲线愈平缓，说明含水上升愈慢，采出的油量愈多，油田开发效果愈好。

6.1.197 产量构成曲线

产量构成曲线反映各种措施增加的产油量随时间的变化。通过曲线可了解各种增产措施效果所占比重及其随时间的变化（图 6.21）。

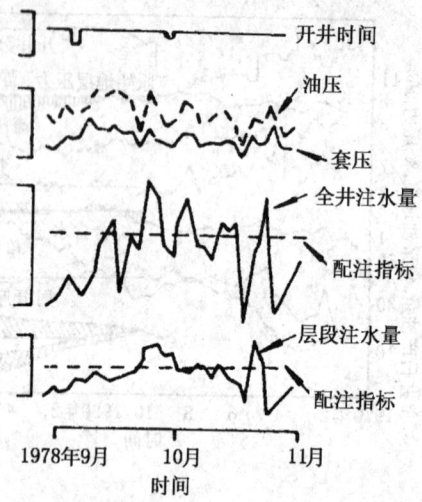

图 6.19 注水曲线

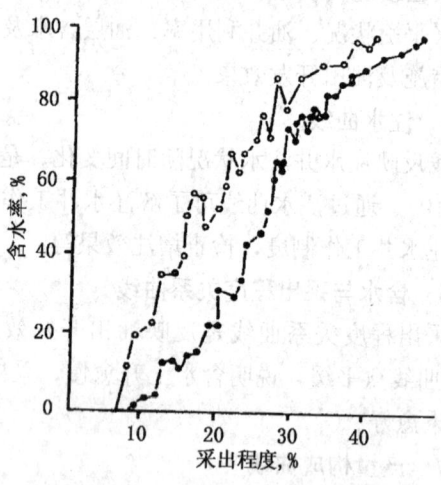

图 6.20 含水与采出程度关系曲线

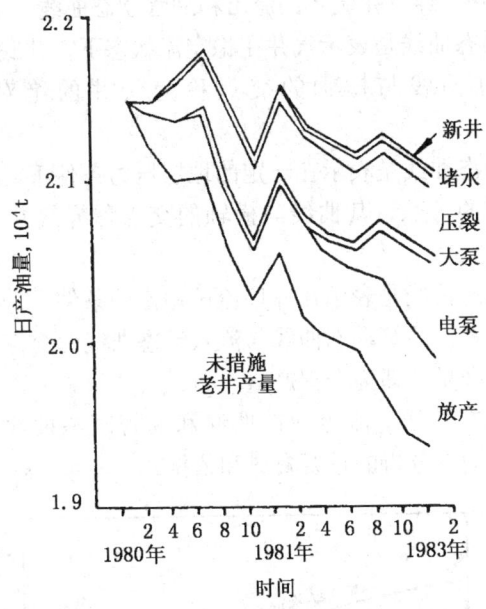

图 6.21　产量构成曲线

6.1.198　驱替特征曲线（油、水关系曲线，水驱规律曲线）

驱替特征曲线又称油、水关系曲线或水驱规律曲线，用来预测油田稳产年限（图 6.22）。当油田含水达 50%～60% 以后，曲线出现直线段，若油田不采取重大调整措施，其斜率为一常数，故可预测油田的稳产年限。

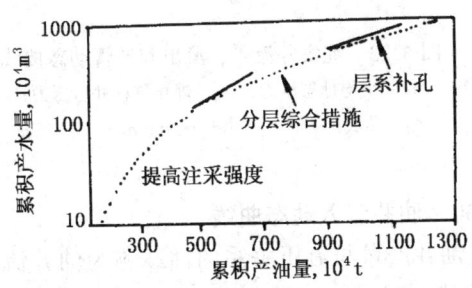

图 6.22　驱替特征曲线

6.1.199 纯气井流入、流出和油管动态曲线

流入动态曲线是表示气井在稳定流状态下，井底压力与产气量关系，其曲线与横轴的交点称为气井的绝对无阻流量（AOF）。

流出动态曲线是表示在一定的地层压力条件下，井口流动压力与产气量的关系，其曲线与横轴的交点称为气井的最大产量（q_{max}）。

油管动态曲线是表示在井口流压稳定的条件下，井底压力与产气量的关系。油管动态曲线与流入动态曲线的交点所对应的产量称为协调产量，即为合理产量（q）。

流入动态曲线、流出动态曲线和油管动态曲线（图 6.23）是气井生产动态分析的重要资料和依据。

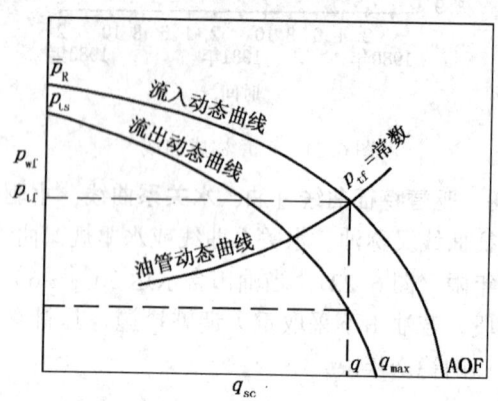

图 6.23 纯气井流入、流出和油管动态曲线
$\bar{p}_R$—平均地层压力；p_{ts}—静止气柱井口压力；
p_{wf}—井底压力；p_{tf}—井口压力；q_{sc}—日产气量

6.1.200 油井流入动态曲线

表示采油井产量与流压关系的曲线称为油井流入动态曲线，简称 IPR 曲线（图 6.24）。

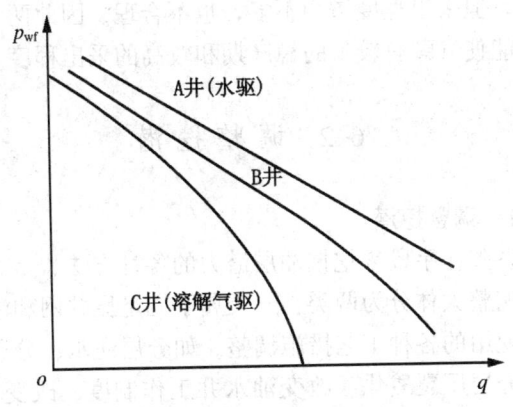

图 6.24 典型的油井流入动态曲线

6.1.201 采气速度、采出程度与稳产年限关系曲线

指表示气藏的采气速度、采出程度与稳产年限关系的图幅（图 6.25）。从图中可看出，采气速度与稳产年限呈反比关系，即采气速度大，稳产期短。稳产期采出程度与稳产年限呈指数曲线关系，早期采出程度随稳产年限增长较快，以后增加速度变缓。

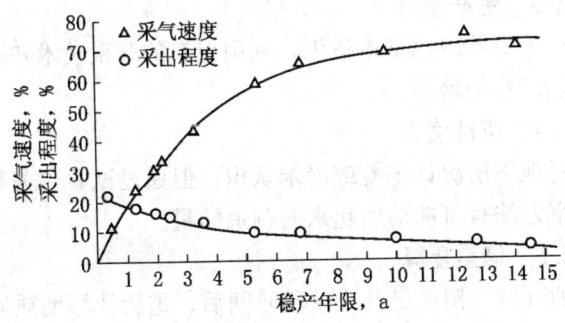

图 6.25 采气速度、采出程度与稳产年限关系曲线

三者间的关系表明，气藏采出速度过大时，稳产供气年限短，稳产期采出程度不高。若气藏采气速度过小时，稳产供气年

限虽较长，但采出程度增加不多，也不合理。因此两者必须优化组合，才能使气藏有较长的稳产期和较高的采出程度。

6.2 调整挖潜

6.2.1 调整挖潜

指用调整作手段来挖掘油层潜力的各种方法。

油田调整大体分为两类：一类属于立足原井网和注水方式条件下经常使用的各种工艺措施调整。如分层注水、分层采油、分层堵水、分层压裂酸化、改变油水井工作制度、改变采油方式、周期采油或周期注水等。另一类属于涉及面大，有阶段性，不经常使用的开发部署调整。如开发层系调整（细分层系、层系互补、层系封堵等）、井网调整（钻加密调整井）、注水方式调整（边外或边缘注水改为边内注水、行列注水改为面积注水、大切割距改为小切割距、移动注水线、改变注入水渗流方向等）。

6.2.2 地下潜力

指通过常规开采技术和提高采收率方法可以动用的剩余储量。

6.2.3 生产潜力

指对地下情况已基本认识，利用现有的开采技术和开采方式可以增加产量的潜力。

6.2.4 可能潜力

指对地下情况认识差或尚未认识，但通过试验攻关和使用提高采收率方法有可能动用起来的剩余储量。

6.2.5 储量复算

指油（气）田经过开采一段时间后，重新计算地质储量和可采储量。油（气）田投产后增加了许多新资料和新认识，重新审定油（气）层物性和电性标准十分必要，因此油（气）田投入开发后都要对过去计算的储量进行核实。

6.2.6 剩余油影响因素

指影响剩余油分布的地质因素和开发因素。地质因素主要是油层沉积微相类型、非均质程度、连通状况、所处构造位置等。开发因素主要是注采系统完善程度、注水方式、布井方式及增产措施等。

6.2.7 剩余地质储量

指地质储量与累积采油（气）量之差。它是油（气）田原始地质储量经开采后剩下的地质储量。

6.2.8 剩余可采储量

指可采储量与累积产油（气）量之差。它是油（气）田开采后剩下的可采储量。

6.2.9 水驱储量

能受到天然水驱（边水或底水）或人工注入水驱效果的储量叫水驱储量。

6.2.10 连通储量、不连通储量及损失储量

在注水开发的油田中，为便于开发动态分析，常把注水井和采油井互相连通的储层地质储量称为连通储量（图6.26中A）；只存在采油井中（或暂未射孔）的那部分地质储量叫不连通储量（图6.26中B）；只存在注水井中或采油井暂未射孔的那部分地质储量叫损失储量（图6.26中C）。

6.2.11 单井控制储量

指单井控制面积内的地质储量。

6.2.12 间接水驱储量

指间接受到注水影响的井（如行列井网第二排生产井）所控制的地质储量。

6.2.13 接替稳产

当主力油层含水较高，产量开始递减时，采取各种有效措施，

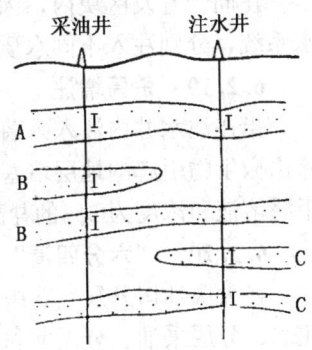

图6.26 连通储量、不连通储量及损失储量示意图

充分发挥非主力油层的作用，提高其采油速度，以弥补主力油层产量的递减，使油田继续保持高产稳产，这种作法叫接替稳产。

6.2.14 井间接替

当一口高含水井产量递减时，采取有效措施，提高其周围不含水或低含水油井的注采强度和采油速度，以弥补高含水井产量的递减，这种作法叫井间接替。

6.2.15 排间接替

行列注水方式中第一排高含水生产井产量递减时，及时提高第二排生产井注采强度和采油速度，以弥补第一排生产井产量的递减，这种作法叫排间接替。

6.2.16 区间接替

对全油田来说，某个开发区高含水产量递减时，及时提高不含水或低含水开发区的注采强度和采油速度，以弥补高含水开发区产量的递减，这种作法叫区间接替。

6.2.17 分压注水

在同一开发区块内，需要采用不同注入压力注水时，为减少地面管网的水力损失，按注入压力要求，实行两套以上注水系统分别注水叫分压注水。

6.2.18 分质注水

在同一开发区块内，因油层性质的差异，要求分两套以上注水系统，分别注入不同水质标准的水，称为分质注水。

6.2.19 杀菌增注

指在注水井内注入杀菌剂，将井底附近的微生物杀死，以解除由微生物引起的地层堵塞。常用的杀菌剂是由浓度为 0.1% 的甲醛溶液和浓度为 3% 的盐酸溶液配制而成。

6.2.20 "六分四清"

在大庆油田开发实践中，将分层开采工艺技术概括为：分层注水、分层采油、分层测试、分层改造、分层管理、分层研究；分层压力清、分层产油量清、分层注水量清、分层产水量清。简称为"六分四清"。

6.2.21 分层采油
指在油井中下封隔器，把性质差异较大的油层分隔开，再用配产器进行分层配产，以达到各油层较均衡开采，使各类油层都能发挥作用。

6.2.22 分层注水
指在注水井中下封隔器，把性质差异较大的油层分隔开，再用配水器进行分层配水，使高渗透率油层注水量得到控制，中低渗透率油层注水量得到加强，使各类油层都能发挥作用。

6.2.23 分层测试
指利用下封隔器及各种测试仪器测量油井分层的产液量、产油量、含水率、压力等参数，以掌握各油层的动用程度及水淹状况。测量注水井各油层的注水量，以了解各油层吸水能力变化及注采平衡状况等。

6.2.24 分层改造
指对未动用或动用不好的中低渗透率油层进行分层压裂、酸化等增产、增注措施，提高其生产能力或吸水能力，以改善油田开发效果。

6.2.25 分层管理
分层管理的主要内容是要取全、取准分层开发动态资料，分析各油层开发状况，针对出现的问题，及时采取有效措施。油井要分层录取产量、压力、含水、流体性质、油层改造等方面资料；注水井要录取分层吸力能力、压力、水质、增注效果等方面资料，在此基础上计算分层产液量、产油量、产水量、含水率、注水量、压力等数据。

6.2.26 分层研究
指进行油田开发动态分析时要落实到各个油层及油砂体上，重点研究各油层的油水运动规律、压力水平、动用程度、水淹状况、剩余油分布等情况，针对出现的问题，提出相应措施，充分发挥各类油层的作用，以提高油田最终采收率。

6.2.27 配产指标

各层段配产所要求的产油量、产液量、生产压差、气油比、含水率等项目称为配产指标。

6.2.28 加强层与限制层

配产时要求提高产量和采油速度的层叫加强层。加强层一般为未见水或低含水的中、低渗透率油层。

配产时要求控制产量和采油速度的层叫限制层。限制层主要为高渗透率的主力油层及含水较高的层。

6.2.29 配水合格率

配水层段的注水量基本符合配产、配注方案要求的叫配水合格。配水合格层段数占总配水层段数的百分比叫配水合格率。配水合格率愈高，说明注水井管理水平愈高。

6.2.30 配产合格率

配产指标基本符合配产、配注方案要求的叫配产合格。配产合格层段占总配产层段的百分数叫配产合格率。配产合格率愈高，说明油井管理水平愈高。

6.2.31 水驱控制程度

指水驱储量与地质储量之比。为减少统计工作量，可用下式表示：

$$E_w = \frac{h}{H_o} \times 100\%$$

式中　E_w——水驱控制程度；

　　　h——与注水井连通厚度，m；

　　　H_o——油层总厚度，m。

水驱控制程度是直接影响采油速度、含水上升率、储量动用程度、最终采收率等的重要因素。研究各类油层水驱控制程度是油田调整挖潜的主要依据。

6.2.32 水淹体积

水驱开发油田，地层水或注入水波及到的油层体积称为水淹体积。

6.2.33 驱油效率（微观波及系数）

在驱油剂波及范围内，所驱替出的原油体积与总含油体积的比值称为驱油效率，也称微观波及系数。其计算方法为：

$$E_D = 1 - \frac{S_{or}}{S_o}$$

式中　E_D——驱油效率；

　　　S_{or}——驱替后的剩余油饱和度；

　　　S_o——驱替前的含油饱和度。

6.2.34 表外储层

指油田开发初期未计算在储量之内的小于 0.4m 的薄油层及油浸、油斑的差油层。经注水和加密井网后，具有一定的产油能力，是挖潜的重要对象之一。

6.2.35 表外储层类型

指根据表外储层的性质，与原有效厚度层的组合关系和开采难易条件所划分的种类。根据大庆油田的情况，分为三种基本类型：

独立型：由表外储层厚度构成的单层，与有效厚度层之间存在不小于 0.4m 的夹层。这种表外储层与高含水的有效厚度层之间有一定厚度的夹层相隔，有利于单独开采。

渐变型：在剖面上，表外储层位于有效厚度层的顶部或底部，在三维空间上位于有效厚度层的末端延伸部位，成渐变状。这种表外储层挖潜难度较大。

夹层型：在有效厚度层内部因泥质含量较高而作为夹层剔出的部分。有效厚度层高含水后这种夹层型表外储层很难挖潜。

6.2.36 动用层

注水开发油田中能受到注水效果，油层压力较高，出油状况好或较好的油层叫动用层。动用层一般为中、高渗透率油层及见水层。

6.2.37 未动用层

注水开发油田中受不到注水效果，油层压力低，不出油的层叫未动用层。

6.2.38 潜力层

指用常规开采技术可以动用的层。未动用层、含水率较低的层、表外储层、全层含水率较高但仍有较厚的不含水部分的厚油层等都是潜力层,是挖潜的主要对象。

6.2.39 厚油层挖潜技术

指对厚油层水淹部分进行封堵,对未水淹部分进行选择性压裂改造,相应的在注水井进行调剖,加强未水淹部分油层注入量等综合措施,以挖掘厚油层潜力的技术。

6.2.40 独立型厚油层

指沉积单元间有Ⅰ类夹层相隔,上下单元之间不连通,与其他井点的砂体侧向连通,这类厚油层是挖潜的主要对象之一[图6.27(a)]。

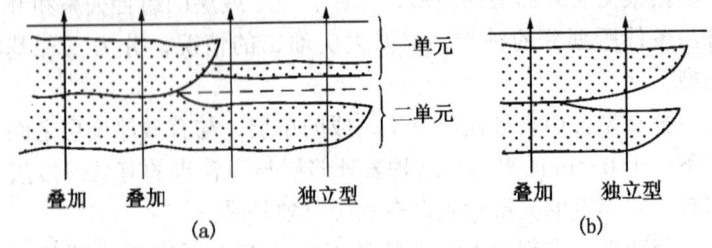

图 6.27 独立型与叠加型厚油层

6.2.41 叠加型厚油层

指沉积单元间有Ⅱ类夹层相隔,上下单元基本不连通,与其他井点的砂体在同单元内的侧向连通[图6.27(b)],这类厚油层也是挖潜的对象。

6.2.42 切叠型厚油层

指上下单元之间没有夹层或仅有Ⅲ类小夹层,上下单元是连通的(图6.28),这类厚油层挖潜很困难。

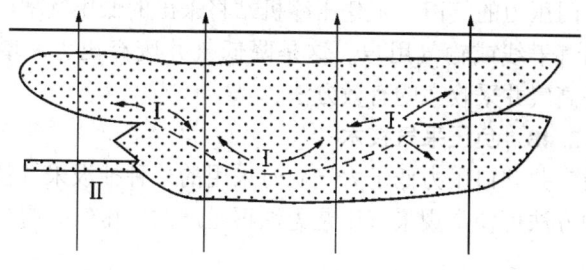

图 6.28 切叠形厚油层

6.2.43 油井放产

指采油井放大工作压差生产，以提高产油量，是油井增产的常用方法。由于油井放产余地有限，故不能盲目进行，应根据油井的具体情况，应放则放。

6.2.44 油井转抽

指自喷井改为抽油井。自喷井见水后，随着含水率的上升，流压不断升高。含水率达到一定数值后，生产压差无法再放大，油井的产液量只能维持在一定的水平上，产油量不断下降。改为抽油后，流压下降，生产压差增大，产液量提高，产油量也随之提高。所以自喷井含水率达到一定数值后，必须改为抽油井。

6.2.45 生产方式调整

指气井在不动井下管柱的情况下，选择油管生产，套管生产或油、套管同时生产。对于产少量凝析水的低压井，带水时用小管径的油管生产，水带完后改为套管环形空间或油、套管同时生产，这样既可减少带液时的滑脱损失，又可减少压力损失，可获得很好的开采效果。

6.2.46 天然气喷射器开采技术

根据在同一气藏、同一集气站既有高压井，又有低压井的这一特点，可使用天然气喷射器，利用高压井的压力提高低压井的压力，使之达到输送压力。这是挖掘低压井潜力的有效措施。

6.2.47 增压输气开采技术

当气田进入开采末期，对于剩余储量较大，但气井井口压力低于管网压力的气田，可建压缩机站将采出的低压气增压，使之进入输气干线或输气用户。这是降低气井废弃压力，增大采气量，提高气井采收率的有效方法。

6.2.48 负压采气技术

指气井井口压力低于大气压时采用的一种抽汲采气技术。采用这种方法可使常规采气工艺无法再生产的低压气井得到进一步开采。

6.2.49 优选管柱排水采气技术

指产水气藏开发中、后期，气井已不能自喷带水生产，转入间歇生产，对这样气井应及时调整管柱，改换成直径较小的管柱进行生产。这是一种有效的调整措施。

6.2.50 间歇注水

一段时间注水，一段时间停注，这种注水方法叫间歇注水。这是控制油井含水上升的有效措施之一。

6.2.51 周期注水

定期注水叫周期注水。它也是控制油井含水上升的有效措施之一。

6.2.52 双管采油

指在一口油井中用两套油管管柱分别开采两层或两段不同性质的油层。这种采油方法适用于油层层数少的油井。其优点是两套油管管柱各采不同油层的油，互不干扰，能充分发挥两套油层的作用。

6.2.53 强化注水

指采用高压（接近油层破裂压力）注水、增加注水井井数等办法提高油层注水量和注采比，使油层恢复压力，油井充分受效。

6.2.54 强化采油

指采用放大生产压差、增加油井井数、大排量抽油等办法提高油田采液速度，弥补其产油量的递减，以延长油田高产稳产期，提高油田最终采收率。

6.2.55 油（气）层改造

指用酸化、压裂等办法提高井底附近油（气）层的渗滤能力，降低油（气）流阻力，以提高油（气）井产量或注水井的注水量，是增产、增注的有效措施。

6.2.56 "高注低采"与"低注高采"

指注水井与采油井之间不同性质油层的搭配关系。如注水井中的油层渗透率高，采油井中相应的油层渗透率低，这种搭配关系叫"高注低采"；相反则称为"低注高采"。一般来说，"高注低采"比"低注高采"的开发效果好。因此在确定注采井别时，应选择油层厚度大、渗透率高的井当注水井。

6.2.57 堵后"无采"与"难采"

分布面积小的油砂体，堵住高含水油井的出水油层后，该层再没有其他的井点采油，使该层的原油采不出来，这种现象叫"堵后无采"。

堵住高含水油井的出水层后，该层虽然还有其他采油井点，但这些井点油层渗透率很低，或受不到注水效果，出油困难，这种现象叫"堵后难采"。

6.2.58 经常性调整（年度综合调整）

经常性调整又称年度综合调整，是指在油田开发层系、井网不变的条件下，采取各种地质、工艺技术措施，对油（水）井的生产压差、注采强度和液流方向等方面进行调整。

6.2.59 零散调整

指根据开发需要，在局部地区新增一些零星油、水井，或油井改水井、水井改油井等办法进行井网、注水方式调整。

6.2.60 成排调整

指行列井网在排间增加成排新井进行调整。

6.2.61 生产井段调整

指采用细分生产井段、重新组合生产井段、合并生产井段等方法调整原有的生产井段，以挖掘油层潜力。

6.2.62 能量补给方式调整

指改变常年注水为间歇注水、周期注水或由注水改为注气、注蒸汽等方法以提高油田产量,改善油田开发效果。

6.2.63 平面调整

指采用各种工艺措施,调整油层平面上的注采关系。主要是控制来水方向的注水量,加强未见水方向的注水量,适当控制来水方向的产油量,增大未见水方向的产油量,以缓解平面矛盾。

6.2.64 调剖

调剖是调整吸水剖面和调整产液剖面的简称,是指采用分层注水、分层采油、分层压裂、分层堵水等工艺措施,调整注水井各油层的注水量,调整采油井各油层的压力、产液量,以缓解层间矛盾,控制含水上升速度。

6.2.65 层系调整

指对原来划分与组合的开发层系,根据油田开发现状重新进行划分与组合。调整层系划分不能太粗,也不能太细。太粗会造成油层很多,层间干扰严重,调整效果不好;太细会造成油层太少,不能保证油井具有一定的生产能力,经济上不合算。层系调整一般要遵守下列原则:

(1) 要把沉积类型、水淹状况相似的油砂体(或层)组合在一个调整层系内,以减小层间矛盾;

(2) 调整层系要有相当的储量,保证油井具有一定的生产能力,经济上合算;

(3) 各个调整层系及原层系之间应有稳定的隔层,使各层系之间的流体互不窜流,以保证各层系的独立开采;

(4) 同一调整层系内的油层压力系统和原油性质应大体一致。

6.2.66 层系互补

指补开别的开发层系进行合采或合注。当油井封堵高含水层后,剩下的油层少,产量低,难以维持正常生产,或者为了调整平面矛盾需要增加采油或注水井点等都可采用层系互补办法进行调整挖潜。

6.2.67 层系封堵

当整个开发层系的综合含水达到极限含水时,把整个层系进行封堵,开采其他层系的油层,这是提高油田开发效果的有效方法之一。

6.2.68 井网调整

指根据调整对象的具体情况重新部署井网。井网调整要满足下列要求:

(1) 水驱控制程度有较大的提高,一般要达到90%以上;

(2) 要改善渗流条件,降低含水上升率,以延长油田高产、稳产期;

(3) 保证调整井具有一定的可采储量;

(4) 调整井尽可能均匀布井,以利于油田开发后期的利用。

6.2.69 二次加密调整

指多油层油田在开发后期,为了改善油田开发效果,提高最终采收率,在原井网的基础上,再部署一套新井网,组成统一的注采系统。

6.2.70 三次加密调整

油层多、潜力大的地区或油田,在二次加密井网的基础上,再增加一套井网叫三次加密调整。

6.2.71 井网抽稀

井网抽稀是井网调整的一种形式。对于大面积分布高含水油层,为了改善层间矛盾和平面矛盾,保证未见水或低含水油层充分发挥作用,用井网抽稀的办法,减少高含水层的出水井点,以提高注入水的利用率,改善开发效果。

6.2.72 工作制度调整

指油井生产压差和注水井注水压差的调整。

6.2.73 采油方式调整

指油(气)井自喷方式转为人工举升方式采油(气)。

6.2.74 采油工艺调整

指根据油井的地质条件和生产状况采用相适应的采油工艺技术，如有杆泵、无杆泵及气举工艺之间的更换。

6.2.75 水动力学方法

以改变油层中的流场来实现油田调整的方法称为水动力学方法。它的主要作用是提高注入水的波及系数，提高采收率。具体做法是改变液流方向，实施周期注水等。

6.2.76 注水方式调整

指根据地下变化了的情况，重新选择与之相适应的注水方式。最佳调整注水方式应满足下列要求：

（1）适应被调整的油层性质，有较高的水驱控制程度；

（2）有利于提高油层注水量，保证各类油层能充分发挥作用，延长油田高产稳产期；

（3）有利于改变注入水渗流方向，扩大注入水波及体积，提高油田最终采收率；

（4）有利于与原井网的衔接。

6.2.77 移动注水线

指边外注水、边缘注水或行列注水开发的油田，当第一排油井高含水后，改为注水井排，使第二排及其他井排油井能充分受到注水效果。这种作法可提高注水效率，改善油田开发效果。

6.2.78 改变注入水渗流方向

指采用改变注水方式、改变注采关系等办法，使注入水改变渗流方向。这种做法可调整平面矛盾，扩大水淹面积，是调整挖潜的有效方法之一。特别是裂缝性油田，把注水井排与裂缝方向一致，能明显改善油田开发效果。

6.2.79 油田综合调整

水驱或人工注水开发的油田，地下油、水运动情况十分复杂。要改善油田开发效果，提高最终采收率，不是某种措施能够解决的，必须采用各种工艺技术措施，以及层系、井网、注水方式等调整措施的相互配合，才能奏效。这种用多样方法改善油田开发效果叫油田综合调整。

6.2.80 注水—产液结构调整

在总体上保持注采平衡的前提下，通过调整注采系统和吸水剖面，合理调配各套层系、各个注水层段和各个注水方向的注水量，扩大注入水的波及体积，提高注入水利用率，使低压层的压力逐步回升，高含水层的注水量得到控制。同时利用层系井网调整及各种工艺措施，控制高含井的产液量，提高低含水井的产液量，挖掘各类油层潜力，增加油田可采储量，使全油田的产液量在低速增长的情况下，控制含水率上升，保持油田长期稳产。这种做法叫注水—产液结构调整。

6.2.81 储采结构调整

指通过层系井网和注水方式调整、三次采油、老井挖潜等措施后，增加了可采储量，为了保持油田稳产或减缓下降速度，要进行剩余可采储量与年采油量之间的调整。

6.2.82 注水结构调整

指在保持注采平衡的条件下，通过合理调整注采系统和注采关系，降低高含水井、层的注水量，提高低含水井、层的注水量，不断扩大注入水波及体积，改善油田开发效果。

6.2.83 产液结构调整

指采用分区块、分层系、分井的优化措施的调整方法，增加中低含水井、层产出液量在总液量中的比例，降低高含水井、层在总液量中的比例，以此控制含水上升速度，达到减缓产油量递减的目的。

6.2.84 "稳油控水"工程

指在油田开发后期，通过精细地质研究和搞清剩余油分布的情况下，综合运用层系井网调整和"六分四清"工艺措施，挖掘低含水油层的潜力，控制含水上升速度，以保持油田产油量的稳定。

6.2.85 "稳油控水"三种模式

指"稳油控水"的三种有代表性的典型做法：第一种以前苏

联巴什基里亚油区为代表,其特点是在高含水期采用稀井网,通过大量的油、水井措施来降低产水量。第二种以美国东得克萨斯油田为代表,其特点是在高含水期采用密井网,油、水井措施很少,主要靠关闭高含水井来降低产水量。第三种以我国大庆油田为代表,采用细分层系、加密井网,以及进行综合调整等措施,控制含水上升速度,达到稳产的目的。

6.2.86 中高含水期的开发模式

指从总结国内外大油田开发实践中得出的中高含水期所采取的典型开采方法。一般可分为提液稳产、稳液降产、降液控水和"稳油控水"4种开发模式。

6.2.87 提液稳产开发模式

这种开发模式主要通过增加开发井数、改善渗流条件、扩大生产压差、提高生产时率等办法,不断提高产液量,以保持较长的高产稳产期(稳产期可达 7a~12a)。由于产液量逐年大幅度增加,导致地面设施频繁更新改造,使原油成本急剧增加,经济效益变差。罗马什金油田是个典型例子(图6.29)。

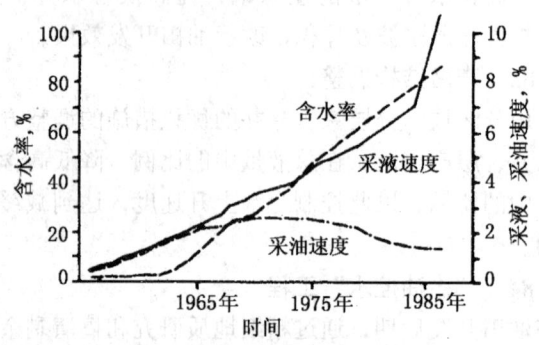

图 6.29 罗马什金油田开采曲线

6.2.88 稳液降产开发模式

这种开发模式采用各种措施使采液速度保持稳定,产油量不断下降，采油速度较低，稳产期较短。但由于地面设施改造及井下作业量小，原油成本增长较慢，经济效益相对较好。帕宾那油田可作为典型例子（图6.30）。

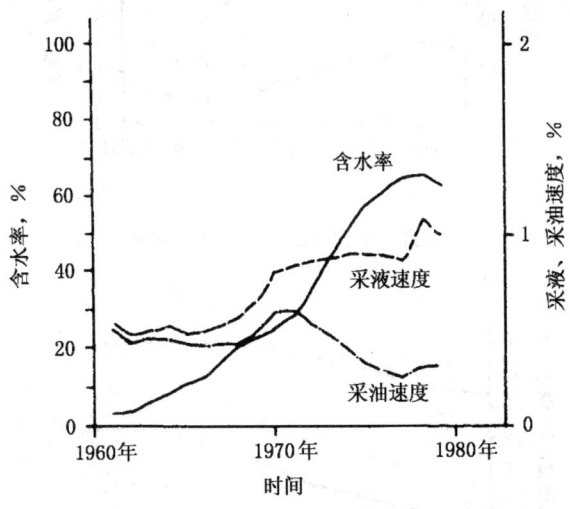

图6.30 帕宾那油田开采曲线

6.2.89 降液控水开发模式

这种开发模型主要采取各种措施控制产水量，使含水率保持稳定，产液量不断下降，产油量大幅度递减，采油速度低，开采年限长，经济效益差。东得克萨斯油田可作为典型例子（图6.31）。

6.2.90 "稳油控水"开发模式

指通过油田综合调整，以及注水—产液结构调整等措施，控制含水上升率，使油田保持长期高产稳产。大庆油田的开发是个例子（图6.32）。

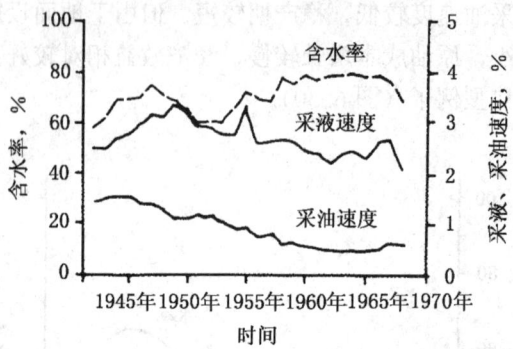

图 6.31 东得克萨斯油田开采曲线

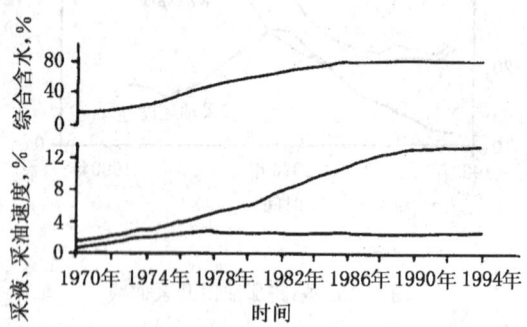

图 6.32 喇萨杏油田开采曲线

第7章 提高采收率

7.1 混相驱与化学驱

7.1.1 提高采收率
指油藏利用天然能量和注水、注气开发后剩下的油，运用更复杂的物理、化学方法以改变或改善其渗流机理，采出更多的原油。

7.1.2 提高采收率方法
在目前的技术条件下，是指混相驱、化学驱、热力驱、微生物驱等三次采油方法。

7.1.3 一次采油
利用油藏天然能量开采原油叫一次采油。油藏的天然能量有溶解气能量、边水或底水能量、气顶能量、弹性能量和重力能量。

7.1.4 二次采油
在一次采油过程中，油藏能量不断消耗，到依靠天然能量采油已不经济或无法保持一定的采油速度时，可用人工向油藏中注水或注气补充能量以增加采油量的方法叫二次采油。

7.1.5 三次采油
油藏经过一、二次采油或保持压力方法采油后，再用提高采收率的方法，如注入热介质、化学剂或能与原油混渗的流体开采剩余和残余在油藏中的原油，以提高油藏的最终采收率，这种方法叫三次采油（Enhanced Oil Recovery），简称"EOR"。

7.1.6 剩余油
一个油藏通过某种采油方法开采后，仍不能采出的地下原油，如注水开发油田，注入水波及不到的地方，原油采不出来，这种油叫剩余油。

7.1.7 残余油

被注入水或驱油剂波及，但仍驱替不出来的原油叫残余油。

7.1.8 剩余油饱和度

指单位岩层孔隙体积中剩余油所占孔隙体积的百分数。

7.1.9 残余油饱和度

指单位岩层孔隙体积中残余油所占孔隙体积的百分数。

7.1.10 残余油分布类型

指残余油在孔隙中分布位置所划分的种类。可分为"岛形"——残余油位于毛细管孔道中央；"半岛形"——残余油紧贴毛细管孔道的一侧；堵塞型——残余油堵塞毛细管孔道的四壁；极微孔隙型——残余油停留在仅有一微孔隧道的孔隙中；"死胡同"型——残余油停留在完全封闭的死孔隙中（图7.1）。

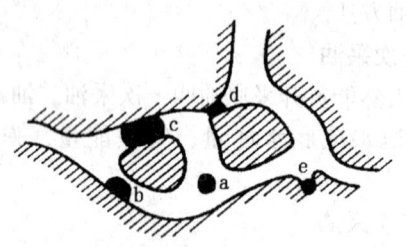

图7.1 残余油在毛细管孔道中的分布
a—"岛形"；b—"半岛形"；c—堵塞型；
d—极微孔隙型；e—"死胡同"型

7.1.11 油块与油滴

指残余油在油层孔隙中残留的两种形态。油层孔隙结构非常复杂，由于毛细管捕集作用，使在变化多端的孔隙网中流动的原油被冲散而形成分散的油块和油滴。如大小不同的两条孔道并联时［图7.2(a)］，注入剂的压力仅能使大孔道中的油流动，而小孔道中的原油，由于毛细管的捕集作用，被滞留在小孔道中。

又如油流孔道突然从宽变窄，由于毛细管阻力突然增大，油在窄道处被堵而形成油滴状［图 7.2（b）］。

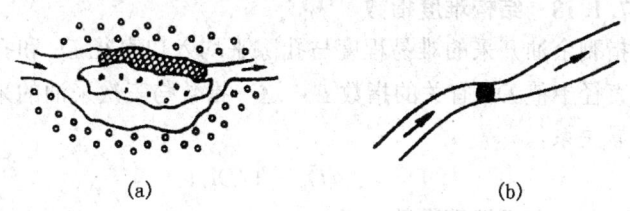

图 7.2 油块与油滴
（a）滞留在并联毛细管中的油块；（b）滞留在毛细管窄处的油滴

7.1.12 油膜

由于物理、化学作用，使长期储存在油层中的原油黏附在岩石孔隙表面，形成一层极薄的膜称为油膜。油膜对岩石的附着力很强，一般的物理作用很难使油膜从岩石孔隙表面剥落。

7.1.13 捕集残余油

指经一次或二次采油后，油以不连续的泡滴状或油脉状被润湿的驱替水所包围的残余油。

7.1.14 "死油"层

"死油"层指注水开发过程中注入水驱不到，地下原油采不出的油层。如井网控制不住的分布面积极小的油层、注采系统不完善的油层、渗透性很差的油层等。它是油田调整挖潜和提高采收率的重要对象之一。

7.1.15 "死油"段

"死油"段指厚油层内注入水驱不到，油采不出的部分，也是提高采收率的重要对象之一。

7.1.16 "死油"区（滞油区）

"死油"区又称滞油区，是指注入水驱不到，油采不出的地区或地带。一般在注采系统不完善、渗透率变差、断层遮挡、油砂体形态复杂等地区容易出现"死油"区，它也是油田调整挖潜和提高采收率的重要对象之一。

7.1.17 驱油机理

指各种驱油剂驱替原油的作用和原理。

7.1.18 结构难度指数

指剩余油开采的难易程度与孔隙平均入口直径 $\overline{D}_e$ 和孔隙凸腔的直径中值 $\overline{D}_M$ 有关的指数 D。这一指数与三次采油的采收率有明显关系：

$$D = (1/\overline{D}_e - 1/\overline{D}_M)$$

7.1.19 毛细管准数

黏滞力与毛细管力之比称为毛细管准数。它是一个无量纲参数群或数组。驱油效率与毛细管准数密切相关。其表达式为：

$$\Delta p/L\sigma \text{ 或 } \mu v/\phi\sigma$$

式中 $\Delta p/L$——压力梯度；

σ——界面张力；

v——水的速度；

μ——水的黏度；

ϕ——孔隙度；

L——岩心长度。

7.1.20 泰柏准数

指水驱不连续残余油的效率，是 $\Delta p/L\sigma$ 的函数。

7.1.21 π 准数

毛细管力与黏滞力之比称为 π 准数。它是毛细管准数的倒数，即 $\pi = \sigma/\mu v$（σ 为界面张力，μ 为黏度，v 为驱替速度）。

7.1.22 三次采油准数

指 Mas Donald 和 Dullien 于 1976 年将泰柏准数 $\Delta p/L\sigma$ 与结构性难度指数 D 结合起来，构成一个与三次采油采收率有关的无量纲数（N_{saa}）。

$$N_{saa} = \frac{-(\Delta p/L)l}{\sigma D}$$

式中 $\Delta p/L$——水驱的压力梯度；

σ——界面张力；

D——结构难度指数;

l——分散油脉长度。

7.1.23 重力稳定驱替

指利用地层倾角和密度差防止气体指进,以提高气驱波及系数的一种驱替过程。

7.1.24 "2+3"提高采收率技术

指在充分发挥二次采油技术的基础上进行有限的三次采油技术。它是二次采油向三次采油的过渡技术,既能提高波及系数,又能提高洗油效率,是一种提高稠油采收率的采油方法。

7.1.25 三次采油筛选标准

指根据油藏地质条件、流体(原油、地层水和注入水)性质和驱油方法的适应性及经济效益而制定的选择各种驱油方法的条件和指标。

7.1.26 岩心驱替试验

指在试验室内利用油层岩心进行各种驱油试验。它是一种油层物理模拟试验,可以研究驱油机理,确定驱油效率,评价驱油效果。

7.1.27 先导性试验

指为了使全油田提高采收率方法切合实际,需要事先在油田有代表性的地区用相应井网进行小型试验,以便检验数值模拟结果,取得有关参数及积累工艺经验,为工业性推广提供矿场试验依据。

7.1.28 混相

使两种或两种以上流体混合后达到单一、均相的平衡状态称为混相。一旦混相形成,各种流体间不存在界面,毛细管压力也不存在。

7.1.29 可混性

指两种或多种流体混合后能达到一种单一、均相平衡状态性质的能力。

7.1.30 混相剂

在地层条件下能与原油混相的物质叫混相剂,如二氧化碳、烃类气体等。

7.1.31 一次接触混相

混相注入剂与原油一经接触即可混相,称为一次接触混相。如液化石油气与原油就是一次接触混相。

7.1.32 多次接触混相

混相注入剂与原油经多次接触、汽化和凝析过程才能达到混相称为多次接触混相。如二氧化碳、氮气和干气与原油混相属于这种类型。

7.1.33 动态混相

指注入流体与油藏流体直接混合时形成两相,由于原油和注入流体在流动过程中重复接触,再靠组分的就地传质作用达到混相,形成一个由注入流体和原油混相后形成的驱替相过渡带。

7.1.34 混相压力

向油藏中注入的二氧化碳流体,在油藏温度条件下可以与原油进行混相的压力叫混相压力。

7.1.35 最低混相压力

指在油层温度条件下,二氧化碳与原油能达到多次接触混相的最低限度压力。

7.1.36 混相带

指混相注入剂与原油逐渐形成混相的区域。稳定的混相带是保证混相驱的关键,若混相带退化,混相驱就变成了非混相驱。

7.1.37 混相前缘

指混相带的前沿区域。

7.1.38 汇集油带(油墙)

汇集油带又称油墙,是指残留分散的原油被驱替流体驱集而形成高含油饱和度的地带。

7.1.39 汇集气带

混相驱替过程中,注入油藏的气体受注入水驱替而形成的高含气饱和度的地带叫汇集气带。

7.1.40 混相驱替与非混相驱替

在多孔介质中,一种流体驱替另一种流体时,由于两种流体之间发生扩散、传质等作用,使两种流体互相溶解而不存在分界面,这种驱替叫混相驱替;两种流体互不溶解,这种驱替叫非混相驱替。

7.1.41 混相驱

向油层注入一种能与原油在地层条件下完全或部分混相的流体,来驱替原油的开采方法叫混相驱。混相驱的作用在于注入介质与原油混相后,降低驱油时的毛细管阻力、附着阻力,增强了注入介质的洗油能力,从而提高原油的采收率。混相驱一般有高压注天然气、注空气、注溶剂、注二氧化碳等方法。

7.1.42 烃类混相驱油法

向油层注入能与原油混相的轻质烃类来驱替原油的方法叫烃类混相驱油法。这些烃类可以是甲烷、乙烷、天然气、轻质油等。

7.1.43 高压干气驱油法

对含有足够轻的烃组分的油藏,用高压注入天然气驱油的方法叫高压干气驱油法。在高压下天然气不断提取原油中的中间组分而富化,最后达到与原油混相,使洗油效率大大提高。

7.1.44 二氧化碳混相驱油法

指用高压注入油层中的二氧化碳不断与原油接触萃取其中较重烃组分而富化,最终与原油形成混相的驱油法。

7.1.45 凝析气混相驱油法

指注入富含 $C_2 \sim C_6$ 组分的气体与原油通过多次接触而达到动态混相,降低原油黏度,从而达到提高采收率的目的。

7.1.46 富气驱油法

当地层中原油含重质烃组分较多,油、气开始接触时不能混相,可向油层中注入富气,富气中的较重组分不断凝析到原油中,最终使注入气体与原油混相,这种驱油方法叫富气驱油法。

7.1.47 段塞

驱油剂注入油层后，形成明显的驱油带，又被后续的另一种驱油剂所驱替。前者驱油剂所形成的驱油带叫段塞（图 7.3）。段塞可大可小，根据需要决定。

图 7.3 段塞示意图

7.1.48 液化石油气段塞驱油法

指向油藏注入液化石油气与原油形成混相段塞，再注干气驱替的驱油法。

7.1.49 混相段塞驱油法

向油层内注入约 5% 孔隙体积的轻液态烃或溶剂，形成一个与原油混相的段塞，然后再注天然气、干气或水推动段塞驱油，这种方法叫混相段塞驱油法。

7.1.50 富气段塞驱油法

先向油层中注富气形成段塞，然后再用干气或干气和水推动段塞驱油，这种方法叫富气段塞驱油法。

7.1.51 醇段塞驱油法

醇可与原油相混，又可与水相混。向油层注入一个醇段塞，然后再用水驱油的方法叫醇段塞驱油法。

7.1.52 平衡气驱油法

在混相驱油过程中，在被驱替原油混合物与驱替气体之间没有或很少组分交换的气驱油方法称为平衡气驱油法。

7.1.53 二氧化碳非混相驱油法

指在达不到混相压力的条件下注二氧化碳，使其不能与原油混相，只能使原油黏度降低以提高采收率的驱油方法。

7.1.54 二氧化碳水驱油法

指利用溶解二氧化碳的水溶液驱油。溶解于水中的二氧化碳慢慢向原油中扩散，降低原油黏度和界面张力，达到提高驱油效率的目的。

7.1.55 混气水驱油法

指在注入水中掺入空气、烟道气或天然气，利用气阻效应，阻止注入水沿大孔道，高渗透层、区窜流，提高注入水波及系数及改善驱油效率的方法。

7.1.56 二氧化碳吞吐驱油法

向生产井中注入一定数量的二氧化碳，然后关井一段时间，使注入的二氧化碳溶于井底附近原油中，以降低原油黏度，然后开井生产，可提高油井产量，这种方法叫二氧化碳吞吐驱油法。

7.1.57 二氧化碳＋水和水气交替驱油法

为了降低溶剂的流度，通常把二氧化碳和水一起注入，大段塞二氧化碳后紧跟驱替水或交替注入二氧化碳与水段塞，这种方法叫二氧化碳＋水和水气交替驱油法。

7.1.58 浓缩气和高压气驱油法

指将气体浓缩或具有高压情况下注入油层，使其达到动态混相驱油。

7.1.59 交替注气和注水驱油法

向油层交替注气和注水，注入水量控制在不超越混相流体带，这种驱油法可兼有混相驱和注水的优点。

7.1.60 烟道气

指含碳燃料燃烧时烟道排出的废气。一般含有水蒸气、二氧化碳、氮气、氧气和一氧化碳，可用作驱油剂。

7.1.61 烟道气驱油法

指利用烟道气作驱油剂的驱油方法。

7.1.62 惰性气驱油法

指利用惰性气体作驱油剂的驱油方法。

7.1.63 氮气驱油法
指利用氮气作为驱油剂的驱油方法。

7.1.64 同时注水和注氮气的非混相驱油法
同时注水和氮气可使原油黏度降低和汽化,从而可提高采收率的一种方法。

7.1.65 空气驱油法
指向油层中注入空气以提高采收率的方法。

7.1.66 化学剂驱油法
利用注入油层的化学剂溶液的化学特性,改善原油—化学剂溶液—岩石之间的物理化学特性,如降低界面张力、改善流度比等,以达到提高最终采收率的目的。

7.1.67 改良水驱油法（改型水驱油法）
改良水驱油法（改型水驱油法），是指在注入水中加入某种或几种化学剂,提高注入水的黏度,降低水的界面张力,改善流度比等,从而可提高原油的采收率。改良水驱油法常用的有注活性水、注稠化水、注乳状液、注胶束溶液、泡沫驱油、注微乳液、注碱水等。

7.1.68 活性水驱油法
指把低浓度的活性剂溶液注入油层,通过降低油水界面张力,将油层孔隙中的剩余油驱替出来的方法。

7.1.69 稠化水驱油法
指注入水中加入稠化剂提高注入水的黏度,从而改善流度比,以提高原油采收率的驱油方法。

7.1.70 表面活性剂
能显著降低水的表面张力或界面张力的物质称为表面活性剂。

7.1.71 活性剂吸附
指活性剂附着在孔隙介质表面上的现象。

7.1.72 活性剂损失
指活性剂在油层岩石表面被吸附或沉积而造成其浓度的

下降。

7.1.73 活性剂滞留
指活性剂体系中的活性剂被地层岩石吸附而滞留在孔隙中，影响活性剂体系驱油的有效性。

7.1.74 活性剂添加剂
指活性剂作为添加剂加入其他溶液中，以降低界面张力和起泡作用。

7.1.75 含氟活性剂
指碳氢化合物中的氢原子被氟原子取代的活性剂。

7.1.76 分配系数
相平衡时表面活性剂的水浓度与油浓度的比值叫分配系数。

7.1.77 胶束
胶束是表面活性剂在高浓度下形成的聚结体。胶束具有增溶作用，使原来互不相溶的油和水变成互溶的混相溶液，从而提高驱油效率。

7.1.78 胶束增溶作用
在水溶液中，当表面活性剂浓度超过临界胶束浓度时，溶液中一些不溶或微溶于水的物质能自发地进入胶束的内部，使溶液成为澄清透明。这个过程称为胶束的增溶作用。

7.1.79 水外相和油外相胶束溶液
以水为连续介质的叫水外相胶束溶液；以油为连续介质的叫油外相胶束溶液。

7.1.80 临界胶束浓度
表面活性剂形成胶束的最低浓度叫临界胶束浓度。

7.1.81 胶束溶液驱油法
胶束溶液具有增溶油和水的特点。当胶束溶液与油和水接触时可形成混相驱动，同时由于胶束溶液有较高的黏度，因此能形成活塞式的富油带。这种向油藏中注入胶束溶液以提高采收率的方法叫胶束溶液驱油法。

7.1.82 微乳液

指两种互不相溶的液体在表面活性剂分子界面膜的作用下生成的热力学稳定的、各向同性的、透明的分散体系。微乳液由蒸馏水、油、活性剂、醇和盐 5 种组分按一定比例组成。

7.1.83 微乳液结构

指微乳液中 5 种成分相互结合的形式，分为油包水型（W/O）、水包油型（O/W）和油、水双连续型（B、C）。

W/O 型微乳液由油连续相、水核及界面膜三相组成。水核内含有少量醇；油连续相内含有醇和少量水；界面膜由表面活性剂与醇组成，且体系中的表面活性剂仅存在于界面膜上［图 7.4 (a)］。

O/W 型微乳液由水连续相、油核和界面膜组成。界面膜上表面活性剂与醇的极性基团朝向水连续相［图 7.4 (b)］。

B、C 型具有 W/O、O/W 两种结构的综合特征，水液滴与油液滴不再呈球状，各自形成连续相，构成网络状［图 7.4 (c)］。

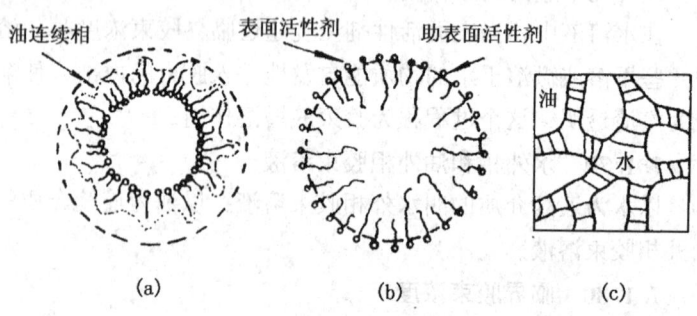

图 7.4 微乳液三种结构示意图
(a) W/O；(b) O/W；(c) 双连续结构（B、C）

7.1.84 微乳液相态

组成微乳液的各组分之间以及温度、压力和油层岩石性质对微乳液相结构的类型及其性质的影响关系称为微乳液相态。它可分为上相（U）、中相（M）和下相微乳液。

7.1.85 上相微乳液
与过量盐水相处于平衡状态的微乳液称为上相微乳液。它能吸收大量油相,因此,在驱油过程中接近混相方式。

7.1.86 中相微乳液
与过量油相和盐水相处于平衡状态的微乳液称为中相微乳液。中相微乳液与过量油相和盐水相的界面张力都很低,因此可得到较高的原油采收率。

7.1.87 下相微乳液
与过量油相处于平衡状态的微乳液相叫下相微乳液。

7.1.88 最佳含盐量
微乳液中相产生和中相消失时的两个含盐量的平均值称为最佳含盐量。

7.1.89 微乳液三元相图
指表示微乳液各相组成关系的相对体积图(图7.5)。图中(a)含有一个单相区和一个二相区。单相区为O/W微乳液相,二相区内为O/W微乳液与过剩油相平衡,称为WinsorⅠ型体系。图中(c)亦含一个单相区(W/O)微乳液、一个二相区内为W/O微乳液与过剩水相平衡,称为WinsorⅡ型体系。图中(b)含有一个单相区、两个二相区和一个三相区,三相区内微乳液相同时与过剩水相、过剩油相平衡,并且三相组成不随总组成改变而变化,称为WinsorⅢ型(图7.5)。

7.1.90 高活性浓度微乳液体系
指活性剂浓度在3%~20%之间形成的微乳液体系。

7.1.91 微乳液驱油法
向油层中注入微乳液作为排驱剂以减小油水黏度比,提高波及系数和增强洗油能力,这种驱油方法叫微乳液驱油法。

7.1.92 微乳液混相驱油法
注入油层的微乳液与原油以任何比例混合时,它们立刻互溶混相,这种驱油方法叫微乳液混相驱油法。

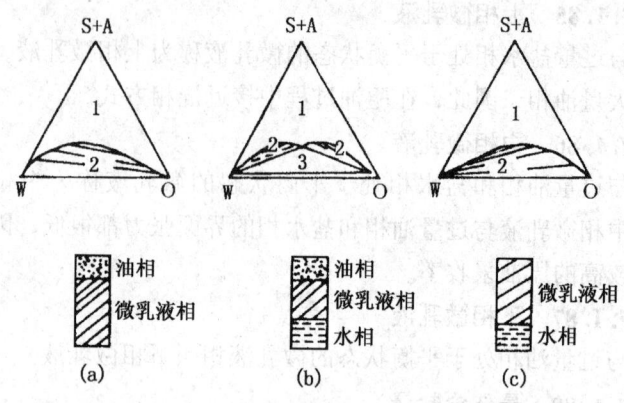

图 7.5 微乳液的拟三元相图
S—表面活性剂；O—油；A—助表面活性剂；W—水
(a) Winsor Ⅰ 型；(b) Winsor Ⅲ 型；(c) Winsor Ⅱ 型

7.1.93 非混相微乳液驱油法

注入油层的微乳液与原油接触混合后，新体系仍是非混相液体，这种驱油方法叫非混相微乳液驱油法。

7.1.94 表面活性剂—聚合物驱油法

指向油层中注入表面活性剂形成段塞，再用聚合物溶液驱替的驱油方法。表面活性剂段塞可以是高浓度的胶束溶液或微乳液，也可以是低浓度的表面活性剂水溶液。

7.1.95 低浓度大段塞活性剂驱油法

指在注入体系中活性剂的浓度在 1.3%～2.3% 之间，注入体积为 15%～60% 孔隙体积的段塞驱油。

7.1.96 高浓度小段塞活性剂驱油法

指注入活性剂的浓度在 3%～20% 之间，注入体积为 2%～7% 孔隙体积的段塞驱油法。

7.1.97 流度控制

为了保证驱替体系的稳定性，要求驱替体系的流度接近于或小于被驱替流体的流度，称为流度控制。

7.1.98 流度缓冲带

在表面活性剂驱油中，注入活性剂段塞后接着注一段塞的稠化水作为流动缓冲液，然后再用水驱。这段稠化水带就是流度缓冲带。

7.1.99 碱水驱油法

指对含有机酸的原油，通过注各种碱类溶液，使其进行化学反应，产生表面活性剂，改变油层岩石的表面润湿性，降低界面张力或形成稳定乳状液，以提高原油采收率。

7.1.100 低界面张力

不相混两相流体的界面张力 $10^{-1}\mathrm{mN/m}\sim10^{-2}\mathrm{mN/m}$ 称为低界面张力。

7.1.101 超低界面张力

不相混两相流体的界面张力低于 $10^{-2}\mathrm{mN/m}$ 时称为超低界面张力。

7.1.102 超低界面张力体系驱油法

指使活性剂—油—水体系与油之间的界面张力低于 $10^{-2}\mathrm{mN/m}$ 时的驱油方法。这种方法可提高驱油效率，是一种很有前途的三次采油方法。

7.1.103 泡沫特征值

指泡沫液中气体体积与泡沫液总体积之比值，其值通常在 0.5～0.99 之间。

7.1.104 泡沫稳定剂

指用来使泡沫体系中保持稳定的活性剂或高分子化合物。包括各类烷基磺酸盐、天然蛋白质、动植物胶、人造纤维素等。

7.1.105 起泡效率

在一定的溶液温度以及含盐量下，为使溶液产生大量泡沫所必需的活性剂浓度称为起泡效率。

7.1.106 牺牲剂

指以自己损耗来减小其他化学剂损耗的廉价化学剂。如在表面活性剂驱中用木质素磺酸盐及其改性产物（如羧甲基木质素磺酸盐、羟乙基木质素磺酸盐）作牺牲剂。

7.1.107 泡沫驱油法
指向油层中注入起泡剂及稳定剂，使气和水形成泡沫液，以改善驱油的流度比，达到提高采收率的驱油方法。

7.1.108 聚合反应与单体
由同种分子相互结合成为大分子的反应称聚合反应。参加聚合反应的原分子叫单体。

7.1.109 聚合物与低聚物、高聚物
由一种单体经聚合反应所得到的产物称聚合物。聚合物分为分子量较低的聚合物叫低聚物，如三聚甲醛；分子量很高的聚合物叫高聚物，如聚氯乙烯、聚丙烯酰胺等。

7.1.110 人工合成聚合物
指利用石油化工的中间产品加工而成的有机合成高分子聚合物。如部分水解聚丙烯酰胺、聚丙烯腈、聚氧乙烯、聚乙烯硫酸醚、聚甲乙烯基醚等。

7.1.111 天然聚合物
指天然的植物胶及其衍生物。如各种羟基化的瓜尔胶、改性的海藻胶。

7.1.112 生物聚合物
指在碳水化合物上产生微生物作用而生成的生化合成高分子聚合物。靠黄胞菌、明串珠菌等与碳水化合物的代谢产物，如黄胞胶液；利用石油发酵，靠细菌代谢脂肪烃生成聚合物等。

7.1.113 平均聚合度
组成高分子链中有规则地重复排列的结构单元的数目称为平均聚合度。

7.1.114 聚合物相对分子质量
聚合物相对分子质量一般用平均相对分子质量表示。其平均相对分子质量等于基本链节相对分子质量与平均聚合度的乘积。

7.1.115 高聚合物相对分子质量分布
聚合物不同相对分子质量的分布，取决于聚合机理及聚合方

法。利用溶解分级法、沉淀分级法、凝胶渗透色谱法只能把高聚物分成许多相对分子质量大小不同的级分,然后测量各级分的质量及平均相对分子质量,并作出分布曲线,可大致反映相对分子质量分布的宽度、分布的对称性及相对分子质量集中的范围。

7.1.116 聚合物稳定性

指聚合物防止降解和保持初始性质的能力。

7.1.117 聚合物的降解

由于化学的、机械的、细菌的作用以及温度升高、氧的侵入而导致聚合物溶液的视黏度下降,称为聚合物的降解。

7.1.118 聚合物化学降解

指由于氧化作用所引起的化学反应或水解作用对分子骨骼长期化学作用造成聚合物分子链断裂所构成的聚合物降解。

7.1.119 聚合物机械降解

指由于聚合物的高分子受到较大剪切应力引起聚合物分子链断裂所造成的聚合物降解。

7.1.120 聚合物生物降解

指由于聚合物高分子受到细菌作用产生化学反应,造成聚合物分子链断裂而降低聚合物的稳定性。

7.1.121 交联

通过一种化学剂使聚合物分子的部分化学结构相互反应或连接,把两个或更多聚合物分子合并成分子聚结体的作用称交联。

7.1.122 筛网系数

指用筛网黏度计测量聚合物黏弹性的量度方法。其定义为:溶液流过隔板时间与溶剂流过隔板时间之比。

7.1.123 聚合物的水解与水解度

指聚丙烯酰胺在 NaOH 作用下,一些酰胺基被羧钠基取代,这个过程叫水解。酰胺基转变为羧钠基的百分数称为聚合物的水解度。

7.1.124 良溶剂与不良溶剂

凡是能使聚合物分子呈松散状的溶剂称良溶剂。在良溶剂中，聚合物分子最大限度地伸展，聚合物分子之间以及聚合物与溶剂分子之间的内摩擦力增大，溶液黏度增高。

凡是使聚合物分子呈蜷曲状，分子线团密度大的溶剂称不良溶剂。在不良溶剂中，聚合物分子之间及聚合物与溶剂分子之间的接触面小，溶液黏度因此而降低。

7.1.125 聚合物的阻力系数

在聚合物驱油过程中，反映聚合物降低驱动介质流动能力的指标叫阻力系数。其数值等于水的流度与聚合物溶液流度之比。

7.1.126 残余阻力系数

反映聚合物溶液降低孔隙介质渗透率能力的指标叫残余阻力系数。其数值等于聚合物溶液通过岩心前、后用盐水测得的渗透率的比值。

7.1.127 聚合物捕集

聚合物溶液通过多孔介质时，由于小孔隙及孔隙喉道变窄，使聚合物分子难以通过而停留下来的现象，称为聚合物捕集。

7.1.128 聚合物滞留

由于岩石的吸附和捕集作用而使聚合物浓度下降的现象称聚合物滞流。

7.1.129 机械滞留与水力滞留

聚合物大分子通过介质时产生的一种过滤作用称机械滞留。由于流动方向改变或流速增加引起的滞留称水力滞留。

7.1.130 聚合物的吸附

聚合物溶液流经孔隙介质时，由于聚合物分子与岩石孔隙介质之间发生相互作用，使聚合物分子吸附在固体表面，造成聚合物溶液浓度下降，这种现象称为聚合物的吸附。

7.1.131 静态吸附与动力吸附

将岩样静置于聚合物溶液中，直至吸附达到平衡，这种吸附称为静态吸附。

聚合物溶液通过孔隙介质时产生的吸附称为动力吸附。

7.1.132 聚合物固体含量
指从聚合物中除去水分等挥发物后固体物质含量的百分数。

7.1.133 过滤因子
指衡量聚合物溶液均一性的经验常数。

7.1.134 残余单体含量
指未参加聚合反应的单体所占聚合物中的质量百分数。

7.1.135 特性黏度
指衡量聚合物分子对溶液黏度贡献大小的相对量。

7.1.136 结构黏度
指由于聚合物中原子内旋转造成的卷曲结构，使溶液中相互交联形成网状结构而导致急剧增大的黏度。

7.1.137 聚合物驱控制程度
指聚合物溶液可以进入的孔隙体积占油层综合孔隙体积的百分数。

7.1.138 聚合物驱流度比
指聚合物溶液的流度与原油流度之比。

7.1.139 聚合物存聚率
指累计注入聚合物液量减去累计产出聚合物液量占累计注入聚合物液量的百分数。

7.1.140 聚合物注入速度
指年绝对注入聚合物溶液量占油层总孔隙体积的倍数。

7.1.141 聚合物溶解速度
指定量聚合物在定量溶液中溶解所需的时间。

7.1.142 溶胶与凝胶
聚合物溶液在低浓度时称为溶胶，在高浓度时称为凝胶。

7.1.143 凝胶分子的转折压力
指凝胶分子从膨胀状态（堵塞孔道）到拉伸状态（流动）变化的压力。

7.1.144 延迟凝胶化
指先将一种聚合物溶液注入地层，然后另注一种化学剂，使其发生凝胶反应,生成黏度很高的凝胶,以降低高渗透层渗透率的方法。

7.1.145 孔隙阻力因子法
指评价交联聚合物成胶强度和成胶时间的方法。

7.1.146 地层内交联
指使阴离子和阳离子两种聚合物在地层孔隙中相互作用而生成三维网状物。

7.1.147 新型缔合聚合物
指在聚合物上引入少量特殊功能基团,使溶液中的聚合物分子间可通过特殊基团的静电、氢键或在范德华力缔合而产生具有一定强度但可逆的物理"交联",从而形成巨大的超分子结构。

7.1.148 复合体系
指化学剂驱油过程中,把非单一化学剂驱油体系称为复合体系。

7.1.149 二元复合驱与三元复合驱
用两种化学剂作为驱油剂的复合体系称为二元复合驱,如碱—表面活性剂、碱—聚合物。用三种化学剂作为驱油剂的复合体称为三元复合驱,如碱—表面活性剂—聚合物。

7.1.150 泡沫复合驱油法
指在油层中注入由碱—表面活性剂—聚合物—天然气组成的体系,可降低油水界面张力,提高驱油效率,并能降低油水流度比,提高波及系数的驱油方法。

7.1.151 聚合物驱油法
指向油层中注入高相对分子质量的水溶性聚合物溶液的驱油方法。聚合物溶液可增加注入水的黏度,改善流度比,减弱黏性指进,增加波及系数,从而提高石油采收率。

7.1.152 胶束—聚合物驱油法
指向油层注入一个由表面活性剂在水或油中形成的均相体系的段塞,再用聚合物溶液驱替的驱油方法。

7.1.153 微乳液—聚合物驱油法

指向油层注入一个由水、油、表面活性剂、助活性剂组成的稳定微乳状液的段塞,再用聚合物驱替的驱油方法。

7.1.154 碱—聚合物驱油法

指在注入水中加入碱和聚合物以提高注入水的黏度,减小油水黏度比,降低界面张力,以提高采收率的驱油方法。

7.1.155 表面活性剂—碱—聚合物复合驱油法（三元复合驱）

指在注入水中加入低浓度的表面活性剂、碱和聚合物的复合体系,以减小油水黏度比,改变油层岩石的润湿性,降低界面张力,以提高采收率的驱油方法。

7.1.156 协同效应

指几种化学剂复配在一起,使其驱油效果高于分别使用单一化学剂效果之和。

7.1.157 正向异常液

指在一定的剪切速度范围内,流体的黏度随流体流动速度的增大而增加的液体（图7.6）。从图中可看出,剪切速度由 a 值增大到 b 值时,流体黏度增加很快。当剪切速度超过 b 点后,流体的黏度随剪切速度增大而减小,一直到 c 点为止。图中 ab 一段曲线就是具有正向异常液的特性,而 bc 一段为反向异常液的特性。

7.1.158 正向异常液驱油法

指向油层中注入正向异常液以提高波及系数的驱油方法。正向异常液在高渗透率油层中黏度增加,流速变慢,而在低渗透率油层中则相反。因而能自动调整高、低渗透率孔道中的流速,减小矛盾,使注入液排驱前缘均匀推进,最终达到提高宏观与微观波及系数的目的。

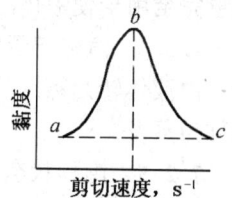

图 7.6 正向异常液黏度与剪切速度关系曲线

7.1.159 混相驱模型

混相驱模型是模拟能与原油在油藏条件下完全过程的数值模型。一般包括研究烃类混相驱、高压干气驱、富气驱、CO_2 驱等驱油过程的模拟。

7.1.160 化学驱模型

化学驱模型是模拟化学添加剂、聚合物、表面活性剂、碱等在油藏中的运动，液、固间质量转移和交换的数值模型。一般包括聚合物驱、表面活性剂驱、碱水驱等驱油过程的模拟。

7.2 热力驱油及其他

7.2.1 热力采油法（热驱）

指向油藏内注入热流体或使油层中的原油就地燃烧，形成移动热流降低原油黏度，增加原油流动能力的驱油方法叫热力采油法，简称热驱。其中包括注热水、注蒸汽、蒸汽吞吐、火烧油层等。热力采油是行之有效的提高采收率的方法，已被世界各国广泛采用。

7.2.2 热量

由于温度不同，在系统和外界之间穿越边界而传递的能量称为热量，单位为焦耳（J）。

7.2.3 汽化潜热

当温度达到液体沸点时，继续加热，温度不再上升，吸收的热量完全用于使液体汽化的热能称为汽化潜热，单位为 kJ/kg。

7.2.4 汽化与蒸发

由液体转为蒸汽的过程称为汽化。在液体表面进行的汽化过程称为蒸发。

7.2.5 饱和状态

在液体被加温后，液体表面不断有液体蒸发到空间中，而空间中的蒸汽分子撞击到液体表面时，它又被液体分子吸住而回到液体中。当空间中蒸汽分子的密度达到一定程度时，在单位时间内逸出液面与回到液体的分子数相等，蒸汽与液体的数量保持不变，达到平衡，这种状态称为饱和状态。

7.2.6 饱和蒸汽与饱和液体

处于饱和状态的蒸汽称为饱和蒸汽；处于饱和状态的液体称为饱和液体。

7.2.7 湿饱和蒸汽与干饱和蒸汽

饱和蒸汽与饱和液体的混合物称为湿饱和蒸汽，简称湿蒸汽。相应的，不含有饱和液体的饱和蒸汽称为干饱和蒸汽，简称干蒸汽。

7.2.8 过热蒸汽与过热度

蒸汽的温度高于其压力所对应的饱和温度时，这种蒸汽称为过热蒸汽。过热蒸汽的温度和其压力所对应的饱和温度之差称为过热度。

7.2.9 蒸汽饱和压力

指在单位时间内逸出液面与回到液体的水分子数相等，蒸汽和液体的数量保持不变，达到平衡，这时的蒸汽和液体的压力称为蒸汽饱和压力。

7.2.10 热扩散系数

指单位时间内热扩散的面积（m^2/h）。

7.2.11 导热

指物体各部分无相对位移或不同物体直接接触时依靠物质分子、原子及自由电子等微观粒子热运动而进行的热量传递现象。

7.2.12 对流

指依据流体的运动，把热量由一处传递到另一处的现象。

7.2.13 辐射

指依靠电磁波传递热量的一种过程。

7.2.14 焖井

指注完蒸汽后关井一段时间，使注入的蒸汽充分与原油进行热交换。

7.2.15 黏温曲线

指原油黏度随温度变化而变化的曲线。稠油黏度对温度敏感性的强弱是决定是否进行热采的关键。

7.2.16 吞吐周期
指蒸汽吞吐生产阶段,从注蒸汽开始到焖井、开井生产直到达到极限产量而关井的全过程。

7.2.17 油热比
指采出油量与注入蒸汽的热量之比。

7.2.18 净产油量
指采出油量与燃油消耗量之差。

7.2.19 回采水率
指采出水量与注入汽量(水当量)的比值。

7.2.20 汽窜
指从注汽井注入的蒸汽,以蒸汽或高温热水闪蒸后的形式很快从邻近生产井中产出的现象。

7.2.21 热量有效利用系数
指在一定的时间内保持在地层中的热量与注入地层中或在地层中产生的总热量之比。

7.2.22 焓与比焓
一定量的物质在高于规定的蒸汽温度和压力下所具有的热能参数叫焓,其单位为 kJ/kg。

单位质量所具有的焓称为比焓,它由单位质量的内能和流动能组成。

7.2.23 蒸汽的干度
在单位质量的湿蒸汽中,干蒸汽所占质量百分数称为蒸汽的干度。

7.2.24 饱和温度
给承受恒定压力的液体连续加热,随温度的上升,该液体的蒸汽压也升高,直到与外压相等,此时该液体吸收的热量已达饱和状态,开始沸腾,相应的温度称为在该压力下的沸点或饱和温度。

7.2.25 蒸汽发生器(湿蒸汽发生器、热采锅炉)
蒸汽发生器又叫湿蒸汽发生器、热采锅炉、油田加热炉等。

它与常规动力锅炉不同,是专门设计用来产生低干度蒸汽,由给水系统、给水预热器、燃料系统、燃烧空气系统、对流段、辐射段等组成。

7.2.26 蒸汽发生器的热效率

指燃料燃烧释放热量减去热损失与燃料燃烧释放热量之比,即:蒸汽发生器热效率 = 燃料燃烧释放的热量 - 热损失/燃料燃烧释放的热量。其热效率一般在 80%~85% 之间,最高可达 90%。

7.2.27 井下蒸汽发生器

指安装在井下发生蒸汽的装置,它可以减少热量流经井筒的损失。

7.2.28 汽油比

指用蒸汽驱开采油藏时,每采出 1t 原油所需要的蒸汽注入量。它是评价蒸汽驱采油效果的重要指标。

7.2.29 累积汽油比

蒸汽驱达到某一阶段时,累积采出油量与累积注入蒸汽量的比值称为累积汽油比。

7.2.30 热载体

指能够携带热量的流体称热载体。水和蒸汽就是很好的热载体,而蒸汽尤佳。

7.2.31 有效注入热量

指在净注入热量中能在油层中有效发挥作用的热量。

7.2.32 蒸汽驱热能利用系数

指在蒸汽驱中有效注入热量与净注入热量之比。它是衡量蒸汽加热油层的热效率的一个指标。

7.2.33 蒸汽超覆

指在蒸汽驱过程中,蒸汽和凝结物由于重力分异作用,汽液在油层剖面上产生流速差异的现象。

7.2.34 蒸汽吞吐四段式

指蒸汽吞吐井在一个周期内的生产规律表现为排水期、高产期、递减期和低产期4个阶段。

7.2.35 热水驱油法
指向油层中注入高温水，以降低原油黏度，改善原油流动性，从而提高原油采收率的驱油方法。

7.2.36 压裂辅助蒸汽驱
先对采油井油层压裂，并进行蒸汽吞吐，再对相关注水井油层压裂，扩大油流通道，再注入蒸汽驱油。

7.2.37 电热采油
将热电缆下入井底，加热井筒中的原油，降低原油黏度，将油采出地面。

7.2.38 蒸汽驱油法
指通过适当的井网，选择一定数量的井注入蒸汽，使注入井周围形成饱和蒸汽带，加热并驱替原油到生产井的采油方法。

7.2.39 蒸汽吞吐驱油法
指向采油井中注入一定量的蒸汽，关井2d～4d，待蒸汽的热能向油层扩散后，再开井生产的一种开采稠油的方法。

7.2.40 蒸汽+非凝析气体吞吐
指在注入蒸汽中加入非凝析气体（氮、二氧化碳及烟道气），增加注入的混合体的弹性能量，并发挥非凝析气体的其他作用，从而提高产量的一种吞吐方法。

7.2.41 多井整体蒸汽吞吐
指把相邻的多口同一开采层位、且汽窜频繁的吞吐井组合为一个开发单元，集中注汽，统一焖井和开井生产，变单井的孤立做法为统一的整体做法。

7.2.42 蒸汽+化学剂吞吐
指在蒸汽中加入活性剂（高温泡沫剂）、天然气及溶剂等的一种新的吞吐方法。

7.2.43 周期注蒸汽驱油法
同一口井注入蒸汽后，开井生产一定时间，产量递减到不经济时，再注入蒸汽，这种定期进行蒸汽吞吐采油称为周期注蒸汽驱油法。

7.2.44 蒸汽段塞驱油法

指向油层中注入一定孔隙体积的蒸汽,形成蒸汽段塞,随后注水,用水驱替蒸汽段塞的采油方法。

7.2.45 电磁激热采油

指通过井下电磁激热器发出的电磁波对近井范围内的油层实施电磁激热,使原油加热降黏,解除井底堵塞来提高原油采收率的采油方法。

7.2.46 热化学采油

指通过向采油井注入化学生热剂,关井焖热,以达到降低原油黏度的采油方法。

7.2.47 火烧油层（火驱）

火烧油层（油层内燃驱油法）简称火驱。指通过适当井网,选择点火井,将空气或氧气注入油层,并用点火器将油层点燃,然后不断注入空气以维持油层的燃烧。燃烧前缘的高温使原油蒸发、裂解,并驱替原油流入采油井内（图7.7）。

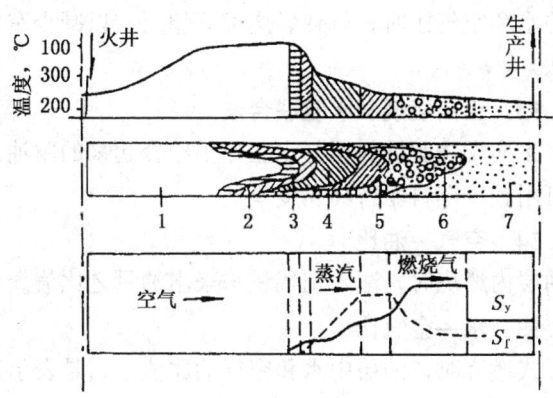

图 7.7 火烧油层过程示意图

1—已燃带；2—燃烧前缘；3—结焦带；4—热水带；
5—轻质油带；6—富油带；7—原始含油带

7.2.48 正向燃烧法

指火烧油层的燃烧前缘从注入井向生产井方向移动,而与注入空气的流动方向一致的层内燃烧方法。

7.2.49 反向燃烧法

指通过点火井将油层点燃后,经燃烧一段时间,改为向生产井注空气,驱动原油通过燃烧带受热降黏,并向点火井推进的驱油方法。

7.2.50 干式燃烧

指油层内燃烧时,向注入井注入不含水汽的空气或适于助燃的气体的方法。

7.2.51 湿式燃烧

油层内燃烧时,向注入井交替注空气和水,或同时注空气和水,使注入水产生一个比燃烧前缘移动快得多的蒸汽或热水带,驱动原油流入生产井内的采油方法叫湿式燃烧法。

7.2.52 局部淬水燃烧法

指应用湿式燃烧法进行油层内燃烧时,当注水速度过大,超过一定的水和空气比时,可使燃烧部分熄灭,以减少空气注入量的燃烧法。

7.2.53 正向燃烧和水驱联合法

指将正向燃烧驱油作用与水驱作用结合起来的驱油方法。这种方法可用较少燃料驱替高黏度原油。

7.2.54 空气—油比

指油层内燃烧时,注入空气量与采出油量之比值。

7.2.55 水—空气比

指湿式燃烧时,油层中水和空气的比值。它是表示正在燃烧状态和燃烧消耗量的一个指标。

7.2.56 井下点火器

指专门供点燃油层的装置。它有各种形式,有电力、化学、可燃流体将油层点燃。

7.2.57 自然点火
向注入井连续注空气或氧气,在油层温度下,原油发生氧化反应达到燃烧的点火方法。

7.2.58 人工点火
指采用电点火器、气点火器、催化点火器等,在点火井中将油层点燃。

7.2.59 已燃带
指油层内已经燃烧过的地区或地带(图7.7)。

7.2.60 燃烧前缘
指已燃区的前面正在燃烧的温度最高的地区或地带(图7.7)。

7.2.61 结焦带
在油层内燃烧过程中,由于燃烧带的高温作用使原油向前移动,而焦化、裂化后留下的油焦留在原地,这个带叫结焦带(图7.7)。

7.2.62 燃料含量
指原油经过蒸馏和热解后沉淀在岩石上可供燃烧的焦炭量。

7.2.63 综合热驱油法
指在火烧油层的同时,向油层中注空气和水,有效地利用位于燃烧前沿后边油层中的热量,加热未燃烧部分油层的驱油方法。

7.2.64 热采模型
热采模型是研究蒸汽、热水或燃烧油等热载体在油藏中运动、热能转移和交换的数值模型。一般包括蒸汽吞吐、蒸汽驱、热水驱和火烧油层过程的模拟。它是一种重要的提高采收率模型。

7.2.65 接种
指将微生物引入某一环境或培养介质中进行繁殖。

7.2.66 碳源与氮源
指凡能提供微生物所需的碳元素的营养源。碳源与氮源非常广泛，有糖类、醇类、有机酸类和脂类等。

7.2.67 本源细菌

指油藏内部存在的细菌。油藏本源细菌可分为硫酸还原菌、利用烃细菌、甲烷形成菌、芽孢形成杆菌、耐盐产气的梭状芽孢杆菌等。

7.2.68 外源细菌

指地面培养的细菌。主要是从地面含油土壤、活性污泥、油井产出液、油罐沉淀、污油池等环境中存在的非致病菌中得到的细菌。

7.2.69 外源微生物采油法

指将地面培养的微生物菌种与营养物一起注入地层，菌种在油层内生长繁殖，产生大量代谢物，如气体、酸、有机溶剂、生物聚合物等，增加原油产量，达到提高采收率的目的。

7.2.70 激活油藏本源微生物采油法

指向注入井中周期性的注入含矿物盐分（氮、磷无机盐等）充分的溶液及其他活性因子，激活油藏中有利于采油的微生物群体，产生代谢物，以达到提高采收率的目的。

7.2.71 微生物采油法

通常指向油层中注入合适的菌种及营养物，使菌株在油层中繁殖，代谢石油，产生气体及活性物质，以降低油水界面张力，从而提高石油采收率的采油方法。

7.2.72 微生物吞吐法（周期性注微生物法）

微生物吞吐法又称周期性注微生物法。把优选的微生物和营养物注入油层，关井一段时间后，开井采油，当产量大幅度下降时，再关井一段时间后再开井采油，周而复始。

7.2.73 声波采油法

指向井下发射大功率声波，降低油水界面张力和毛细管力，并通过原油降黏作用，促进原油流动和聚集的采油方法。

7.2.74 露天开采法

对于距地表很浅、厚度很大的沥青、沥青质焦油砂，可剥离表土，进行露天开采。

7.2.75　坑道采油法

对浅层重质稠油藏，在天然能量枯竭时可用开拓竖井、巷道及集油坑，用泵入的含活性剂的热水将泄放到坑道中的油、水和砂一起采出地表，进行分离和处理以提取石油。

7.2.76　爆炸采油法

指采用高效炸药或核原料进行井筒爆炸，增加油层渗透率以提高油井产量的采油方法。

7.2.77　注浓硫酸采油法

向油层中注入一定量的浓硫酸，形成浓硫酸段塞，然后用注入水驱替浓硫酸段塞。注入的浓硫酸与原油反应，产生表面活性物质，降低油水界面张力；浓硫酸和水接触稀释后产生大量热能，使原油黏度大幅度降低；硫酸与油层中的碳酸盐类反应，增加油层孔隙度和渗透率，从而扩大注入水波及系数，提高最终采收率。

7.2.78　蒸汽辅助重力采油法

指水平井和蒸汽驱结合起来开采稠油的一种采油方法。它以蒸汽作为加热介质，依靠重力作用开采稠油。它可通过两种方式来实现：一种方式是在靠近油层底部钻一对上下平行的水平井；另一种方式是在油层底部钻一口水平井，在其正上方钻一口或几口垂直井。由上面的注入井注入蒸汽，注入的蒸汽向上及侧面移动将油层加热，被加热降黏的原油在重力作用下流入生产井，然后再沿水平井眼流向垂直井筒而被采出。

7.2.79　出砂冷采法

指通过出砂，形成蚯蚓洞网络（图7.8），从而提高油层孔隙度和渗透率，形成泡沫油流动，提高原油流动能力的一种开采稠油的新方法。

7.2.80　分子沉积膜（分子膜）

分子沉积膜简称分子膜、MD膜、纳米膜（图7.9）。分子膜是利用有机（或无机）阴阳离子的静电吸附反应特性，通过异

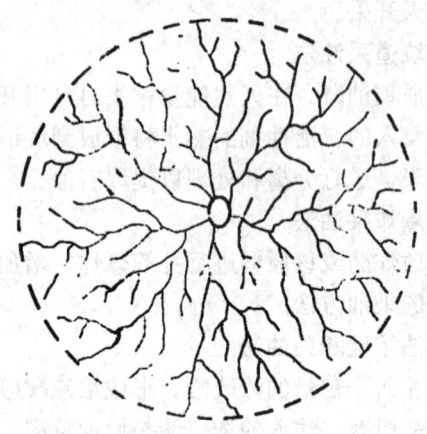

图 7.8 蚯蚓洞网络示意图

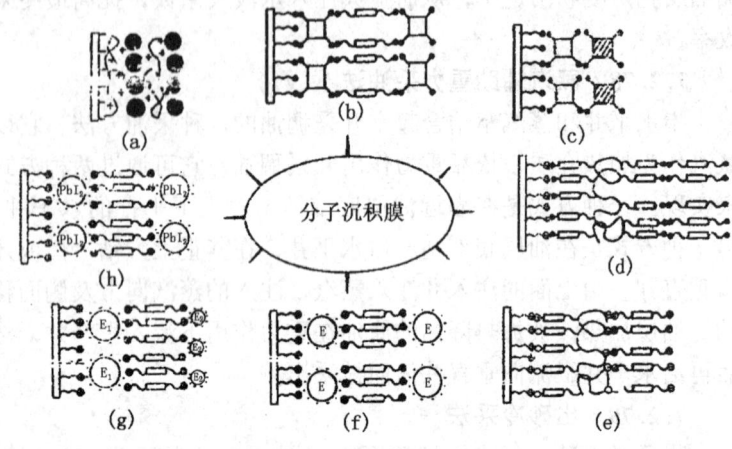

图 7.9 各种分子沉积膜示意图

(a) 聚合物—微粒分子沉积膜；(b) 卟啉（酞菁）—双阳离子分子沉积膜；(c) 刚性卟啉—酞菁分子沉积膜；(d) 准对称聚电解质—双阳离子分子沉积膜；(e) 准不对称聚电解质—双阳离子分子沉积膜；(f) 复合单酶分子沉积膜；(g) 复合双酶分子沉积膜；(h) 双阳离子—微粒分子沉积膜

性离子体系的单层交替分子沉积,制备的层状有序的纳米级超薄膜。

7.2.81　分子膜驱油技术

油田注水开发后由于水驱作用,岩石表面出现大量的油膜脱落后,当膜剂溶液注入油层后,膜剂分子在油膜局部脱落的岩石表面上吸附形成超薄膜,降低原油和岩石表面间的黏附力,使原油易于剥落和流动,从而提高了原油采收率。

参 考 文 献

柏松章，唐飞编著.1997.中国油藏开发模式丛书·裂缝性潜山基岩油藏开发模式.北京：石油工业出版社.

柏松章等著.1996.中国油藏开发模式丛书·碳酸盐岩潜山油田开发.北京：石油工业出版社.

柏松章等著.1996.中国油藏开发模式丛书·碳酸盐岩潜山油田开发.北京：石油工业出版社.

蔡鹏展主编.1997.油田开发经济评价.北京：石油工业出版社.

曹成润主编.1992.石油构造地质学.哈尔滨：黑龙江科学技术出版社.

常子恒主编.2001.石油勘探开发技术.北京：石油工业出版社.

陈涛平等主编.2000.石油工程.北京：石油工业出版社.

陈铁龙编著.2000.三次采油概论.北京：石油工业出版社.

陈一鸣等编.1994.矿场地球物理测井技术测井资料解释.北京：石油工业出版社.

陈永生著.1993.油田非均质对策论.北京：石油工业出版社.

陈玉田主编.1992.石油天然气地质勘探常用术语解释.东营：石油大学出版社.

陈月明主编.1989.油藏数值模拟基础.东营：石油大学出版社.

大庆石油学院开发系编.1978.采油工人常用名词解释.北京：石油化学工业出版社.

戴启德，纪友亮主编.1996.油气储层地质学.东营：石油大学出版社．

范玉平，刘其成等著．2001．分子膜驱油技术．北京：石油工业出版社．

冯传贤，吴志义等编．1988．修井（下册）．北京：石油工业出版社．

冈秦麟主编．1999．高含水期油田改善水驱效果新技术（上）．北京：石油工业出版社．

高荫桐主编．1985．采油工程．北京：石油工业出版社．

葛家理，宁正福等编著．2001．现代油藏渗流力学原理．北京：石油工业出版社．

葛家理主编．1982．油气层渗流力学．北京：石油工业出版社．

郭海敏著．2003．生产测井导论．北京：石油工业出版社．

郭尚平等著．1990．物理化学渗流微观机理．北京：科学出版社．

郭颖等主编．1995．构造地质学简明教程．武汉：中国地质大学出版社．

韩显卿编著．1993．提高采收率原理．北京：石油工业出版社．

何更生编．1994．油层物理．北京：石油工业出版社．

洪世铎主编．1985．油藏物理基础．北京：石油工业出版社．

胡博仲主编．1995．采油技术问答．北京：石油工业出版社．

胡常忠编．1998．稠油开采技术．北京：石油工业出版社．

蒋生健主编．2004．稠油热力开采理论与工艺技术．北京：石油工业出版社．

金毓荪主编．1985．采油地质工程．北京：石油工业出版社．

黎文清等主编．1993．油气田开发地质基础（第二版）．北京：石油工业出版社．

黎文清主编．1999．油气田开发地质基础（第三版）．北京：石油工业出版社．

李传亮编著.2005.油藏工程原理.北京：石油工业出版社.

李海石，符国强编著.1993.钻井取心技术.北京：石油工业出版社.

李茂林，黎文清主编.1993.油气田开发地质基础（第二版）.北京：石油工业出版社.

李能根，陆大卫等编著.1999.实用英汉石油测井技术词汇.北京：地质出版社.

李千佐等编著.1995.微乳液理论及其应用.北京：石油工业出版社.

李庆昌等著.1997.中国油田开发丛书·砾岩油田开发.北京：石油工业出版社.

李士伦等编著.2003.面向21世纪课程教材·天然气工程.北京：石油工业出版社.

李士伦等主编.2006.气田开发方案设计.北京：石油工业出版社.

李虞庚主编.1991.试井手册.北京：石油工业出版社.

李志民，周吉第主编.1988.油田注采井下作业.北京：石油工业出版社.

刘慅宁编著.1985.渗流力学基础.北京：石油工业出版社.

刘宝珺主编.1980.沉积岩石学.北京：地质出版社.

刘丁曾等著.1996.中国油田开发丛书·大庆多层砂岩油田开发.北京：石油工业出版社.

刘丁曾主编.1986.多油层砂岩油田开发.北京：石油工业出版社.

刘慧卿等编著.2000.热力采油技术原理与技术.北京：石油工业出版社.

刘能强编著.1992.实用现代试井解释方法.北京：石油工业出版社.

刘文魁等编著.2000.油田开发热力基础与热工艺学.西安：陕西科学技术出版社.

刘一江等编.2001.聚合物和二氧化碳驱油技术.北京:中国石化出版社.

穆龙新等编著.2000.储层精细研究方法.北京:石油工业出版社.

聂海光,王新河主编.2002.油气田井下作业修井工程.北京:石油工业出版社.

裘怿楠,薛叔浩等编著.1994.油气储层评价技术.北京:石油工业出版社.

裘怿楠等主编.1996.油藏描述.北京:石油工业出版社.

裘怿楠著.1997.裘怿楠石油开发地质文集.北京:石油工业出版社.

曲占庆主编.2002.采油工程基础知识手册.北京:石油工业出版社.

任瑛等编著.2001.稠油与高凝油热力开采问题的理论与实践.北京:石油工业出版社.

沈迪成,艾万诚等著.1994.抽油泵.北京:石油工业出版社.

胜利油田钻井指挥部石油地质基础编写组.1977.石油地质基础.北京:石油化学工业出版社.

石油测井情报协作组编.1998.测井新技术应用.北京:石油工业出版社.

四川石油管理局编.1982.天然气工程手册(上册).北京:石油工业出版社.

塔雪克·艾哈迈德著.2002.国外油气勘探开发新进展丛书(一)·油藏工程手册.F   ,何江川译.北京:石油工业出版社.

唐泽尧主编.1997.气田开发地质.北京:石油工业出版社.

童宪章编.1977.压力恢复曲线在油、气田开发中的应用.北京:石油化学工业出版社.

童孝华等编.1996.油气藏工程基础.北京:石油工业出

版社.

万仁溥，罗英俊主编.1989.修井工具与技术.北京：石油工业出版社.

万仁溥，罗英俊主编.1991.堵水技术.北京：石油工业出版社.

万仁溥，罗英俊主编.1991.防砂技术.北京：石油工业出版社.

万仁溥，罗英俊主编.1993.机械采油技术.北京：石油工业出版社.

万仁溥，罗英俊主编.1994.生产测井技术.北京：石油工业出版社.

万仁溥主编.2000.采油手册（上、下册）.北京：石油工业出版社.

王充诚，孔金祥等编著.2004.天然气工程丛书·气藏地质.北京：石油工业出版社.

王鸿勋，张琪等编.1989.采油工艺原理（修订本）.北京：石油工业出版社.

王鸿勋，张琪等编.1989.采油工艺原理.北京：石油工业出版社.

王华芬等编著.1997.中国油藏开发模式丛书·王庄变质岩油藏.北京：石油工业出版社.

王鸣华主编.1997.气藏工程.北京：石油工业出版社.

王新纯主编.2005.井下作业施工工艺技术.北京：石油工业出版社.

王仲茂主编.2000.振动采油技术.北京：石油工业出版社.

尉中良，邹长春编著.2005.地理物理测井.北京：地质出版社.

魏文杰主编.1991.油藏工程基础.北京：石油工业出版社.

吴崇筠，薛叔浩等著.1993.中国含油气盆地沉积学.北京：石油工业出版社.

吴胜和，金振奎等编著．1999．储层建模，北京：石油工业出版社．

吴锡令著．1997．生产测井原理．北京：石油工业出版社．

吴锡令著．2004．石油开发测井原理．北京：高等教育出版社．

吴元燕，陈碧珏主编．1996．油矿地质学．北京：石油工业出版社．

伍友佳主编．2004．油藏地质学（第二版）．北京：石油工业出版社．

徐开礼，朱志澄主编．1989．构造地质学．北京：地质出版社．

薛家锋，许运新等编著．2002．砂岩油田开发程序与地质管理．北京：石油工业出版社．

阎嘉祺译．1983．国际构造地质词典．北京：地质出版社．

杨宝君，曹广胜编著．2003．物理法增产增注原理与技术．北京：石油工业出版社．

杨继盛编．1992．采气工艺基础．北京：石油工业出版社．

杨胜来，魏俊之编著．2004．普通高等教育"十五"国家级规划教材．高等院校石油天然气类规划教材．油层物理学．北京：石油工业出版社．

杨顺民，耿玉广等编著．1998．华北油田采油工程技术．北京：石油工业出版社．

叶庆全，冀宝发编著．1999．油气田开发地质．北京：石油工业出版社．

叶荣主编．1982．地层测试技术．北京：石油工业出版社．

袁士义，宋新民等编著．2004．裂缝性油藏开发技术．北京：石油工业出版社．

张朝琛等编著．1997．中国油藏开发模式丛书·气顶砂岩油藏开发模式．北京：石油工业出版社．

张厚福等主编．1989．石油地质学（第二版）．北京：石油工业出版社．

张敬华等编著.2000.火烧油层采油.北京：石油工业出版社.

张烈辉编著.2005.油气藏数值模拟基本原理.北京：石油工业出版社.

张锐等编著.1999.稠油热采技术.北京：石油工业出版社.

张世奇，纪友亮主编.2005.油气田地下地质学.北京：石油工业出版社.

张守谦等编.1991.石油地球物理测井.北京：石油工业出版社.

张一伟等著.1997.陆相油藏描述.北京：石油工业出版社.

张毅主编.2005.采油工程技术新进展.北京：中国石化出版社.

张永传，李蕙生编.1986.碎屑岩沉积相和沉积环境.北京：地质出版社.

张育林，余树良编.1989.采气.北京：石油工业出版社.

赵澄林，吴崇筠编.1987.油区岩相和古地理.北京：石油工业出版社.

甄维胜，李振智等著.2001.油田开发中后期实用采油工程技术.北京：石油工业出版社.

郑俊德，张洪亮主编.1997.油气田开发与开采（第二版）.北京：石油工业出版社.

中国石油天然气总公司技术推广中心编著.1998.油田开发综合配套技术应用.北京：石油工业出版社.

中国石油学会编.1988.陆相碎屑岩油田开发.北京：石油工业出版社.

中国石油学会编.1988.碳酸盐岩油气田开发.北京：石油工业出版社.

朱佳聪主编.1990.油矿地质学.北京：石油工业出版社.

朱君等编著.1999.无杆泵采油技术.北京：石油工业出版社.

朱义吾等编著.1997.中国油藏开发模式丛书·马岭层状低

渗透砂岩油藏．北京：石油工业出版社．

邹艳霞主编．2006．采油工艺技术．北京：石油工业出版社．

ＤＷ皮斯曼著．1982．油藏数值模拟基础．孙长明，刘静译．北京：石油工业出版社．

ＦＨ波特曼等著．1982．二次和三次采油．黄石，译．北京：石油工业出版社．

ＦＪ佩蒂庄，ＰＥ波特，Ｒ西弗著．1977．砂和砂岩．李汉瑜，译．北京：科学出版社．

ＧＭ弗里德曼，ＪＥ桑德斯著．1987．沉积学原理．徐怀大，译．北京：科学出版社．

ＨＫ范波伦等编．1983．提高原油采收率的原理．唐养吾，等译．北京：石油工业出版社．

ＰＡ迪基著．1982．石油开发地质学．甘克文，李昭仁，等译．北京：石油工业出版社．

МЛ苏尔古切夫著．1993．二、三次提高采收率方法．卢文瑞等译．北京：石油工业出版社．

МИ马克西莫夫著．1980．油田开发地质基础．魏智，等译．北京：石油工业出版社．

《地质辞典》编委会编．1981．地质辞典（二） 矿物、岩石、地球化学分册．北京：地质出版社．

《地质辞典》编委会编．1983．地质辞典（一） 普通地质、构造地质分册（上、下册）．北京：地质出版社．

《气藏开发应用基础技术方法》编写组编著．1997．气藏开发应用基础技术方法．北京：石油工业出版社．

《石油勘探开发常用名词解释》编写组编．1988．石油勘探开发常用名词解释．北京：海洋出版社．

《试井手册》编写组编．1992．试井手册（下）．北京：石油工业出版社．

《蒸汽热力采油手册》编译组编译．1999．蒸汽热力采油手册．北京：石油工业出版社．

索　引

A

API 度与波密度 …………（114）
矮形异相曲柄平衡抽油机
　　………………………（229）
安全阀 ………………………（206）
鞍部 ……………………………（6）
凹面磨鞋 ……………………（265）

B

半深湖—深湖亚相 …………（52）
饱和度间断（饱和度跃变）
　　………………………（141）
饱和度压力中值 ……………（105）
饱和历程（饱和顺序）……（106）
饱和温度 ……………………（430）
饱和压力 ……………………（117）
饱和油藏 ………………………（61）
饱和蒸汽与饱和液体 ………（429）
饱和状态 ……………………（428）
保持压力开采 ………………（156）
报废井 ………………………（179）
鲍玛层序 ……………………（56）
暴性水淹 ……………………（373）
爆炸采油法 …………………（437）
爆炸整形法 …………………（261）
背斜构造带 …………………（11）
背斜油（气）藏 ……………（58）
背斜与向斜（背斜构造与向斜

构造）…………………………（4）
本源细菌 ……………………（436）
泵的系统效率 ………………（224）
泵径 …………………………（225）
泵下阻尼振动采油技术 ……（232）
泵效（抽油系数）…………（224）
泵压 …………………………（355）
鼻状构造（半背斜）…………（9）
比采液指数（单位厚度采液指
　　数）……………………（362）
比采油指数（单位厚度采油指
　　数）……………………（362）
比产气指数（单位厚度产气指
　　数）……………………（362）
比单元 ………………………（166）
比吸水指数（单位厚度吸水指
　　数）……………………（363）
闭合度（闭合差）……………（7）
闭合面积 ………………………（7）
闭合酸化 ……………………（254）
闭合压力 ……………………（248）
边际油（气）田 ……………（68）
边界流体 ……………………（132）
边界效应 ……………………（138）
边水侵入量 …………………（360）
边外注水、边缘注水与边内注
　　水 ………………………（161）
变流量试井（多流量试井）
　　………………………（321）
变形缝 …………………………（19）

变形构造（同生变形构造、水下滑动构造） …… (47)
变形介质 …………………… (132)
变质岩 ……………………… (23)
变质岩油（气）藏 ………… (61)
辫状河与网状河 …………… (50)
辫状指数（网状指数、游荡性指数） …………………… (49)
标准测井（对比测井） …… (298)
标准层 ……………………… (37)
标准偏差 …………………… (77)
表观速度（折算速度） …… (242)
表面活性剂 ………………… (416)
表面活性剂—碱—聚合物复合驱油法（三元复合驱） …………………………… (427)
表面活性剂—聚合物驱油法 …………………………… (420)
表内储量 …………………… (71)
表皮系数（井底阻力系数） …………………………… (329)
表皮效应 …………………… (328)
表外储层 …………………… (395)
表外储层类型 ……………… (395)
表外储量 …………………… (71)
滨—浅湖亚相 ……………… (52)
并行渗流 …………………… (133)
波痕 ………………………… (45)
波痕指数 …………………… (45)
波列 ………………………… (306)
波纹管自动测气 …………… (209)
波状层理 …………………… (43)
玻璃管量油 ………………… (207)
玻璃管自动量油 …………… (207)
玻璃管自动量油原理 ……… (207)
玻璃纤维波纹衬管贴补 …… (262)
玻璃油管防蜡 ……………… (214)
补孔 ………………………… (181)
补心高度 …………………… (340)
捕集残余油 ………………… (409)
不对称度 …………………… (45)
不规则井网 ………………… (158)
不混溶驱替 ………………… (137)
不均匀系数 ………………… (78)
不可压缩流体（刚性流体） …………………………… (131)
不完善井 …………………… (330)
不稳定渗流（非定常流动、非稳态流动） ……………… (133)
不稳定试井 ………………… (320)
不压井、不放喷作业（不压井作业） …………………… (247)
不整合 ……………………… (42)

C

CO^2 气藏 ………………… (63)
CY-751型综合测试仪 …… (286)
财务内部收益率 …………… (174)
采出程度（目前采收率） …………………………… (169)
采气速度、采出程度与稳产年限关系曲线 …………… (389)
采收率 ……………………… (171)
采收率监测系统 …………… (270)
采水井 ……………………… (176)
采液强度 …………………… (364)

采液速度 …………………（365）
采液指数 …………………（362）
采油（气）成本 …………（172）
采油（气）速度 …………（167）
采油（气）压差（生产压差、
　工作压差） ……………（356）
采油、采气工程 …………（200）
采油、采气与注水 ………（200）
采油方式 …………………（202）
采油方式调整 ……………（401）
采油工艺调整 ……………（402）
采油井与采气井 …………（176）
采油强度 …………………（364）
采油树 ……………………（204）
采油指数 …………………（361）
残余单体含量 ……………（425）
残余油 ……………………（408）
残余油饱和度 ……………（408）
残余油分布类型 …………（408）
残余阻力系数 ……………（424）
槽模 ………………………（46）
侧向测井（聚焦测井） ……（302）
侧向加积（侧积） …………（47）
测井曲线对比法 …………（299）
测井系统 …………………（295）
测井相分析 ………………（57）
测井响应 …………………（295）
测气 ………………………（208）
测温 ………………………（215）
测压 ………………………（214）
测压卡片图形 ……………（293）
层间变异系数（渗透性变化系
　数） ……………………（34）

层间地层系数级差 ………（35）
层间地层系数均质系数 …（35）
层间非均质性 ……………（33）
层间矛盾 …………………（370）
层间渗透率级差 …………（34）
层间渗透率均质系数 ……（34）
层理 ………………………（42）
层流与紊流 ………………（243）
层面 ………………………（45）
层面构造 …………………（45）
层内变异系数（渗透率变异系
　数） ……………………（36）
层内非均质性 ……………（36）
层内矛盾 …………………（371）
层内渗透率级差 …………（36）
层内渗透率均质系数 ……（36）
层内突进 …………………（372）
层内突进系数 ……………（36）
层系调整 …………………（400）
层系封堵 …………………（401）
层系互补 …………………（400）
层系划分与组合 …………（157）
层系划分与组合单元 ……（157）
层系组 ……………………（43）
层系组合原则 ……………（157）
层状油（气）藏 …………（60）
差分格式 …………………（196）
产层 ………………………（24）
产量递减矿场经验预测法
　………………………（368）
产量递减率 ………………（367）
产量构成曲线 ……………（385）
产量自然递减率 …………（368）

产率比 …………………… (182)
产能比 …………………… (182)
产能到位率 ……………… (357)
产品销售利润与营业利润
　………………………… (173)
产气指数 ………………… (362)
产液结构调整 …………… (403)
长筒取心 ………………… (337)
长垣（长垣隆起带） …… (11)
长源距声波全波列测井 … (311)
长轴与短轴 ……………… (7)
长柱塞式防砂抽油泵 …… (220)
常规气藏 ………………… (62)
常规试井解释方法 ……… (331)
常规岩心分析 …………… (74)
常规原油 ………………… (113)
常规原油油藏 …………… (61)
常压气藏与低压气藏 …… (63)
敞流式涡轮流量计测井 … (273)
超低界面张力 …………… (421)
超低界面张力体系驱油法
　………………………… (421)
超毛细管孔隙 …………… (81)
超前注水 ………………… (160)
超热中子测井 …………… (316)
超声波采油 ……………… (231)
超声流量计测井 ………… (282)
超完善井 ………………… (330)
超正压射孔完井 ………… (201)
沉淀 ……………………… (239)
沉积构造 ………………… (42)
沉积环境 ………………… (38)
沉积间断 ………………… (38)

沉积模式（沉积相模式） … (39)
沉积水 …………………… (128)
沉积体系 ………………… (38)
沉积相 …………………… (38)
沉积相 …………………… (38)
沉积旋回 ………………… (40)
沉积作用（沉积） ……… (38)
沉降监测测井 …………… (282)
沉没度 …………………… (225)
沉速法 …………………… (75)
衬管完井 ………………… (201)
成对电极与不成对电极 … (296)
成排调整 ………………… (399)
成像测井技术 …………… (317)
成岩结核 ………………… (47)
成岩水 …………………… (128)
持气率（空隙率） ……… (241)
持水率（视含水率） …… (241)
持液率（真实含液率） … (241)
冲程 ……………………… (224)
冲程利用率 ……………… (224)
冲程损失 ………………… (224)
冲次 ……………………… (224)
冲次利用率 ……………… (225)
冲砂 ……………………… (259)
冲砂液 …………………… (259)
冲刷面 …………………… (46)
抽测法找水（事先下入仪器法）
　………………………… (291)
抽汲求产 ………………… (184)
抽汲诱喷 ………………… (183)
抽油泵（深井泵） ……… (218)
抽油泵充满系数 ………… (225)

— 451 —

抽油机 …………………… (217)
抽油机排水采气 ………… (237)
抽油井 …………………… (178)
稠化水驱油法 …………… (416)
稠油 ……………………… (114)
稠油段 …………………… (65)
稠油油藏 ………………… (62)
出砂冷采法 ……………… (437)
初步开发方案与正式开发方案
　………………………… (154)
初始化 …………………… (198)
初始化数据 ……………… (198)
储采比 …………………… (361)
储采结构调整 …………… (403)
储层的孔隙性 …………… (80)
储层的敏感性 …………… (96)
储层地质模型分级 ……… (3)
储层地质模型分类 ……… (3)
储层地质知识库 ………… (3)
储层流体 ………………… (111)
储层模型 ………………… (2)
储层渗透率分级 ………… (94)
储层物性监测系统 ……… (270)
储层岩石结构模态 ……… (76)
储层岩石物性 …………… (74)
储层总压缩系数 ………… (109)
储集层（储层） ………… (22)
储集空间 ………………… (80)
储量丰度 ………………… (71)
储量复算 ………………… 390)
储量计算 ………………… (68)
储油气构造 ……………… (4)
触变性 …………………… (121)

穿层缝与层内缝 ………… (20)
穿孔率 …………………… (180)
串联式抽稠油泵 ………… (221)
垂向加积（垂积） ……… (47)
垂直层面裂缝、斜交层面裂缝、
　顺层裂缝 ……………… (19)
垂直缝、高角度缝、低角度缝、
　水平缝 ………………… (20)
纯气井流入、流出和油管动态
　曲线 …………………… (388)
醇段塞驱油法 …………… (414)
磁测井仪测井 …………… (281)
磁防蜡 …………………… (214)
磁铁打捞器 ……………… (266)
次生色 …………………… (29)
次生油（气）藏 ………… (58)
丛式井 …………………… (177)
粗歪度与细歪度 ………… (108)
窜槽 ……………………… (259)
存水率（净注率） ……… (359)

D

D4 高斯消去法…………… (196)
达西 ……………………… (91)
达西定律、达西渗流、非达西
　渗流 …………………… (136)
打捞 ……………………… (263)
打捞工具分类 …………… (263)
打捞矛 …………………… (264)
打扭 ……………………… (213)
大位移井与超大位移井 … (177)
大修与小修 ……………… (246)
大直径取心 ……………… (338)

大直径岩心、普通岩心与小直径岩心 …………………（340）
代用井 …………………（176）
带油环气藏 ……………（62）
贷款偿还期 ……………（173）
单层平面图 ……………（375）
单层突进 ………………（371）
单层突进系数 …………（35）
单储系数 ………………（71）
单井采气曲线 …………（383）
单井采油曲线 …………（383）
单井动用状况分析 ……（350）
单井经济极限产量 ……（170）
单井控制储量 …………（391）
单井控制可采储量经济极限 ……………………（170）
单块岩样驱油效率 ……（342）
单砂层 …………………（25）
单相渗流 ………………（132）
单向流（直线流） ……（134）
单斜（单斜构造） ……（5）
单油（气）层 …………（25）
单组分模型 ……………（188）
氮气藏 …………………（63）
氮气驱油法 ……………（416）
导电性 …………………（116）
导流式涡轮流量计测井 …（274）
导热 ……………………（429）
导压系数 ………………（142）
倒灌 ……………………（372）
等产量恢复试井 ………（320）
等高程对比（等厚度对比） ……………………（37）

等径柱塞抽油泵 ………（221）
等时试井 ………………（323）
低产井 …………………（347）
低产井区调整 …………（179）
低氮原油与高氮原油 …（113）
低芳烃—高烷烃型原油 …（112）
低含水采油阶段 ………（349）
低界面张力 ……………（421）
低蜡原油、含蜡原油、高含蜡原油 …………………（113）
低硫原油、含硫原油、高硫原油 …………………（113）
低能源持水率计测井 …（282）
低黏原油、中黏原油与高黏原油 …………………（113）
低浓度大段塞活性剂驱油法 ……………………（420）
低频电脉冲采油技术（电液压冲击法处理油层技术） ……………………（233）
低压量油（放空量油） …（206）
低压气井 ………………（348）
堤岸亚相 ………………（50）
底辟背斜油（气）藏 …（58）
底辟构造（刺穿构造） …（9）
底部水淹型 ……………（343）
底部注水 ………………（165）
底水封堵 ………………（257）
底水与边水 ……………（65）
地饱压差 ………………（356）
地层不整合油（气）藏 …（60）
地层参数测井 …………（271）
地层测试器试井（中途测试、

DST 试井) …………… (323)
地层测试器试油 ………… (182)
地层超覆油（气）藏 ……… (60)
地层垢 …………………… (244)
地层静压力（上覆岩层压力）
………………………… (351)
地层内交联 ……………… (426)
地层倾角测井 …………… (318)
地层水 …………………… (128)
地层水饱和度 …………… (95)
地层水导电性 …………… (130)
地层水的化学组成 ……… (129)
地层水氯离子含量 ……… (130)
地层水密度 ……………… (129)
地层水黏度 ……………… (129)
地层水体积系数 ………… (129)
地层水压缩系数 ………… (129)
地层水总矿化度 ………… (130)
地层系数 ………………… (366)
地层压力（孔隙流体压力）
………………………… (352)
地层压力损失与附加压力损失
………………………… (329)
地层油的高压物性 ……… (117)
地层原油 ………………… (111)
地层原油密度 …………… (117)
地层原油黏度 …………… (117)
地层真电阻率与地层视电阻率
………………………… (297)
地垒 ……………………… (17)
地面原油（脱气油） ……… (111)
地堑 ……………………… (17)
地球物理测井（测井） …… (294)

地球物理测井（测井） …… (294)
地温梯度 ………………… (353)
地下构造 ………………… (4)
地下孔隙度 ……………… (84)
地下亏空体积 …………… (365)
地下流体流场 …………… (132)
地下潜力 ………………… (390)
地下信息 ………………… (1)
地下有效孔隙度 ………… (84)
地压系数 ………………… (151)
地震相分析 ……………… (57)
地质储量 ………………… (70)
地质录井（录井） ………… (335)
递变层理（粒序层理） …… (44)
递减类型判别 …………… (368)
点源与点汇 ……………… (134)
点中心网格系统 ………… (191)
点状注水 ………………… (164)
电泵井 …………………… (178)
电成像测井技术 ………… (317)
电磁波加热增产技术 …… (232)
电磁感应 ………………… (304)
电磁激热采油 …………… (433)
电磁流量计测井 ………… (282)
电导法持水率计测井 …… (282)
电动潜油泵抽油 ………… (234)
电动潜油泵排水采气 …… (238)
电极系 …………………… (295)
电缆加热清蜡 …………… (213)
电热采油 ………………… (432)
电容法持水率计测井 …… (279)
电位电极系与理想电位电极系
………………………… (297)

吊测法 …………………（289）
调剖 ……………………（400）
调剖井 …………………（348）
调整井 …………………（346）
调整挖潜 ………………（390）
调整挖潜 ………………（390）
掉心 ……………………（341）
迭代解法 ………………（195）
叠加型厚油层 …………（396）
叠瓦状断层（叠瓦构造）…（17）
顶部梯度电极系与底部梯度电
　极系 …………………（296）
顶部注水（中心注水）……（165）
顶角与翼角（倾角）………（6）
顶钻 ……………………（212）
定态水侵 ………………（152）
定向井 …………………（177）
定向取心 ………………（339）
定向射孔 ………………（180）
定压边界 ………………（328）
动力仪 …………………（225）
动润湿滞后 ……………（103）
动水压力（水动力）……（354）
动态混相 ………………（412）
动液面 …………………（223）
动用层 …………………（395）
冻胶酸压裂 ……………（251）
洞隙度 …………………（21）
洞穴分级 ………………（21）
洞穴密度 ………………（21）
独立型厚油层 …………（396）
堵后"无采"与"难采"
　………………………（399）

堵塞比 …………………（328）
堵水 ……………………（255）
堵心 ……………………（341）
短筒取心 ………………（337）
段塞 ……………………（414）
断鼻构造（断鼻）…………（9）
断鼻构造油（气）藏 ……（59）
断层 ……………………（11）
断层密封性 ……………（13）
断层面 …………………（11）
断层倾向与倾角 ………（13）
断层区调整 ……………（179）
断层线 …………………（12）
断层效应 ………………（14）
断层要素 ………………（11）
断层遮挡油（气）藏 ……（59）
断层走向与延伸长度 …（13）
断点 ……………………（13）
断点组合 ………………（13）
断距 ……………………（12）
断块 ……………………（15）
断块型断层 ……………（18）
断块油（气）藏与复杂断块油
　（气）藏 ………………（61）
断裂 ……………………（11）
断盘 ……………………（12）
对称背斜与不对称背斜 ……（8）
对流 ……………………（429）
多次接触混相 …………（412）
多段水淹型 ……………（344）
多分支井（多底井）……（177）
多级分离 ………………（239）
多级流量稳定试井 ……（320）

— 455 —

多井整体蒸汽吞吐 …… (432)
多孔介质 …… (132)
多裂缝压裂 …… (249)
多组分渗流 …… (133)
惰性气驱油法 …… (415)
鲕粒 …… (29)

E

"2+3"提高采收率技术 … (411)
204型浮子产量计 …… (285)
二次采油 …… (407)
二次加密调整 …… (401)
二维二相渗流 …… (136)
二维模型 …… (189)
二维渗流与三维渗流 …… (135)
二氧化碳+水和水气交替驱油法
…… (415)
二氧化碳非混相驱油法 …… (414)
二氧化碳混相驱油法 …… (413)
二氧化碳水驱油法 …… (415)
二氧化碳吞吐驱油法 …… (415)
二氧化碳压裂 …… (251)
二元复合驱与三元复合驱
…… (426)
二元结构 …… (47)
二组分模型 …… (188)

F

阀堵 …… (228)
翻斗装置 …… (208)
翻斗自动量油 …… (207)
反九点法注水 …… (164)
反凝析现象 …… (127)

反凝析压力 …… (128)
反射波与透射波 …… (305)
反射法 …… (199)
反向燃烧法 …… (434)
反循环压井与正循环压井
…… (246)
反韵律 …… (41)
方案核实与调整 …… (179)
方案实施 …… (175)
方案实施 …… (175)
方案优选与最佳方案、推荐方案
…… (175)
方入与方余 …… (263)
方位侧向测井（方位电阻率成
像测井） …… (302)
芳烃—环烷烃—烷烃型原油
…… (113)
芳烃—烷烃型原油 …… (113)
芳香烃 …… (112)
防冲距 …… (225)
防垢剂 …… (245)
防砂 …… (257)
防砂测井 …… (273)
防砂方法分类 …… (257)
放空测气 …… (208)
放喷 …… (184)
放射性 …… (311)
放射性持水率计测井 …… (279)
放射性基线 …… (312)
放射性示踪速度法测井 …… (282)
放射性同位素 …… (311)
放射性同位素测井 …… (276)
放射性元素 …… (311)

词条	页码
放射状断层	(17)
非定态水侵	(152)
非规则多边形网格	(194)
非混相微乳液驱油法	(420)
非活塞驱替	(138)
非均匀润湿性	(102)
非邻近网格连结	(194)
非烃化合物	(112)
非线性波采油技术	(232)
非选择性堵水	(255)
废弃压力	(355)
分采井与分注井	(178)
分层采油	(393)
分层采油井测试管柱类型	(288)
分层测试	(393)
分层改造	(393)
分层管理	(393)
分层取样	(294)
分层试油（气）	(181)
分层酸化	(253)
分层系数	(33)
分层压裂（选择性压裂）	(249)
分层研究	(393)
分层注水	(393)
分流量方程	(144)
分流平原亚相	(50)
分流线	(142)
分配系数	(417)
分选系数	(77)
分压注水	(392)
分质注水	(392)
分子沉积膜（分子膜）	(437)
分子膜驱油技术	(439)
粉砂岩	(22)
风成波痕	(45)
风化缝	(20)
封闭边界	(328)
封窜	(260)
封隔器	(215)
封隔器堵水	(257)
封隔器找窜	(260)
峰度（尖度）	(78)
峰态	(88)
峰值	(88)
缝洞孔隙度	(84)
缝合线	(47)
缝隙度	(21)
缝状孔隙	(81)
扶正器	(337)
浮球法	(291)
辐射	(429)
腐蚀	(245)
负压采气技术	(398)
负压射孔	(181)
附着功（黏附功）	(101)
复合防砂	(257)
复合射孔完井	(201)
复合体系	(426)
复合油（气）藏	(60)
复合韵律	(41)
富化油	(114)
富气段塞驱油法	(414)
富气驱油法	(413)

G

伽马流体密度计测井 ……… (279)
改变注入水渗流方向 ……… (402)
改进等时试井（等时间歇试井）
　……………………………… (323)
改良水驱油法（改型水驱油法）
　……………………………… (416)
改造生产层测井 ……… (273)
概率累积曲线（粒度概率图）
　……………………………… (79)
概念模型 ……………… (2)
干层 …………………… (25)
干井 …………………… (179)
干气（贫气、瘦气）……… (122)
干气气藏 ……………… (62)
干扰试井（多井不稳定试井、
　水文勘探）……………… (324)
干式燃烧 ……………… (434)
杆式泵（插入式泵）……… (220)
感应测井 ……………… (304)
刚性水压驱动 ………… (148)
刚性水压驱动油（气）藏生产
　特点 …………………… (148)
钢丝织筒取心 ………… (339)
高产、中产、低产、特低产油
　（气）田 ………………… (67)
高产短命井 …………… (347)
高产井 ………………… (347)
高产稳产 ……………… (374)
高产稳产井 …………… (347)
高点 …………………… (7)
高含水采油阶段 ……… (349)
高活性浓度微乳液体系 …… (419)
高聚合物相对分子质量分布
　……………………………… (422)
高能气体压裂（HEGF）… (251)
高凝油 ………………… (114)
高凝油油藏 …………… (62)
高浓度小段塞活性剂驱油法
　……………………………… (420)
高砂比压裂 …………… (251)
高温固砂法 …………… (259)
高压干气驱油法 ……… (413)
高压量油（密闭量油）… (206)
高压气藏与超高压气藏 …… (63)
高压气井 ……………… (348)
"高注低采"与"低注高采"
　……………………………… (399)
割心 …………………… (341)
隔层（阻渗层）与夹层 …… (25)
隔层调整 ……………… (179)
隔层分布类型 ………… (26)
更新井 ………………… (346)
工程测井 ……………… (271)
工业产气量 …………… (358)
工业油、气流标准 ……… (23)
工业油藏、工业气藏、工业油
　气藏 …………………… (58)
工业油层与工业气层 …… (24)
工作制度调整 ………… (401)
公锥 …………………… (264)
供给边缘 ……………… (140)
供油半径（泄油半径）…… (166)
供油面积（泄油面积）…… (166)
钩类打捞工具 ………… (264)

构造—地层复合油（气）藏
　……………………………（60）
构造顶（顶端）…………………（6）
构造幅度 …………………………（8）
构造裂缝与非构造裂缝 ………（18）
构造模型 …………………………（2）
构造剖面图 ………………………（6）
构造图 ……………………………（5）
构造—岩性复合油（气）藏
　……………………………（60）
构造与地下构造 …………………（4）
垢 ………………………………（244）
古构造 ……………………………（4）
古潜山（潜山构造）……………（10）
固定资产投资 …………………（172）
固井 ……………………………（200）
固井声幅测井（水泥胶结测井）
　…………………………（308）
固井质量测井 …………………（273）
固态气水合物（冰冻甲烷）
　…………………………（122）
固态水 …………………………（128）
刮蜡片 …………………………（211）
管路损失 ………………………（244）
管式泵 …………………………（219）
管束状喉道 ………………………（86）
管损与管损曲线 ………………（241）
滚动背斜 …………………………（9）
滚动背斜油（气）藏 …………（59）
滚动勘探开发 …………………（154）
滚筒式无连杆抽油机 …………（230）
过环空测井 ……………………（272）
过滤 ……………………………（239）
过滤因子 ………………………（425）
过热蒸汽与过热度 ……………（429）
过油管射孔法 …………………（181）

H

海绵岩心筒取心 ………………（339）
海相 ………………………………（53）
海洋分区 …………………………（52）
含氟活性剂 ……………………（417）
含氢气藏 …………………………（63）
含胶量 …………………………（115）
含蜡量 …………………………（115）
含硫量 …………………………（115）
含气饱和度 ………………………（95）
含气边界（缘）与油气过渡带
　……………………………（66）
含气内边界（缘）与纯气区
　……………………………（66）
含砂比 …………………………（249）
含水边界（缘）与纯油区 ……（66）
含水率（含水百分数）………（359）
含水上升率 ……………………（359）
含水上升速度 …………………（359）
含水与采出程度关系曲线
　…………………………（385）
含酸气气井 ……………………（348）
含油（气）饱和度等值图
　…………………………（376）
含油（气）层系 ………………（25）
含油（气）面积 ………………（67）
含油（气）面积级差 …………（34）
含油（气）面积均质系数 ……（34）
含油饱和度 ………………………（95）

459

含油边界（缘）与油水过渡带
　　……………………………（67）
含油产状 ………………………（28）
含油砂岩厚度 …………………（28）
焓与比焓 ………………………（430）
耗水率 …………………………（359）
合采井与合注井 ………………（178）
合成树脂堵水 …………………（256）
合理井网密度 …………………（159）
合流系数 ………………………（26）
河床亚相（河道亚相）…………（50）
河流类型 ………………………（49）
河流相（冲积相）………………（48）
河漫亚相 ………………………（50）
核部（核）与翼部（两翼）
　　………………………………（6）
核成像测井技术 ………………（317）
核磁共振测井 …………………（316）
核流量计测井 …………………（275）
核实产油量 ……………………（358）
核衰变 …………………………（312）
黑油模型（低挥发油双组分模型）
　　……………………………（188）
横向测井 ………………………（298）
宏观非均质性与微观非均质性
　　……………………………（33）
洪积相（洪积扇、冲积扇）
　　……………………………（48）
洪水面、枯水面、浪基面 ……（51）
后生断层 ………………………（16）
后生结核 ………………………（47）
厚度连通系数 …………………（366）
厚油层挖潜技术 ………………（396）

弧形断层断块油（气）藏 ……（59）
湖泊相 …………………………（51）
湖弯亚相 ………………………（51）
滑脱比 …………………………（242）
滑脱速度 ………………………（242）
滑脱效应（克林肯格效应）
　　……………………………（94）
滑脱与滑脱损失 ………………（203）
滑行波与折射波 ………………（306）
化学堵水 ………………………（255）
化学防砂 ………………………（257）
化学剂驱油法 …………………（416）
化学驱模型 ……………………（428）
化学药剂清蜡防蜡 ……………（213）
划相标志 ………………………（39）
环空测试法找水 ………………（290）
环烷烃 …………………………（112）
环氧树脂波纹管贴补 …………（261）
环状断层 ………………………（17）
环状注水 ………………………（162）
缓采井 …………………………（178）
缓蚀剂 …………………………（245）
缓注井 …………………………（178）
缓钻井 …………………………（176）
挥发油 …………………………（114）
挥发油油藏 ……………………（62）
回采水率 ………………………（430）
回声仪 …………………………（223）
回压 ……………………………（355）
回注干气开采 …………………（156）
汇集气带 ………………………（412）
汇集油带（油墙）………………（412）
汇源反映法 ……………………（141）

混合孔隙 …………………… (81)
混合网格系统 ……………… (194)
混气水排液诱喷 …………… (184)
混气水驱油法 ……………… (415)
混溶驱替 …………………… (137)
混相 ………………………… (411)
混相带 ……………………… (412)
混相段塞驱油法 …………… (414)
混相剂 ……………………… (412)
混相前缘 …………………… (412)
混相驱 ……………………… (413)
混相驱模型 ………………… (427)
混相驱替与非混相驱替 …… (413)
混相驱与化学驱 …………… (407)
混相压力 …………………… (412)
活化与活化测井 …………… (317)
活塞驱替 …………………… (138)
活性稠油堵水 ……………… (256)
活性剂损失 ………………… (416)
活性剂添加剂 ……………… (417)
活性剂吸附 ………………… (416)
活性剂滞留 ………………… (417)
活性水驱油法 ……………… (416)
活页式打捞器 ……………… (266)
火烧油层（火驱） ………… (433)

J

机械堵水 …………………… (255)
机械防砂 …………………… (257)
机械清蜡 …………………… (210)
机械滞留与水力滞留 ……… (424)
迹线 ………………………… (243)
积分节流效应 ……………… (238)

积压井 ……………………… (347)
基本探明储量（Ⅲ类） …… (71)
基础井网 …………………… (158)
基底胶结 …………………… (30)
基底升降背斜 ……………… (9)
基底升降油（气）藏 ……… (58)
基函数 ……………………… (199)
基质（杂基） ……………… (30)
激动井与反映井 …………… (324)
激活油藏本源微生物采油法
　……………………………… (436)
极化 ………………………… (277)
极限含水 …………………… (169)
极限水油比 ………………… (170)
集约式油（气）藏管理 …… (147)
集约式油（气）藏管理内容
　……………………………… (147)
挤入法封窜 ………………… (260)
挤压背斜 …………………… (9)
挤压背斜油（气）藏 ……… (58)
挤注法压井 ………………… (246)
脊面与脊线 ………………… (7)
计划检泵 …………………… (228)
计量讯号装置 ……………… (208)
计算机模型 ………………… (188)
继承色 ……………………… (29)
加强层与限制层 …………… (394)
夹层分布频率 ……………… (36)
夹层密度 …………………… (36)
贾敏效应 …………………… (107)
尖灭 ………………………… (28)
尖灭区 ……………………… (29)
间接水驱储量 ……………… (391)

间歇抽油井 …………… (347)
间歇气举 ……………… (235)
间歇注水 ……………… (398)
间歇自喷井 …………… (347)
监测井 ………………… (346)
监测系统 ……………… (268)
监督电极 ……………… (302)
检泵 …………………… (228)
检查井 ………………… (346)
碱—聚合物驱油法 …… (427)
碱敏性 ………………… (100)
碱敏指数 ……………… (100)
碱水驱油法 …………… (421)
见水层位 ……………… (374)
见水预兆 ……………… (373)
建设期贷款利息 ……… (172)
建设性三角洲 ………… (53)
降液控水开发模式 …… (405)
交叉断层断块油（气）藏 … (59)
交错层理（斜层理） …… (43)
交错排状注水 ………… (165)
交互窜流 ……………… (138)
交互窜流系数 ………… (138)
交互渗流 ……………… (133)
交联 …………………… (423)
交替注气和注水驱油法 … (415)
胶结类型 ……………… (30)
胶结物 ………………… (30)
胶结物含量 …………… (30)
胶结物结构 …………… (31)
胶束 …………………… (417)
胶束—聚合物驱油法 …… (426)
胶束溶液驱油法 ……… (417)

胶束增溶作用 ………… (417)
胶质 …………………… (115)
角点网格系统 ………… (193)
角度不整合与假整合（平行不
　整合） ………………… (42)
角井与边井 …………… (164)
阶段采收率 …………… (171)
阶段存水率 …………… (360)
阶梯状断层（复断层） …… (16)
接触胶结 ……………… (31)
接替稳产 ……………… (391)
接种 …………………… (435)
节点系统分析 ………… (209)
节流 …………………… (238)
结构均匀系数 ………… (90)
结构难度指数 ………… (410)
结构黏度 ……………… (425)
结垢 …………………… (244)
结核 …………………… (46)
结核类型 ……………… (46)
结焦带 ………………… (435)
结晶水 ………………… (129)
结蜡 …………………… (210)
截断误差（局部离散误差）
　……………………… (197)
解误差（总离散误差） …… (197)
介电常数 ……………… (278)
界面 …………………… (104)
界面分子力 …………… (146)
界面张力与表面张力 …… (104)
近井垢 ………………… (244)
进尺 …………………… (335)
经常性调整（年度综合调整）

…………………………	(399)	井筒储集常数 …………	(327)
经济分析指标 …………	(172)	井筒垢 …………………	(244)
经济极限井距 …………	(171)	井筒内举升条件分析 ……	(345)
经济最佳井网密度 ………	(159)	井网 ……………………	(158)
晶洞缝 …………………	(19)	井网抽稀 ………………	(401)
晶间孔隙 ………………	(81)	井网调整 ………………	(401)
晶间溶孔 ………………	(82)	井网密度 ………………	(159)
晶粒 ……………………	(30)	井网密度的经济极限 ……	(171)
井壁附加阻力（附加压力损失）		井网形态 ………………	(158)
…………………………	(328)	井位水平位移 …………	(342)
井壁取心 ………………	(338)	井位与地下井位 ………	(375)
井别调整 ………………	(179)	井下超声电视测井 ……	(281)
井别与井别方案 …………	(175)	井下打捞增力器 ………	(265)
井的有效半径（折算半径）		井下点火器 ……………	(434)
…………………………	(328)	井下技术状况监测系统 ……	(270)
井底污染（井底伤害） ……	(328)	井下落物（落鱼） ……	(262)
井间干扰 ………………	(373)	井下取样器 ……………	(291)
井间接替 ………………	(392)	井下示功图 ……………	(226)
井间示踪监测 …………	(276)	井下事故 ………………	(262)
井控与井控技术 …………	(335)	井下压力计 ……………	(292)
井口产油量 ……………	(358)	井下蒸汽发生器 ………	(431)
井口油嘴与井下油嘴 ……	(205)	井下作业 ………………	(245)
井模型 …………………	(189)	井下作业 ………………	(245)
井拟函数 ………………	(19/)	井斜 ……………………	(340)
井喷 ……………………	(335)	井涌 ……………………	(335)
井喷失控 ………………	(335)	井组 ……………………	(350)
井侵 ……………………	(335)	井组动态分析 …………	(350)
井身结构 ………………	(200)	净产油量 ………………	(430)
井深 ……………………	(340)	净气（洁气、甜气） ……	(123)
井数据 …………………	(198)	净现值 …………………	(173)
井筒储存系数（续流系数）		净压力 …………………	(249)
…………………………	(326)	径向流 …………………	(134)
井筒储存效应（续流） ……	(326)	径向流模型 ……………	(189)

静润湿滞后 …………… (103)
静水压力 ……………… (351)
静态模型（实体模型）…… (2)
静态吸附与动力吸附 …… (424)
静压梯度 ……………… (352)
静液面 ………………… (223)
静止温度与流动温度 …… (353)
九点法注水 …………… (164)
九点法注水 …………… (165)
局部淬水燃烧法 ……… (434)
局部加密网格 ………… (193)
局部阻力与局部水头损失
………………………… (244)
矩形网格系统 ………… (191)
矩阵解法 ……………… (195)
聚合反应与单体 ……… (422)
聚合物捕集 …………… (424)
聚合物存聚率 ………… (425)
聚合物的降解 ………… (423)
聚合物的水解与水解度 … (423)
聚合物的吸附 ………… (424)
聚合物的阻力系数 …… (424)
聚合物固体含量 ……… (425)
聚合物化学降解 ……… (423)
聚合物机械降解 ……… (423)
聚合物驱控制程度 …… (425)
聚合物驱流度比 ……… (425)
聚合物驱油法 ………… (426)
聚合物溶解速度 ……… (425)
聚合物生物降解 ……… (423)
聚合物稳定性 ………… (423)
聚合物相对分子质量 …… (422)
聚合物与低聚物、高聚物
………………………… (422)
聚合物滞留 …………… (424)
聚合物注入速度 ……… (425)
绝对孔隙度（总孔隙度）… (83)
绝对渗透率（物理渗透率）
………………………… (92)
绝对无阻流量 ………… (358)
均匀水淹型 …………… (344)

K

卡泵 …………………… (228)
卡点 …………………… (263)
卡距 …………………… (217)
卡瓦打捞筒 …………… (266)
卡心 …………………… (341)
卡钻 …………………… (262)
开发层系 ……………… (157)
开发程序 ……………… (155)
开发储量 ……………… (71)
开发动态分析 ………… (345)
开发方式 ……………… (156)
开发井 ………………… (175)
开发井网 ……………… (158)
开发井位图 …………… (375)
开发年限 ……………… (171)
开发区块 ……………… (350)
开发取心 ……………… (334)
开发取心 ……………… (334)
开发设计 ……………… (147)
开发探明储量（Ⅰ类）…… (71)
开发指标 ……………… (166)
开发指标概算法 ……… (166)
开发指标计算 ………… (165)

开钻 …… (334)
开钻时间 …… (335)
颗粒表面结构 …… (33)
颗粒表面特征 …… (75)
颗粒的接触形式 …… (76)
颗粒趋近率 …… (75)
颗粒形状 …… (32)
可变渗透率地层 …… (132)
可采储量 …… (71)
可混性 …… (411)
可能潜力 …… (390)
可压缩流体（弹性流体）
…… (131)
可疑油层与可疑气层 …… (24)
克郎克—尼克尔森方法 …… (196)
克氏渗透率 …… (93)
坑道采油法 …… (437)
空间后差分 …… (196)
空间前差分 …… (196)
空间中心差分 …… (196)
空气驱油法 …… (416)
空气—油比 …… (434)
孔壁粗糙度 …… (90)
孔腹（孔隙腰部） …… (85)
孔喉半径中值 …… (87)
孔喉比 …… (89)
孔喉分选系数 …… (89)
孔喉极差 …… (89)
孔喉结构综合评价系数 …… (89)
孔喉均质系数 …… (89)
孔喉累积频率分布图 …… (86)
孔喉配位数 …… (89)
孔喉频率分布直方图 …… (86)

孔密与孔密控制 …… (180)
孔隙度 …… (83)
孔隙度等值图 …… (377)
孔隙度分级 …… (84)
孔隙喉道、孔隙喉道半径 …… (85)
孔隙胶结 …… (31)
孔隙结构 …… (84)
孔隙结构模型 …… (90)
孔隙结构系数 …… (90)
孔隙类型 …… (80)
孔隙缩小型喉道 …… (85)
孔隙体积 …… (83)
孔隙系数 …… (90)
孔隙性溶洞 …… (83)
孔隙迂曲度 …… (89)
孔隙阻力因子法 …… (426)
控制储量 …… (70)
控制无水临界流量采气 …… (236)
块中心网格系统 …… (191)
块状油（气）藏 …… (60)
块状注水 …… (162)
快中子的弹性散射 …… (314)
快中子非弹性散射 …… (314)
快中了活化核反应 …… (314)
宽带式长冲程抽油机 …… (230)
矿物充填缝 …… (19)
矿物碎屑与岩屑 …… (29)
扩边井 …… (176)
扩张湖亚相 …… (51)

L

LAX 引理 …… (199)
来水方向 …… (374)

莱维特 J 函数 …………… (105)
篮类打捞工具 …………… (264)
浪成波痕 …………………… (45)
捞钩 ………………………… (267)
捞砂 ………………………… (259)
老虎嘴 ……………………… (266)
累积产水量 ………………… (168)
累积产油（气）量 ………… (168)
累积汽油比 ………………… (431)
累积生产气油比 …………… (360)
累积注采比 ………………… (361)
累积注水量 ………………… (168)
冷冻岩心 …………………… (73)
离散化 ……………………… (190)
离散空间 …………………… (190)
离散模型 …………………… (189)
离散时间 …………………… (190)
力成像测井技术 …………… (318)
利用天然能量开采 ………… (156)
沥青质 ……………………… (116)
沥青质含量 ………………… (116)
砾石充填防砂法 …………… (258)
砾石充填完井 ……………… (201)
砾岩 ………………………… (22)
砾岩分类 …………………… (22)
砾岩油（气）藏 …………… (61)
粒度分析 …………………… (75)
粒度与粒级 ………………… (31)
粒度组成 …………………… (74)
粒级分布曲线 ……………… (75)
粒级累积分布曲线 ………… (75)
粒间孔隙 …………………… (81)
粒间溶孔 …………………… (82)
粒径中值 …………………… (77)
粒内孔隙 …………………… (81)
连通储量、不连通储量及损失
　储量 ……………………… (391)
连通区性质 ………………… (27)
连通体 ……………………… (26)
连通系数 …………………… (26)
连续气举 …………………… (235)
连续性模型 ………………… (189)
连续中子源（同位素中子源）
　………………………… (313)
良溶剂与不良溶剂 ………… (423)
两级酸化 …………………… (254)
两流量试井（两级流量试井）
　………………………… (321)
两相混合物速度（总表观速度）
　………………………… (243)
两相混合物质量速度 ……… (243)
两相渗流与多相渗流 ……… (132)
两相原油体积系数 ………… (118)
量油 ………………………… (206)
裂缝 ………………………… (18)
裂缝产状 …………………… (20)
裂缝间距 …………………… (20)
裂缝宽度（裂缝张开度） … (20)
裂缝率 ……………………… (21)
裂缝玫瑰花图 ……………… (21)
裂缝密度（裂缝频率、裂缝线
　密度） …………………… (21)
裂缝渗透率 ………………… (93)
裂缝性溶洞 ………………… (83)
裂缝性油（气）藏 ………… (60)
裂缝有效密度 ……………… (21)

裂缝组、裂缝系、裂缝网络 ……（20）
裂隙水 …………………………（128）
邻近侧向测井 …………………（304）
临界pH值 ………………………（100）
临界产量 ………………………（358）
临界点、临界温度与临界压力 ………………………（126）
临界胶束浓度 …………………（417）
临界粒度 ………………………（98）
临界流速 ………………………（98）
临界盐度 ………………………（98）
零散调整 ………………………（399）
零维模型 ………………………（188）
流饱压差 ………………………（356）
流动比率 ………………………（174）
流动单元 ………………………（365）
流动孔隙度（运动孔隙度） ………………………（84）
流动密度 ………………………（243）
流动势（速度势） ……………（139）
流动系数 ………………………（366）
流动效率 ………………………（328）
流动压力（井底压力、流压） ………………………（353）
流动资金 ………………………（172）
流度比 …………………………（137）
流度缓冲带 ……………………（421）
流度控制 ………………………（420）
流管 ……………………………（243）
流管分析法 ……………………（141）
流量测井 ………………………（273）
流容模型 ………………………（91）
流入动态方程（系统试井流动方程） ……………………（319）
流束、微小流束、总流 ………（243）
流体 ……………………………（110）
流体饱和度 ……………………（95）
流体的流变性与流变曲线 ………………………（120）
流体的流度 ……………………（137）
流体的黏滞性 …………………（119）
流体流量监测系统 ……………（268）
流体模型 ………………………（2）
流体识别测井 …………………（279）
流体性质 ………………………（110）
流体性质监测系统 ……………（269）
流线 ……………………………（243）
流压梯度 ………………………（353）
"六分四清" ……………………（392）
笼统注水、笼统采油 …………（374）
露天开采法 ……………………（436）
陆相 ……………………………（48）
陆源矿物与自生矿物 …………（41）
滤砂管防砂法 …………………（258）
滤砂器 …………………………（222）
铝活化测井 ……………………（317）
螺杆泵抽油 ……………………（234）
裸眼井声幅测井 ………………（309）
裸眼完井 ………………………（201）
落空率（空井率） ……………（179）

M

麻花钻头 ………………………（212）
脉冲试井 ………………………（324）
脉冲中子源（脉冲中子发生器）

…………………………(313)
漫积 ……………………………(48)
盲孔（闭端孔隙）……………(83)
毛细管窜流……………………(371)
毛细管孔隙 ……………………(81)
毛细管压力……………………(103)
毛细管压力曲线………………(104)
毛细管准数……………………(410)
毛细管准数（临界驱替比）
……………………………(105)
毛细现象与毛细管……………(103)
矛类打捞工具…………………(264)
煤层气…………………………(122)
焖井……………………………(429)
密闭保护液……………………(339)
密闭测气………………………(208)
密闭取心………………………(338)
密闭取心井与压力取心井
……………………………(177)
密闭岩心及岩心密闭率………(342)
密度测井………………………(312)
密度与相对密度………………(114)
密井网与稀井网………………(158)
面积注水………………………(162)
面松弛法（块松弛法）………(198)
摸鱼……………………………(263)
模拟的边界条件………………(197)
模拟的边界效应………………(197)
模型维数………………………(188)
摩擦损失………………………(203)
磨铣整形法……………………(261)
磨心……………………………(341)
母锥……………………………(264)

目前地层压力与静止压力（静
压）……………………………(352)
目前油、气、水饱和度 ………(96)

N

内爆冲击压裂…………………(252)
"南涝北旱" ……………………(372)
难流动孔喉半径 ………………(88)
能量补给方式调整……………(400)
泥火山刺穿油（气）藏 ………(59)
泥裂（龟裂）……………………(45)
拟闭端孔隙 ……………………(83)
拟函数…………………………(197)
拟启动压力梯度………………(146)
拟塑性流体（假塑性流体）
……………………………(120)
拟稳定渗流（准稳定渗流、半
稳定渗流）……………………(133)
逆断层 …………………………(15)
逆断层断块油（气）藏 ………(59)
逆牵引（反牵引）与反向断层
……………………………(14)
逆牵引背斜油（气）藏 ………(59)
年注水体积比…………………(365)
黏—弹效应……………………(121)
黏土的膨润度 …………………(96)
黏土晶体结构 …………………(96)
黏土矿物 ………………………(96)
黏土矿物产状 …………………(97)
黏土岩 …………………………(23)
黏土岩油（气）藏 ……………(61)
黏温曲线………………………(429)
黏性指进………………………(140)

鸟眼孔隙 (82)
凝固点 (115)
凝胶分子的转折压力 (425)
凝析气 (122)
凝析气藏（凝析油气藏、凝析油藏） (62)
凝析气混相驱油法 (413)
凝析气井 (176)
凝析油 (114)
牛顿流体与非牛顿流体 (119)
牛顿内摩擦定律（牛顿流动公式） (119)
牛轭湖 (50)
牛轭湖亚相 (51)
浓缩气和高压气驱油法 (415)

P

pH值 (131)
PLT生产测井组合仪 (287)
π准数 (410)
帕勒梅尔分类法 (130)
排间动态分析 (350)
排间接替 (392)
排间矛盾 (373)
排距、井距与地下井距 (162)
排液 (186)
排液井 (178)
排状注水（线状注水） (165)
泡点压力与露点压力 (127)
泡沫复合驱油法 (426)
泡沫排水采气 (236)
泡沫驱油法 (422)
泡沫特征值 (421)

泡沫稳定剂 (421)
配产 (186)
配产合格率 (394)
配产器与偏心配产器 (215)
配产指标 (394)
配水（配注） (186)
配水合格率 (394)
配水间 (240)
配水器 (241)
喷出岩油（气）藏 (61)
喷水降压法 (247)
膨胀性流体 (120)
披盖背斜油（气）藏 (58)
披盖构造（披覆背斜） (9)
劈理 (21)
劈心 (341)
片状喉道 (85)
偏度 (78)
偏心配水器 (241)
平衡点 (142)
平衡气驱油法 (414)
平均单井日产量 (167)
平均单井日产液量 (357)
平均聚合度 (422)
平均孔喉半径 (87)
平均粒径 (76)
平面"舌进"系数 (366)
平面地层系数级差 (35)
平面地层系数均质系数 (36)
平面调整 (400)
平面非均质性 (35)
平面矛盾 (371)
平面渗透率变异系数 (35)

平面渗透率级差 ……… （35）
平面渗透率均质系数 ……… （35）
平面水淹图（平面油水分布图）
　……………………… （379）
平面突进系数 ……… （35）
平移断层 …………… （16）
评价生产层测井 ……… （272）
屏蔽影响 …………… （297）
破坏性三角洲 ……… （53）
破裂压力 …………… （248）
破裂压力梯度 ……… （248）
剖面模型 …………… （189）
普通电阻率测井（视电阻率测井）
　……………………… （297）

Q

七侧向测井 …………… （303）
七点法注水 …………… （163）
启动压力 ……………… （355）
启动压力梯度 ………… （145）
起泡效率 ……………… （421）
气藏高度（含气高度）… （64）
气藏模型 ……………… （188）
气测录井（气测井） …… （336）
气顶（气帽） ………… （64）
气顶高度 ……………… （64）
气顶气 ………………… （122）
气顶气窜流监测系统 … （269）
气顶气驱动指数 ……… （151）
气顶驱动 ……………… （149）
气顶驱动油藏生产特点 …（150）
气顶指数（气顶系数） … （64）
气夹层 ………………… （24）

气井产能方程与气井产能曲线
　……………………… （325）
气井产能试井 ………… （321）
气井出水类型 ………… （375）
气井工作制度 ………… （185）
气井合理工作制度 …… （185）
气井井口装置 ………… （236）
气井生产系统（生产井模型）
　……………………… （350）
气井生产系统分析（节点系统分析）
　……………………… （351）
气井视表皮系数 ……… （329）
气举采油方式 ………… （234）
气举阀 ………………… （235）
气举法找水 …………… （290）
气举井 ………………… （178）
气举排水采气 ………… （238）
气举启动压力与工作压力
　……………………… （235）
气举求产 ……………… （184）
气举诱喷 ……………… （184）
气锚 …………………… （222）
气砂锚 ………………… （223）
气水过渡带 …………… （67）
气水井（含水气井） …… （347）
气水同层 ……………… （24）
气锁 …………………… （225）
气态水 ………………… （128）
气体表面渗流 ………… （134）
气体的对比温度 ……… （127）
气体的对比压力 ……… （126）
气体滑渗 ……………… （133）
气体渗流 ……………… （133）

气田布井原则 …… (159)
气田开发阶段 …… (349)
气田气 …… (122)
气压驱动 …… (150)
气压驱动气藏 …… (62)
气样分析 …… (294)
气液相平衡分离与机械分离
…… (238)
汽窜 …… (430)
汽化潜热 …… (428)
汽化与蒸发 …… (428)
汽油比 …… (431)
牵引（正牵引） …… (14)
牵引构造（拖曳构造） …… (9)
前三角洲亚相 …… (50)
前沿不稳定性 …… (141)
前缘推进方程 …… (145)
潜伏剥蚀突起油（气）藏 …… (59)
潜力层 …… (396)
潜山油（气）藏 …… (60)
潜穴孔隙 …… (82)
浅层气藏、中浅层气藏 …… (63)
腔室气举 …… (235)
强磁打捞工具 …… (264)
强非线性 …… (197)
强化采油 …… (398)
强化注水 …… (398)
强隐含法 …… (196)
桥塞 …… (340)
切叠型厚油层 …… (396)
切割方向 …… (162)
切割区（动态区）与切割距
…… (161)

切片对比 …… (37)
轻烃与重烃 …… (121)
轻质油、中质油、重质油
…… (114)
倾向断层 …… (16)
清蜡 …… (210)
清蜡钢丝 …… (211)
清蜡绞车 …… (211)
求产 …… (184)
球度 …… (32)
球形径向流（球形流） …… (135)
区间接替 …… (392)
区块动态分析 …… (350)
驱动力 …… (148)
驱动指数 …… (151)
驱替过程 …… (105)
驱替特征曲线（油、水关系曲
线，水驱规律曲线） …… (387)
驱替型毛细管压力曲线 …… (106)
驱油机理 …… (410)
驱油效率（微观波及系数）
…… (395)
取心 …… (336)
取心工具 …… (337)
取心钻头 …… (337)
圈闭 …… (4)
圈闭类型 …… (4)
全反射波 …… (306)
全直径岩心 …… (73)
全直径岩心分析 …… (74)

R

燃料含量 …… (435)

燃烧前缘 ……………………（435）
热采模型 ……………………（435）
热化学采油 …………………（433）
热化学清蜡 …………………（213）
热化学压裂 …………………（251）
热扩散系数 …………………（429）
热力采油法（热驱）…………（428）
热力驱油及其他 ……………（428）
热量 …………………………（428）
热量有效利用系数 …………（430）
热膨胀系数 …………………（119）
热膨胀性 ……………………（119）
热水驱油法 …………………（432）
热酸处理 ……………………（253）
热油循环清蜡 ………………（213）
热载体 ………………………（431）
人工补充能量 ………………（148）
人工地震处理油层技术 ……（232）
人工点火 ……………………（435）
人工电位与人工电位测井
 ……………………………（277）
人工合成聚合物 ……………（422）
人工胶结砂层防砂法（液体防
 砂法）……………………（258）
人工井壁防砂法（颗粒防砂法）
 ……………………………（257）
人工井底 ……………………（340）
人工举升采油方式 …………（217）
人工裂缝 ……………………（247）
容积法 ………………………（68）
溶洞渗透率 …………………（93）
溶胶与凝胶 …………………（425）
溶解气 ………………………（123）

溶解气驱动 …………………（150）
溶解气驱动指数 ……………（151）
溶解气驱油藏生产特点 ……（150）
溶解系数 ……………………（118）
溶解性 ………………………（116）
溶蚀缝 ………………………（20）
溶蚀孔隙 ……………………（82）
乳化石蜡堵水 ………………（256）
乳溶型清蜡防蜡剂 …………（214）
润湿接触角 …………………（101）
润湿相与非润湿相 …………（101）
润湿性反转 …………………（103）
润湿性分类 …………………（102）
润湿性宏观非均匀性 ………（102）
润湿性微观非均匀性 ………（103）
润湿滞后 ……………………（103）
弱非线性 ……………………（198）

S

三侧向测井 …………………（303）
三次采油 ……………………（407）
三次采油筛选标准 …………（411）
三次采油准数 ………………（410）
三次加密调整 ………………（401）
三点法注水 …………………（162）
三级断层与四级断层 ………（11）
三级相（亚相）与四级相（微相）
 ……………………………（39）
三级旋回与四级旋回 ………（40）
三角洲沉积模式 ……………（53）
三角洲前缘亚相 ……………（50）
三角洲砂体 …………………（56）
三角洲相 ……………………（53）

三维模型 …………… (189)	射孔 ………………… (180)
三维三相渗流 ……… (136)	射孔层位 …………… (180)
三稳井 ……………… (348)	射孔方案 …………… (180)
三组分模型 ………… (188)	射流泵抽油 ………… (233)
扫线 ………………… (214)	射流振荡压裂 ……… (252)
扫油面积系数（水淹面积系数） …………………… (366)	深感应测井 ………… (305)
	深井与超深井 ……… (177)
杀菌 ………………… (239)	神经网络 …………… (191)
杀菌增注 …………… (392)	渗流的边界条件 …… (137)
砂锚 ………………… (223)	渗流的初始条件 …… (137)
砂体配位数 ………… (27)	渗流封闭边界 ……… (138)
砂体形态 …………… (27)	渗流雷诺数 ………… (143)
砂岩 ………………… (22)	渗流力学 …………… (131)
砂岩分类 …………… (22)	渗流力学 …………… (131)
砂岩厚度 …………… (28)	渗流速度 …………… (136)
砂岩体（砂体） …… (26)	渗流与地下渗流 …… (132)
砂岩系数（砂岩密度）…… (33)	渗流指数与渗流系数（比例系数） …………………… (144)
筛网系数 …………… (423)	
筛析法 ……………… (75)	渗流状态方程 ……… (144)
闪点 ………………… (116)	渗滤（蠕流） ……… (134)
闪蒸分离（接触分离、一次脱气） ………………… (127)	渗入水 ……………… (128)
	渗透率 ……………… (91)
闪蒸平衡 …………… (127)	渗透率等值图 ……… (376)
扇三角洲砂体 ……… (56)	渗透率伤害率 ……… (98)
上冲程与下冲程 …… (218)	生产测井 …………… (268)
上升盘与下降盘 …… (12)	生产测井（开发测井） …… (271)
上相微乳液 ………… (419)	生产动态测井 ……… (272)
少胶原油、胶质原油、多胶原油 ………………… (113)	生产动态分析（单井分析） …………………… (345)
少量油层与少量气层 ……… (24)	生产方式调整 ……… (397)
"舌进" …………… (371)	生产井段调整 ……… (399)
设备垢 ……………… (245)	生产剖面测井 ……… (271)
社会折现率 ………… (175)	生产气油比（气油比） …… (360)

生产潜力 …………………… (390)
生产试验区 ………………… (155)
生产试验区确定原则 ……… (155)
生产探井 …………………… (176)
生产闸门与清蜡闸门 ……… (205)
生长骨架孔隙 ……………… (82)
生长指数 …………………… (15)
生物成因构造 ……………… (46)
生物聚合物 ………………… (422)
生物颗粒 …………………… (29)
生物钻孔 …………………… (82)
声波变密度测井（声波全波测井）………………………… (309)
声波采油法 ………………… (436)
声波测井 …………………… (307)
声波幅度测井 ……………… (308)
声波时差 …………………… (307)
声波速度测井 ……………… (307)
声成像测井技术 …………… (317)
声阻抗 ……………………… (306)
剩余地质储量 ……………… (391)
剩余可采储量 ……………… (391)
剩余油 ……………………… (407)
剩余油饱和度 ……………… (408)
剩余油影响因素 …………… (391)
施工一次成功率 …………… (267)
湿饱和蒸汽与干饱和蒸汽
 ……………………………… (429)
湿气（富气、肥气）………… (123)
湿气气藏 …………………… (62)
湿式燃烧 …………………… (434)
石蜡 ………………………… (115)
石油热值 …………………… (116)

时间后差分 ………………… (196)
时间前差分 ………………… (196)
时间推移测井 ……………… (272)
示功图 ……………………… (226)
示踪剂损耗法测井 ………… (282)
示踪流量计 ………………… (284)
视黏度（表观黏度）………… (121)
视吸水指数 ………………… (363)
试采井 ……………………… (176)
试井 ………………………… (318)
试井 ………………………… (318)
试井解释模型 ……………… (331)
试井解释图版 ……………… (332)
试井模型 …………………… (332)
试井诊断图（双对数诊断图）
 ……………………………… (330)
试验井 ……………………… (347)
试油（气）…………………… (181)
试注 ………………………… (185)
释放 ………………………… (216)
收敛性 ……………………… (197)
收缩孔隙 …………………… (82)
收缩率 ……………………… (118)
枢纽 ………………………… (7)
枢纽断层 …………………… (16)
疏松及破碎地层取心 ……… (339)
输差 ………………………… (358)
输入功率与有效功率 ……… (234)
束缚水（共存水）…………… (128)
束缚水饱和度 ……………… (95)
数学模拟 …………………… (187)
数学模型 …………………… (187)
数学模型分类 ……………… (187)

数值模型 …………… (187)
衰竭式开采 ………… (156)
双侧向测井 ………… (304)
双感应—侧向测井 ……… (305)
双感应测井 ………… (305)
双管采油 …………… (398)
双重介质储容比 …… (327)
双重介质窜流系数 … (327)
双重介质模型 ……… (188)
双重介质渗透率 …… (93)
双重孔隙度 ………… (84)
双重孔隙介质（裂缝孔隙介质）
……………………… (132)
水玻璃堵水 ………… (255)
水层 ………………… (24)
水的净化（水处理）…… (239)
水动力学方法 ……… (402)
水基钻井液取心（普通钻井取心）………………… (337)
水夹层（层间水）…… (25)
水进、水退 ………… (40)
水井连续流量计 …… (285)
水—空气比 ………… (434)
水力活塞泵抽油 …… (233)
水力振动解堵技术 … (232)
水力振动压裂 ……… (251)
水流波痕 …………… (45)
水敏性 ……………… (98)
水敏指数 …………… (98)
水泥返高 …………… (340)
水泥浆堵水 ………… (256)
水泥胶结指数 ……… (308)
水泥塞 ……………… (341)

水平层理 …………… (43)
水平井 ……………… (177)
水平井取心 ………… (339)
水平渗透率与垂向渗透率 … (93)
水气比 ……………… (169)
水侵速度与水侵系数 ……… (151)
水驱储量 …………… (391)
水驱动指数 ………… (151)
水驱控制程度 ……… (394)
水溶气 ……………… (122)
水溶型清蜡防蜡剂 … (214)
水溶性气藏 ………… (63)
水湿指数与油湿指数 ……… (102)
水套 ………………… (206)
水套加热炉 ………… (206)
水体模型 …………… (189)
水外相和油外相胶束溶液
……………………… (417)
水洗厚度与水洗厚度系数
……………………… (342)
水下冲积扇砂体 …… (56)
水线推进速度 ……… (365)
水线推进图 ………… (378)
水线与排液拉水线 … (186)
水型 ………………… (130)
水型判断法 ………… (130)
水型种类 …………… (130)
水压驱动气藏 ……… (63)
水淹层测井 ………… (272)
水淹厚度系数 ……… (366)
水淹监测系统 ……… (269)
水淹井 ……………… (348)
水淹剖面图 ………… (379)

水淹体积 (394)
水样分析 (294)
水油比 (169)
水源 (239)
水障法注水 (160)
水障监测系统 (270)
水质 (239)
顺直河与曲流河 (49)
"死油"层 (409)
"死油"段 (409)
"死油"区（滞油区） (409)
四点法注水 (163)
四性关系 (96)
松弛法 (198)
松弛时间 (121)
松弛效应 (121)
松香皂堵水 (256)
速动比率 (174)
速敏性 (97)
塑性流体（黏塑性流体） (120)
酸化 (252)
酸浸 (253)
酸敏性 (99)
酸敏指数 (100)
酸气 (123)
酸洗 (253)
酸性气藏 (62)
酸液的添加剂 (252)
酸液溶解能力 (252)
酸液溶解能力系数 (252)
酸液种类 (252)
随机建模 (4)

随机模型 (189)
碎屑颗粒结构 (31)
损耗功率 (234)
损耗气量与损耗率 (358)
缩颈型喉道 (85)

T

塌陷砾间洞与构造砾间洞 (83)
泰柏准数 (410)
弹性产量比值 (152)
弹性能量（弹性储量） (151)
弹性驱动 (150)
弹性驱动油藏生产特点 (150)
弹性驱动指数 (151)
弹性水压驱动 (149)
弹性水压驱动油（气）藏生产特点 (149)
探边测试 (324)
探测液面法试井 (323)
探明储量 (70)
探砂面 (257)
探鱼 (262)
碳酸盐岩 (23)
碳酸盐岩油（气）藏 (61)
碳氧比能谱测井 (272)
碳源与氮源 (435)
躺井检泵 (228)
套补距 (341)
套管 (200)
套管变形整形技术 (261)
套管补贴技术 (261)
套管损坏测井 (272)
套管损坏类型 (260)

套管头 …………………… (204)
套管完井（射孔完井）…… (201)
套管压力（套压）………… (354)
特大型、大型、中型、小型与
　特小型油（气）田 ……… (67)
特殊储量 …………………… (72)
特殊岩心分析（专项岩心分析）
　………………………… (74)
特殊钻井取心 …………… (338)
特性黏度 ………………… (425)
特种识别图（特种识别曲线）
　………………………… (331)
梯度电极系 ……………… (296)
梯度视电阻率曲线与电位视
　电阻率曲线 …………… (297)
提放式可退捞矛 ………… (265)
提高采收率 ……………… (407)
提高采收率方法 ………… (407)
提捞法试油 ……………… (181)
提捞井（捞油井）………… (347)
提捞求产 ………………… (184)
提液稳产开发模式 ……… (404)
体积流量 ………………… (243)
体积流量敏感性 ………… (99)
体积敏感指数 …………… (99)
体腔孔隙 ………………… (82)
体相流体 ………………… (131)
替喷 ……………………… (183)
天然聚合物 ……………… (422)
天然能量 ………………… (148)
天然气 …………………… (121)
天然气爆炸性 …………… (125)
天然气比容 ……………… (125)

天然气的绝对湿度 ……… (125)
天然气的热值 …………… (125)
天然气的相对湿度 ……… (125)
天然气分类 ……………… (121)
天然气化学组成 ………… (121)
天然气密度 ……………… (123)
天然气黏度 ……………… (123)
天然气喷射器开采技术 … (397)
天然气膨胀系数 ………… (124)
天然气溶解度 …………… (124)
天然气溶解系数 ………… (124)
天然气视分子质量 ……… (125)
天然气体积系数 ………… (124)
天然气相对密度 ………… (123)
天然气压缩率（天然气体积弹
　性系数）………………… (124)
天然气压缩因子（偏差系数）
　………………………… (125)
天然气在地层水中的溶解度
　………………………… (129)
天然气状态方程 ………… (125)
填积 ……………………… (48)
填料水泥浆法封窜 ……… (260)
填砂裂缝导流能力 ……… (249)
填隙物内孔隙 …………… (81)
条件比 …………………… (182)
跳槽 ……………………… (213)
烃类混相驱油法 ………… (413)
烃类体系（烃类系统）…… (126)
烃类体系的相与相态 …… (126)
烃类相态图（相图）……… (126)
停产井与停注井 ………… (346)
通井 ……………………… (183)

同沉积背斜 ………………… (8)
同生断层（同沉积断层、生长断层） ……………………… (15)
同生结核 ………………… (47)
同时注水和注氮气的非混相驱油法 ……………………… (416)
同位素 …………………… (312)
同位素测井找窜 ………… (260)
筒类打捞工具 …………… (264)
投产 ……………………… (184)
投产程序 ………………… (182)
投捞法 …………………… (289)
投球法 …………………… (291)
投注程序 ………………… (183)
投资回收期 ……………… (173)
投资利润率 ……………… (173)
投资利税率 ……………… (173)
透镜体 …………………… (27)
透镜状层理 ……………… (44)
涂料油管防蜡 …………… (214)
土酸处理 ………………… (254)
退出效率 ………………… (107)
退汞曲线 ………………… (107)
吞吐周期 ………………… (430)
脱扣 ……………………… (228)
脱砂压裂 ………………… (250)
脱氧 ……………………… (239)

W

歪度（偏态） …………… (88)
外源微生物采油法 ……… (436)
外源细菌 ………………… (436)
弯片状喉道 ……………… (86)
弯曲指数（弯度指数） …… (49)
完井 ……………………… (201)
完井方式 ………………… (201)
完善程度 ………………… (330)
完善井 …………………… (330)
完钻 ……………………… (340)
完钻时间 ………………… (340)
烷烃（脂肪烃） ………… (111)
晚期注水 ………………… (160)
网格 ……………………… (191)
网格粗化 ………………… (191)
网格定向 ………………… (191)
网格节点 ………………… (194)
网络模型 ………………… (191)
网络模型 ………………… (91)
威尔杰方程 ……………… (145)
微侧向测井 ……………… (303)
微电极测井 ……………… (300)
微电阻率扫描成像测井 …… (318)
微分分离（微分脱气、多级脱气） ……………………… (127)
微分节流效应 …………… (238)
微构造 …………………… (4)
微井径测井 ……………… (281)
微毛细管孔隙（无效孔隙） ……………………………… (81)
微球形聚焦测井 ………… (304)
微乳液 …………………… (418)
微乳液混相驱油法 ……… (419)
微乳液结构 ……………… (418)
微乳液—聚合物驱油法 … (427)
微乳液驱油法 …………… (419)
微乳液三元相图 ………… (419)

微乳液相态 …………… (418)
微生物采油法 ………… (436)
微生物吞吐法（周期性注微生
　物法） ……………… (436)
未饱和油藏 …………… (61)
未动用层 ……………… (395)
未开发探明储量（Ⅱ类）… (71)
温度场监测系统 ……… (270)
稳产年限（稳产时间）… (169)
稳产期采收率 ………… (374)
稳定渗流（定常流动、稳态流
　动） ………………… (133)
稳定试井（系统试井）… (318)
稳定试井曲线 ………… (319)
稳定性 ………………… (197)
稳液降产开发模式 …… (404)
"稳油控水"工程 ……… (403)
"稳油控水"开发模式 … (405)
"稳油控水"三种模式 … (403)
涡街流量计测井 ……… (282)
涡轮产量计 …………… (285)
涡轮流量计测井 ……… (273)
污染系数 ……………… (182)
无滑脱持液率 ………… (242)
无水采收率 …………… (171)
无水采油阶段 ………… (349)
无油管采油 …………… (230)
无阻流量 ……………… (358)
五点法注水 …………… (163)
物理模拟 ……………… (187)
物质平衡法 …………… (69)

X

吸附气 ………………… (123)
吸附水 ………………… (128)
吸水厚度 ……………… (364)
吸水指示曲线 ………… (185)
吸水指数 ……………… (363)
吸吮过程 ……………… (105)
吸吮型毛细管压力曲线 …… (106)
析蜡温度（石蜡结晶温度）
　……………………… (118)
牺牲剂 ………………… (421)
洗井 …………………… (183)
洗井方式 ……………… (183)
洗井液 ………………… (183)
系统效率 ……………… (234)
细层（纹层）与层系（丛系）
　……………………… (42)
潟湖与潟湖相 ………… (53)
下相微乳液 …………… (419)
先导性试验 …………… (411)
显式方法 ……………… (196)
现代录井 ……………… (336)
现代试井解释方法 …… (331)
线松弛法 ……………… (198)
线性化法 ……………… (195)
线性渗流与非线性渗流 …… (133)
线状背斜、长轴背斜、短轴背
　斜、穹窿 …………… (8)
限流压裂 ……………… (250)
相变 …………………… (39)
相对幅度 ……………… (308)
相对渗透的数学模型 … (94)
相对渗透率 …………… (92)
相对渗透率曲线 ……… (92)
相对吸水量 …………… (364)

相容性 (197)
相位介电测井 (278)
相序（相层序、沉积层序） (39)
相序递变 (39)
镶嵌胶结 (31)
向前加积（前积） (48)
向斜油（气）藏 (59)
橡皮套取心 (339)
小幅度构造 (10)
小井眼井 (177)
小直径磁性定位器测井 (281)
协同效应 (427)
斜四点法、斜五点法、斜七点法、斜九点法及反斜斜向断层 (16)
卸压 (216)
新型缔合聚合物 (426)
行列井网与面积井网 (158)
行列切割注水 (161)
续流校正 (326)
悬挂油（气）藏［水动力圈闭油（气）藏］ (61)
旋光性 (116)
"旋回对比、分级控制" (37)
旋转卡瓦波纹管贴补 (261)
选积 (48)
选样（取样） (73)
选样密度 (341)
选择性堵水 (255)
选择性润湿 (102)
选择性酸化 (253)
循环法封窜 (260)
循环法压井 (246)

Y

压差计测气（垫圈流量计测气） (208)
压差密度计测井（密度梯压计测井） (279)
压汞曲线 (106)
压降法（压力图解法） (69)
压降漏斗 (140)
压井 (335)
压井液 (246)
压井作业 (246)
压力表 (206)
压力导数解释法 (331)
压力叠加原理 (140)
压力函数 (139)
压力恢复曲线的"驼峰" (322)
压力恢复曲线的边界效应 (324)
压力恢复曲线的压降现象 (321)
压力恢复曲线与压力降落曲线 (321)
压力恢复试井 (320)
压力监测系统 (268)
压力降落试井 (320)
压力平衡 (366)
压力取心 (338)
压力系数与异常压力 (352)
压力系统 (354)
压裂 (247)

压裂辅助蒸汽驱 …………（432）
压裂酸化（酸压）………（253）
压裂投产 …………………（184）
压裂投注 …………………（185）
压裂液 ……………………（247）
压裂液类型 ………………（247）
压深关系曲线 ……………（352）
压缩波与切变波（纵波与横波）
………………………（306）
压缩系数 …………………（118）
压锥 ………………………（372）
亚组（砂岩组、复油层）…（25）
烟道气 ……………………（415）
烟道气驱油法 ……………（415）
延迟凝胶化 ………………（425）
岩浆岩（火成岩）…………（23）
岩浆岩体刺穿油（气）藏 …（59）
岩石比表面 ………………（79）
岩石的比热容 ……………（109）
岩石的导电性 ……………（110）
岩石的放射性 ……………（110）
岩石的润湿性 ……………（101）
岩石的声学性 ……………（110）
岩石的温度传导系数 ……（110）
岩石骨架与孔隙 …………（80）
岩石孔隙压缩系数（岩石有效
压缩系数）………………（109）
岩石热传导系数 …………（109）
岩石热容量 ………………（109）
岩石渗透性 ………………（91）
岩石压缩系数 ……………（108）
岩屑迟到时间 ……………（336）
岩屑与岩屑录井 …………（335）

岩心 ………………………（334）
岩心滴水试验 ……………（342）
岩心归位 …………………（340）
岩心描述 …………………（342）
岩心驱替试验 ……………（411）
岩心收获率 ………………（342）
岩心水洗程度 ……………（343）
岩心素描图 ………………（342）
岩心筒 ……………………（337）
岩心相分析 ………………（57）
岩心爪 ……………………（337）
岩性 ………………………（29）
岩性密度测井 ……………（312）
岩性油（气）藏 …………（60）
岩性组合 …………………（39）
岩样 ………………………（74）
沿程阻力与沿程水头损失
………………………（244）
沿裂缝带注水 ……………（165）
盐敏性 ……………………（98）
盐敏性评价 ………………（99）
盐酸处理 …………………（254）
盐体刺穿油（气）藏 ……（59）
验窜（找窜）……………（260）
验封 ………………………（216）
氧活化水流测井 …………（280）
样板曲线拟合法 …………（332）
腰部注水 …………………（165）
液化石油气段塞驱油法 …（414）
液面控制器 ………………（208）
液压冲击 …………………（228）
一把抓 ……………………（266）
一次采油 …………………（407）

一次接触混相 …………… (412)
一点法试井 ……………… (323)
一级断层与二级断层 ……… (11)
一级相（相组）与二级相（相）
　……………………………… (38)
一级旋回与二级旋回 ……… (40)
一维模型 ………………… (189)
一注井与二注井 ………… (178)
移动注水线 ……………… (402)
已燃带 …………………… (435)
异形游梁式抽油机（双"驴头"
　抽油机）………………… (229)
溢出点 ……………………… (7)
溢流 ……………………… (335)
隐蔽油（气）藏 …………… (61)
隐式方法 ………………… (196)
印模法检测 ……………… (262)
应力敏感性 ……………… (100)
荧光录井 ………………… (336)
荧光性 …………………… (116)
荧光照相 ………………… (342)
硬度 ……………………… (131)
硬捞与软捞 ……………… (263)
优选管柱排水采气技术 … (398)
油（气）藏 ………………… (57)
油（气）藏充满系数 ……… (67)
油（气）藏的度量 ………… (67)
油（气）藏地质模型 ………… (1)
油（气）藏地质模型分类 …… (2)
油（气）藏地质要素 ………… (1)
油（气）藏动态史拟合 …… (351)
油（气）藏动态资料 ……… (346)
油（气）藏工程 …………… (147)

油（气）藏经营 …………… (147)
油（气）藏静态资料 ……… (346)
油（气）藏描述 ……………… (1)
油（气）藏描述 ……………… (1)
油（气）藏驱动方式（驱动类
　型）……………………… (148)
油（气）藏试采 …………… (155)
油（气）藏试采设计 ……… (154)
油（气）藏数值模拟 ……… (187)
油（气）藏物性 …………… (73)
油（气）藏物性 …………… (73)
油（气）层等压图 ………… (377)
油（气）层动态分析 ……… (345)
油（气）层非均质性 ……… (33)
油（气）层改造 …………… (399)
油（气）层厚度 …………… (28)
油（气）层尖灭 …………… (28)
油（气）层评价 …………… (37)
油（气）层剖面图 ………… (375)
油（气）层损害 …………… (182)
油（气）层组 ……………… (25)
油（气）井利用率 ………… (366)
油（气）井时率 …………… (367)
油（气）井综合利用率 …… (367)
油（气）田垢 ……………… (244)
油（气）田开发 …………… (147)
油（气）田开发部署 ……… (156)
油（气）田开发地质学 ……… (1)
油（气）田开发动态分析
　…………………………… (345)
油（气）田开发动态分析指标
　…………………………… (346)
油（气）田开发动态监测

................(268)
油（气）田开发方案 ……(154)
油（气）田开发方针与原则
................(154)
油（气）田开发概念设计
................(153)
油（气）田开发技术文件
................(153)
油（气）田开发总体规划设计
................(153)
油（气）田年产水量 ……(357)
油（气）田年产油（气）量
................(167)
油（气）田年产油（气）能力
................(167)
油（气）田日产水量 ……(357)
油（气）田日产油（气）量
................(167)
油（气）田日产油（气）能力
................(167)
油（气）田水 ……(128)
油（气）田投产方式 ……(186)
油、气储层 ……(22)
油藏、气藏、油气藏 ……(57)
油藏高度（含油高度） ……(64)
油藏精细描述 ……(3)
油藏流体物性 ……(111)
油藏模拟器 ……(188)
油藏数值模拟 ……(187)
油藏数值模型 ……(187)
油藏天然能量分级 ……(153)
油层（储油层）与气层（储气层） ……(23)

油层动用程度 ……(364)
油层对比 ……(36)
油层对比单元分级 ……(37)
油层水淹类型 ……(343)
油层相带平面分布图 ……(376)
油底与水顶 ……(65)
油管 ……(203)
油管头 ……(204)
油管悬挂射孔法 ……(181)
油管压力（油压） ……(354)
油环 ……(65)
油基钻井液取心 ……(338)
油夹层 ……(24)
油井放产 ……(397)
油井分层测试 ……(288)
油井工作制度 ……(185)
油井合理工作制度 ……(185)
油井见效类型 ……(374)
油井流入动态曲线 ……(388)
油井生产系统 ……(203)
油井完善指数 ……(330)
油井转抽 ……(397)
油块与油滴 ……(408)
油膜 ……(409)
油气、油水、气水界面监测系统 ……(269)
油气藏高度（含油气高度） ……(64)
油气分离缓冲装置 ……(207)
油气分离器 ……(205)
油气过渡段、油水过渡段及气水过渡段 ……(64)
油气界面、油水界面及气水界

— 483 —

面 …………………………………… (64)
油气同层 ………………………… (24)
油气在井筒中的流动形态(流型) ………………………………… (202)
油热比 …………………………… (430)
油溶型清蜡防蜡剂 …………… (214)
油砂体 …………………………… (26)
油砂体开采现状图 …………… (379)
油水界面非活塞式推进 …… (365)
油水界面活塞式推进 ……… (365)
油水同层 ………………………… (24)
油田、气田与油气田 ………… (67)
油田布井原则 ………………… (159)
油田产率(单位压降产量)
 …………………………………… (169)
油田开采现状图(油田开采形势图) ………………………… (378)
油田开发阶段 ………………… (348)
油田开发模式图 ……………… (348)
油田年产液量 ………………… (357)
油田年产液能力 ……………… (357)
油田气(伴生气) …………… (122)
油田日产液量 ………………… (357)
油田日产液能力 ……………… (357)
油田综合调整 ………………… (402)
油田最大排液量 ……………… (357)
油样物性分析 ………………… (294)
油嘴 ……………………………… (205)
游离气 …………………………… (123)
有限差分法 …………………… (195)
有限差分法(差分法) ……… (142)
有限元法 ……………………… (195)
有效含油(气)饱和度 ……… (95)

有效厚度 ………………………… (28)
有效厚度等值图 ……………… (376)
有效厚度级差 ………………… (34)
有效厚度均质系数 …………… (34)
有效截面与流量 ……………… (243)
有效孔隙度 …………………… (84)
有效渗透率(相渗透率) …… (92)
有效损失 ……………………… (203)
有效注入热量 ………………… (431)
诱喷[诱导油(气)流]
 …………………………………… (183)
余心与套心 …………………… (341)
余压 ……………………………… (355)
鱼顶方入和造扣方入 ……… (263)
鱼顶与鱼底 …………………… (262)
雨痕与冰雹痕 ………………… (46)
预测储量 ………………………… (70)
预测模型 ………………………… (2)
阈压(排驱压力、门槛压力)
 …………………………………… (86)
遇卡 ……………………………… (212)
原生孔隙与次生孔隙 ………… (80)
原生裂缝与次生裂缝 ………… (18)
原生气顶与次生气顶 ………… (64)
原生色 …………………………… (29)
原生油(气)藏 ……………… (58)
原始饱和压力 ………………… (117)
原始地层压力 ………………… (352)
原始含油(气)饱和度 ……… (95)
原始气油比 …………………… (117)
原型模型 ………………………… (3)
原油工业分类(原油商品分类)
 …………………………………… (113)

原油化学组成 ……………… (111)
原油化学组成分类 ………… (112)
原油馏分 …………………… (111)
原油黏度 …………………… (115)
原油体积系数 ……………… (118)
原油外流监测系统 ………… (269)
原油性质 …………………… (111)
原油组分 …………………… (111)
原杂基、正杂基与假杂基 … (30)
圆度 ………………………… (32)
远景资源量 ………………… (70)
韵律（韵律层理）…………… (41)
韵律层理 …………………… (45)

Z

暂堵酸化 …………………… (253)
早期注水 …………………… (160)
藻窗格孔隙 ………………… (82)
藻粒 ………………………… (30)
噪声测井（声频测井、声呐测井）
……………………………… (280)
增压输气开采技术 ………… (397)
栅状图 ……………………… (377)
张开缝 ……………………… (19)
张裂缝与剪裂缝 …………… (19)
胀管修复法 ………………… (261)
找水仪 ……………………… (286)
沼泽与沼泽相 ……………… (52)
遮蔽孔隙 …………………… (82)
折算采油（气）速度 ………… (168)
折算年产量 ………………… (168)
折算压力 …………………… (353)
折现率与财务折现率 ……… (175)

阵列侧向成像测井 ………… (302)
振弦压力计 ………………… (294)
蒸气压力 …………………… (125)
蒸汽+非凝析气体吞吐 …… (432)
蒸汽+化学剂吞吐 ………… (432)
蒸汽饱和压力 ……………… (429)
蒸汽超覆 …………………… (431)
蒸汽的干度 ………………… (430)
蒸汽段塞驱油法 …………… (433)
蒸汽发生器（湿蒸汽发生器、
　热采锅炉）………………… (430)
蒸汽发生器的热效率 ……… (431)
蒸汽辅助重力采油法 ……… (437)
蒸汽驱热能利用系数 ……… (431)
蒸汽驱油法 ………………… (432)
蒸汽吞吐驱油法 …………… (432)
蒸汽吞吐四段式 …………… (431)
整合 ………………………… (42)
正冲砂、反冲砂、正反冲砂
……………………………… (259)
正断层 ……………………… (15)
正烷烃与异烷烃 …………… (112)
正向燃烧法 ………………… (434)
正向燃烧和水驱联合法 …… (434)
正向异常液 ………………… (427)
正向异常液驱油法 ………… (427)
正旋回、反旋回与复合旋回
……………………………… (40)
正韵律 ……………………… (41)
正注与反注 ………………… (186)
支撑剂 ……………………… (248)
支撑剂类型 ………………… (248)
直接解法 …………………… (195)

直流电场强化采油技术 …… (232)
指示曲线 ……………… (319)
指数递减、调和递减与双曲线
　递减 ……………… (367)
指相化石 ……………… (41)
质量流量 ……………… (243)
中部水淹型 …………… (344)
中感应测井 …………… (305)
中高含水期的开发模式 … (404)
中含水采油阶段 ……… (349)
中期注水 ……………… (160)
中深气藏、深层气藏、超深层
　气藏 ……………… (63)
中相微乳液 …………… (419)
中心井 ………………… (164)
中子俘获 ……………… (313)
中子伽马测井 ………… (315)
中子—热中子测井 …… (314)
中子寿命"测—注—测"法
　……………………… (272)
寿命测井（热中子衰减时间测
　井）……………… (315)
中子源 ………………… (313)
重矿物 ………………… (41)
重力窜流 ……………… (371)
重力分异 ……………… (63)
重力驱动 ……………… (150)
重力驱动油藏生产特点 … (151)
重力稳定驱替 ………… (411)
重启动 ………………… (198)
重启动数据 …………… (198)
周期注水 ……………… (398)
周期注蒸汽驱油法 …… (432)

轴部注水 ……………… (165)
轴面与轴线 …………… (6)
轴向 …………………… (7)
主电极与屏蔽电极 …… (301)
主力油层与非主力油层 … (157)
主流线 ………………… (142)
主要流动孔喉半径平均值 … (87)
注采比 ………………… (360)
注采单元 ……………… (350)
注采井数比 …………… (162)
注采平衡 ……………… (365)
注采剖面图 …………… (378)
注采压差（大压差）…… (356)
注浓硫酸采油法 ……… (437)
注气量 ………………… (168)
注入剖面测井 ………… (271)
注入水波及体积系数（扫油体
　积系数）………… (366)
注水 …………………… (160)
注水—产液结构调整 … (403)
注水程度（注入孔隙体积倍数）
　……………………… (364)
注水方式 ……………… (160)
注水方式调整 ………… (402)
注水结构调整 ………… (403)
注水井测试管柱类型 … (289)
注水井分层测试 ……… (288)
注水井工作制度 ……… (185)
注水井合理工作制度 … (185)
注水井井口压力 ……… (355)
注水井与注气井 ……… (176)
注水开发全过程试验 … (156)
注水开发油田的三大矛盾

……	(368)	自喷求产 ……	(184)
注水量 ……	(168)	自然点火 ……	(435)
注水泥塞试油 ……	(181)	自然电位 ……	(295)
注水强度 ……	(364)	自然电位测井 ……	(295)
注水曲线 ……	(385)	自然电位基线 ……	(295)
注水时机 ……	(160)	自然电位曲线干扰 ……	(295)
注水速度 ……	(365)	自然伽马测井 ……	(312)
注水压差 ……	(356)	自然伽马能谱测井 ……	(312)
注水压力 ……	(355)	自然声波测井 ……	(310)
注水站 ……	(240)	"自然水路" ……	(372)
注蒸汽井 ……	(176)	自由水 ……	(128)
柱面网格系统 ……	(192)	自由水面 ……	(104)
柱塞气举 ……	(235)	综合递减率 ……	(368)
柱状岩心 ……	(73)	综合含水率 ……	(168)
铸模孔隙 ……	(81)	综合开采曲线 ……	(383)
转抽井 ……	(347)	综合驱动（混合驱动） ……	(151)
转折端 ……	(7)	综合热驱油法 ……	(435)
转折压力 ……	(104)	综合生产气油比 ……	(360)
转注井 ……	(178)	总投资 ……	(172)
锥进 ……	(372)	总压差 ……	(356)
锥进模型 ……	(189)	总闸门与套管闸门 ……	(205)
锥类打捞工具 ……	(263)	纵裂缝、横裂缝、斜裂缝 …	(19)
准定态水侵 ……	(152)	走向断层 ……	(16)
浊积砂体 ……	(57)	走向裂缝、倾向裂缝、斜向裂	
浊流 ……	(53)	缝 ……	(19)
浊流相 ……	(56)	阻力系数 ……	(139)
资本金利润率 ……	(174)	组分模型（多组分模型）	
资产负债率 ……	(174)	……	(188)
资料井 ……	(176)	组分与组成 ……	(126)
自喷采油（气）方式 ……	(202)	组件式地层动态测试器 ……	(283)
自喷井 ……	(177)	钻井液 ……	(336)
自喷井井口装置 ……	(203)	钻井液录井 ……	(336)
自喷能量 ……	(202)	钻时与钻时录井 ……	(336)

钻遇率 …………………… (28)
嘴损与嘴损曲线 ………… (215)
最大连通孔喉半径 ………… (86)
最低混相压力 …………… (412)
最低自喷流压 …………… (355)

最佳含盐量 ……………… (419)
最小湿相饱和度 ………… (105)
最终采收率 ……………… (172)
作业检泵 ………………… (228)